Industrial Safety Engineering

산업안전공학

| 김지관 지음 |

도서출판 GS인터비전

머리말

산업 환경이 급변하는 현대 사회에서 안전은 더 이상 선택이 아닌 필수 요소가 되었습니다. 2022년초 중대재해처벌법 시행을 계기로 산업 현장의 안전에 대한 사회적 관심이 크게 증가하면서, 산업안전 전문가의 역할이 그 어느 때보다 중요해졌습니다. 이에 따라 일반 기업은 물론 공공기관과 공기업에서도 안전경영시스템을 도입하고, 직원들의 산업 및 보건 관련 자격증 취득을 적극 장려하고 있습니다. 특히 2022년 이후에는 산업보건안전 분야 전문가들의 종적이동이 활발해지고, 경력직 인력에 대한 수요도 급증하고 있습니다.

공기업들은 고용노동부의 안전활동수준평가와 기획재정부의 안전관리등급제에 대응하기 위해 다각적인 노력을 기울이고 있습니다. 안전보건 관련 평가가 경영평가에 반영됨에 따라, 많은 기관이 안전보건관리 부서를 최고경영책임자 직속으로 배치하고, 관련 직원들의 전문성 강화를 위해 인사 인센티브와 전문보직이동 제한 등 다양한 제도를 시행하고 있습니다. 이러한 안전보건조직의 전문성 확보 노력은 소규모 지방공기업으로까지 확대되고 있습니다. 이런 배경 속에서 산업안전기사 자격증에 대한 관심도 크게 증가하여, 응시자 수가 2020년 3만 3천여 명에서 2022년 5만 5천여 명으로 급증했으며, 매년 2차 합격자 수도 1만 5천 명에 이르고 있습니다.

본서는 2024년 이후 산업안전기사 출제기준에 맞추어, 산업공학과 학생들이 산업안전, 인간공학, 기계위험 등의 분야를 체계적으로 학습할 수 있도록 구성했습니다. 단순한 시험 합격을 넘어, 안전한 산업 사회 구축에 기여할 수 있는 전문가로서 갖추어야 할 심도 있는 지식을 담고자 했습니다.

이 책이 독자 여러분의 전문가로서의 성장에 도움이 되기를 바랍니다.

책의 기초자료 조사에 도움을 준 창원대학교 산업시스템공학과 강창도, 오후연 학생을 비롯한 23명의 학생들과, 출간을 맡아주신 인터비전의 송기수 대표님과 편집진께 감사드립니다. 마지막으로, 지지부진했던 집필 과정을 인내하며 격려해 주고 책 표지 그림까지 제공해 준 나의 작은이와 가족들에게 감사의 마음을 전합니다.

2024년 12월

저자 김지관

차례

1부 산업재해예방 및 안전보건교육

Chapter 1 산업재해예방 계획수립 ······ 3

1.1 안전관리 ······ 3

1.1.1 안전과 위험의 개념 ······ 3

1.1.2 사고이론 ······ 5

1.1.3 안전보건관리 제이론 ······ 10

1.1.4 생산성과 경제적 안전도 ······ 14

1.1.5 재해예방활동기법 및 산업재해 ······ 15

1.1.6 KOSHA GUIDE ······ 28

1.1.7 안전보건예산 편성 및 계상 ······ 30

1.1.8 중대재해와 상해구분 ······ 31

1.2 안전보건관리 체제 및 운용 ······ 33

1.2.1 안전보건관리조직 구성 ······ 33

1.2.2 산업안전보건위원회 운영 ······ 33

1.2.3 안전보건경영시스템 ······ 39

1.2.4 안전보건관리규정 ······ 40

Chapter 2 안전보호구 관리 ······ 43

2.1 보호구 및 안전장구관리 ······ 43

2.1.1 보호구의 개요 ······ 43

2.1.2 보호구의 종류별 특성 ······ 44

2.1.3 보호구의 성능기준 및 시험방법 ······ 50

2.1.4 안전보건표지의 종류·용도 및 적용 ······ 52

2.1.5 안전보건표지의 색채 및 색도기준 ······ 53

Chapter 3 산업안전심리 ······ 55
3.1 산업심리와 심리검사 ······ 55
3.1.1 심리검사의 종류 ······ 55
3.1.2 심리학적 요인 ······ 56
3.1.3 지각과 정서 ······ 57
3.1.4 동기, 좌절, 갈등 ······ 58
3.1.5 불안과 스트레스 ······ 63
3.1.6 슈퍼의 개인진로 발달이론 ······ 64
3.1.7 레빈의 법칙: 행동은 장(場)의 함수이다 ······ 65
3.2 직업적성과 배치 ······ 66
3.2.1 직업적성의 분류 ······ 66
3.2.2 적성검사의 종류 ······ 67
3.2.3 직무분석 및 직무평가 ······ 68
3.2.4 선발 및 배치 ······ 69
3.2.5 인사관리의 기초 ······ 70
3.3 인간의 특성과 안전 ······ 71
3.3.1 안전사고 요인 ······ 71
3.3.2 산업안전심리의 요소 ······ 74
3.3.3 착상심리 ······ 75
3.3.4 착오 ······ 75
3.3.5 착시 ······ 76
3.3.6 착각현상 ······ 79
3.3.7 주요 감각 ······ 79

Chapter 4 인간의 행동과학 ······ 81
4.1 조직과 인간행동 ······ 81
4.1.1 인간관계 ······ 81
4.1.2 사회행동의 기초 ······ 82
4.1.3 인간관계 메커니즘 ······ 83
4.1.4 집단행동 ······ 84
4.1.5 인간의 일반적인 행동특성 ······ 86
4.1.6 인간 심리 ······ 87
4.1.7 매슬로우 욕구이론 ······ 89
4.1.8 인간의 에러 원인 ······ 89
4.1.9 인간의 기억과정 ······ 90

4.2 재해 빈발성 및 행동과학 …… 91
4.2.1 사고경향 …… 91
4.2.2 성격의 유형 …… 92
4.2.3 재해빈발성 …… 93
4.2.4 동기부여 …… 94
4.2.5 주의와 부주의 …… 95
4.2.6 산업재해 …… 96
4.2.7 재해예방의 4원칙 …… 98
4.2.8 인간의 비질런스(긴장) 현상 …… 98
4.2.9 테일러의 과학적 관리 …… 99
4.3 집단관리와 리더십 …… 100
4.3.1 리더십의 유형 …… 100
4.3.2 리더십과 헤드십 …… 101
4.3.3 사기와 집단역학 …… 103
4.4 생체리듬과 피로 …… 105
4.4.1 피로의 증상 및 대책 …… 105
4.4.2 피로의 측정법 …… 106
4.4.3 작업강도와 피로 …… 106
4.4.4 생체리듬과 피로 …… 108
4.4.5 위험일 …… 110

Chapter 5 안전보건교육의 내용 및 방법 …… 113
5.1 교육의 필요성과 목적 …… 113
5.1.1 교육의 요소와 목적 …… 113
5.1.2 교육의 개념 …… 115
5.1.3 학습지도 이론 …… 115
5.1.4 교육심리학의 이해 …… 117
5.2 교육방법 …… 118
5.2.1 교육훈련기법 …… 118
5.2.2 안전보건교육방법 …… 119
5.2.3 학습목적의 3요소 …… 122
5.2.4 교육법의 4단계 …… 122
5.2.5 교육훈련의 평가 방법 …… 123
5.2.6 학과교육 4단계 …… 123
5.2.7 실습교육4단계 …… 123

5.2.8 하버드 교수법 ··· 124
5.2.9 안전기능교육 3원칙 ··· 124
5.3 교육실시 방법 ··· 125
5.3.1 강의법 ··· 125
5.3.2 토의법 ··· 126
5.3.3 실연법 ··· 127
5.3.4 프로그램학습법 ··· 129
5.3.5 모의법 ··· 130
5.3.6 시청각교육법 ··· 132
5.4 안전보건교육계획 수립 및 실시 ··· 134
5.4.1 안전보건교육의 기본방향 ··· 134
5.4.2 안전보건교육의 단계별 교육과정 ··· 135
5.4.3 안전보건교육 계획 ··· 136
5.5 교육내용 ··· 138
5.5.1 근로자 정기안전보건 교육내용: 산안법시행규칙 별표5 참조 ·· 138
5.5.2 관리감독자 정기안전보건 교육내용 ··· 140
5.5.3 신규채용시와 작업내용변경시 안전보건 교육내용 ··· 142
5.5.4 특별교육대상 작업별 교육내용 ··· 144

Chapter 6 산업안전관계 법규 ··· 147
[산업안전 수식 정리] ··· 151
[체크문제] ··· 153

2부 인간공학 및 위험성평가

Chapter 7 안전과 인간공학 ··· 159
7.1 인간공학의 정의 ··· 159
7.1.1 정의 및 목적 ··· 159
7.1.2 배경 및 필요성 ··· 163
7.1.3 작업관리와 인간공학 ··· 164
7.1.4 사업장에서의 인간공학 적용분야 ··· 165
7.1.5 인간기준의 종류 ··· 166

7.2 인간-기계 체계 ········ 168
7.2.1 인간-기계 시스템의 정의 및 유형 ········ 168
7.2.2 시스템의 특성 ········ 169
7.3 체계설계와 인간요소 ········ 170
7.3.1 목표 및 성능명세의 결정 ········ 170
7.3.2 기본 설계 ········ 170
7.3.3 계면(Interface) 설계 ········ 170
7.3.4 촉진물 설계 ········ 170
7.3.5 시험 및 평가 ········ 171
7.3.6 감성공학 ········ 171
7.3.7 인간-기계 관계 측정법 ········ 171
7.4 인간요소와 휴먼에러 ········ 173
7.4.1 인간 실수의 분류 ········ 173
7.4.2 형태적 특성 ········ 173
7.4.3 인간실수 확률에 대한 추정기법 ········ 174
7.4.4 인간실수 예방기법 ········ 174

Chapter 8 위험성 파악 결정 ········ 175
8.1 위험성 평가 ········ 175
8.1.1 위험성 평가의 정의 및 개요 ········ 175
8.1.2 평가대상 선정 ········ 175
8.1.3 평가 항목 ········ 176
8.1.4 관련법에 관한 사항 ········ 176
8.2 시스템 위험성 추정 및 결정 ········ 177
8.2.1 시스템 위험성 분석 및 관리 ········ 177
8.2.2 위험 분석 기법 ········ 177
8.2.3 결함수 분석 ········ 184
8.2.4 정성적, 정량적 분석 ········ 186
8.2.5 신뢰도 계산 ········ 187

Chapter 9 위험성 감소 대책 수립·실행 ········ 189
9.1 위험성 개선대책(공학적·관리적)의 종류 ········ 189
9.1.1 공학적 대책 ········ 189
9.1.2 관리적 대책: ········ 190
9.1.3 적절한 대책 선택: ········ 190

9.2 허용가능한 위험수준 분석 …… 191
9.2.1 허용 가능한 위험 수준 분석의 목적 …… 191
9.2.2 허용 가능한 위험 수준 설정 요소 …… 191
9.2.3 허용 가능한 위험 수준 설정 방법 …… 191
9.2.4 허용 가능한 위험 수준 활용 …… 192
9.2.5 허용 가능한 위험 수준 분석 활용 분야 …… 192
9.2.6 허용 가능한 위험 수준 분석의 장점 …… 192
9.2.7 허용 가능한 위험 수준 분석의 한계 …… 193
9.3 감소대책에 따른 효과 분석 능력 …… 194
9.3.1 감소 대책 효과 분석 능력의 중요성 …… 194
9.3.2 과학적 의사 결정 …… 194
9.3.3 감소 대책 효과 분석 활용 방법 …… 194
9.3.4 감소 대책 효과 분석 관련 지표 및 도구 …… 195

Chapter 10 근골격계질환 예방관리 …… 197
10.1 근골격계 유해요인 …… 197
10.1.1 근골격계 질환의 정의 및 유형 …… 197
10.1.2 근골격계 부담작업의 범위 …… 198
10.1.3 근골격계 질환 작업분석 및 평가분석 종류 …… 200
10.2 인간공학적 유해요인 평가 …… 202
10.2.1 OWAS …… 202
10.2.2 RULA …… 203
10.2.3 REBA …… 204
10.3 근골격계 유해요인 관리 …… 205
10.3.1 작업관리목적 …… 205
10.3.2 방법연구 및 작업측정 …… 206
10.3.3 문제 해결 절차 …… 207
10.3.4 작업개선안의 원리 및 도출방법 …… 208

Chapter 11 유해요인 관리 …… 211
11.1 물리적 유해요인 관리 …… 211
11.1.1 물리적 유해 요인 파악 …… 211
11.1.2 물리적 유해요인 노출 기준 …… 212
11.1.3 물리적 유해요인 관리대책 수립 …… 213

11.2 화학적 유해요인 관리 ········· 215
11.2.1 화학적 유해요인 파악 ········· 215
11.2.2 화학적 유해요인 노출 기준 ········· 217
11.2.3 화학적 유해요인 관리대책 수립 ········· 218
11.3 생물학적 유해요인 관리 ········· 220
11.3.1 생물학적 유해요인 파악 ········· 220
11.3.2 생물학적 유해요인 노출기준 ········· 221
11.3.3 생물학적 유해요인 관리대책 수립 ········· 222

Chapter 12 작업환경 관리 ········· 225
12.1 인체계측 및 체계제어 ········· 225
12.1.1 인체계측 및 응용원칙 ········· 225
12.1.2 신체반응의 측정 ········· 226
12.1.3 표시장치 및 제어장치 ········· 227
12.1.4 통제표시비 ········· 229
12.1.5 양립성 ········· 231
12.1.6 수공구 ········· 232
12.2 신체활동의 생리학적 측정법 ········· 234
12.2.1 신체반응의 측정 ········· 234
12.2.2 신체역학 ········· 235
12.2.3 신체활동의 에너지 소비 ········· 236
12.2.4 동작의 속도와 정확성 ········· 237
12.3 작업 공간 및 작업 자세 ········· 239
12.3.1 부품 배치의 원칙 ········· 239
12.3.2 활동 분석 ········· 239
12.3.3 개별 작업 공간 설계 지침 ········· 240
12.4 작업측정 ········· 242
12.4.1 표준시간 및 연구 ········· 242
12.4.2 work sampling의 원리 및 절차 ········· 243
12.4.3 표준자료 ········· 244
12.5 작업환경과 인간 공학 ········· 246
12.5.1 빛과 소음의 특성 ········· 246
12.5.3 진동과 가속도 ········· 249
12.5.4 실효온도와 oxpord지수 ········· 250

12.5.5 이상환경
(고온, 한랭, 기압, 고도 등) 및 노출에 따른 사고와 부상 ············ 250
12.5.6 사무/VDT 작업 설계 및 관리 ············ 251
12.6 중량물 취급 작업 ············ 253
12.6.1 중량물 취급 방법 ············ 253
12.6.2 NIOSH Lifting Equation ············ 254
[인간공학 추가요점정리] ············ 257
1. 기계 체계의 형태 ············ 257
2. 심리적 분류(Swain)의 인적 오류 ············ 257
3. 실수 원인의 수준적 분류 ············ 257
4. 인간이 과오를 범하기 쉬운 작업 ············ 257
5. 인간-기계 시스템 설계 3단계 ············ 258
6. 의식수준의 종류 ············ 258
7. 부품 배치의 원칙 ············ 258
8. 부호의 3가지 유형 ············ 258
9. 청각 vs 시각 ············ 258
10. 통제표시비 설계 5요소 ············ 259
11. 작업 강도의 구분 ············ 259
12. CTDs(Cumulative Trauma Disorders, 누적 외상 질환) ············ 259
13. 산소 빚 ············ 259
14. 디스플레이 기본 요인 ············ 260
15. 음량 수준 ············ 260
16. 인간에 대한 모니터링 ············ 260
17. 열교환에 영향을 주는 요소 ············ 261
18. 빛의 반사율 ············ 261
19. 법적 조도 기준 ············ 261
20. 물건이 보일 조건 ············ 261
21. 골격 체계의 구성 요소 ············ 262
22. 시스템 안전의 우선도 ············ 262
23. 시스템 안전 분석 기법 ············ 262
24. 동작 경제 3원칙 ············ 262
25. FTA 재해 사례 연구 순서 ············ 263
26. Safety Assessment 점검 ············ 263
27. 위험 관리 4단계 ············ 263
28. FMEA 고장 발생 확률 ············ 263
29. 제조물 책임 ············ 264

30. 정밀 진단 기술 ········ 264
31. 록 시스템의 종류 ········ 264
32. 효율화 대상 4M ········ 264
33. 인간 오류의 배후 요인 4M ········ 264
34. 의자 설계 원칙 ········ 265
35. 수평 작업대 ········ 265
36. 목시각 ········ 265
37. 온도 변화 ········ 265
38. 소음 ········ 265
39. 동시력 ········ 266
40. 유해 위험 방지 계획서 제출 대상(기계, 설비) ········ 266
41. 유해 위험 방지 계획서 제출 대상(건설, 공사) ········ 266
[인간공학 수식정리] ········ 267
[체크문제] ········ 271

3부 기계기구 및 설비 안전관리

Chapter 13 기계공정의 안전 ········ 279
13.1 기계공정의 특수성 분석 ········ 279
13.1.1 설계도 검토 및 종류 ········ 279
13.1.2 파레토도, 특성요인도, 클로즈 분석, 관리도 ········ 279
13.1.3 표준안전작업절차서 ········ 280
13.1.4 공정도를 활용한 공정 분석 기술 ········ 281
13.2 기계의 위험 안전조건 분석 ········ 284
13.2.1 기계의 위험 요인 ········ 284
13.2.2 기계설비의 본질안전 조건 ········ 286
13.2.3 기계의 일반적인 안전사항과 안전조건 ········ 287
13.2.4 유해위험 기계 기구 종류, 기능과 작동원리 ········ 288
13.2.5 기계 위험성 ········ 290
13.2.6 기계 방호장치 ········ 292
13.2.7 설비 보존의 개념 ········ 293
13.2.8 기계 작동원리 분석 기술 ········ 294

Chapter 14 기계분야 산업 재해조사 및 관리 ······ 297
14.1 재해조사 ······ 297
14.1.1 재해조사의 목적 ······ 297
14.1.2 재해조사 시 유의사항 ······ 297
14.1.3 재해 발생 시 조치사항 ······ 298
14.1.4 재해의 원인 분석 및 조사기법 ······ 299
14.2 산재분류 및 통계 분석 ······ 302
14.2.1 산재분류의 이해 ······ 302
14.2.2 재해관련 통계의 정의 ······ 304
14.2.3 재해 관련 통계의 종류 및 계산 ······ 306
14.2.4 재해손실비의 종류 및 계산 ······ 308
14.3 안전점검, 검사·인증 및 진단 ······ 310
14.3.1 안전점검의 정의 및 목적 ······ 310
14.3.2 안전점검의 종류 ······ 310
14.3.3 안전점검표의 작성 ······ 311
14.3.4 안전검사 및 안전인증 ······ 311
14.3.5 안전진단 ······ 315

Chapter 15 기계설비 위험요인 분석 ······ 317
15.1 공작기계의 안전 ······ 317
15.1.1 절삭가공기계의 종류 및 방호장치 ······ 317
15.1.2 소성가공 및 방호장치 ······ 325
15.2 프레스 및 전단기의 안전 ······ 327
15.2.1 프레스 재해 방지의 근본적인 대책 ······ 327
15.2.2 금형의 안전화 ······ 328
15.3 기타 산업용 기계 기구 ······ 329
15.3.1 롤러기 ······ 329
15.3.2 원심기 ······ 329
15.3.3 아세틸렌 용접장치 ······ 330
15.3.4 보일러 압력용기 ······ 330
15.3.5 산업용 로봇 ······ 331
15.3.6 목재 가공용 기계 ······ 332
15.3.7 고속 회전체 ······ 333
15.3.8 사출성형기 ······ 333

15.4 기계 및 양중기 ····· 334
15.4.1 지게차 ····· 334
15.4.2 컨베이어 ····· 334
15.4.3 양중기(건설용 제외) ····· 335
15.4.4 운반기계 ····· 336

Chapter 16 기계안전시설 관리 ····· 337
16.1 안전시설 관리 계획하기 ····· 337
16.1.1 기계 방호장치 ····· 337
16.1.2 안전작업절차 ····· 340
16.1.3 공정도를 활용한 공정분석 ····· 342
16.1.4 Fool Proof ····· 343
16.1.5 Fail Safe ····· 343
16.2 안전시설물 설치기준 ····· 346
16.2.1 안전시설물 설치기준 ····· 346
16.2.2 안전보건표지 설치기준 ····· 347
16.2.3 기계종류별 안전장치 설치기준 ····· 348
16.2.4 기계의 위험점 분석 ····· 352
16.3 안전시설 유지-관리하기 ····· 353
16.3.1 KS B 규격과 ISO 규격 통칙에 대한 지식 ····· 353
16.3.2 유해위험기계기구 종류 및 특성 ····· 354

Chapter 17 설비진단 및 검사 ····· 357
17.1 비파괴검사의 종류 및 특징 ····· 357
17.1.1 육안검사 ····· 357
17.1.2 누설검사 ····· 357
17.1.3 침투검사 ····· 357
17.1.4 초음파검사 ····· 358
17.1.5 자기탐상검사 ····· 358
17.1.6 음향검사 ····· 359
17.1.7 방사선투과검사 ····· 359
17.2 소음, 진동 방지 기술 ····· 360
17.2.1 소음방지 대책 ····· 360
17.2.2 진동방지 대책 ····· 360

[기계위험 추가요점정리] ········· 361
1. 리밋 스위치와 과부하 방지 장치 ········· 361
2. 위험 요소 5가지 체크 사항 ········· 361
3. 기계 설비 외관상 안전화 ········· 361
4. 기계의 안전 조건 ········· 361
5. 기계 설비의 본질 안전 ········· 362
6. 기계 고장률의 기본 모형 ········· 362
7. 풀 프루프 기구의 종류 ········· 362
8. 기계의 위험성 원인 ········· 363
9. 위험점의 분류 ········· 363
10. 안전 난간의 설치 요건 ········· 363
11. 비상구 설치 기준 ········· 363
12. 경보용 설비 설치 기준 ········· 363
13. 가설 통로 구조 ········· 364
14. 사다리식 통로 구조 ········· 364
15. 계단의 강도 ········· 364
16. 계단참의 높이 ········· 364
17. 고정형 가드 구비 조건 ········· 364
18. 방호 장치의 종류 ········· 364
19. 셰이퍼 작업 안전 대책 ········· 365
20. 플레이너, 셰이퍼, 슬로터의 방호 장치 ········· 365
21. 드릴 작업 시 안전 대책 ········· 365
22. 연삭 숫돌의 3요소 ········· 365
23. 숫돌의 파괴 원인 ········· 366
24. 숫돌 고정 방법 ········· 366
25. 유압 장치 ········· 366
26. 연삭기 작업 시 유의 사항 ········· 366
27. 선반의 안전 장치 ········· 366
28. 안전 장치의 선택 기준 ········· 367
29. 숫돌 노출 각도 기준 ········· 367
30. 급정지 기구에 따른 방호 장치 ········· 367
31. 게이트 가드식 방호 장치 ········· 368
32. 금형 안에 손이 들어가지 않는 구조 ········· 368
33. 금형 안에 손이 들어가는 구조와 대응하는 방호 장치 ········· 368
34. 롤러기 방호 조치 ········· 369
35. 압연기의 마찰각과 접촉각 ········· 369

36. 발생기실의 설치 장소 ··· 369
37. 가연성 가스 ··· 369
38. 안전기의 설치 ··· 370
39. 발생기실의 구조 ··· 370
40. 충전 가스 용기의 도색 ··· 370
41. 가스 용기 취급 시 주의사항 ··· 371
42. 가스 장치실 구조 ··· 371
43. 보일러 이상 현상 ··· 371
44. 보일러 방호 장치 ··· 371
45. 로봇 작업 시작 전 점검 사항 ··· 372
46. 지게차 운전 시 주의사항 ··· 372
47. 컨베이어 방호 장치 ··· 372
48. 양중기의 종류 ··· 373
49. 곤돌라 방호 장치 ··· 373
50. 승강기 안전 장치 ··· 373
51. 인력 운반 ··· 374
52. 비파괴 검사의 종류 ··· 374

[기계위험 수식정리] ··· 376
[체크문제] ··· 379
– 참고문헌 – ··· 383
– 찾아보기 – ··· 384

1

산업재해예방 및 안전보건교육

Chapter 1 산업재해예방 계획수립

1.1 안전관리

1.1.1 안전과 위험의 개념

산업 안전에서 안전과 위험은 서로 밀접하게 관련된 개념이지만, 명확히 구분되는 중요한 차이점을 가지고 있다. 안전은 사고나 질병으로부터 보호된 상태를 의미하며 어떠한 해를 입지 않고 건강하게 작업할 수 있는 상태라고 볼 수 있다. 반면에 위험은 사고나 질병을 발생시킬 수 있는 가능성을 의미하며 잠재적으로 해를 입을 수 있는 요소라고 볼 수 있다.

가. 사건, 사고, 재해의 개념

▶ 사건:

- 일반적으로 사회적으로 주목받거나 문제를 야기하는 예기치 못한 일을 의미
- 의도적인 행위나 특정한 원인이 있음.
- 예시: 살인 사건, 교통 사건, 역사적 사건 등

▶ 사고:

- 예기치 못한 불행한 일로, 주로 개인적인 차원에서 발생
- 의도하지 않은 실수나 우연한 상황에서 발생
- 예시: 교통사고, 실수로 물건을 깨뜨림 등
- 사고의 본질적 특성:
  ① 사고의 시간성: 사고는 순간적으로 발생하며, 과거로 돌아가 재현할 수 없는 특징을 가지고 있다.
  ② 우연성 중의 법칙성: 사고는 우연히 발생하는 것처럼 보이지만, 그 이면에는 특정한 원인과 조건이 존재하며, 이러한 원인과 조건을 분석하면 사고 발생의 법칙성을 찾을 수 있다.
  ③ 필연성 중의 우연성: 사고는 필연적으로 발생하는 것은 아니지만, 특정한 조건이 충족

될 때 우연히 발생할 수 있다. 즉, 사고는 필연성과 우연성이 복합적으로 작용하여 발생한다.

④ 사고의 재현 불가능성: 동일한 조건에서도 사고는 항상 동일하게 발생하지 않으며, 미세한 차이로 인해 전혀 다른 결과를 초래할 수 있다.

즉, 사고는 시간적으로 순간적이며, 우연과 필연이 복합적으로 작용하여 발생하며, 동일한 조건에서도 항상 동일하게 재현되지 않는다는 특징을 가지고 있다.

▶ 재해:

사고로 인해 발생하는 결과, 즉 인명 피해나 재산 손실 등을 의미
자연적인 현상(지진, 태풍 등)으로 인한 피해도 포함

▶ 안전:

- 정의: 사고나 질병으로부터 보호된 상태
- 핵심: 해를 입지 않고 건강하게 작업 가능
- 예시: ① 보호구 착용, ② 안전장치 설치, ③ 작업환경 개선, ④ 안전교육 실시

▶ 위험:

- 정의: 사고나 질병을 발생시킬 수 있는 가능성
- 핵심: 잠재적으로 해를 입을 수 있는 요소
- 예시: ① 기계 및 설비의 위험 요소, ② 화학 물질의 위험성, ③ 작업 방법의 부적절성, ④ 작업 환경의 악영향

산업 안전에서 중요한 목표는 위험을 최소화하고 안전을 최대화하는 것이다. 이를 위해서는 위험 요소를 파악하고, 이를 제거 또는 감소시키는 노력이 필요하다. 또한, 안전 교육을 통해 작업자들의 안전 의식을 높이고, 안전 규정을 준수하도록 하는 것도 중요하다.

▶ 산업 안전에서 안전과 위험을 구분하는 중요성

안전과 위험을 구분하는 것은 산업안전 관리에서 매우 중요하다. 왜냐하면 위험 요소를 정확하게 파악하지 못하면 효과적인 안전관리를 수행할 수 없기 때문이며 예를 들어, 작업 현장에 존재하는 모든 위험 요소를 파악하지 못하면, 사고 발생 가능성이 높은 위험 요소를 제거하거나 관리하지 못할 수 있다. 따라서, 위험 요소에 대한 정확한 평가를 통해서 적절한 안전 대책을 마련할 필요가 있다.

1.1.2 사고이론

가. 사고발생 단계

사고발생 5단계는 하인리히의 도미노 이론에서 제시된 개념으로, 사고가 발생하기까지 거치는 다섯 단계를 의미한다. 이 이론은 사고의 원인을 단순히 개인의 실수로만 돌리지 않고, 사회적, 조직적 요인까지 고려하여 사고 발생의 근본적인 원인을 찾아내고자 한다.

5단계는 다음과 같다.

1) 유전적, 사회적 결함: 개인의 유전적인 특성이나 사회적인 환경이 사고 발생에 영향을 미칠 수 있다. 예를 들어, 부모의 안전 불감증이 자녀에게 전달될 수 있고, 빈곤한 환경에서 자란 사람은 안전에 대한 관심이 부족할 수 있다.

2) 개인적 결함: 개인의 성격, 지능, 경험 등이 사고 발생에 영향을 미칠 수 있다. 예를 들어, 성급한 성격을 가진 사람은 안전 수칙을 지키지 않고 위험한 행동을 할 가능성이 높다.

3) 불안전한 행동과 상태: 안전 수칙을 지키지 않는 행동이나 위험한 작업 환경 등이 직접적인 사고 원인이 된다. 예를 들어, 보호구를 착용하지 않고 작업하거나, 기계를 잘못 조작하는 등의 행위가 이에 해당한다.

4) 사고: 불안전한 행동과 상태가 결합하여 사고가 발생한다.

5) 재해: 사고로 인해 인명이나 재산에 손실이 발생한다.

나. 사고방지

사고방지를 위한 체계적인 접근 방식은 크게 다음의 5단계로 나눌 수 있습니다.

(1) 안전조직 구성:

안전관리 전담 부서 설립
안전 담당자 지정 및 역할 부여
안전 관련 회의체 구성 및 운영
안전 관련 예산 확보

(2) 사실의 발견:

사고 발생 시 신속한 현장 조사 실시
관련자 인터뷰 및 증언 확보
사고 관련 자료 수집 및 분석
사고 발생 경위 및 과정 파악

(3) 분석:

직접적인 원인 분석 (불안전한 행동, 불안전한 상태 등)
간접적인 원인 분석 (관리 소홀, 시스템 결함 등)
근본 원인 분석 (조직 문화, 시스템적 문제 등)

(4) 시정방법 선정:
기술적 개선 (안전 설비 보강, 위험 요소 제거 등)
관리적 개선 (작업 절차 개선, 안전 점검 강화 등)
교육적 개선 (안전 교육 실시, 위험 인식 교육 등)
조직적 개선 (안전 문화 정착, 안전 조직 개편 등)

(5) 시정책 적용 (3E):
Engineering (기술): 기술적인 개선 조치 시행
Education (교육): 안전 교육 실시 및 교육 자료 개발
Enforcement (강제): 안전 규정 준수 감독 및 위반 시 조치

다. 하베이의 3E 이론

산업 현장에서 발생하는 사고의 원인을 분석하고, 이를 예방하기 위한 효과적인 대책을 제시하는 이론이다. 3E는 Engineering (기술적), Education (교육적), Enforcement (관리적)의 세 가지 요소를 의미하며, 여기에 Maintenance (유지보수)를 추가한 개념이다.

1)Engineering (기술적):
- 안전 설비 설치 및 개선: 안전 펜스, 보호 덮개, 비상 정지 버튼 등 안전 설비를 설치하고 주기적으로 점검하여 위험 요소를 제거한다.
- 위험 기계 및 장비 개선: 위험한 부분을 개선하거나 자동화하여 사고 발생 가능성을 낮춘다.

2) Education (교육적):
- 안전 교육 실시: 작업자에게 안전 수칙, 위험 요소, 응급처치 방법 등을 교육하여 안전의식을 고취시킨다.
- 안전 훈련: 실제 상황을 모방한 훈련을 통해 위급 상황에 대처하는 능력을 향상시킨다.

3) Enforcement (관리적):
- 안전 규정 및 표준 작업 절차 수립: 안전 관련 규정과 작업 절차를 명확하게 정하고, 이를 준수하도록 관리한다.
- 안전 점검 실시: 정기적인 안전 점검을 통해 위험 요소를 사전에 발견하고 개선한다.

라. 버드의 도미노 이론

버드의 도미노 이론은 하인리히의 도미노 이론을 발전시켜 사고 발생의 근본 원인을 더욱 심층적으로 분석하고자 하는 이론이다. 하인리히 이론이 주로 개인의 실수나 불안전한 행동에 초점을 맞춘 반면, 버드 이론은 조직적인 문제와 관리 체계의 미흡함을 강조한다.

버드 이론에 따르면, 사고는 단순한 우연의 일치가 아니라 체계적인 문제의 결과이다. 사고 발생의 과정은 다음과 같은 단계로 설명된다.

(1) 통제의 부족:
   관리자의 안전 관리 소홀, 안전 규정 미비 등 조직적인 문제가 사고 발생의 근본 원인이다.
   - 예시: 안전 교육 부족, 위험 평가 미실시, 안전 투자 부족 등

(2) 기본 원인:
   개인적인 요인(피로, 스트레스, 무지 등)과 업무적인 요인(과중한 업무, 부적절한 작업 방법 등)이 사고 발생의 기본적인 원인이 된다.
   - 예시: 작업자가 충분한 휴식 없이 장시간 작업, 위험한 작업 방법 사용 등

(3) 직접 원인:
   불안전한 행동(안전 수칙 위반 등)과 불안전한 상태(위험한 작업 환경 등)가 사고를 직접 유발하는 원인이다.
   - 예시: 보호구 미착용, 기계 가동 중 작업 등

(4) 사고:
   직접 원인에 의해 사고가 발생한다.

(5) 상해 및 손실:
   사고로 인해 인명 피해, 재산 손실 등이 발생한다.

마. STOP 불안전행위 관찰: 안전한 작업 환경을 위한 5단계

STOP은 Safety Training Observation Program의 약자로, 작업 현장에서 발생할 수 있는 불안전한 행위를 관찰하고 개선하여 안전 사고를 예방하기 위한 체계적인 프로그램이다. STOP은 결심, 정지, 관찰, 조치, 보고의 5단계로 구성되어 있으며, 각 단계별로 수행해야 할 내용은 다음과 같다.

1) 결심 (Select)

- 안전에 대한 의지를 다짐: 안전한 작업 환경을 만들고 유지하기 위해 노력하겠다는 강한 의지를 갖다.
- 관찰 목표 설정: 어떤 유형의 불안전한 행위를 중점적으로 관찰할지 목표를 설정한다. (예: 안전장비 미착용, 지정된 통로 미준수 등)
- 관찰 대상 선정: 관찰 대상을 특정 작업, 부서, 또는 개인으로 구체화한다.

2) 정지 (Observe)

- 현장 방문: 직접 현장을 방문하여 작업자들의 행동을 관찰한다.
- 불안전 행위 기록: 관찰한 불안전 행위를 상세하게 기록한다.(시간, 장소, 행위, 관련자 등)
- 안전 수칙 위반 여부 확인: 관찰된 행위가 어떤 안전 수칙을 위반하는지 확인한다.

3) 관찰 (Target)

- 불안전 행위의 원인 분석: 왜 불안전한 행위가 발생했는지 그 원인을 분석한다. (개인적인 요인, 작업 환경, 시스템적인 문제 등)
- 위험 요소 식별: 불안전 행위로 인해 발생할 수 있는 위험 요소를 파악한다.

4) 조치 (Act)

- 즉각적인 시정: 가능한 경우 즉시 불안전한 행위를 중단시키고 안전한 행동을 유도한다.
- 근본 원인 해결: 불안전 행위의 근본 원인을 해결하기 위한 개선 조치를 수립한다. (예: 안전 교육 실시, 작업 환경 개선, 장비 보완 등)
- 책임 소재 명확화: 필요한 경우 책임 소재를 명확히 하고, 관련자에게 교육을 실시한다.

5) 보고 (Report)

- 관찰 결과 보고: 관찰 결과와 개선 조치를 관련 부서에 보고한다.
- 개선 계획 수립: 장기적인 안전 개선을 위한 계획을 수립하고 실행한다.
- 성과 평가: 정기적으로 STOP 프로그램의 효과를 평가하고, 필요한 경우 프로그램을 개선한다.

▶ STOP 불안전행위 관찰의 효과

- 안전 사고 예방: 불안전한 행위를 사전에 발견하고 개선하여 안전 사고를 예방한다.
- 안전 의식 고취: 작업자들의 안전 의식을 높이고, 안전한 작업 문화를 조성한다.
- 작업 효율성 향상: 안전 문제 해결을 통해 작업 효율성을 향상시킨다.
- 조직 안전 문화 정착: 안전을 최우선 가치로 삼는 조직 문화를 구축한다.

바. 산업 안전 지표

산업 현장에서 안전 관리를 평가하고 개선하기 위해 다양한 지표들이 사용된다. 각 지표는 특정한 측면에서 발생하는 재해의 정도와 빈도를 수치화하여 보여준다.

(1) 주요 안전 지표 설명

- 재해율(재해자수/근로자수 *100): 특정 기간 동안 100명의 근로자당 발생한 재해 건수를 의미한다. 산업 전체의 재해 발생 정도를 파악하는 데 사용된다.
- 연천인율(연간재해자수/연평균근근로자수 *1000): 1,000명의 근로자당 발생한 재해 건수를 의미한다. 재해율과 유사하게 사용되며, 더 큰 단위로 재해 발생률을 나타낸다.
- 도수율(FR, 빈도율: 재해건수/연간총근로시간수 *1,000.000): 100만 시간당 발생한 재해 건수를 의미한다 재해 발생 빈도를 나타내는 지표로, 근로 시간과 연관된 재해 발생률을 파악하는 데 사용된다.

- 강도율(SR, 근로손실일수/연간총근로시간수*1,000): 재해의 심각성을 나타내는 지표로, 연 근로시간 1,000시간당 발생한 근로 손실일수를 의미합니다. 재해로 인해 발생한 손실 시간을 측정하여 재해의 심각성을 파악한다.
- 평균강도율(강도율/도수율*1000): 강도율의 평균값으로, 전체적인 재해의 심각성을 나타낸다.
- 환산도수율(도수율*1/10건), 환산강도율(강도율*100일), 환산재해율(환산재해자수/상시근로자수*100): 각 지표를 특정 기준에 맞춰 환산한 값으로, 서로 다른 사업장이나 기간의 재해 발생률을 비교하는 데 사용된다
- 건설업 상시근로자수(연간국내공사실적액*노무비율 / 건설업 월 평균임금*12): 건설업에 종사하는 근로자의 총 수를 의미하며, 재해율 계산 시 분모로 사용된다
- 종합재해지수(FSI= $\sqrt{도수율(FR) * 강도율(SR)}$): 도수율과 강도율을 종합하여 산출한 지수로, 재해의 발생 빈도와 심각성을 동시에 반영하여 전체적인 안전 수준을 평가한다.
- 안전활동률(안전활동건수/(연근로시간수 *평균근로자수): 안전 활동에 투입된 시간이나 비용 등을 나타내는 지표로, 안전 활동의 수준을 평가하는 데 사용된다
- Safe-T-Score : 과거와 현재의 안전을 성적내어 비교. 평가

$$\text{Safe-T-Score} = \frac{현재의\ 빈도율 - 과거의\ 빈도율}{\sqrt{\frac{과거의\ 빈도율}{근로총시간(현재)} \times 1,000,000}}$$

※ 판 정

① 계산값 : - 2 이하: 과거보다 안전이 좋아졌다.

② : - 2 ~ + 2: 과거와 큰 차이가 없다.

③ : + 2 이상: 과거보다 안전이 심각하게 나빠졌다.

- 건설업체의 산업재해 발생률

$$환산\ 재해율 = \frac{환산\ 재해자수}{상시\ 근로자수} \times 100$$

$$상시\ 근로자\ 수 = \frac{연간\ 국내공사\ 실적액 \times 노무비율}{건설업\ 월평균\ 임금 \times 12}$$

※ 환산 재해자수 = (사망자수×5)+부상자수(사망자수에 대한 가중치는 재해자의 5배)

(2) 각 지표의 의미와 활용

재해율, 연천인율: 산업 전체의 재해 발생 정도를 파악하고, 산업 간 비교에 사용된다.

도수율, 강도율: 각각 재해 발생 빈도와 심각성을 나타내며, 개별 사업장의 안전 수준을 평가하고 개선 방안을 모색하는 데 사용된다
종합재해지수: 다양한 요인을 종합적으로 고려하여 안전 수준을 평가하는 데 사용된다
안전활동률: 안전 투자와 노력의 정도를 평가하고, 안전 활동의 효과를 분석하는 데 사용된다.

1.1.3 안전보건관리 제이론

산업안전 분야에서 안전보건관리 제이론은 안전보건관리 시스템을 구축하고 운영하는 데 활용되는 체계적인 이론으로 다양한 요소들이 상호 작용하며 안전보건 수준에 영향을 미친다는 것을 기본으로 한다.

가. 안전보건관리 제이론의 주요 요소

- 입력 요소: 경영진의 리더십, 안전보건 정책, 자원 투자, 안전보건 관련 규정 등 안전보건관리 시스템을 구축하고 운영하는 데 필요한 요소들을 의미한다.
- 과정 요소: 안전보건 계획 수립 및 실행, 위험 평가 및 관리, 안전교육 및 훈련, 사고 조사 및 재발 방지, 작업환경 관리, 건강관리 등 안전보건관리 활동을 수행하는 과정들을 의미한다.
- 출력 요소: 사고/재해 발생률 감소, 작업자의 건강 및 안전 수준 향상, 생산성 향상, 비용 절감 등 안전보건관리 활동의 결과를 의미한다.

나. 안전보건관리 제이론의 작동 방식

경영진의 리더십, 안전보건 정책, 자원 투자, 규정 준수 등의 입력요소가 안전보건 계획 수립, 위험 평가, 교육 훈련, 사고 조사, 작업환경 관리, 건강관리 등의 과정요소에 영향을 미친다. 또한, 안전보건관리 활동을 효과적으로 수행하면 사고/재해 발생률 감소, 작업자 건강 및 안전 수준 향상, 생산성 향상, 비용 절감 등의 긍정적인 결과를 얻을 수 있는 것처럼 과정요소는 출력요소에 영향을 미친다. 사고/재해 발생률 감소로 나타나는 출력요소는 다시 경영진의 안전보건에 대한 투자를 증가시키는 데 기여할 수 있으며, 작업자 건강 및 안전 수준 향상은 생산성 향상으로 이어지는 등 입력요소에 영향을 미친다.

다. 안전보건관리 제이론의 중요성

- 체계적인 안전보건관리 시스템 구축 및 운영: 안전보건관리 제이론은 안전보건관리 시스템을 구축하고 운영하는 데 필요한 요소들을 체계적으로 제시함으로써 효율적이고 효과

적인 안전보건관리 활동을 가능하게 한다.

- 안전보건 수준 지속적 개선: 안전보건관리 제이론은 입력, 과정, 출력 요소들의 상호 작용을 이해함으로써 안전보건 수준을 지속적으로 개선하는 데 도움을 준다.
- 사고/재해 예방 및 작업자 건강 보호: 안전보건관리 제이론을 기반으로 안전보건관리 시스템을 구축하고 운영하면 사고/재해를 예방하고 작업자의 건강을 보호하는 데 기여할 수 있다.

라. 안전보건관리 제이론의 활용:

- 산업체: 안전보건관리 제이론을 기반으로 자체 안전보건관리 시스템을 구축하고 운영할 수 있다.
- 안전보건 전문가: 안전보건관리 제이론을 활용하여 안전보건 점검, 교육 훈련, 컨설팅 등의 서비스를 제공할 수 있다.
- 정부기관: 안전보건관리 제이론을 기반으로 안전보건 관련 법규 및 정책을 수립하고 시행할 수 있다.

마. 안전관리사이클

안전관리 사이클은 안전한 작업 환경을 구축하고 유지하기 위한 체계적인 관리 방법이다.

1) 실태 파악 (Plan):
   현재 안전 상태를 정확하게 진단하고 문제점을 파악하는 단계이다.
   위험 요소를 식별하고 평가하여 개선이 필요한 부분을 찾아낸다.
   안전 점검, 설문 조사, 인터뷰 등 다양한 방법을 활용하여 데이터를 수집하고 분석
2) 결함 발견 (Do):
   실태 파악을 통해 발견된 문제점에 대한 구체적인 원인을 분석한다.
   왜 이러한 문제가 발생했는지에 대한 근본적인 원인을 찾아낸다.
   비용 대비 효과, 실행 가능성 등을 고려하여 최적의 대책을 선택한다.
3) 대책 결정 (Check):
   발견된 문제점을 해결하기 위한 구체적인 대책을 수립한다.
   다양한 대안을 비교하고 가장 효과적인 방법을 선택한다.
   비용 대비 효과, 실행 가능성 등을 고려하여 최적의 대책을 선택한다.
4) 대책 실시 (Action):
   결정된 대책을 실제로 실행한다.
   안전시설 개선, 교육 실시, 표준작업절차 개정 등 다양한 방법을 활용한다. 책임자를 지정하고, 정기적으로 진행 상황을 점검한다.

각 단계를 거치면서 안전관리 사이클은 지속적으로 반복되어야 한다. 이를 통해 안전 수준을 지속적으로 향상시키고, 안전한 작업 환경을 구축할 수 있다.

바. 안전점검의 종류와 설명

안전점검은 산업현장의 안전사고를 예방하고 시설물의 안전을 확보하기 위해 정기적으로 실시하는 활동이다. 안전점검의 종류는 다양하며, 각각의 목적과 특징에 따라 실시된다.

1) 정기점검
일정한 주기로 계획적으로 실시하는 점검으로, 시설물의 상태를 주기적으로 확인하여 이상 유무를 파악하고, 필요한 경우 보수 및 유지 관리를 실시한다. 법규나 내부 규정에 따라 정해진 주기로 실시하며, 시설물의 수명 연장과 안전 확보에 기여한다.

2) 수시점검
정기점검 외에 필요에 따라 수시로 실시하는 점검으로, 특정 사건이나 상황 발생 시, 또는 시설물의 이상 징후가 발견되었을 때 실시한다. 예를 들어, 자연재해 발생 후 시설물의 손상 여부를 확인하거나, 작업 중 발생한 사고 이후 안전 상태를 점검하는 경우가 있다.

3) 임시점검
특정한 목적을 가지고 일시적으로 실시하는 점검으로, 새로운 설비 도입 시, 시설 개수 후, 또는 법규 변경 시 등에 실시한다. 시설물의 안전성을 확보하고, 법규 준수 여부를 확인하는 목적이 있다.

4) 특별점검
특정한 사건이나 상황 발생 시, 또는 안전에 대한 우려가 제기될 때 실시하는 점검으로, 일반적인 점검보다 심층적으로 진행된다. 예를 들어, 대규모 사고 발생 후 안전 관리 시스템 전반에 대한 점검을 실시하거나, 새로운 위험 요소가 발견되었을 때 특별 점검을 실시한다.

구분	정기점검	수시점검	임시점검	특별점검
목적	주기적인 상태 확인, 예방적 유지관리	특정 사건 발생 후 점검, 이상 징후 확인	새로운 설비 도입 등 특정 목적	안전에 대한 우려 발생 시 심층 점검
주기	정해진 주기	필요에 따라	특정 상황 발생 시	특정 사건 발생 후
범위	전반적인 시설 점검	특정 부분 집중 점검	특정 부분 집중 점검	전반적인 시스템 점검

사. 안전점검기준표

안전점검기준표는 시설물이나 작업장의 안전 상태를 체계적으로 점검하고 평가하기 위한 도구이다. 이 표에는 다음과 같은 필수적인 항목들이 포함되어야 한다.

1) 점검 부분

점검 대상 시설물 또는 장비의 구체적인 부분을 명시한다. 예를 들어, 건물의 경우 지붕, 외벽, 기둥, 바닥 등을, 기계 장비의 경우 동력부, 제어판, 안전장치 등을 각각의 점검 부분으로 설정할 수 있다.

2) 점검 항목

각 점검 부분별로 확인해야 할 세부적인 항목을 나열한다. 예를 들어, 지붕의 경우 누수 여부, 부식 상태, 하중 견딜 수 있는 능력 등을 점검 항목으로 설정할 수 있다.

3) 점검 방법

각 점검 항목을 확인하기 위한 구체적인 방법을 기술한다. 예를 들어, 육안 검사, 측정, 기능 검사 등을 사용할 수 있다.

4) 판정 기준

점검 결과를 판단하기 위한 기준을 설정한다. 일반적으로 양호, 보통, 불량 등의 등급으로 나누어 판정하며, 각 등급별 구체적인 기준을 명시한다.

5) 판정

점검 결과를 판정 기준에 따라 판정하고, 그 결과를 기록한다.

6) 점검 시기

정기적인 점검을 위한 주기를 설정한다. 점검 주기는 시설물의 중요도, 사용 빈도, 마모 속도 등을 고려하여 결정한다.

7) 조치

점검 결과 불량으로 판정된 항목에 대한 조치 사항을 명시한다. 예를 들어, 보수, 교체, 개선 등의 조치를 계획하고, 담당자와 완료 기한을 지정한다.

▶ 안전점검기준표 작성 시 유의사항

- 명확성: 점검 항목과 판정 기준을 명확하게 작성하여 누구나 쉽게 이해하고 적용할 수 있도록 한다.
- 체계성: 점검 항목을 논리적인 순서로 배열하고, 관련성 있는 항목끼리 묶어서 관리한다.
- 실용성: 현장에서 실제로 점검을 수행하는 데 어려움이 없도록 간결하고 명확하게 작성한다.
- 정기적 검토: 시설물의 변화나 새로운 위험 요소 발생에 따라 정기적으로 점검 기준표를 검토하고 수정한다.

▶ 안전점검기준표의 활용

안전점검기준표는 다음과 같은 목적으로 활용될 수 있다.

- 안전사고 예방: 잠재적인 위험 요소를 사전에 발견하고, 이에 대한 조치를 취하여 안전사고를 예방한다.
- 시설물 유지 관리: 시설물의 상태를 주기적으로 점검하고, 필요한 보수 및 유지 관리를 실시하여 시설물의 수명을 연장한다.

- 법규 준수: 관련 법규 및 규정에서 요구하는 안전 점검을 수행하고, 법적 의무를 준수한다.
- 책임 소재 명확화: 안전사고 발생 시, 책임 소재를 명확히 하고, 향후 개선 방안을 마련하는 데 활용한다.

결론적으로, 안전점검기준표는 안전관리 시스템의 핵심적인 요소이다. 체계적이고 명확한 안전 점검 기준표를 작성하고 이를 철저히 준수함으로써 안전한 작업환경을 조성하고, 재해를 예방할 수 있다.

아. 체크리스트

체크리스트는 특정 대상이나 작업에 대한 점검 항목을 미리 정의하여, 누락 없이 빠짐없이 점검할 수 있도록 돕는 도구이다. 점검 대상, 점검 항목, 점검 시기, 점검 방법, 판정 기준 및 조치 사항 등을 포함하여 체계적으로 점검을 수행하고, 문제 발생을 미리 방지하거나, 개선할 수 있는 방안을 제시한다.

- 점검 대상: 점검의 대상이 되는 시스템, 장비, 설비, 문서 등을 구체적으로 명시한다.
- 점검 항목: 점검 대상의 상태나 기능을 평가하기 위한 세부적인 항목들을 나열한다.
- 점검 시기: 정기적인 점검 주기 또는 특정한 상황에서 점검해야 하는 시기를 설정한다.
- 점검 방법: 각 항목을 점검하기 위한 구체적인 방법(육안 검사, 측정, 테스트 등)을 명시한다.
- 판정 기준 및 조치 사항: 점검 결과에 따른 판정 기준을 설정하고, 문제가 발생했을 경우 취해야 할 조치 사항을 명시한다.

▶ 예시:

- 점검 대상: 사무실 소방시설
- 점검 항목: 소화기 상태, 스프링클러 작동 여부, 비상구 표지판 부착 상태 등
- 점검 시기: 매월 말일
- 점검 방법: 육안 검사, 작동 테스트
- 판정 기준 및 조치 사항: 소화기 압력 부족 시 교체, 스프링클러 헤드 막힘 시 청소 등

1.1.4 생산성과 경제적 안전도

가. 생산성 향상

- 사고 감소 및 작업 중단 최소화

  산업 재해는 사망, 부상, 재산 피해뿐만 아니라 생산 중단, 지연, 품질 문제 등을 야기하여 생산성을 저하시키는 요인으로 안전 관리를 통해 사고 예방과 작업 환경 개선이 이루어지면 생산 중단을 최소화하고 일관된 생산을 유지할 수 있다.

- 작업자의 효율성 및 생산성 향상
  안전한 작업 환경은 작업자의 집중력과 사기를 높여 작업 효율성을 향상시킨다. 건강한 작업자는 질병으로 인한 휴가 감소와 업무 능력 저하 없이 지속적으로 업무에 참여할 수 있어 생산성 향상에 기여한다.
- 숙련된 작업자 유지
  안전사고로 인한 사망, 부상, 이직은 숙련된 작업자의 손실을 초래하고, 새로운 작업자를 교육하고 숙련시키는 데 많은 시간과 비용이 소요된다. 안전 관리를 통해 숙련된 작업자를 유지함으로써 생산성을 지속적으로 유지할 수 있다.

나. 경제적 안전도 향상

- 산재보험 비용 절감
  산업 재해는 치료비, 보상금, 생산 손실 등으로 인해 기업에 막대한 경제적 손실을 야기한다. 안전 관리를 통해 산업 재해를 예방함으로써 산재보험 비용을 절감하고 경제적 손실을 줄일 수 있다.
- 법적 책임 감소
  안전 관리 소홀로 인한 산업 재해는 민형 및 형사상 법적 책임을 초래할 수 있다. 안전 관리를 통해 법적 분쟁을 예방하고 기업의 이미지를 보호할 수 있다.
- 기업 가치 증대
  안전한 작업 환경을 조성하고 지속적으로 안전 관리 노력을 하는 기업은 투자자와 고객에게 신뢰감을 심어주고 기업 이미지를 개선하여 기업 가치 증대에도 기여한다.

1.1.5 재해예방활동기법 및 산업재해

가. 재해예방활동

(1) 재해 예방 활동의 목적 및 중요성

재해예방 활동의 목적은 작업자의 사망, 부상, 질병 등으로 인한 산업 재해 발생을 예방하고, 안전하고 건강한 작업 환경을 조성하는 것이다.

구체적으로는 다음과 같은 목적을 달성한다.

- 작업자의 안전과 건강 보호
- 생산성 향상
- 기업 이미지 개선
- 법적 책임 감소
- 산재보험 비용 절감

산업재해는 작업자에게 신체적, 정신적 피해를 입히고, 기업에 경제적 손실을 야기한다. 따라서, 재해 예방활동을 통해 산업재해를 예방함으로써 작업자의 안전과 건강을 보호하고, 기업의 경쟁력을 높일 수 있다.

(2) 주요 재해 예방 활동

주요 재해 예방 활동으로는 다음과 같은 것들이 있다.

- 교육 및 훈련
  작업자에게 안전 교육 및 훈련을 실시하여 안전 의식을 함양하고, 안전한 작업 절차를 숙지하도록 한다.
- 위험성 평가 및 관리
  작업장의 위험 요소를 파악하고, 위험 요소에 대한 적절한 관리 조치를 취한다.
- 공정 안전 분석
  작업 공정을 분석하여 잠재적인 위험 요소를 파악하고, 이를 제거하거나 최소화하기 위한 방안을 마련한다.
- 사고 조사 및 재발 방지
  발생한 사고를 철저하게 조사하고, 재발 방지를 위한 조치를 취한다.
- 보호구 착용 및 관리
  작업자에게 적절한 보호구를 제공하고, 착용 및 관리를 철저히 한다.
- 안전 점검 및 감독
  작업장의 안전 상태를 정기적으로 점검하고, 안전 관리 수준을 유지한다.
- 산업보건 관리
  작업자의 건강 상태를 정기적으로 검진하고, 건강 관리 프로그램을 운영한다.
- 안전 캠페인 및 홍보
  안전 의식을 함양하고, 안전한 작업 환경 조성을 위한 캠페인 및 홍보 활동을 실시한다.

(3) 효과적인 재해 예방 활동을 위한 전략

효과적인 재해 예방 활동을 위한 전략으로는 다음과 같은 것들을 주목해야 한다.

- 경영진의 적극적인 참여
  경영진이 안전 관리에 대한 적극적인 리더십을 발휘하고, 재해 예방 활동에 대한 지속적인 지원을 해야 한다.
- 체계적인 안전보건관리 시스템(KOSHA-MS) 구축
  체계적인 안전보건관리 시스템을 구축하고 운영함으로써 재해 예방 활동의 효율성과 효과성을 높일 수 있다.
- 작업자 참여 유도
  작업자들이 재해 예방 활동에 적극적으로 참여하도록 유도하고, 안전 제안 및 개선 활동을 권장해야 한다.

- 지속적인 개선 노력

재해 예방 활동의 효과성을 지속적으로 평가하고, 개선점을 찾아 지속적으로 개선해야 한다.

(4) 위험예지훈련

산업 현장에서 발생할 수 있는 위험 요소를 미리 파악하고, 이를 통해 사고를 예방하기 위한 훈련 방법이다. 4단계의 과정을 통해 위험을 체계적으로 분석하고 개선 방안을 모색하는 것이 특징이다.

4단계 과정

▶ 현상 파악:

작업 현장이나 상황을 관찰하고, 어떤 위험 요소가 잠재되어 있는지 파악한다.

예시: "기계 부품이 노출되어 있다", "바닥이 미끄럽다" 등

▶ 본질 추구:

파악된 위험 요소의 근본적인 원인을 찾아낸다.

예시: "기계 보호 덮개가 없어서 부품이 노출되었다", "바닥에 기름이 흘러 미끄럽다" 등

▶ 대책 수립:

발견된 위험 요소를 해결하기 위한 구체적인 대책을 마련한다.

예시: "기계 보호 덮개를 설치한다", "바닥에 미끄럼 방지 처리를 한다" 등

▶ 목표 설정:

수립된 대책을 실천하기 위한 구체적인 목표를 설정하고, 이를 달성하기 위한 계획을 수립한다

나. 무재해(산업안전보건공단:사업장 무재해운동 추진 및 운영에 관한 규칙 참조)

(1) 무재해의 정의

무재해란 무재해운동 시행사업장에서 근로자가 업무에 기인하여 사망 또는 4일 이상의 요양을 요하는 부상 또는 질병에 이환되지 않는 것을 말한다. 다만, 다음 각 목의 어느 하나에 해당할 때는 무재해로 본다.

- 업무수행 중의 사고 중 천재지변 또는 돌발적인 사고로 인한 구조행위 또는 긴급피난 중 발생한 사고
- 출·퇴근 도중에 발생한 재해
- 운동경기 등 각종 행사 중 발생한 재해
- 사고 중 천재지변 또는 돌발적인 사고 우려가 많은 장소에서 사회통념상 인정되는 업무수행 중 발생한 사고
- 제3자의 행위에 의한 업무상 재해
- 「산업재해보상보험법 시행령」 별표3의 업무상 질병에 대한 구체적인 인정기준 중 뇌혈관

질병 또는 심장질병에 의한 재해

- 업무시간외에 발생한 재해. 다만, 사업주가 제공한 사업장내의 시설물에서 발생한 재해 또는 작업개시전의 작업준비 및 작업종료후의 정리정돈과정에서 발생한 재해는 제외한다.
- 도로에서 발생한 사업장 밖의 교통사고, 소속 사업장을 벗어난 출장 및 외부기관으로 위탁교육 중 발생한 사고, 회식중의 사고, 전염병 등 사업주의 법 위반으로 인한 것이 아니라고 인정되는 재해
- "요양"이란 부상 등의 치료를 말하며 재가, 통원 및 입원의 경우를 모두 포함한다.
- "재개시"란 무재해운동 추진 중 재해가 발생한 경우로서 업무상 사고는 재해가 발생한 다음날부터, 업무상 질병은 근로복지공단의 최초 요양 승인일의 다음날부터 다시 개시한 것으로 간주하는 것을 말한다.
- "재설정"이란 특정 목표배수를 달성하고 다음 배수를 달성하기 위해 상시근로자 수, 업종, 공사금액 등을 확인하여 목표 일수(시간)를 다시 설정하는 것을 말한다.
- "사후관리"란 제14조 및 제15조에 따라 무재해 인증 또는 특정기간의 무재해 달성여부 확인을 받은 사업장에 대해 제16조제1항제1호에 의해 무재해 인증 및 확인의 취소 사실에 해당하는지 여부를 확인하는 것을 말한다.

(2) 무재해 운동

무재해운동의 본질은 산업현장에서 중상해나 4일 이상의 요양이 필요한 상해사고는 물론 잠재하고 있는 모든 위험요인 즉, 불안전한 상태나 행동을 미리 발견하여 사전에 예방대책을 수립해서 시행함으로써 산업재해를 근절하자는 것이다. 그렇기 때문에 사망재해에서부터 중상해, 경상해, 앗차사고, 불안전한 위험요인까지 모두가 무재해운동의 범위에 포함된다.

무재해운동의 목적은 인간존중의 이념을 바탕으로 경영자, 관리자, 작업자 등 사업장의 모든 사람이 적극적으로 참여하여 산업재해를 근절함으로써 인간중심의 밝고 활기찬 직장 풍토를 조성하는 것이다.

- 무(無)의 원칙: 단순히 사망사고만을 의미하는 것이 아니라 모든 종류의 안전사고를 예방하고, 근본적인 위험 요소를 제거하여 완전한 무재해를 목표로 한다.
- 선취(先取)의 원칙: 사고가 발생하기 전에 위험을 미리 예측하고, 이를 제거하기 위한 노력을 기울이다. 즉, 사후 대처보다는 사전 예방을 강조한다.
- 참여의 원칙: 모든 구성원이 안전 활동에 적극적으로 참여하여 안전 문화를 조성하고, 안전 문제 해결에 함께 노력한다.

(3) 무재해 운동 추진기법

▶ 안전확인 5지(손가락) 운동

작업 현장에서 안전을 확보하기 위한 간단하면서도 효과적인 방법으로, 손가락 다섯 개에 각각 다른 의미를 부여하여 안전 활동을 체계적으로 수행하는 방법이다.

- 엄지: 마음가짐 - 안전에 대한 마음을 항상 갖고, 안전 최우선의 자세로 임한다.

- 검지: 복장 - 안전모, 안전화 등 안전 장비를 착용하고, 작업에 적합한 복장을 갖춰야 한다.
- 중지: 규정 - 안전 규정을 준수하고, 정해진 절차대로 작업해야 한다.
- 약지: 정비 - 작업 도구 및 설비를 정기적으로 점검하고, 이상이 있으면 즉시 조치해야 한다.
- 소지(새끼손가락): 확인 - 작업 전후 안전 확인을 철저히 하고, 위험 요소를 미리 제거해야 한다.

5지 운동은 단순한 구호가 아니라 실천을 통해 안전사고를 예방하고, 안전한 작업환경을 조성하는 데 기여한다.

▶ TBM 단시간 미팅

TBM(Tool Box Meeting)은 작업 현장에서 작업 전후 짧은 시간 동안 진행되는 간단한 안전 회의이다. 작업자들이 함께 모여 해당 작업에 대한 위험 요소를 공유하고, 안전 수칙을 확인하며, 안전한 작업 수행을 위한 방안을 논의하는 시간이다.

- TBM의 주요 목적

작업 전: 작업에 대한 위험 요소를 사전에 파악하고, 안전한 작업 방법을 공유하여 사고를 예방한다.

작업 후: 작업 중 발생한 문제점이나 위험 상황을 공유하고, 개선 방안을 모색한다.

안전 의식 고취: 작업자들의 안전 의식을 높이고, 안전 문화를 정착시킨다.

- TBM의 특징

짧은 시간: 작업에 지장을 주지 않도록 짧은 시간(5~15분) 동안 진행된다.

간단한 형식: 복잡한 절차 없이 간단하게 진행된다.

참여자 중심: 작업자들이 직접 참여하여 의견을 나누는 것이 중요하다.

실질적인 문제 해결: 현장에서 발생하는 문제를 해결하고, 개선 방안을 모색하는 데 중점을 둡니다.

- TBM 진행 시 고려 사항

시간: 작업 전에는 5~15분, 작업 후에는 3~5분 정도가 적절한다.

참석자: 해당 작업에 참여하는 모든 작업자가 참석해야 한다.

장소: 작업 현장 근처의 조용하고 안전한 장소에서 진행한다.

준비물: 안전 수칙, 위험 요소 목록, 메모지 등이 필요하다.

진행 방식: 팀장이 주도하여 진행하며, 모든 참여자가 자유롭게 의견을 개진할 수 있도록 분위기를 조성한다.

- TBM 진행 시 논의할 내용

오늘의 작업 내용: 어떤 작업을 수행할 것인지, 어떤 도구와 장비를 사용할 것인지 등

위험 요소: 작업 중 발생할 수 있는 위험 요소는 무엇인지, 어떻게 예방할 수 있는지

안전 수칙: 작업 시 지켜야 할 안전 수칙은 무엇인지

작업 전 확인 사항: 안전 장비 착용 여부, 작업 환경 점검 등

작업 중 유의 사항: 안전 거리 유지, 신호 수신 등

비상 시 대처 방법: 비상 상황 발생 시 어떻게 대처해야 하는지

- TBM의 효과
  사고 예방: 작업 전 위험 요소를 사전에 파악하고, 안전 수칙을 준수하여 사고를 예방한다.
  안전 의식 향상: 작업자들의 안전 의식을 고취시키고, 안전 문화를 정착시킨다.
  팀워크 향상: 작업자들 간의 소통을 활성화하고, 팀워크를 강화한다.
  생산성 향상: 안전한 작업 환경 조성을 통해 생산성을 향상시킨다.
- 결론
  TBM은 간단하지만 효과적인 안전 관리 도구이다. 짧은 시간 동안 진행되는 TBM을 통해 작업자들의 안전 의식을 높이고, 안전한 작업 환경을 조성하여 산업재해를 예방할 수 있다.

▶ 브레인스토밍(Brainstorming) 4원칙

브레인스토밍은 창의적인 아이디어를 도출하기 위한 효과적인 방법 중 하나이다. 브레인스토밍를 통해 다양한 아이디어를 자유롭게 내놓고, 이를 토대로 최적의 해결책을 찾아낼 수 있다. 효과적인 브레인스토밍를 위해서는 몇 가지 원칙이 필요하며, 일반적으로 다음과 같은 4가지 원칙이 제시된다.

1) 비판 금지 (No Criticism)
   자유로운 발상 장려: 어떤 아이디어든지 비판 없이 자유롭게 제시할 수 있는 분위기를 조성한다.
   창의성 촉진: 비판에 대한 두려움 없이 아이디어를 내놓을 수 있도록 함으로써 참가자들의 창의성을 극대화한다.
2) 자유 분방 (Freewheeling)
   제한 없는 아이디어: 어떠한 제약 없이 자유롭게 아이디어를 떠올립니다.
   연관성 없는 아이디어도 환영: 처음에는 관련 없어 보이는 아이디어라도 연결하여 새로운 시각을 얻을 수 있다.
3) 대량 발언 (Quantity)
   다양한 아이디어 도출: 많은 아이디어를 내놓을수록 좋은 아이디어가 나올 가능성이 높아진다.
   양적 우선: 질보다는 양을 우선하여 다양한 아이디어를 수집한다.
4) 수정 발언 (Improvement)
   아이디어 발전: 다른 사람의 아이디어를 참고하여 자신의 아이디어를 발전시키거나, 새로운 아이디어를 만들어낸다.
   융합: 서로 다른 아이디어를 결합하여 새로운 해결책을 모색한다.

브레인스토밍 4원칙의 목표는 참가자들이 부담 없이 아이디어를 내놓고, 서로의 아이디어를 발전시켜 최대한 많은 아이디어를 얻는 것이다. 이를 통해 문제 해결을 위한 다양한 가능성을 모색하고, 창의적인 해결책을 도출할 수 있다.

- 브레인스토밍을 성공적으로 수행하기 위한 팁
  명확한 목표 설정: BS를 통해 무엇을 얻고 싶은지 명확하게 정의한다.
  적절한 참가자 선정: 다양한 배경과 경험을 가진 사람들로 구성된 팀을 구성한다.
  시간 제한: 정해진 시간 안에 아이디어를 도출하여 집중도를 높인다.
  기록: 모든 아이디어를 빠짐없이 기록한다.
  긍정적인 분위기 조성: 편안하고 자유로운 분위기를 만들어 참가자들이 적극적으로 참여할 수 있도록 한다.

▶ 터치앤콜(Touch & Call)

터치앤콜(Touch & Call)은 주로 산업 현장이나 조직에서 안전 의식을 고취하고 팀워크를 강화하기 위해 사용되는 활동이다.

- 직접적인 신체 접촉: 팀원들이 서로 손을 맞잡고 원을 만들어 신체적으로 연결
- 구호 외침: 함께 안전 구호를 외치며 안전에 대한 의지를 다짐

- 터치앤콜의 목적
  안전 의식 고취: 안전의 중요성을 다시 한번 상기시키고 안전에 대한 경각심을 높임
  팀워크 강화: 팀원들 간의 유대감을 강화하고, 협동심을 높임
  소통 증진: 서로의 목소리를 듣고, 안전에 대한 생각을 공유하는 기회를 제공
  긍정적인 분위기 조성: 활기찬 분위기를 만들어 업무 효율성을 높임
- 터치앤콜의 효과
  안전 사고 예방: 안전에 대한 경각심을 높여 안전 사고 발생률을 줄임.
  직무 만족도 향상: 팀워크 향상으로 직무 만족도가 높아짐.
  조직 문화 개선: 안전을 중시하는 조직 문화를 만들 수 있음
- 터치앤콜 진행 방법
  팀원들이 원을 만듬
  대표자가 안전 구호를 제창
  모든 팀원이 함께 구호를 외침

다. 산업재해

(1) 재해법칙:

하인리히의 재해법칙은 한 번의 큰 사고 뒤에는 29번의 작은 사고와 300번의 위험한 상황이 존재한다는 통계적 법칙이다. 즉, 대형 사고는 우연히 발생하는 것이 아니라, 사소한 문제들이 누적되어 발생한다는 것을 의미한다.

이와 관련된 다른 견해로는 ILO에서 제시한 재해 구성비율 중상(1):경상(20):무상해(200)이 있고 버드의 이론에서는 중상(1):경상(10):무상해물적손실(30): 무상해무손실(600) 으로 제시되고 있다.

(2) 재해코스트

재해로 인한 손실을 경제적으로 평가하는 방법은 다양하지만, 산업안전 분야에서 가장 많이 사용되는 방법은 시몬즈(Simonds) 방식과 하인리히(Heinrich) 방식이다. 두 가지 방식은 재해로 인한 손실을 어떻게 구성하고 계산하는지에 있어 차이점을 보이다.

(가) 하인리히 방식

하인리히는 재해로 인한 손실을 직접비와 간접비(1:4)로 구분하여 계산하는 방식을 제시했다.

- 직접비: 재해로 인해 발생하는 의료비, 휴업 손실비, 보험료, 장애보상비, 유족보상비 등과 같이 명확하게 산정할 수 있는 비용이다.
- 간접비: 생산성 저하, 작업 중단, 이미지 실추 등 직접적으로 계량화하기 어려운 비용으로, 직접비의 4배에 달한다고 주장했다. 즉, 하인리히는 재해로 인한 간접적인 손실이 직접적인 손실보다 훨씬 크다는 것을 강조했다.

직접비와 간접비

직접비: 의료비, 휴업 손실비, 보험료,

간접비: 생산성 저하, 작업 중단, 이미지 실추

(나) 시몬즈 방식

시몬즈는 재해로 인한 손실을 보험비용과 비보험비용으로 구분하여 계산하는 방식을 제시했다.

- 보험비용: 산재보험 등을 통해 보상받을 수 있는 비용이다.
- 비보험비용: 보험으로 보상받을 수 없는 비용으로, 생산성 저하, 작업 중단, 이미지 실추 등이 포함된다.
- 시몬즈 방식의 장점:

보험 제도와 연계하여 보다 정확한 비용 산정이 가능

다양한 유형의 손실을 포괄적으로 고려

- 시몬즈 방식의 단점:

비보험비용 산정이 여전히 어려울 수 있음

(3) 산업재해 산업재해 발생 시 보고

산업재해 발생 시 신속하고 정확한 보고는 재해의 확산을 막고, 후속 조치를 위한 중요한 첫걸음이다. 산업안전보건법에서는 사업주에게 산업재해 발생 시 다음과 같은 사항을 보고하도록 규정하고 있다.

(가) 재해 발생 보고

- 보고 대상: 모든 산업재해(사망, 부상, 질병 등)
- 보고 기관: 관할 고용노동부
- 보고 방법: 산업재해조사표를 작성하여 제출 (온라인 또는 방문 제출)
- 보고 시기: 재해 발생 후 지체 없이

- 보고 내용:

재해 발생 일시 및 장소
재해자의 인적 사항
재해 발생 경위 및 원인
재해의 종류 및 부위
응급 조치 내용 등

(나) 중대산업재해 발생 보고

- 보고 대상: 사망 1명 이상 또는 3개월 이상 요양이 필요한 부상자가 2명 이상 발생한 경우
- 보고 기관: 관할 고용노동부
- 보고 방법: 산업재해조사표를 작성하여 제출 (온라인 또는 방문 제출)
- 보고 시기: 재해 발생 후 즉시
- 보고 내용: 재해 발생 보고와 동일하며, 더욱 상세한 정보를 요구함

3. 재해조사 및 분석 결과 보고

- 보고 대상: 산업재해 발생 후 실시한 조사 결과
- 보고 기관: 관할 고용노동부
- 보고 시기: 조사 완료 후 지체 없이
- 보고 내용: 재해 원인 분석 결과, 재발 방지 대책, 향후 개선 계획 등

(4) 산업재해 보고의 중요성

재발 방지: 재해 원인을 정확히 파악하고 개선하여 동일한 사고가 반복되는 것을 방지한다.

법적 의무: 산업안전보건법에 따른 사업주의 의무이다.

보험 처리: 산재보험 처리를 위해 필수적인 절차이다.

근로자 보호: 재해자에 대한 적절한 조치를 취하고, 근로자들의 안전 의식을 높이는 데 기여한다.

주의사항:

- 산업재해 발생 시 신속하게 119에 신고하고, 응급 조치를 실시해야 한다.
- 산업재해조사표는 정확하고 상세하게 작성해야 한다.
- 재해 조사 결과를 바탕으로 재발 방지 대책을 수립하고, 이를 철저히 이행해야 한다.

결론적으로, 산업재해 발생 시 정확하고 신속한 보고는 사업장의 안전을 확보하고 근로자를 보호하기 위한 필수적인 절차이다.

(5) 산업재해 발생 시 조치 순서 7단계

산업재해가 발생했을 때 당황하지 않고 신속하게 대응하기 위해서는 체계적인 조치 절차를 숙지해야 한다. 일반적으로 산업재해 발생 시 다음과 같은 7단계의 조치를 취한다.

- 1단계: 긴급처리(초동조치)
  설비 정지: 재해 발생 원인이 되는 설비를 즉시 정지시켜 추가적인 피해를 예방한다.
  피해자 구조 및 응급조치: 부상자를 안전한 장소로 이동시키고, 응급처치를 실시한다.
  위험 요소 제거: 화재, 유독 가스 누출 등 추가적인 위험 요소를 제거한다.
- 2단계: 재해조사
  사실 확인: 재해 발생 경위를 시간 순서대로 파악하고, 관련자들의 진술을 청취한다.
  현장 조사: 재해 현장을 꼼꼼히 조사하고, 사진 및 동영상 등 증거를 확보한다.
  자료 수집: 관련 서류(작업지시서, 점검 기록 등)를 수집하여 분석한다.
- 3단계: 재해원인 분석
  직접 원인: 부품 파손, 미끄러짐, 충돌 등과 같은 구체적인 사고 원인을 파악한다.
  간접 원인: 안전 수칙 미준수, 관리 소홀, 설비 결함 등과 같은 근본적인 원인을 분석한다.
- 4단계: 재발방지 대책 수립
  유사/동종 재해의 재발방지 대책: 유사한 사고가 발생하지 않도록 개선 방안을 마련한다.
  구체적인 개선 방안: 예방시설 설치, 작업절차 개선, 교육 강화 등 구체적인 대책을 수립한다.
- 5단계: 재발방지 대책 실시 계획 수립
  책임자 지정: 각 개선 방안에 대한 책임자를 지정하고, 이행 기간을 설정한다.
  예산 확보: 개선 방안을 실시하기 위한 예산을 확보한다.
- 6단계: 재발방지 대책 실시
  계획대로 실행: 수립된 계획에 따라 개선 방안을 실시한다.
  진행 상황 점검: 정기적으로 진행 상황을 점검하고, 필요한 경우 계획을 수정한다.
- 7단계: 대책 실시 결과 평가
  효과성 평가: 실시된 대책의 효과를 평가하고, 개선점을 도출한다.
  지속적인 관리: 안전보건 활동을 지속적으로 관리하여 유사한 사고가 발생하지 않도록 한다.

(6) 재해 분류방법

재해 분류는 일반적으로 다음과 같이 이루어진다.

1) 통계적 분류: 산업재해 발생 통계를 분석하여 전체적인 재해 발생 추이, 주요 원인, 산업별 특징 등을 파악하기 위한 분류이다. 예를 들어, 연도별 재해 발생 건수, 산업별 재해 발생률 등을 분석하여 산업재해 예방 정책 수립에 활용한다.

2) 상해 종류별 분류: 재해 발생 시 신체에 발생한 상해의 종류에 따라 분류하는 방식이다. 예를 들어, 추락, 끼임, 부딪힘, 감전 등으로 구분하여 각 상해 유형별 특징과 원인을 분석한다.

3) 재해 형태별 분류: 재해 발생 과정이나 형태에 따라 분류하는 방식이다. 예를 들어, 단독 사고, 집단 사고, 업무상 질병 등으로 구분하여 각 형태별 특징과 원인을 분석한다.

(7) 재해 사례연구시 유의점

재해사례연구는 산업재해 발생 원인을 규명하고 재발 방지를 위한 대책을 수립하는 데 필수적인 과정이다. 연구를 진행할 때 다음과 같은 유의점을 고려해야 한다.

1) 객관성: 사실에 입각하여 주관적인 판단이나 감정을 배제하고, 있는 그대로의 사실을 기록하고 분석해야 한다.

2) 신뢰성: 자료 수집 및 분석 과정에서 오류가 발생하지 않도록 신뢰할 수 있는 자료를 사용하고, 정확한 분석 방법을 적용해야 한다.

3) 논리적 분석: 수집된 자료를 바탕으로 논리적인 사고를 통해 재해 발생 원인을 파악하고, 인과관계를 명확하게 규명해야 한다.

4) 과학적 접근: 과학적인 방법론을 적용하여 객관적인 결과를 도출하고, 재해 발생 원인을 규명해야 한다. 예를 들어, 통계 분석, 시뮬레이션 등을 활용할 수 있다.

(8) 산업재해 조사목적

1) 동종재해 재발방지: 유사한 종류의 산업재해가 다시 발생하는 것을 미리 막기 위한 모든 노력을 의미한다. 재해 발생 원인을 규명하고, 이를 바탕으로 개선 대책을 수립하여 동일한 사고가 반복되는 것을 방지하는 것이 목표이다.

2) 재해원인 규명: 산업재해가 발생한 이유를 객관적으로 분석하고 밝혀내는 과정이다. 직접적인 원인뿐만 아니라, 간접적인 원인까지 파악하여 재해 발생의 근본적인 문제점을 찾아내는 것이 중요하다.

3) 예방자료 수집: 산업재해를 예방하기 위해 필요한 정보를 수집하는 활동이다. 관련 법규, 안전 기준, 선행 연구 결과, 사례 분석 등 다양한 자료를 수집하여 안전 관리 체계를 구축하는 데 활용한다.

(9) 재해사고의 분류:

재해사고는 그 정도와 특성에 따라 다양하게 분류될 수 있다. 일반적으로 보험이나 산업재해 보상보험에서 사용되는 분류 기준 중 하나가 바로 휴업상해, 통원상해, 응급처치, 무상해사고이다. 각 분류에 대한 간략한 설명은 다음과 같다.

1) 휴업상해: 재해로 인해 일정 기간 동안 업무에 복귀할 수 없을 정도로 부상을 입은 경우를 의미한다. 일반적으로 입원 치료가 필요하며, 장기간의 치료와 요양이 필요한 경우가 많다.

2) 통원상해: 재해로 인해 부상을 입었지만 입원 치료까지는 필요하지 않고 통원 치료를 통해 치료가 가능한 경우를 의미한다.

3) 응급처치: 재해 발생 직후 즉시 응급처치를 받은 경우를 의미한다.

4) 무상해사고: 재해로 인한 신체적 손상은 없지만, 정신적인 충격이나 공포감을 느낀 경우를 의미한다.

라. 작업위험 분석 방법

작업위험 분석은 작업 중 발생할 수 있는 위험 요소를 미리 파악하고, 이를 제거하거나 줄여 안전한 작업 환경을 조성하기 위한 중요한 활동이다. 다양한 방법을 통해 작업 위험을 분석할 수 있으며, 각 방법은 고유한 장단점을 가지고 있다.

1) 면접법

작업자와 직접 대화하여 작업 과정에서 느끼는 어려움, 불안감, 위험 요소 등을 파악하는 방법이다. 작업자는 현장에서 직접 작업을 수행하기 때문에 가장 정확한 정보를 제공할 수 있다.

장점: 작업자의 경험과 지식을 바탕으로 구체적인 위험 요소를 파악할 수 있다.

단점: 면접자의 주관적인 판단이 개입될 수 있으며, 면접 시간이 오래 걸릴 수 있다.

2) 관찰법

작업 현장을 직접 관찰하여 위험 요소를 파악하는 방법이다. 작업자의 동작, 작업 환경, 사용하는 도구 등을 관찰하여 위험 요소를 시각적으로 확인할 수 있다.

장점: 실제 작업 상황에서 발생하는 위험 요소를 직접 관찰할 수 있다.

단점: 관찰자의 주관적인 판단이 개입될 수 있으며, 모든 위험 요소를 파악하기 어려울 수 있다.

3) 설문법

작업자에게 설문지를 배포하여 작업 관련 질문에 대한 답변을 받아 위험 요소를 파악하는 방법이다. 많은 작업자의 의견을 빠르게 수집할 수 있으며, 객관적인 자료를 얻을 수 있다.

장점: 많은 사람의 의견을 비교적 짧은 시간 안에 수집할 수 있다.

단점: 설문지 작성에 어려움을 느끼는 작업자가 있을 수 있으며, 솔직한 답변을 얻기 어려울 수 있다.

4) 방문법

작업 현장을 직접 방문하여 작업 환경, 설비, 작업 방법 등을 종합적으로 점검하는 방법이다. 면접, 관찰, 설문 등의 방법을 함께 활용하여 보다 정확한 정보를 얻을 수 있다.

장점: 다양한 방법을 통해 정보를 수집할 수 있으며, 현장의 문제점을 직접 확인할 수 있다.

단점: 시간과 비용이 많이 소요될 수 있다.

5) 혼합법

위에 언급된 여러 가지 방법을 조합하여 사용하는 방법이다. 각 방법의 장점을 살리고 단점을 보완하여 보다 정확하고 포괄적인 정보를 얻을 수 있다.

장점: 다양한 관점에서 위험 요소를 파악할 수 있으며, 신뢰성 있는 결과를 얻을 수 있다.

단점: 시간과 비용이 많이 소요될 수 있다.

▶ 작업위험 분석 시 유의사항

- 체계적인 분석: 위험 요소를 체계적으로 분류하고, 우선순위를 정하여 분석해야 한다.
- 객관성 확보: 주관적인 판단을 배제하고, 객관적인 자료를 바탕으로 분석해야 한다.
- 지속적인 개선: 작업 환경이 변화함에 따라 주기적으로 작업위험 분석을 실시하고, 개선해야 한다.
- 모든 구성원 참여: 작업자, 관리자 등 모든 구성원이 참여하여 분석에 대한 공감대를 형성해야 한다.

▶ 작업기준과 작업지도서

1) 작업기준과 작업지도서의 주요 구성 요소

작업 요령: 작업을 수행하는 순서와 방법을 상세하게 기술한 것으로, 작업자가 효율적이고 안전하게 작업을 수행할 수 있도록 안내한다.

사용 재료: 작업에 필요한 모든 재료의 종류, 규격, 수량 등을 명시한다.

사용 설비: 작업에 사용되는 기계, 장비, 도구 등의 종류, 모델, 관리 상태 등을 명시한다.

작업자: 작업에 참여하는 인원의 역할, 자격 요건, 필요한 교육훈련 등을 명시한다.

작업 조건: 작업 환경, 온도, 습도, 소음 등 작업에 영향을 미치는 주변 조건을 명시한다.

작업 방법: 작업을 수행하는 구체적인 방법과 기술을 설명한다.

작업의 관리: 작업 진행 상황을 점검하고 관리하는 방법, 문제 발생 시 대처 방법 등을 명시한다.

이상 시의 조치: 작업 중 예상되는 문제 상황 발생 시 취해야 할 조치를 미리 정의한다.

2) 작업태도 분석

작업태도 분석의 요인: 작업자의 성격, 동기, 가치관, 경험, 지식 수준, 작업에 대한 태도 등이 작업 태도에 영향을 미치는 요인으로 작용한다.

작업태도: 작업에 대한 긍정적 또는 부정적인 마음가짐, 책임감, 성실성, 안전 의식 등을 의미한다. 작업 태도는 작업 품질, 생산성, 안전에 직접적인 영향을 미친다.

작업 결과: 작업 태도는 작업 결과에 직접적인 영향을 미친다. 긍정적인 작업 태도를 가진 작업자는 일반적으로 높은 품질의 작업 결과를 도출하고, 안전 수칙을 준수하며, 생산성이 높다. 반면, 부정적인 작업 태도를 가진 작업자는 잦은 실수, 불량품 발생, 안전 사고 발생 등의 원인이 될 수 있다.

마. 검사대상에 의한 분류

기능검사: 제품이나 시스템이 특정 기능을 정상적으로 수행하는지 확인하는 검사이다. 마치 자동차 엔진이 제대로 작동하는지 확인하는 것과 같다.

형식검사: 제품의 설계 및 제작이 표준이나 규격에 적합한지 확인하는 검사이다. 건축물의 설계 도면이 건축법에 맞는지 확인하는 것과 유사한다.

규격검사: 제품이 특정 규격이나 기준에 부합하는지 확인하는 검사이다. 전자제품의 전력 소비량이 에너지 효율 기준에 맞는지 확인하는 것과 같다.

바. 검사방법

검사 방법에 따라 크게 4가지로 분류할 수 있다.

1) 육안검사(Visual Inspection)

설명: 사람의 눈으로 직접 제품이나 시스템을 관찰하여 결함이나 이상 유무를 확인하는 가장 기본적인 검사 방법이다.

장점: 비용이 저렴하고, 간편하며, 다양한 결함을 빠르게 발견할 수 있다.

단점: 주관적인 판단이 개입될 수 있으며, 미세한 결함이나 내부 결함은 발견하기 어렵다.

예시: 제품의 외관 검사, 용접 부위의 균열 검사, 도장 상태 확인 등

2) 기능검사(Functional Test)

설명: 제품이나 시스템이 설계된 대로 정상적으로 작동하는지 확인하는 검사이다.

장점: 제품의 성능을 직접 평가할 수 있으며, 실제 사용 환경에서의 문제점을 발견할 수 있다.

단점: 모든 기능을 검사하기 위해 많은 시간과 비용이 소요될 수 있다.

예시: 전자제품의 동작 확인, 자동차 엔진 성능 시험, 소프트웨어 기능 검사 등

3) 검사기기에 의한 검사(Instrumental Inspection)

설명: 다양한 측정 기기를 사용하여 제품이나 시스템의 특성을 정량적으로 측정하는 검사이다.

장점: 객관적인 데이터를 얻을 수 있으며, 미세한 차이까지 정확하게 측정할 수 있다.

단점: 고가의 장비가 필요하며, 전문적인 지식이 요구된다.

예시: 현미경 검사, 초음파 검사, X-ray 검사, 측정기기를 이용한 치수 측정 등

4) 시험에 의한 검사(Test Inspection)

설명: 제품이나 시스템에 특정 조건을 가하여 반응을 관찰하는 검사이다.

장점: 제품의 내구성, 신뢰성 등을 평가할 수 있으며, 극한 환경에서의 성능을 확인할 수 있다.

단점: 시간과 비용이 많이 소요되며, 제품이 손상될 수 있다.

예시: 내열 시험, 내충격 시험, 내식성 시험, 수명 시험 등

1.1.6 KOSHA GUIDE

KOSHA GUIDE는 한국산업안전보건공단에서 제·개정하여 사업장에 보급·활용되고 있는 안전보건기술지침이다.

가. KOSHA GUIDE의 개요 및 목적

KOSHA GUIDE는 산업안전보건법령에서 정한 최소한의 수준이 아닌, 사업장의 자기규율 예방체계 확립을 지원하고, 좀 더 높은 수준의 안전보건 향상을 위해 참고할 수 있는 기술적 내용을 기술한 자율적 안전보건가이드이다. 사업장의 안전·보건을 확보하기 위하여 위험설비·공정, 작업에 대한 선진 각국의 기술수준 및 국제표준을 참고하여 우리나라 실정에 맞게 전문분야별로 세분

화하여 안전보건기술지침을 제정·공표하고 사업장에 보급·활용되도록 함으로써 안전보건 수준을 향상시키는 데 기여 할 목적으로 제공되고 있다.

나. 기술지침 번호부여 및 분류기호

KOSHA GUIDE	M	-	1	-	2009
가이드 표시	분야별 또는 업종별 분류기호		공표순서		제개정년도

분야별 업종별 분류기호는 다음과 같다.

1. 안전설계지침: D
2. 공정안전지침: P
3. 화재보호지침: F
4. 점검·정비·유지관리지침: O
5. 기계일반지침: M
6. 전기·계장일반지침: E
7. 시료 채취 및 분석지침: A
8. 작업환경 관리지침: W
9. 건강진단 및 관리지침: H
10. 건설안전지침: C
11. 안전·보건 일반지침: G
12. 조선·항만하역지침: B
13. 화학공업지침: K
14. 리스크관리지침: X

다. KOSHA GUIDE 활용 방법:

- 안전보건경영시스템 구축: KOSHA GUIDE를 참고하여 사업장에 맞는 안전보건경영시스템을 구축하고 운영할 수 있다.
- 위험성 평가 및 관리: KOSHA GUIDE를 활용하여 작업장의 위험 요소를 파악하고, 적절한 위험 관리 조치를 취할 수 있다.
- 안전 교육 및 훈련: KOSHA GUIDE를 활용하여 작업자에게 안전 교육 및 훈련을 실시할 수 있다.
- 사고 조사 및 재발 방지: KOSHA GUIDE를 참고하여 발생한 사고를 철저하게 조사하고, 재발 방지를 위한 조치를 취할 수 있다.
- 법규 준수: KOSHA GUIDE는 관련 법규 및 규정을 준수하는 데 도움이 된다.

1.1.7 안전보건예산 편성 및 계상

가. 안전보건예산의 개념 및 중요성

안전보건예산 편성이란 산업재해 예방과 안전한 작업환경 조성을 위해 필요한 경비를 계획적으로 확보하고 사용하는 체계를 의미한다. 안전보건예산은 다음과 같은 목적에 사용된다.

- 재해 예방: 안전보건예산을 통해 안전 교육, 위험 평가, 공정 안전 분석, 보호구 지급, 안전 시설 및 장비 투자 등을 수행하여 산업 재해를 예방할 수 있다.
- 안전한 작업 환경: 안전보건예산을 통해 작업 환경 개선, 건강검진, 산업보건 관리 등을 수행하여 안전하고 건강한 작업 환경을 조성할 수 있다.
- 생산성 향상: 안전한 작업 환경은 작업자의 생산성 향상에도 기여한다.
- 법적 책임 감소: 안전보건예산을 통해 재해 예방 노력을 강화함으로써 산업 재해로 인한 법적 책임을 감소시킬 수 있다.
- 기업 이미지 개선: 안전보건에 대한 투자는 기업 이미지 개선에도 도움이 된다.

나. 안전보건예산 편성 절차

안전보건예산 편성은 다음과 같은 절차를 거쳐야 한다.

① 현황 조사 및 분석:

전년도 안전보건예산 집행 현황: 전년도 안전보건예산이 어떻게 사용되었는지 분석한다.

작업장의 위험 요소: 작업장의 위험 요소를 파악하고, 이를 평가한다.

법적 요구 사항: 관련 법규 및 규정에서 요구하는 안전보건 투자 수준을 파악한다.

② 예산 요구 항목 선정 및 금액 산정:

위험 요소 제거 및 관리: 위험 요소 제거 및 관리에 필요한 예산을 산정한다.

- 안전 교육 및 훈련: 안전 교육 및 훈련에 필요한 예산을 산정한다.
- 보호구 및 안전 장비: 보호구 및 안전 장비 구입 및 관리에 필요한 예산을 산정한다.

산업보건 관리: 산업보건 관리에 필요한 예산을 산정한다.

- 기타: 기타 안전보건 관련 활동에 필요한 예산을 산정한다.

③ 경영진 심의 및 승인:

예산 요구 항목 및 금액을 경영진에게 제시하고, 심의를 거쳐 승인을 받는다.

다. 예산 집행 및 관리:

승인된 예산을 계획적으로 집행하고, 관리한다.

예산 집행 상황을 정기적으로 점검하고, 필요한 경우 조정한다.

3. 안전보건예산 계상 기준:

산업안전보건법 제36조 제4항에 따르면, 안전보건예산은 다음과 같은 기준에 따라 계상해야 한

다.(참고: 고용노동부 고시 제2024-53호; 건설업 산업안전보건관리비 계상 및 사용기준)

공사종류 및 규모별 산업안전보건관리비 계상기준표

구분 / 공사종류	대상액 5억원 미만인 경우 적용비율(%)	대상액 5억원 이상 50억원 미만인 경우		대상액 50억원 이상인 경우 적용비율(%)	영 별표5에 따른 보건관리자 선임대상 건설공사의 적용비율(%)
		적용비율(%)	기초액		
건 축 공 사	3.11%	2.28%	4,325,000원	2.37%	2.64%
토 목 공 사	3.15%	2.53%	3,300,000원	2.60%	2.73%
중 건 설 공 사	3.64%	3.05%	2,975,000원	3.11%	3.39%
특 수 건 설 공 사	2.07%	1.59%	2,450,000원	1.64%	1.78%

1.1.8 중대재해와 상해구분

가. 중대재해

중대재해의 정확한 기준은 다음과 같다.

1) 사망자가 1명 이상 발생한 경우: 가장 명확한 중대재해의 기준이다.

2) 3개월 이상 요양이 필요한 부상자가 동시에 2명 이상 발생한 경우: 동일한 사고로 인해 3개월 이상 치료가 필요한 부상자가 2명 이상 발생한 경우를 의미한다.

3) 부상자 또는 직업성 질병자가 동시에 10명 이상 발생한 경우: 단순히 부상자 수뿐만 아니라, 직업성 질병자까지 포함하여 10명 이상 발생한 경우에도 중대재해로 간주된다.

다만, 위의 기준은 중대재해처벌법 시행령에 따라 조금씩 달라질 수 있으므로, 정확한 기준은 관련 법령을 참고하시는 것이 좋다.

▶ 중대재해처벌법: 2022년 1월 27일부터 시행된 중대재해처벌법은 사업주와 경영책임자의 안전보건 확보 의무를 강화하고, 중대산업재해 발생 시 엄중하게 처벌하는 것을 목적으로 한다.

▶ 중대재해 vs. 중대산업재해: 중대재해는 산업안전보건법에서 사용하는 용어이고, 중대산업재해는 중대재해처벌법에서 사용하는 용어이다. 두 용어는 비슷한 의미로 사용되지만, 적용되는 법률과 처벌 수준이 다르다.

▶ 직업성 질병: 업무와 관련된 유해인자에 노출되어 발생하는 질병으로, 암, 호흡기 질환, 소음성 난청 등이 포함된다.

결론적으로, 중대재해는 사망, 중상, 다수의 부상 또는 질병 등으로 이어지는 심각한 산업재해를 의미하며, 사업주와 경영책임자에게는 중대한 책임이 따른다. 따라서 안전보건 확보 의무를 철저히 준수하고, 중대재해 예방을 위한 노력을 지속적으로 기울여야 한다.

나. ILO(International Labour Organization, 국제노동기구) 상해 구분

ILO 상해 구분은 산업재해 발생 시 피해 정도를 객관적으로 평가하고, 이에 따른 보상 기준을 마련하기 위해 국제적으로 사용되는 기준이다. ILO 상해 구분은 크게 사망, 영구장애, 일시적인 장애로 나뉘며, 각 등급에 따라 노동 손실일수가 부여되어 보상 규모를 결정하는 데 활용된다.

1) ILO 상해 구분의 주요 특징

- 노동 손실일수: 상해로 인해 발생한 노동 능력 손실 기간을 일수로 환산한 값이다. 이는 보상 규모를 산정하는 기준이 된다.
- 신체 장애 등급: 영구적인 장애의 경우, 신체 장애 등급에 따라 노동 손실일수가 달라진다. 일반적으로 장애 등급이 높을수록 노동 손실일수가 많아진다.
- 일시적인 장애: 일시적인 장애의 경우, 치료 기간에 따라 노동 손실일수가 결정된다.
- 각 등급별 설명
- 사망: 노동자가 사망한 경우로, 가장 심각한 상해에 해당하며, 일반적으로 노동 손실일수를 7,500일로 설정한다.
- 영구전노동불능: 신체 장애 등급 1~3급에 해당하는 경우로, 더 이상 어떠한 직업에 종사할 수 없는 상태를 의미한다. 마찬가지로 노동 손실일수는 7,500일로 설정된다.
- 영구일부노동불능: 신체 장애 등급 4~14급에 해당하는 경우로, 일부 노동 능력을 상실한 상태를 의미한다. 장애 등급에 따라 노동 손실일수가 차등 적용된다.
- 일시 전노동 불능: 질병이나 부상으로 인해 일정 기간 동안 모든 노동 능력을 상실한 경우를 의미한다. 치료 기간에 따라 노동 손실일수가 결정된다.
- 일시 일부노동 불능: 질병이나 부상으로 인해 일부 노동 능력만 상실한 경우를 의미한다. 치료 기간과 노동 능력 손실 정도에 따라 노동 손실일수가 결정된다.
- 구급조치 - 1일 미만: 치료가 필요하지 않은 경미한 상해를 의미하며, 노동 손실일수는 부여되지 않다.

2) ILO 상해 구분의 활용

- 보상 규모 산정: 노동 손실일수를 기준으로 산정된 보상액은 근로자의 생계 유지와 재활을 지원하는 데 사용된다.
- 산업 안전 보건 정책 수립: 각 국가는 ILO 상해 구분을 참고하여 자국의 산업 안전 보건 정책을 수립하고, 산업재해 예방을 위한 노력을 강화할 수 있다.
- 국제 비교: 각국의 산업재해 발생 현황을 비교하고, 개선 방안을 모색하는 데 활용될 수 있다.

1.2 안전보건관리 체제 및 운용

1.2.1 안전보건관리조직 구성

가. 안전보건관리 조직 개요 및 목표

안전보건관리조직은 사업장의 안전보건 관리를 체계적으로 수행하기 위해 구성하는 조직으로 안전보건관리책임자, 관리감독자, 안전관리자, 보건관리자 등으로 구성된다. 안전보건 관리의 효율성을 높이기 위해 안전보건 관리 업무를 체계적으로 수행하고, 책임과 역할을 명확하게 하는 안전보건관리조직을 구성할 필요가 있다. 또한, 안전보건관리조직에 작업자 대표를 참여시킴으로써 작업자들의 안전 의식을 함양하고, 안전보건 활동에 대한 참여를 유도할 수 있으며 안전보건관리조직을 구성하고, 안전보건 관리 업무를 수행함으로써 산업 재해 발생 시 기업의 법적 책임을 명확하게 할 수 있다.

나. 안전보건관리조직의 구성 기준:

산업안전보건법 제15조 및 제62조에 따르면, 안전보건관리조직은 다음과 같은 기준에 따라 구성해야 한다.

사업 규모별 구성 기준

사업규모	안전보건관리책임자	관리감독자	안전관리자	보건관리자
종사자 50인 미만	필수	필수	10인 이상 사업장의 경우 필수	필요 시
종사자 50인 ~ 299인	필수	필수	필수	필요 시
종사자 300인 ~ 999인	필수	필수	2인 이상	1인 이상
종사자 1000인 이상	필수	필수	3인 이상	2인 이상

다만, 위험 요소 평가 결과에 따라 추가적인 안전관리자 또는 보건관리자를 배치해야 할 수 있으며 특정 산업의 경우, 별도의 안전보건관리자 또는 보건관리자를 배치해야 할 수 있다.

1.2.2 산업안전보건위원회 운영

가. 산업안전보건위원회 개요

산업안전보건위원회는 사업장의 안전과 보건에 관한 중요 사항을 심의하고 의결하기 위해 근로자와 사용자가 동수로 구성하는 위원회로 산업안전보건법에 의해 설치가 의무화되어 있으며, 사업장의 안전 문화 정착과 산업재해 예방에 중요한 역할을 한다.

산업안전보건법 제24조(산업안전보건위원회) ① 사업주는 사업장의 안전 및 보건에 관한 중요 사항을 심의·의결하기 위하여 사업장에 근로자위원과 사용자위원이 같은 수로 구성되는 산업안전보건위원회를 구성·운영하여야 한다.

나. 구성

위원회의 위원 구성은 근로자위원과 사용자위원을 동수로 구성하며 각 4인 이상 10이하로 한다. 위원은 당해 사업장의 근로자 또는 사용자로서 산업안전보건에 관한 지식과 경험이 있는 자가 선임되어야 하며, 명예산업안전감독관이 위촉되어있는 사업장의 경우 근로자대표가 지명하는 1명 이상의 명예산업안전감독관이 근로자위원으로 참여하도록 되어 있다. 위원장은 위원 중에서 호선하며, 근로자위원과 사용자위원 각 1명을 공동위원장으로 선출할 수 있다.

산업안전보건위원회를 구성해야 할 사업의 종류 및 사업장의 상시근로자수(제34조 관련)

사업의 종류	사업장의 상시근로자수
1. 토사석 광업 2. 목재 및 나무제품 제조업; 가구제외 3. 화학물질 및 화학제품 제조업; 의약품 제외(세제, 화장품 및 광택제 제조업과 화학섬유 제조업은 제외한다) 4. 비금속 광물제품 제조업 5. 1차 금속 제조업 6. 금속가공제품 제조업; 기계 및 가구 제외 7. 자동차 및 트레일러 제조업 8. 기타 기계 및 장비 제조업(사무용 기계 및 장비 제조업은 제외한다) 9. 기타 운송장비 제조업(전투용 차량 제조업은 제외한다)	상시근로자수 50명 이상
10. 농업 11. 어업 12. 소프트웨어 개발 및 공급업 13. 컴퓨터 프로그래밍, 시스템 통합 및 관리업 14. 정보서비스업 15. 금융 및 보험업 16. 임대업; 부동산 제외 17. 전문, 과학 및 기술 서비스업(연구개발업은 제외한다) 18. 사업지원 서비스업 19. 사회복지 서비스업	상시근로자수 300명 이상
20. 건설업	공사금액 120억원 이상(「건설산업기본법 시행령」 별표 1의 종합공사를 시공하는 업종의 건설업종란 제1호에 따른 토목공사업의 경우에는 150억원 이상)
21. 제1호부터 제20호까지의 사업을 제외한 사업	상시근로자 100명 이상

▶ 산업안전보건위원회 구성

산업안전보건위원회의 근로자위원측은 근로자 대표, 명예감독관, 근로자로 구성되며 사용자 위원측은 사업주, 안전관리자, 보건관리자, 보건의, 해당사업장의 부서의 장 등으로 구성되며 양측 동수로 구성한다.

다. 주요 기능 및 운영

주요 기능으로는 안전보건 정책 결정, 안전보건 예산 심의, 안전보건 시설 및 장비 점검, 산업재해 발생 원인 분석 및 대책 수립, 안전보건 교육 및 훈련 계획 수립 등이 있다. 회의 는 정기적으로 회의를 개최(년 4회 이상)하여 위원회의 기능을 원활하게 수행해야 하며 회의 내용을 상세하게 기록하여 회의록으로 보존하여야 한다. 위원회의 심의·의결 사항은 사업주와 근로자가 성실하게 이행해야 한다.

라. 안전보건위원회의 주요 활동

(1) 안전보건관리계획의 심의 및 의결

사업장의 안전보건관리계획을 심의하고 의결한다. 안전보건관리계획에는 안전 교육 및 훈련, 위험 평가 및 관리, 사고 예방 및 재발 방지, 작업환경 관리, 산업보건 관리 등의 내용이 포함되어야 한다.

(2) 안전보건규정의 작성 및 변경

사업장의 안전보건규정을 작성하고, 변경한다. 안전보건규정에는 작업방법, 보호구 착용, 위험 요소 제거, 사고 신고 및 처리 등에 관한 구체적인 규정이 포함되어야 한다.

(3) 안전점검 및 감독

사업장의 안전점검 및 감독을 실시한다. 안전점검 및 감독을 통해 위험 요소를 파악하고, 이를 제거 또는 관리한다.

(4) 근로자의 안전보건교육 및 건강관리

근로자의 안전보건교육 및 건강관리 프로그램을 마련하고 운영한다. 안전보건교육 및 건강관리 프로그램을 통해 근로자들의 안전 의식을 함양하고, 건강을 증진시킨다.

(5) 산업재해 예방 및 재발 방지

발생한 산업 재해를 조사하고, 재발 방지를 위한 조치를 취한다. 산업 재해 예방 및 재발 방지를 위해 위험 평가 및 관리를 강화하고, 안전 시설 및 장비를 개선해야 한다.

▶ 안전보건관리 조직의 3가지 핵심 기능

1) 위험 제거 기능: 작업 환경에 존재하는 모든 위험 요소를 파악하고, 이를 제거하거나 최소화하기 위한 대책을 수립하고 실행하는 기능이다.

2) 생산 관리 기능: 안전과 생산성을 동시에 확보하기 위해 안전 관리 활동을 생산 과정에

효과적으로 통합하고, 안전 문제 해결을 위한 자원을 확보하는 기능이다.

3) 손실 방지 기능: 산업 재해로 인한 인명 피해, 재산 손실, 생산성 저하 등을 방지하고, 기업의 경쟁력을 유지하기 위한 노력을 지속하는 기능이다.

▶ 산업안전보건법상 안전관리자의 업무

산업안전법은 근로자의 안전과 보건을 확보하기 위해 사업주에게 안전관리자를 두도록 의무화하고 있다. 안전관리자는 사업주 또는 관리책임자를 보좌하고, 관리감독자에게 안전에 관한 기술적인 사항을 조언하며, 산업재해 예방을 위한 다양한 업무를 수행한다.

1) 주요 업무

- 위험성 평가 보좌: 사업장의 모든 작업에 대한 위험성을 평가하고, 그 결과를 바탕으로 안전대책을 수립하는 과정을 보좌한다.
- 안전보건관리규정 작성 및 변경: 사업장의 특성에 맞는 안전보건관리규정을 작성하고, 필요에 따라 변경한다.
- 안전보건교육 실시: 근로자들에게 안전 관련 법규, 위험 요소, 응급처치 등에 대한 교육을 실시한다.
- 작업환경 측정 및 개선: 소음, 진동, 유해물질 등 작업환경을 측정하고, 개선 방안을 마련한다.
- 산업재해 예방 계획 수립: 산업재해 발생 가능성이 높은 작업에 대한 예방 계획을 수립하고, 정기적으로 점검한다.
- 안전시설 점검 및 관리: 안전 울타리, 방호벽, 비상 정지 버튼 등 안전 시설을 정기적으로 점검하고, 유지보수한다.
- 산업재해 조사 및 분석: 산업재해가 발생할 경우 원인을 규명하고, 재발 방지 대책을 마련한다.
- 안전보건위원회 운영: 안전보건위원회에 참여하여 안전보건 관련 사항을 심의하고, 의결한다.

구체적인 업무내용을 살펴보면 다음과 같다.

- 산업안전보건위원회 또는 노사협의체에서 심의·의결한 업무: 안전보건위원회에서 결정된 사항을 이행하고, 노사협의체에서 논의된 안전보건 관련 사항을 반영한다.
- 안전보건관리규정 및 취업규칙에서 정한 업무: 사업장에서 정한 안전보건관리규정과 취업규칙에 따라 안전 관련 업무를 수행한다.
- 위험성평가 보좌 및 지도·조언: 사업주 또는 관리감독자에게 위험성 평가 방법을 지도하고, 평가 결과를 바탕으로 안전대책을 수립하는 것을 지원한다.
- 안전인증 및 자율안전확인기계 구입 시 적격품 선정 보좌 및 지도·조언: 안전인증 대상 기계 등을 구입할 때 안전성을 확보하기 위해 적절한 제품을 선정하도록 지원한다.

2) 결론

안전관리자는 단순히 안전 관련 업무만 수행하는 것이 아니라, 사업주와 근로자 사이의 가교 역할을 하며, 안전한 작업 환경 조성을 위해 다양한 활동을 수행한다. 따라서 안전관리자의 역할은 산업 현장에서 매우 중요하며, 안전관리자의 전문성과 책임감이 산업재해 예방에 큰 영향을 미친다.

▶ 안전관리자 증원/교체

안전관리자를 증원하거나 교체해야 하는 상황은 산업안전보건법에서 규정하고 있는 바와 같이, 사업장의 안전 수준이 현저히 낮거나 안전 관리 체계에 문제가 있다고 판단될 때 발생한다.

1) 연간 같은 업종 평균 재해율의 2배인 경우
- 의미: 해당 사업장의 재해 발생률이 동일한 업종의 평균보다 현저히 높다는 것을 의미한다.
- 원인 분석: 안전 시설 부족, 위험 요소 미흡 관리, 안전 교육 부족 등 다양한 원인이 있을 수 있다.
- 조치: 안전 관리 시스템 전반에 대한 점검 및 개선, 안전 교육 강화, 위험 요소 제거 등의 조치가 필요하다.

2) 중대재해가 연간 3건 이상 발생한 경우
- 의미: 사망, 중상 등 심각한 결과를 초래하는 중대재해가 빈번하게 발생한다는 것을 의미한다.
- 원인 분석: 안전 시스템의 근본적인 문제, 안전 불감증, 위험 예측 실패 등이 원인일 수 있다.
- 조치: 근본적인 원인 분석을 통한 시스템 개선, 안전 문화 정착 노력, 안전 투자 확대 등이 필요하다.

3) 관리자가 질병 그 밖에 사유로 3개월 동안 직무를 수행할 수 없게 된 경우
- 의미: 안전 관리 업무를 담당하는 관리자가 장기간 결근하여 안전 관리에 공백이 발생할 수 있는 상황을 의미한다.
- 조치: 다른 안전 관리자를 임명하거나, 안전 관리 업무를 대행할 수 있는 인력을 확보해야 한다.

* 안전관리자 증원 또는 교체 시 고려사항
  - 전문성: 안전 관련 법규 및 지식을 갖춘 전문가를 선임해야 한다.
  - 경험: 관련 업종의 경험이 풍부한 사람이라면 더욱 효과적인 안전 관리가 가능한다.
  - 소통 능력: 작업자들과 원활하게 소통하고 협력할 수 있는 능력이 중요하다.

결론적으로 안전관리자 증원 또는 교체는 단순히 법적인 의무를 이행하는 것을 넘어, 사업장의 안전 수준을 높이고 근로자의 안전을 보장하기 위한 필수적인 조치이다. 위에 제시된 사유에 해당하는 경우, 관련 법규를 숙지하고 전문가의 도움을 받아 적절한 조치를 취해야 한다.

▶ 안전보건관리책임자에 관한 산업안전보건법상의 규정

제15조(안전보건관리책임자)

① 사업주는 사업장을 실질적으로 총괄하여 관리하는 사람에게 해당 사업장의 다음 각 호의 업무를 총괄하여 관리하도록 하여야 한다.

1. 사업장의 산업재해 예방계획의 수립에 관한 사항
2. 제25조 및 제26조에 따른 안전보건관리규정의 작성 및 변경에 관한 사항
3. 제29조에 따른 안전보건교육에 관한 사항
4. 작업환경측정 등 작업환경의 점검 및 개선에 관한 사항
5. 제129조부터 제132조까지에 따른 근로자의 건강진단 등 건강관리에 관한 사항
6. 산업재해의 원인 조사 및 재발 방지대책 수립에 관한 사항
7. 산업재해에 관한 통계의 기록 및 유지에 관한 사항
8. 안전장치 및 보호구 구입 시 적격품 여부 확인에 관한 사항
9. 그 밖에 근로자의 유해·위험 방지조치에 관한 사항으로서 고용노동부령으로 정하는 사항

② 제1항 각 호의 업무를 총괄하여 관리하는 사람(이하 "안전보건관리책임자"라 한다)은 제17조에 따른 안전관리자와 제18조에 따른 보건관리자를 지휘·감독한다.
③ 안전보건관리책임자를 두어야 하는 사업의 종류와 사업장의 상시근로자 수, 그 밖에 필요한 사항은 대통령령으로 정한다.

▶ 관리감독자의 업무내용

(1) 기계•기구•설비의 안전보건 점검 및 이상 유무 확인
 ①작업시 작전에 안전보건 사항점검
 ②운전시 작전에 이상유무의 확인
 ③재료의 결함유무, 기구및 공구의 기능점검
 ④화학설비 및 부속설비의 사용시 작전점검
(2) 근로자의 작업복, 보호구 및 방호장치의 점검과 그 착용
 ①작업내용에 따라 적절한 보호구의 지급•착용지도
 ②작업모 또는 작업복의 올바른 착용지도
 ③드릴작업등 회전체 작업시 목장갑착용 금지
 ④프레스등 유해위험기계의 안전장치기능 확인
(3) 산업재해에 관한보고 및 이에 대한 응급조치(사후조치)
 ①재해자발생시 응급조치 및 병원으로 즉시이송
 ② 1개월 이내에 산업재해조사표 작성 또는 요양신청서를 근로 복지공단에 제출
 ③중대재해가 발생한 경우 지체 없이관할노동관서에보고
 ④재해발생 원인조사 및 재발방 지계획수립/개선
(4) 작업장의 정리정돈 및 안전통 로확보의 확인/감독
 ① 작업장 바닥을 안전하고 청결 한상태로유지
 ② 근로자가안 전하게 통행할 수 있도록 통로의 설치관리
 ③ 옥내통로는 걸려 넘어지거나 미끄러질 위험이 없도록 관리
(5) 당해 근로자들에 대한 안전보건 교육 및 교육일지 작성
 ① 매월 실시하는 근로자의 정기 안전교육
 ② 유해위험작업에 배치하기 업무와 관계되는 특별안전 교육등

1.2.3 안전보건경영시스템

산업안전보건경영시스템(KOSHA-MS)은 사업장의 안전보건 관리를 체계적이고 효과적으로 수행하기 위한 국제 표준 기반의 자율적인 안전보건 관리 시스템이다.

가. 안전보건경영시스템의 개요 및 목적

안전보건경영시스템은 PDCA(Plan-Do-Check-Act) 순환을 기반으로 안전보건 관리를 체계적으로 수행하는 시스템이다. 안전보건경영시스템을 통해 사업장의 위험 요소를 파악하고, 이를 제거 또는 관리함으로써 산업 재해를 예방하고, 안전한 작업 환경을 조성할 수 있다. 산업안전보건경영시스템은 관련 법규 및 규정을 준수하는 데 도움이 되며 안전한 작업 환경은 작업자의 생산성 향상에도 기여한다. 안전보건에 대한 투자는 기업 이미지 개선에도 도움이 되며 지속적인 개선을 위한 체계를 제공한다.

나. 안전보건경영시스템의 주요 요소:

안전보건경영시스템은 다음과 같은 주요 요소로 구성된다.

- 책임 및 리더십: 경영진은 안전보건경영시스템 구축 및 운영에 대한 책임을 명확히 하고, 리더십을 발휘해야 한다.
- 계획: 사업장의 위험 요소를 파악하고, 이를 평가하여 안전보건 목표 및 계획을 수립한다.
- 수행: 안전보건 목표 및 계획을 달성하기 위한 교육 및 훈련, 위험 평가 및 관리, 사고 조사 및 재발 방지, 작업환경 관리, 산업보건 관리 등의 활동을 수행한다.
- 점검: 안전보건경영시스템이 제대로 운영되고 있는지 정기적으로 점검하고, 평가한다.
- 조치: 점검 및 평가 결과를 바탕으로 개선점을 찾고, 이를 개선하기 위한 조치를 취한다.

다. 안전보건경영시스템의 인증:

안전보건경영시스템을 도입한 사업장은 한국산업안전보건공단에서 인증을 받을 수 있으며 다음과 같은 효과를 얻을 수 있다.

- 브랜드 가치 제고: 안전보건에 대한 기업의 노력을 입증하고, 브랜드 가치를 제고시킬 수 있다.
- 고객 신뢰 확보: 안전한 제품 및 서비스 제공에 대한 고객 신뢰를 확보할 수 있다.
- 해외 진출 기회 확대: 해외 진출 시 필요한 자격증으로 활용될 수 있다.

1.2.4 안전보건관리규정

안전보건관리규정은 다음과 같은 구성과 내용을 포함해야 한다.

가. 구성:

- 총칙: 안전보건관리규정의 목적, 적용 범위, 용어 정의 등을 명시한다.
- 안전관리: 안전교육 및 훈련, 위험 평가 및 관리, 사고 조사 및 재발 방지, 작업환경 관리 등에 관한 규정을 포함한다.
- 보건관리: 건강검진, 질병 예방, 작업환경 측정, 산업보건교육 등에 관한 규정을 포함한다.
- 기타: 안전보건 관련 조직, 안전보건 관련 서류, 안전보건 관련 제재 등에 관한 규정을 포함할 수 있다.

나. 내용

- 구체적이고 명확한 규정: 안전보건관리규정은 사업장의 특성을 고려하여 구체적이고 명확하게 작성해야 한다.
- 관련 법령 준수: 안전보건관리규정은 관련 법령 및 규정을 준수해야 한다.
- 근로자의 의견 수렴: 안전보건관리규정 작성 과정에서 근로자들의 의견을 수렴해야 한다.
- 정기적인 점검 및 개정: 안전보건관리규정은 정기적으로 점검하고, 개정해야 한다.

다. 안전보건관리규정의 작성 절차

안전보건관리규정은 다음과 같은 절차를 거쳐 작성해야 한다.

(1) 안전보건관리책임자 결정
(2) 안전보건관리규정 작성 위원회 구성
(3) 안전보건관리규정 초안 작성:
(4) 안전보건관리규정 심의
(5) 안전보건관리규정 확정
(6) 안전보건관리규정 공포

라. 안전보건관리규정의 활용

안전보건관리규정은 안전보건 교육 및 훈련, 위험성 평가 및 관리, 사고 조사 및 재발 방지, 작업환경 관리, 산업보건 관리 등에 활용된다.

관련자료:

o 관련규격 및 자료

- 한국산업안전보건공단
- 산업안전보건법
- 산업안전보건관리규정
- 안전보건공간 산업안전보건 정보포털

고용노동부

산업안전보건 관령

- KOSHA GUIDE G-12- 2013 개인보호구의 사용 및 관리에 관한 기술지침서, 한국산업안전보건공단.

Chapter 2 안전보호구 관리

2.1 보호구 및 안전장구관리

2.1.1 보호구의 개요

보호구는 근로자가 작업 중 발생하는 유해·위험 요인으로부터 신체를 보호하기 위해 착용하는 모든 장비를 의미한다. 즉, 보호구는 근로자가 작업 과정에서 노출될 수 있는 다양한 위험 요소로부터 신체를 보호하기 위해 착용하는 장비이다.

이러한 위험 요소에는 다음과 같은 것들이 포함된다.

- 물리적 위험 요소: 머리 부상을 일으킬 수 있는 낙하물, 날카로운 물체, 소음, 진동, 극한 온도 등
- 화학적 위험 요소: 유해 화학 물질, 먼지, 연기, 가스 등
- 생물학적 위험 요소: 병원균, 바이러스, 기생충 등
- 전기적 위험 요소: 감전 위험

산업안전보건법에서는 근로자의 안전을 보호하기 위해 필요한 경우 사업주가 보호구를 제공하고 착용하도록 해야 한다고 규정하고 있으며 보호구는 적절한 종류와 크기를 갖추고, 제조업체의 지침에 따라 정기적으로 점검 및 관리되어야 한다고 명시하고 있다.

보호구는 작업 환경 및 노출되는 위험 요소에 따라 다양한 종류가 있으며, 각 종류마다 구비해야 하는 조건들이 다르지만 일반적으로 다음과 같은 6가지 원칙을 충족해야 한다.

(1) 사용목적의 적합성

보호구는 작업 중 발생하는 구체적인 유해·위험 요소로부터 근로자를 보호하도록 설계되어야 한다. 예를 들어, 낙하 위험이 있는 작업장에서는 안전모를, 화학 물질을 취급하는 작업장에서는 안전장갑을 착용해야 한다.

(2) 착용의 간편성

보호구는 쉽게 착용하고 벗을 수 있어야 하며, 착용했을 때 불편함이나 통증이 없어야 한다. 근로자가 보호구를 착용하기 싫어한다면, 사고 예방 효과를 제대로 기대하기 어렵다.

(3) 작업 가능성

보호구는 작업 능률을 저하시키지 않도록 설계되어야 한다. 예를 들어, 안전모는 시야를 방해하지 않아야 하고, 안전장갑은 손동작을 제약하지 않아야 한다.

(4) 강도와 내구성

보호구는 작업 환경에서 발생하는 충격, 마모, 열, 화학 물질 등을 견딜 수 있도록 충분한 강도와 내구성을 가져야 한다.

(5) 표면 마감이 양호해야 함.

보호구의 표면은 거칠거나 날카롭지 않도록 매끄럽게 마감되어야 한다. 이는 근로자가 보호구를 착용했을 때 피부에 상처를 입지 않도록 하기 위함이다.

(6) 외관이 양호해야 함. .

보호구는 깔끔하고 세련된 외관을 가져야 한다. 외관이 좋은 보호구는 근로자들의 착용 의욕을 높이고, 사고 예방에 긍정적인 영향을 미칠 수 있다.

보호구는 작업 환경 및 노출되는 위험 요소를 정확하게 파악한 후, 적합한 종류를 선택해야 하며 제조업체의 지침에 따라 정기적으로 점검하고 관리해야 한다. 손상된 보호구는 즉시 교체해야 하며, 보관 및 관리 또한 철저하게 해야 한다. 보호구는 근로자의 안전을 보호하는 데 매우 중요한 역할을 하므로 사업주는 산업안전보건법에 따라 적절한 보호구를 제공하고, 근로자는 보호구를 올바르게 착용 및 관리하도록 노력해야 한다.

2.1.2 보호구의 종류별 특성

산업 현장에서 근로자의 안전을 보장하기 위해 다양한 종류의 안전보호구가 사용된다. 각 보호구는 특정 위험 요소로부터 근로자를 보호하기 위해 설계되었으며, 그 종류와 특성을 정확히 이해하는 것은 산업안전기사 시험뿐만 아니라 실제 현장에서도 매우 중요하다.

(1) 안전모

종류:

- 낙하방지용 A형: 합성수지금속 재질의 낙하 충격 방지
- 낙하/추락 방지용 AB형: 합성수지 재질의 낙하와 추락 충격 방지
- 낙하/감전 방지용 AE형: 합성수지 재질의 낙하 충격과 감전 방지
- 다목적용 ABE형: 합성수지 재질의 낙하,추락,감전 방지

특징: 머리 부위에 낙하물, 충격, 감전 등의 위험으로부터 보호

선택 시 고려 사항: 작업 환경에 따른 충격 흡수력, 통풍성, 무게 등을 고려

▶ 안전모 시험 성능 기준

안전모는 머리 부상을 방지하기 위한 필수적인 보호구이다. 안전모의 성능을 평가하기 위해 다양한 시험을 실시하며, 그 중에서도 내구성, 난연성, 턱끈 풀림 등이 중요한 기준으로 활용된다.

1) 내구성 (Durability)

설명: 안전모가 충격, 마모, 열 등 다양한 환경에서도 변형 없이 기능을 유지할 수 있는 능력을 의미한다.

시험 기준:

- 관통 시험: 낙하물 등의 충격에 대한 저항성을 평가하기 위해 뾰족한 물체로 안전모를 뚫으려는 시험이다. 안전모의 재질과 두께에 따라 관통 허용 한계가 정해져 있다.
- 압축 시험: 안전모가 압력에 얼마나 견딜 수 있는지 평가하는 시험이다.
- 변형 시험: 안전모를 변형시켰을 때 기능 저하 여부를 확인하는 시험이다.

2) 난연성(Flame Resistance)

설명: 안전모가 불에 잘 타지 않고 연소 시 유독 가스를 발생시키지 않는 성질을 의미한다.

시험 기준:

- 불꽃 접촉 시험: 안전모에 직접 불꽃을 접촉시켜 연소 시간과 연소 범위를 측정한다.
- 열 방출량 시험: 연소 시 발생하는 열에너지량을 측정한다.

3) 턱끈 풀림(Chin Strap Release)

설명: 안전모가 강한 충격을 받았을 때 턱끈이 자동으로 풀려 2차 손상을 방지하는 기능을 의미한다.

시험 기준:

- 충격 시험: 안전모에 일정한 충격을 가하여 턱끈이 풀리는 힘을 측정한다.
- 반복 착용 시험: 반복적인 착용과 해체를 통해 턱끈의 내구성을 평가한다.

(2) 안전화

종류: 일반형, 방수형, 절연형, 정전기 방지형, 화학물질용 등

특성: 발을 낙하물, 찔림, 미끄러짐 등의 위험으로부터 보호

선택시 고려 사항: 작업 환경에 따른 내마모성, 내유성, 방수성 등을 고려

(3) 보호장갑

종류: 가죽장갑, 고무장갑, 내열장갑 등

특성: 손을 화상, 절단, 화학 물질 등의 위험으로부터 보호

선택시 고려 사항: 작업 환경에 따른 내열성, 내마모성, 내화학성 등을 고려

(4) 보안경

종류: 안전인증품(적외선용, 복합용(적외선,자외선), 용접용), 자율안전확인신고품(일반형, 유리보

안경, 플라스틱보안경, 도수렌즈보안경) 등

특성: 눈을 비산물, 화염, 유해 광선 등의 위험으로부터 보호

선택시 고려 사항: 작업 환경에 따른 렌즈의 투과율, 내충격성 등을 고려

(5) 방진마스크

종류: 일회용, 분리식(반면형(격리식, 직결식), 전면형(격리식, 직결식), 안면부 여과식(반면형)

특성: 호흡기를 분진, 유해 가스 등으로부터 보호

등급: 특급(베릴륨 함유분진, 석면취급장), 1급(금속흄, 기계적 분진), 2급(특급, 1급 제외 분진 발생장소)

주의사항: 산소농도 18% 이상인 장소에서 사용해야함.

선택 시 고려 사항: 작업 환경에 따른 필터의 종류, 밀착성 등을 고려

▶ 방진마스크 선정 기준

방진마스크를 선택할 때는 다음과 같은 기준을 고려하여 적절한 제품을 선택해야 한다.

- 여과 효율이 높을 것: 마스크가 유해한 미세먼지, 분진 등을 얼마나 효과적으로 걸러낼 수 있는지를 나타내는 지표이다. 숫자가 클수록 많은 양의 미세먼지를 차단할 수 있다.
- 흡배기 저항이 낮을 것: 마스크를 착용했을 때 호흡이 편안한 정도를 나타낸다. 저항이 낮을수록 숨쉬기가 편하고 장시간 착용해도 불편함이 적다.
- 안면 밀착성이 좋을 것: 마스크와 얼굴 사이의 틈이 적을수록 미세먼지 침투를 막을 수 있다. 코와 입 주변에 밀착되는 부분이 부드럽고 얼굴 크기에 맞춰 조절이 가능한 제품이 좋다.
- 중량이 가벼울 것: 장시간 착용해야 하므로 가벼운 제품이 좋다.
- 시야가 넓을 것: 작업 시 시야를 가리지 않아야 안전하게 작업할 수 있다.
- 마스크 내부에 습기가 적게 차는 것: 호흡 시 발생하는 습기가 마스크 내부에 차면 세균 번식의 원인이 될 수 있으므로 통기성이 좋은 제품을 선택해야 한다.
- 착용감이 편안할 것: 귀끈이나 머리끈이 부드럽고 조절이 가능한 제품이 좋다.
- 알레르기 유발 물질이 함유되지 않은 제품일 것: 피부에 자극을 주지 않고 안전한 소재로 만들어진 제품을 선택해야 한다.
- 작업 환경에 적합한 등급의 마스크를 선택할 것: 작업 환경에 따라 요구되는 보호 등급이 다르므로, 작업 환경에 맞는 등급의 마스크를 선택해야 한다. (예: 특급, 1급, 2급)

▶ 특급 방진 마스크

가. 특성

1) 여과 효율 99% 이상 (분리식은 99.95%)

특급 방진 마스크는 미세먼지 포집 효율이 99% 이상으로, 매우 높은 수준의 보호기능을 제공한다. 특히, 분리형 마스크의 경우 99.95%에 달하는 놀라운 여과 효율을 자랑하여, 초미세먼지까지 효과적으로 차단할 수 있다. 특급 방진 마스크는 고성능 필터를 통해 유해 물질을 걸러내고,

밸브를 통해 숨쉬는 공기를 배출하여 착용감을 향상시킨다.

2) 독성 강한 물질 함유 분진이나 퓸 비산 작업 시 사용

특급 방진 마스크는 석면, 베릴륨, 중금속 등 독성이 강한 물질을 포함한 분진이나 퓸이 발생하는 작업 환경에서 필수적으로 사용된다. 이러한 유해 물질은 호흡기를 통해 흡입될 경우 심각한 건강 문제를 일으킬 수 있기 때문에, 특급 방진 마스크의 높은 보호기능이 절대적으로 필요하다.

특급 방진 마스크 사용 시 주의사항

- 밀착 확인: 마스크가 얼굴에 완전히 밀착되어 공기가 새지 않도록 해야 한다.
- 정기적인 교체: 필터의 성능이 저하될 수 있으므로, 제조사의 권장 교체 주기를 준수해야 한다.

호흡 곤란 시 즉시 벗기: 호흡이 곤란하거나 어지러움을 느낄 경우 즉시 마스크를 벗고 신선한 공기를 마셔야 한다.

- 다른 보호구와 함께 사용: 안전모, 안경 등 다른 보호구와 함께 사용하여 보호 효과를 높일 수 있다.

(6) 방독마스크

특징: 방진마스크와 유사하지만, 유독 가스를 여과하는 기능이 더욱 강화된 마스크.

방독마스크 관련 용어 설명:

- 파과: 방독마스크 필터 또는 정화통의 여과 기능이 저하되어 유해 물질이 외부 공기와 함께 흡입되는 현상
- 파과 시간: 방독마스크를 착용한 상태에서 유해 물질의 농도가 허용 기준을 초과하는 시간을 의미
- 파과 곡선: 시간에 따른 방독마스크의 여과 효율 변화를 나타내는 그래프
- 전면형 방독마스크: 얼굴 전체를 덮는 형태로, 시야가 넓고 밀착력이 우수하여 고농도 유해 물질에 노출될 위험이 높은 작업 환경에서 사용.
- 반면형 방독마스크: 코와 입 부분만을 덮는 형태로, 간편하게 착용할 수 있지만 전면형에 비해 보호 범위가 좁음.
- 복합용 방독마스크: 여러 종류의 유해 물질을 동시에 차단할 수 있는 방독마스크.
- 겸용 방독마스크: 방독 기능과 방진 기능을 동시에 갖춘 마스크

선택 시 고려 사항: 유해 가스의 종류와 농도에 따라 적절한 필터를 선택해야 한다.

▶ 방독마스크 정화통

방독마스크의 정화통은 다양한 유해 물질로부터 호흡기를 보호하기 위해 사용되는 필터 역할을 한다. 정화통의 색깔은 각각 다른 유해 물질에 특화되어 있으며, 이를 통해 작업 환경에 맞는 적절한 정화통을 선택할 수 있다.

1) 정화통 색깔별 특징

갈색 정화통: 유기화합물(시클로헥산 등) 제거에 효과적이다. 유기 용제, 페인트, 접착제 등에서 발생하는 유기화합물 증기를 흡착하여 호흡기를 보호한다.

노란색 정화통: 아황산 가스를 제거하는 데 효과적이다. 아황산 가스는 산성 비를 유발하고 호흡기 질환을 일으킬 수 있는 유해 물질이다.

녹색 정화통: 암모니아 가스를 제거하는 데 효과적이다. 암모니아 가스는 자극적인 냄새와 함께 호흡기, 눈, 피부에 자극을 줄 수 있다.

회색 정화통: 할로겐 가스(염소, 불소 등)를 제거하는 데 효과적이다. 할로겐 가스는 강한 산화력을 가지고 있어 호흡기와 눈에 심각한 손상을 입힐 수 있다.

정화통 색깔별 대표적인 사용 환경

갈색 정화통: 페인트 공장, 도장 작업장, 접착제 생산 시설 등 유기 용제를 사용하는 작업장

노란색 정화통: 제지 공장, 화학 공장 등 아황산 가스가 발생하는 작업장

녹색 정화통: 냉각탑, 비료 공장 등 암모니아 가스가 발생하는 작업장

회색 정화통: 염소 소독 시설, 반도체 제조 공장 등 할로겐 가스가 발생하는 작업장

종류	시험가스
유기화합물용	시클로헥산(C6H12)
	디메틸에테르(CH3OCH3)
	이소부탄(C4H10)
할로겐용	염소가스 또는 증기(Cl2)
황화수소용	황화수소가스(H2S)
시안화수소용	시안와수소가스(HCN)
아황산용	아황산가스(SO2)
암모니아용	암모니아가스(NH3)

방독마스크의 종류

(7) 보호복

종류: 방수복, 내화복, 정전기 방지복 등

특성: 신체를 화학 물질, 열, 정전기 등의 위험으로부터 보호

선택시 고려 사항: 작업 환경에 따른 내열성, 내화학성, 방수성 등을 고려.

(8) 안전대

특징: 높은 곳에서 작업할 때 추락을 방지하기 위한 장비.

(가) 안전대의 종류:

- 벨트식 안전대: 허리 부분을 감싸는 벨트 형태로, 간단하게 착용. 주로 가벼운 작업이나

단시간 작업에 사용.

- 안전그네식 안전대: 어깨와 다리 부분을 감싸는 형태로, 몸 전체를 지지하여 안전성이 높아 고소작업이나 무거운 물건을 다루는 작업에 적합.

(나) 안전대의 등급

안전대는 사용 용도에 따라 1종부터 5종까지 등급이 나뉩니다.

등급	사용 구분	주요 용도
1종	U자 걸이 전용	전주 위 작업 등 발판이 불안정한 경우
2종	1개 걸이 전용	안전대에 의지하지 않고 작업 가능한 경우
3종	1개 걸이, U자 걸이 공용	1종과 2종의 기능을 모두 갖춘 경우
4종	안전블록	안전 그네만 사용하는 경우
5종	추락방지대	수직 구명줄이 포함된 경우

(다) 안전대 관련 용어

U자 걸이: 안전대를 구조물에 연결하는 부분으로, U자 형태의 고리가 달려 있음.

1개 걸이: 안전대를 구조물에 한 점으로 연결하는 방식.

안전블록: 안전대의 움직임을 제한하여 추락을 방지하는 장치.

추락방지대: 수직으로 설치된 안전대 시스템으로, 추락 시 충격을 완화.

안전대 부착설비: 안전대를 구조물에 연결하기 위한 설비로, 앵커, 로프 등이 있음.

(라) 안전대 선택 시 고려 사항

작업 환경: 작업 높이, 작업 내용, 작업 시간 등을 고려하여 적절한 등급의 안전대를 선택.

체형: 안전대의 사이즈가 체형에 맞아야 안전하게 사용할 수 있음.

안전대의 상태: 낡거나 손상된 안전대는 사용하지 않아야 함.

(9) 기타 보호구

청력보호구: 소음으로부터 청력을 보호 (예: 귀마개, 이어컵)

호흡용 보호구: 유해 가스, 분진 등으로부터 호흡기를 보호 (예: 송기마스크)

안전보호구 선택 시 고려 사항:

- 작업 환경: 위험 요소, 온도, 습도 등을 고려하여 적절한 보호구를 선택
- 개인의 신체 조건: 체형, 체격, 알레르기 등을 고려
- 보호구의 성능: 인증 마크, 제조사, 재질 등을 확인하여 안전하고 튼튼한 제품을 선택
- 착용감: 편안하고 안전하게 착용할 수 있는 제품을 선택

* 관련 법규 및 규칙

안전보호구의 사용과 관리에 관한 법규는 산업안전보건법을 중심으로 다양하게 마련되어 있으며 산업통상자원부 고시 등을 통해 보호구의 품질 기준, 검사 방법 등이 제시되고 있음.

** 관련 자료 및 정보

대한산업안전협회: 다양한 안전보호구에 대한 정보와 교육 자료를 제공.

한국산업표준(KS): 각종 안전보호구의 규격을 확인
국립산업안전보건연구원: 산업 안전 관련 연구 결과 및 자료를 제공
안전보건공단: 산업 안전 관련 교육, 상담, 기술 지원 등을 제공

2.1.3 보호구의 성능기준 및 시험방법

산업안전보건법은 근로자가 유해·위험한 작업환경에 노출될 경우, 해당 위험으로부터 근로자를 보호하기 위한 적절한 안전보호구를 사용하도록 명시하고 있다.(참조: 각 보호구에 대한 세부사항은 고용노동부고시 제2023-64호, 보호구 안전인증 고시를 참조할 것)

가. 성능기준

적합성: 작업 환경에서 발생할 수 있는 유해·위험 요인에 적합한 기능을 수행해야 한다.
내구성: 반복적인 사용에도 성능이 저하되지 않아야 한다.
편리성: 착용 시 불편함이 없고 작업에 지장을 주지 않아야 한다.
안전성: 착용자에게 추가적인 위험을 발생시키지 않아야 한다.

나. 보호구의 시험방법

보호구의 성능을 평가하기 위해 다양한 시험방법이 사용된다. 시험방법은 보호구의 종류와 기능에 따라 달라지지만, 일반적으로 다음과 같은 시험을 수행한다.
내충격성 시험: 낙하물이나 충격으로부터 보호하는 기능을 평가한다.
내열성 시험: 열에 대한 저항성을 평가한다.
내화학성 시험: 화학물질에 대한 저항성을 평가한다.
내마모성 시험: 마모에 대한 저항성을 평가한다.
기밀성 시험: 유해가스나 분진 등의 침투를 방지하는 기능을 평가한다.

* 관련 규격 및 자료
- 한국산업표준(KS): 안전모, 안전화, 보안경 등 다양한 보호구에 대한 KS 규격이 있으며, 이 규격은 보호구의 성능, 재질, 착용 방법 등에 대한 기준을 제시함.
- 국제표준화기구(ISO): 국제적으로 통용되는 보호구 규격을 제공하며, KS 규격과 함께 참고 자료로 활용됨.
- 미국국립표준협회(ANSI): 미국에서 사용되는 보호구 규격으로, 특히 안전모, 보안경 등에 대한 규격이 많이 사용됨.
- 유럽연합(EU): EU에서 사용되는 보호구 규격으로, CE 마크를 부착하여 판매되는 보호구는 EU 규격을 준수해야 함.

** 관련 법규 및 규칙, 고시
산업안전보건법: 안전보호구의 사용 의무, 관리 기준 등을 규정.
산업안전보건기준에 관한 규칙: 안전보호구의 종류, 선택 기준, 착용 방법 등을 구체적으로 명시.
보호구 안전인증 고시: 보호구의 안전인증 기준 및 절차를 규정.
각종 고시: 산업통상자원부 고시 등을 통해 보호구의 품질 기준, 검사 방법 등을 제시

▶ 안전인증 제품 표시 방법

안전인증을 받은 제품에는 반드시 다음과 같은 정보들이 표시되어야 소비자가 안심하고 제품을 사용할 수 있다.

1) 형식 또는 모델명
   설명: 해당 제품의 종류와 특징을 구분하기 위한 고유한 이름이다.
   예시: 스마트폰의 경우 'Galaxy S23', 세탁기의 경우 'WF21T5000KW'와 같이 표기된다.
2) 규격 또는 등급
   설명: 제품이 적합한 규격이나 성능 등급을 나타낸다.
   예시: 에너지 효율 등급, 방수 등급, 안전 기준 등이 표기된다.
3) 제조자명
   설명: 제품을 제조한 회사의 이름이다.
   예시: 삼성전자, LG전자 등과 같이 표기된다.
4) 제조번호 및 제조연월
   설명: 각 제품을 식별하고 제조 시기를 확인하기 위한 번호와 날짜이다.
   예시: 'ABC123456, 2023년 12월'과 같이 표기된다.
5) 안전인증번호
   설명: 제품이 안전 기준에 적합하다는 것을 증명하는 고유한 번호이다.
   예시: 'KC인증' 마크와 함께 표기된다.

▶ 각 정보의 중요성

- 형식 또는 모델명: 제품을 구분하고 AS를 받을 때 필요하다.
- 규격 또는 등급: 제품의 성능과 안전성을 판단하는 기준이 된다.
- 제조자명: A/S 책임 소재를 확인하고, 제조사의 신뢰도를 평가하는 데 도움이 된다.
- 제조번호 및 제조연월: 제품의 불량 여부를 판단하고, 보증 기간을 확인하는 데 사용된다.
- 안전인증번호: 제품의 안전성을 보증하는 가장 중요한 정보이다.

2.1.4 안전보건표지의 종류·용도 및 적용

산업안전보건표지는 작업장에서 발생할 수 있는 위험을 알리고 안전한 작업 환경을 조성하기 위해 사용되는 시각적인 신호이다. 다양한 종류의 안전보건표지가 있으며, 각각의 표지는 고유한 색상, 기호, 문구를 사용하여 특정한 의미를 전달한다.

가. 안전보건표지의 종류

안전보건표지는 크게 다음과 같은 네 가지 종류로 나눌 수 있다.

(1) 금지표지: 특정 행위를 금지하는 표지로, 흰색 바탕에 빨간색 테두리와 검은색 그림으로 표시.
　예시: 출입금지, 보행금지, 차량통행금지, 금연 등
　설치 위치: 위험이 발생할 수 있는 장소 입구 또는 위험한 행위가 발생할 수 있는 장소

(2) 경고표지: 위험을 알리는 표지로, 노란색 바탕에 검은색 그림으로 표시.
　예시: 인화성 물질, 고압 전기, 낙하 물체 등
　설치 위치: 위험한 물질이나 상태가 존재하는 장소에 설치

출처: 안전보건표지의 종류와 형태(산업안전보건공단)

산업안전보건표지

(3) 지시표지: 안전 장비 착용 등 특정 행위를 지시하는 표지로, 파란색 바탕에 흰색 그림으로 표시.
  예시: 보안경 착용, 방독마스크 착용, 비상구 등
  설치 위치: 안전 장비를 착용해야 하는 장소 또는 비상구 등의 위치에 설치.
(4) 안내표지: 안전 관련 시설이나 장소를 알리는 표지로, 녹색 바탕에 흰색 그림으로 표시
  예시: 응급구호 시설, 비상구, 소화기 등
  설치 위치: 안전 관련 시설이나 장소에 설치

나. 안전보건표지의 적용

안전보건표지는 작업장의 모든 곳에 설치해야 하는 것은 아니며, 위험이 존재하거나 안전에 대한 주의가 필요한 곳에 설치해야 한다. 특히 위험한 물질이나 설비가 있는 곳, 미끄러운 바닥이나 좁은 통로, 소음이나 진동이 심한 곳, 비상구 또는 대피로, 안전 장비를 착용해야 하는 곳에 설치하여야 한다.

* 관련 자료
산업안전보건법: 안전보건표지 설치에 대한 법적인 근거를 제공.
산업안전보건기준에 관한 규칙: 안전보건표지의 종류, 형태, 색채 및 용도 등에 대한 구체적인 기준을 제시.
대한산업안전협회: 안전보건표지 관련 자료 및 교육 프로그램을 제공.

2.1.5 안전보건표지의 색채 및 색도기준

안전보건표지는 작업 환경에서 발생할 수 있는 위험을 시각적으로 알리고 안전한 작업 환경을 조성하기 위해 사용되는 중요한 도구이다. 각 표지의 색깔과 기호는 특정한 의미를 가지며, 이러한 표준화된 색채와 색도기준은 작업자들이 위험을 쉽고 빠르게 인지하고 대처할 수 있도록 돕는다.

가. 색채와 색도 기준

안전보건표지에 사용되는 색채와 색도기준은 산업안전보건법 시행규칙 별표 8에 자세히 명시되어 있다. 각 색채는 다음과 같은 의미를 가지며 특정한 색도기준을 준수해야 한다.

색채	색도기준	용도	사용례
빨간색	7.5R 4/14	금지, 경고	정지신호, 소화설비, 유해행위 금지, 화학물질 취급장소의 위험 경고
노란색	5Y 8.5/12	경고	화학물질 취급장소 이외의 위험 경고, 주의 표지
파란색	2.5PB 4/10	지시	특정 행위의 지시 및 사실의 고지
녹색	2.5G 4/10	안내	비상구 및 피난소, 사람 또는 차량의 통행 표지
흰색	N9.5	보조색	파란색 또는 녹색에 대한 보조색
검은색	N0.5	보조색	문자 및 빨간색 또는 노란색에 대한 보조색

- 색도기준: 한국산업규격(KS) 색의 3속성에 의한 표시방법(KSA0062)에 따른 기준으로 H는 색상, V는 명도, C는 채도를 의미한다. 예를 들어, “5Y 8/10”의 경우 “5Y 8의 10”이라고 읽고 색상은 5Y, 명도 8, 채도 10의 색을 나타내며 색채별로 허용 오차 범위가 정해져 있다.
(허용 오차 범위 H=± 2, V=± 0.3, C=± 1)

Chapter 3 산업안전심리

3.1 산업심리와 심리검사

3.1.1 심리검사의 종류

산업안전심리에서는 근로자의 심리적 상태와 특성을 파악하여 안전사고를 예방하고 작업 환경을 개선하는데 심리검사를 활용하는데 다양한 종류의 심리검사가 활용되며, 각 검사는 특정한 목적을 가지고 있다.

가. 심리검사의 목적

- 안전 행동 예측: 안전 불감증, 위험 감수 성향 등 안전 행동에 영향을 미치는 심리적 요인을 파악하여 안전 사고 발생 가능성 예측
- 스트레스 및 정신 건강 평가: 작업 스트레스, 우울증, 불안 등 정신 건강 상태를 평가하여 작업 능률 저하와 안전사고 발생 가능성 파악
- 성격 특성 분석: 외향성, 내향성, 성실성 등 성격 특성을 분석하여 안전 관련 태도와 행동을 예측
- 팀워크 및 조직 문화 분석: 팀 내 상호작용, 조직 문화 등을 분석하여 안전 문화 형성에 대한 개선점을 도출

나. 심리검사의 종류

(1) 성격 검사

MMPI (Minnesota Multiphasic Personality Inventory): 다양한 성격 특성을 측정하는 가장 널리 사용되는 검사 중 하나로 외향성, 내향성, 신경증, 정신병적 경향 등을 평가

16PF (Sixteen Personality Factor Questionnaire): 16가지 주요 성격 특성을 측정하여 개인의 성격 프로파일을 작성하는 검사.

NEO-PI-R (NEO Personality Inventory-Revised): 5가지 주요 성격 차원(외향성, 성실성, 개방

성, 친화성, 정서적 안정성)을 측정하는 검사.

(2) 적성 검사

직무 적성 검사: 특정 직무 수행에 필요한 능력과 적합성을 평가하는 검사이다. 기계적 이해력, 공간 지각 능력 등을 측정

흥미 검사: 개인의 직업적 흥미를 파악하여 적성에 맞는 직무를 찾도록 돕는 검사

(3) 태도 검사

안전 태도 검사: 안전에 대한 인식, 태도, 행동 경향을 측정하는 검사이다 안전 불감증, 위험 감수 성향 등을 파악

조직 문화 검사: 조직 구성원들의 조직 문화에 대한 인식과 태도를 측정하여 조직 문화 개선 방안을 모색

(4) 스트레스 검사

PSS (Perceived Stress Scale): 개인이 느끼는 스트레스 정도를 측정하는 검사

SCL-90-R (Symptom Checklist-90-Revised): 다양한 정신적 증상(불안, 우울, 신체화 등)을 측정하여 정신 건강 상태를 평가

(5) 프로젝트 검사

Rorschach 검사: 잉크반점 그림을 보고 연상되는 것을 이야기하는 검사로, 무의식적인 욕구, 감정, 사고 방식을 파악

TAT (Thematic Apperception Test): 애매한 그림을 보고 이야기를 만들도록 하는 검사로, 개인의 욕구, 갈등, 대인관계 등을 파악

3.1.2 심리학적 요인

가. 산업안전심리에서의 심리학적 요인

산업안전심리는 산업 현장에서 발생하는 안전사고를 예방하고 안전한 작업 환경을 조성하기 위해 심리학적인 관점에서 접근하는 학문으로 인간의 심리적 특성과 행동이 안전에 어떤 영향을 미치는지 분석하고, 이를 바탕으로 안전 관리 시스템을 개선하는 것을 목표로 한다.

나. 산업안전에 영향을 미치는 심리학적 요인

(1) 인지적 요인:

- 주의: 작업 환경에 대한 주의 집중력, 위험 인지 능력 등
- 판단: 위험 상황에서 빠르고 정확한 판단 능력
- 학습: 안전 교육에 대한 학습 능력, 과거 경험을 통한 학습 능력
- 기억: 안전 수칙, 절차 등을 기억하고 적용하는 능력

(2) 정서적 요인:
- 스트레스: 과도한 업무량, 불안정한 고용 환경 등으로 인한 스트레스가 안전 불감증을 유발
- 불안: 미래에 대한 불안감이 안전 행동을 저해
- 만족도: 직무 만족도가 높을수록 안전에 대한 관심도가 높아짐

(3) 동기적 요인:
- 안전 동기: 안전 행동을 하도록 하는 내적 동기
- 외적 동기: 보상, 처벌 등 외부 요인에 의한 동기

(4) 사회적 요인:
- 동료의 영향: 동료의 안전 행동이 개인의 안전 행동에 영향을 미침
- 조직 문화: 조직의 안전 문화가 개인의 안전 의식에 영향을 미침

3.1.3 지각과 정서

산업안전심리에서 지각과 정서는 안전 행동에 직접적인 영향을 미치는 중요한 심리적 요소로 작업 현장에서 발생하는 다양한 사고는 단순히 기술적인 문제뿐만 아니라, 근로자의 지각과 정서 상태에 의해 크게 좌우되기 때문이다.

가. 지각(Perception)

지각은 외부 자극을 감각 기관을 통해 받아들이고, 이를 해석하여 의미를 부여하는 과정으로 산업 현장에서는 다음과 같은 지각 과정이 안전에 중요한 영향을 미친다.
- 위험 인지: 위험한 상황을 정확하게 인지하고 그 심각성을 파악하는 능력
- 상황 판단: 위험 상황 발생 시 빠르고 정확하게 상황을 판단하고 적절한 대처 방안을 선택하는 능력
- 신호 인지: 경고등, 안전 표지판 등의 신호를 정확하게 인지하고 그 의미를 이해하는 능력

(1) 지각 과정: (위험 상황 인지 → 상황 판단 → 행동)

(2) 지각에 영향을 미치는 요인:
- 주의: 작업에 집중하거나 스트레스를 받으면 위험을 간과
- 경험: 과거 경험이 위험에 대한 민감도를 결정
- 기대: 기대하는 바에 따라 위험을 과대평가하거나 과소평가할 수 있음
- 피로: 피로는 지각 능력을 저하시켜 위험 인지율을 낮춤

나. 정서(Emotion)

정서는 특정한 사건이나 대상에 대한 개인의 주관적인 반응으로, 안전 행동에 다양한 영향을 미친다.

- 불안: 과도한 불안은 판단력을 흐리게 하고 위험한 행동을 유발할 수 있음
- 스트레스: 만성적인 스트레스는 주의력을 감소시키고 실수를 유발할 수 있음
- 흥분: 흥분 상태에서는 위험을 과소평가하고 안전 수칙을 무시할 수 있음
- 만족도: 직무 만족도가 높은 경우 안전에 대한 관심도가 높아짐

다. 정서와 안전 행동의 관계: (스트레스 → 불안 → 안전 수칙 위반)

정서가 안전 행동에 미치는 영향:

- 긍정적인 정서: 작업 만족도, 자긍심 등 긍정적인 정서는 안전 의식을 높이고 안전 행동을 유발
- 부정적인 정서: 스트레스, 불안, 분노 등 부정적인 정서는 안전 불감증을 유발하고 위험한 행동을 유발할 수 있음

라. 지각과 정서의 상호작용

지각과 정서는 서로 영향을 주고받으며 안전 행동에 복합적인 영향을 미친다. 예를 들어, 스트레스를 받으면 위험에 대한 민감도가 떨어져 위험을 제대로 인지하지 못할 수 있으며 위험한 상황을 인지했을 때 불안감이 증가하여 판단력이 흐려질 수 있다.

3.1.4 동기, 좌절, 갈등

산업안전심리에서는 근로자의 안전 행동에 영향을 미치는 다양한 심리적 요인을 연구하는데 그 중에서도 동기, 좌절, 갈등은 안전 행동에 직접적인 영향을 미치는 중요한 요소이다

가. 동기(Motivation)

동기는 특정한 행동을 하도록 개인을 움직이는 내적인 힘으로 산업안전에서 동기는 안전 행동을 유발하고 지속시키는 중요한 요소이다.

- 안전 동기: 안전 행동을 하도록 하는 내적인 욕구로 안전에 대한 가치관, 자기 보존 욕구, 타인에 대한 배려 등이 안전 동기를 높임
- 외적 동기: 외부적인 보상이나 처벌을 통해 안전 행동을 유도하는 것으로 성과급, 인센

티브, 징계 등이 외적 동기의 예시

개인이나 집단이 특정 목표를 달성하기 위해 행동을 유발하고 지속시키는 내적인 힘 또는 과정을 동기부여라고 하는데 왜 사람들이 일을 하고, 목표를 향해 나아가는지에 대한 설명을 제공하는 이론이라고 할 수 있다.

(1) 매슬로우의 욕구 단계 이론

- 핵심 내용: 인간의 욕구는 생리적 욕구, 안전 욕구, 사회적 욕구, 존경 욕구, 자아실현 욕구의 5단계로 구성되며, 하위 단계의 욕구가 충족되어야 상위 단계의 욕구를 추구한다는 이론

(2) ERG 이론

앨더퍼(Alderfer)가 제시한 동기 부여 이론으로, 마슬로우의 욕구 단계 이론을 수정하여 더욱 현실적인 설명을 제공한다. ERG는 Existence (존재), Relatedness (관계), Growth (성장)의 세 가지 핵심 욕구를 강조한다.

- 존재 욕구 (Existence needs): 생리적 욕구와 안전 욕구를 포함하며, 먹고 살기 위한 기본적인 욕구로 급여, 근무 환경, 안정적인 직업 등이 이에 해당됨.
- 관계 욕구 (Relatedness needs): 소속감, 사랑, 소통 등 다른 사람과의 관계를 형성하고 유지하려는 욕구로 동료와의 관계, 상사와의 관계, 조직 소속감 등이 이에 해당됨.
- 성장 욕구 (Growth needs): 자기 계발, 성취, 자아실현 등 개인의 잠재력을 발휘하고 성장하려는 욕구이다 직무 자율성, 책임감, 승진 기회 등이 이에 해당한다.

(3) 맥그리거의 X이론과 Y이론: 인간에 대한 두 가지 관점

더글라스 맥그리거는 인간의 본성에 대한 두 가지 상반된 관점을 제시하며, 이를 X이론과 Y이론으로 명명하였으며 이 두 이론은 조직 구성원을 어떻게 바라보느냐에 따라 리더십 스타일과 조직 관리 방식이 달라진다는 것을 보여준다.

- X이론 (Theory X)

X이론은 인간을 수동적이고, 게으르며, 책임을 회피하려는 존재로 보는 전통적인 관점으로 X이론에 기반한 리더십은 엄격한 통제, 감시, 강압적인 지시를 통해 구성원들을 관리해야 한다고 주장한다.

- Y이론 (Theory Y)

Y이론은 인간을 능동적이고, 창의적이며, 자기실현을 추구하는 존재로 보는 현대적인 관점으로 Y이론에 따르면 사람들은 일 자체를 즐기고, 자기 개발을 추구하며, 책임감을 가지고 목표를 달성하기 위해 노력하며, 창의적이고 변화를 수용하는 것으로 제시되고 있다. 따라서 Y이론에 기반한 리더십은 참여, 협력, 자율성을 강조하며, 구성원들의 잠재력을 최대한 발휘할 수 있도록 지원해야 한다고 할 수 있다.

맥그리거의 X이론과 Y이론은 인간에 대한 서로 다른 가정에서 출발하여, 조직 관리 방식에 대한 중요한 시사점을 제공한다. 현대 조직에서는 Y이론과 같은 인간 중심적인 리더십이 더욱 효과적이라고 평가되고 있다. 하지만 모든 상황에 Y이론만 적용될 수 있는 것은 아니며, 조직의 상황과 구성원의 특성에 따라 적절한 리더십 스타일을 선택해야 한다.

(4) 허즈버그의 2요인 이론

직원의 만족과 불만족을 유발하는 요인은 서로 다르다는 이론으로 만족을 유발하는 요인을 동기 요인, 불만족을 유발하는 요인을 위생 요인이라고 한다.

- 동기 요인: 성취감, 인정, 성장 등
- 위생 요인: 급여, 근무 환경, 회사 정책 등

예시: 급여 인상은 불만을 해소시킬 수 있지만, 직원들을 더 열심히 일하게 만드는 동기 부여 요인은 아닙니다.

적용: 위생 요인은 최소한의 수준을 유지하고, 동기 요인을 강화하여 직원들의 만족도를 높여야 한다.

(5) 목표 설정 이론

구체적이고 도전적인 목표를 설정하면 개인의 성과가 향상된다는 이론으로 단순히 '열심히 일하자'라는 목표보다는 '이번 달 매출을 10% 증가시키자'와 같이 구체적인 목표를 설정하는 것이 더 효과적이라는 것이다. 목표설정이론에서는 SMART 목표 설정 기법(Specific, Measurable, Achievable, Relevant, Time-bound)을 활용하여 목표를 설정하고, 정기적으로 피드백을 제공하여 목표 달성을 지원해야 한다.

(5) 공정성 이론

사람들은 자신이 투입한 노력과 얻은 결과가 공정하다고 느낄 때 더 큰 만족감을 느끼고 동기 부여가 된다는 이론으로 동료와 비슷한 업무를 수행하면서 더 적은 보상을 받는다고 느끼면 불공정하다고 생각하고 동기 부여가 저하될 수 있다는 것이다. 따라서, 성과 평가 시 공정성을 확보하고, 보상 시스템을 투명하게 운영해야 한다.

(6) 강화 이론

강화이론은 바람직한 행동에 대해 보상을 제공하면 그 행동이 반복될 가능성이 높아진다는 이론으로 목표를 달성한 직원에게 포상을 제공하여 성과를 향상시킬 수 있다. 긍정적인 강화를 통해 원하는 행동을 유도하고, 부정적인 강화를 통해 바람직하지 않은 행동을 줄일 수 있다는 것이다.

나. 좌절(Frustration)

좌절은 목표 달성을 방해하는 요인에 부딪혔을 때 느끼는 불쾌한 감정 상태로 산업 현장에서 좌절은 다음과 같은 문제를 야기할 수 있다.

- 안전 불감증: 좌절감이 누적되면 안전 수칙을 소홀히 하거나 위험한 행동을 할 수 있음
- 성과 저하: 좌절감은 업무 집중력을 저하시켜 실수를 유발할 수 있음
- 대인관계 악화: 좌절감은 동료와의 갈등을 유발하고 협업을 저해할 수 있음

좌절은 과도한 업무량, 불합리한 지시, 인정 부족 등이 원인이 될 수 있으며 이에 대한 대처 방안으로는 다음과 같은 것들이 있다.

- 스트레스 관리 프로그램: 명상, 요가 등 스트레스 해소를 위한 프로그램 제공
- 소통 강화: 상사와의 소통 채널을 확대하고 근로자의 의견을 수렴

- 공정한 평가 시스템 구축: 공정한 평가 시스템을 통해 좌절감을 줄임
- 지원 시스템 구축: 심리 상담 등 지원 시스템을 구축하여 어려움을 겪는 근로자를 지원

다. 갈등(Conflict)

갈등은 서로 다른 목표나 가치를 가진 개인 또는 집단 간에 발생하는 대립 상태로 산업 현장에서 갈등은 다음과 같은 문제를 야기할 수 있다.

- 협업 저하: 갈등은 팀워크를 저해하고 업무 효율성을 감소시킴
- 의사소통 단절: 갈등으로 인해 의사소통이 단절되어 오해와 불신이 증폭될 수 있음.
- 안전 규정 위반: 갈등 상황에서 안전 규정을 무시하고 위험한 행동을 할 수 있음

추가정리:

1. S-R 이론

S-R 이론은 자극(Stimulus)과 반응(Response)의 관계를 중심으로 학습을 설명하는 이론을 말한다. 즉, 어떤 자극에 대해 특정한 반응을 하도록 학습하는 과정을 강조한다.

1) 시행착오설(Thorndike)

동물이 특정 문제 상황에서 다양한 반응을 시도하고, 그 결과에 따라 성공적인 반응은 강화되고 실패한 반응은 소멸되는 과정을 통해 학습한다는 이론이다.

예시: 고양이가 상자 밖으로 나가기 위해 다양한 행동을 시도하다 우연히 레버를 누르고 상자 밖으로 나가는 행동을 반복하게 되는 현상.

2) 조건반사설(Pavlov)

특정 자극에 대한 생리적인 반응을 다른 자극과 연결시켜 새로운 반응을 학습하는 과정을 설명하는 이론이다.

예시: 개가 밥을 먹을 때 벨 소리를 들려주면 벨 소리만 들어도 침을 흘리는 현상.

3) 조작적 조건화설(Skinner)

개체의 행동에 대한 결과에 따라 그 행동이 강화되거나 약화되는 과정을 통해 학습이 이루어진다는 이론이다.

예시: 쥐가 레버를 누르면 먹이가 나오는 것을 경험하고, 레버 누르기 행동을 반복하는 현상.

4) 접근적 조건화설

긍정적인 자극을 통해 특정 행동을 유발하거나 강화시키는 학습 이론이다.

예시: 아이가 장난감을 가지고 놀면 칭찬을 해주어 장난감 놀이를 즐기도록 하는 것.

▶ S-R 이론의 공통점

- 자극과 반응의 연결을 통해 학습이 이루어진다는 점

- 행동 변화를 중심으로 학습을 설명한다는 점

▶ S-R 이론의 한계:

- 인간의 고등 인지 기능이나 창의성을 설명하기에는 부족한 측면이 있다.
- 학습 과정에서의 내적 동기나 사회적 상호 작용의 중요성을 간과할 수 있다.

2. 데이비스 동기부여 이론

데이비스 동기부여 이론은 개인의 성과는 능력과 동기의 곱으로 이루어진다는 것을 강조한다. 즉, 아무리 뛰어난 능력을 가졌더라도 동기가 부족하면 성과를 내기 어렵고, 반대로 아무리 동기가 높더라도 능력이 부족하면 성과를 내기 어렵다는 것이다.

- 능력: 개인이 어떤 일을 수행하기 위해 필요한 지식과 기능을 의미한다.
- 동기: 개인이 어떤 일을 하도록 하는 내적 추동력으로, 상황과 태도에 따라 달라진다.
- 성과: 능력과 동기가 결합하여 나타나는 결과물이다.

따라서, 높은 성과를 내기 위해서는 능력 개발과 함께 동기 부여를 위한 노력이 함께 이루어져야 한다. 예를 들어, 어떤 직원이 뛰어난 컴퓨터 활용 능력(지식 x 기능)을 가지고 있지만, 회사의 업무에 대한 흥미가 없다면(상황 x 태도), 높은 성과를 내기 어렵다. 반대로, 어떤 직원이 회사 업무에 대한 열정이 높지만(상황 x 태도), 필요한 컴퓨터 활용 능력이 부족하다면(지식 x 기능), 역시 높은 성과를 내기 어렵다.

즉, 데이비스 이론은 개인의 성과를 극대화하기 위해서는 능력과 동기 두 가지 요소를 모두 고려해야 한다는 것을 시사한다.

3. 허츠버그의 일을 통한 동기부여 이론: 만족과 불만족의 두 얼굴

허츠버그의 2요인 이론은 직원들의 동기부여를 이해하는 데 있어 매우 중요한 이론이다. 이 이론은 직원들이 일을 통해 느끼는 만족과 불만족은 서로 다른 요인에 의해 발생한다는 것을 강조한다.

1) 위생요인(Hygiene Factors)

- 불만족을 없애는 요인: 위생요인은 직무 자체보다는 근무 환경과 관련된 요소이다. 이 요인들이 충족되지 않으면 직원들은 불만을 느끼지만, 충족된다고 해서 반드시 만족을 느끼는 것은 아니다.
- 예시: 급여, 복지, 근무 환경, 회사 정책, 상사와의 관계 등

2) 동기요인(Motivators)

- 만족을 주는 요인: 동기요인은 직무 자체와 관련된 요소이다. 이 요인들이 충족되면 직원들은 일에 대한 만족감을 느끼고, 동기 부여가 된다.
- 예시: 성취감, 인정, 책임감, 성장, 자기계발 등

▶ 허츠버그 이론의 시사점

- 위생요인은 기본: 위생요인은 직원들이 최소한으로 요구하는 것이므로, 이를 충족시키는 것은 필수이다. 하지만 위생요인만으로는 직원들을 만족시키고 동기 부여를 할 수 없다.

- 동기요인이 중요: 직원들을 진정으로 동기 부여하기 위해서는 동기요인을 충족시켜야 한다. 즉, 직무 자체가 주는 만족감을 높여야 한다.
- 두 요인의 상호작용: 위생요인과 동기요인은 서로 다른 차원에서 작용하지만, 상호작용하기도 한다. 예를 들어, 위생요인이 충족되지 않으면 동기요인에 대한 만족도가 낮아질 수 있다.

▶ 허츠버그 이론을 활용한 실제 사례

- 직무 확대 및 심화: 직원들에게 다양한 업무를 부여하고, 책임감을 갖게 함으로써 성취감과 성장을 느끼도록 한다.
- 인정과 칭찬: 직원들의 노력과 성과를 인정하고 칭찬하여 동기 부여를 한다.
- 자기계발 기회 제공: 교육 및 훈련 프로그램을 통해 직원들의 역량을 향상시키고, 성장 기회를 제공한다.
- 자율성 부여: 직원들에게 일정 부분 자율성을 부여하여 스스로 일을 계획하고 수행하도록 한다.

▶ 결론

허츠버그의 이론은 단순히 직원들에게 급여를 더 주거나 복지를 향상시키는 것만으로는 직원들을 만족시키고 동기 부여할 수 없다는 것을 시사한다. 직원들이 일 자체에서 의미와 가치를 찾을 수 있도록 하는 것이 중요하다. 따라서 기업들은 직무 설계, 평가 시스템, 보상 시스템 등을 개선하여 직원들의 동기 부여를 높여야 한다.

3.1.5 불안과 스트레스

산업 현장에서 발생하는 많은 안전사고는 단순히 기술적인 문제뿐만 아니라, 근로자의 심리적인 상태와 밀접한 관련이 있다. 특히 불안과 스트레스는 안전 행동에 부정적인 영향을 미치는 대표적인 심리적 요인이다.

가. 불안(Anxiety)

불안은 미래에 대한 불확실성이나 위협에 대한 과도한 걱정으로 인해 발생하는 불쾌한 감정 상태로 산업 현장에서 불안은 다음과 같은 문제를 발생시킬 수 있다.

- 주의력 저하: 불안은 집중력을 떨어뜨려 위험을 제대로 인지하지 못하게 함
- 판단력 흐림: 불안한 상태에서는 정확한 판단을 내리기 어렵고, 실수를 유발할 수 있음
- 안전 수칙 위반: 불안감을 해소하기 위해 안전 수칙을 무시하거나 위험한 행동을 할 수 있음.

불안의 증상은 불면증, 소화불량, 근육 긴장 등으로 나타난다.

나. 스트레스(Stress)

스트레스는 개인이 자신의 능력으로 감당하기 어렵다고 느끼는 상황에 처했을 때 발생하는 심

리적, 생리적 반응으로 산업 현장에서 스트레스는 다음과 같은 문제를 발생시킬 수 있다.
- 피로: 만성적인 스트레스는 피로를 유발하여 작업 능률을 저하시키고 실수를 유발
- 정서 불안: 스트레스는 불안, 우울 등의 부정적인 정서를 유발하여 안전 행동을 저해
- 신체적 질환: 스트레스는 고혈압, 심혈관 질환 등 다양한 신체 질환을 유발할 수 있음

3.1.6 슈퍼의 개인진로 발달이론

슈퍼(Donald E. Super)는 개인의 일생에 걸쳐 진로 발달이 이루어진다고 보는 진로 발달이론의 대표적인 학자이다. 슈퍼는 개인의 진로 발달을 탐색기, 확립기, 유지기 등 몇 가지 주요 단계로 나누어 설명했다.

1) 탐색기(Exploratory Stage)

청소년기~초기 성인기: 주로 14세부터 24세까지의 시기에 해당한다.

▶ 주요 특징:
- 자신에 대한 탐색: 자신의 흥미, 가치관, 능력 등을 탐색하고 이해하려고 노력한다.
- 직업 세계 탐색: 다양한 직업에 대한 정보를 수집하고, 자신의 적성과 연결시켜 보려고 한다.
- 잠정적인 진로 선택: 탐색 결과를 바탕으로 잠정적인 진로를 선택하고, 이를 위해 교육이나 훈련을 받는다.

▶ 발달 과업:
- 자신의 정체성 확립: 자신의 강점과 약점, 흥미, 가치관을 이해하고 자신만의 독특한 정체성을 형성한다.
- 현실적인 직업 목표 설정: 자신의 능력과 사회적 요구를 고려하여 현실적인 직업 목표를 설정한다.
- 진로 결정 능력 함양: 다양한 정보를 분석하고 비교하여 최적의 진로를 선택할 수 있는 능력을 키웁니다.

2) 확립기(Establishment Stage)

초기 성인기~중년기: 주로 25세부터 44세까지의 시기에 해당한다.

▶ 주요 특징:
- 직업 세계 진입: 탐색기를 거쳐 선택한 직업에 안착하여 경력을 쌓아갑니다.
- 직무 숙련도 향상: 새로운 기술과 지식을 습득하고, 업무 능력을 향상시킨다.
- 조직 내 위치 확립: 조직 내에서 자신의 역할을 확립하고, 인정받기 위해 노력한다.

▶ 발달 과업:
- 직업적 성공: 선택한 직업에서 성공을 경험하고, 성취감을 느낍니다.
- 직업 안정성 확보: 직업적 안정성을 확보하고, 경제적인 안정을 추구한다.
- 조직 내 사회화: 조직 문화에 적응하고, 동료들과의 관계를 형성한다.

3) 유지기(Maintenance Stage)

중년기~후기 성인기: 주로 45세 이후의 시기에 해당한다.

▶ 주요 특징:

- 기존 직업 유지: 기존의 직업을 유지하고, 업무 성과를 유지하거나 향상시키려고 노력한다.
- 새로운 도전: 새로운 기술이나 분야를 배우거나, 새로운 목표를 설정하여 자기개발을 지속한다.
- 후배 양성: 후배들을 양성하고, 조직에 기여한다.

▶ 발달 과업:

- 직업적 성취 유지: 기존의 성과를 유지하고, 새로운 성과를 창출하려고 노력한다.
- 조직에 대한 기여: 조직의 발전에 기여하고, 조직에 대한 소속감을 유지한다.
- 미래를 위한 준비: 은퇴 후의 삶을 준비하고, 새로운 역할을 모색한다.

슈퍼의 진로 발달 이론의 의의

슈퍼의 진로 발달 이론은 개인의 진로 발달을 단순히 한 번의 선택이 아닌, 일생에 걸친 동적인 과정으로 보았다는 점에서 큰 의의를 지닌다. 이 이론은 개인의 성장과 변화에 따라 진로 선택이 달라질 수 있음을 시사하며, 개인의 삶 전체를 포괄하는 진로 상담의 기초를 제공한다.

3.1.7 레빈의 법칙: 행동은 장(場)의 함수이다

레빈(Kurt Lewin)은 독일의 심리학자로, 인간의 행동을 이해하는 데 있어 장(field)이라는 개념을 도입하여 새로운 시각을 제시했다. 레빈의 법칙은 간단히 말해 "인간의 행동은 개인이 처한 환경과의 상호작용 속에서 결정된다"는 것이다.

B=f(P,E): B:행동 P:소질 E:환경

레빈의 장 이론에서 '장'이란 개인이 속한 심리적인 환경을 의미한다. 이는 단순히 물리적인 공간뿐만 아니라 개인의 심리 상태, 사회적 관계, 과거 경험 등 다양한 요소를 포함하는 포괄적인 개념이다.

3.2 직업적성과 배치

3.2.1 직업적성의 분류

가. 직업적성 분류 기준

직업적성을 분류하는 기준은 다양하지만, 일반적으로 다음과 같은 기준으로 분류할 수 있다.

(1) 능력 중심의 분류

지능: 언어 능력, 수리 능력, 추리 능력 등

특수 능력: 기계 조작 능력, 미술 능력, 음악 능력 등

신체 능력: 힘, 민첩성, 지구력 등

(예: 지능, 특수 능력, 신체 능력을 나타내는 다이어그램)

능력 중심의 직업적성 분류

(2) 성격 중심의 분류

흥미: 어떤 활동에 흥미를 느끼는가

가치관: 무엇을 중요하게 생각하는가

성격 특성: 내향적, 외향적, 꼼꼼한, 대담한 등

(예: 현실형, 탐구형, 예술형, 사회형, 기업형, 관습형을 나타내는 육각형 모델)

(3) 직무 관련성 중심의 분류

데이터: 정보 수집, 분석, 해석

사람: 다른 사람과의 상호 작용, 관계 형성

사물: 도구, 기계, 장비 사용

(예: 데이터, 사람, 사물을 중심으로 한 직무 유형을 나타내는 다이어그램)

나. 직무 관련성 중심의 직업적성 분류

(1) 직업적성 검사

직업적성을 측정하기 위해 다양한 검사 도구가 사용된다.

- 지능검사: 웨크슬러 성인 지능검사(WAIS), 코넬 검사 등
- 성격검사: MMPI, 16PF, MBTI 등
- 흥미검사: 홀랜드 직업흥미 검사, 강미선 직업흥미 검사 등
- 적성검사: 일반 직업 적성 검사, 특수 직무 적성 검사 등

다. 홀랜드의 직업성격 유형

홀랜드의 직업성격 이론: 가장 널리 알려진 성격 중심의 직업적성 이론으로, 6가지 직업성격 유형(현실형, 탐구형, 예술형, 사회형, 기업형, 관습형)으로 분류한다.

3.2.2 적성검사의 종류

직업적성검사는 개인의 능력, 성격, 흥미 등을 측정하여 어떤 직업에 적합한지 파악하는 도구로 다양한 종류의 적성검사가 존재하며, 각 검사는 특징과 목적이 다르다.

가. 능력 중심의 검사

- 지능검사: 언어 능력, 수리 능력, 추리 능력 등 일반적인 지적 능력을 측정

대표적인 검사: 웨크슬러 성인 지능검사(WAIS), 코넬 검사

- 특수 능력 검사: 특정 분야에서 필요한 특수한 능력을 측정. 예를 들어, 미술 능력 검사, 음악 능력 검사, 기계 조작 능력 검사 등이 있음.
- 신체 능력 검사: 힘, 민첩성, 지구력 등 신체적인 능력을 측정

나. 성격 중심의 검사

- 흥미 검사: 어떤 활동에 흥미를 느끼는지 측정하여 직업 선택에 도움을 줌.

대표적인 검사: 홀랜드 직업흥미 검사, 강미선 직업흥미 검사

- 성격 검사: 개인의 성격 특성을 측정하여 직업 적합성을 판단.

대표적인 검사: MMPI (Minnesota Multiphasic Personality Inventory), 16PF (Sixteen Personality Factor Questionnaire), MBTI (Myers-Briggs Type Indicator)

다. 직무 관련성 중심의 검사

- 데이터 처리 능력 검사: 정보 수집, 분석, 해석 능력을 측정
- 대인관계 능력 검사: 다른 사람과의 상호 작용, 관계 형성 능력을 측정
- 기계 조작 능력 검사: 기계, 도구 등을 다루는 능력을 측정

라. 기타 검사

직업 가치관 검사: 직업 선택 시 중요하게 생각하는 가치관을 측정

직업 만족도 검사: 현재 직업에 대한 만족도를 측정하여 직무 변화에 대한 필요성을 파악

3.2.3 직무분석 및 직무평가

직업적성 검사를 통해 개인의 적합성을 판단하는 것뿐만 아니라, 직무 자체에 대한 분석 또한 효과적인 인력 배치를 위해 필수적이다. 이를 위해 직무분석과 직무평가라는 과정을 거치게 된다.

가. 직무분석 (Job Analysis)

직무분석이란 특정 직무를 구성하는 요소들을 체계적으로 파악하고 분석하는 과정으로 직무의 목표, 수행해야 할 업무, 필요한 지식과 기술, 책임 등을 명확히 규정하여 직무에 대한 정확한 이해를 돕는다.

(1) 직무분석의 목적:

- 인력 채용: 직무에 필요한 역량을 갖춘 인재를 선발하기 위한 기준 설정
- 직무 설계: 직무의 효율성을 높이고 근무 만족도를 향상시키기 위한 설계
- 평가 시스템 구축: 직무 성과를 평가하고 보상 체계를 마련하기 위한 기준 설정
- 교육 훈련: 직무 수행에 필요한 교육 훈련 프로그램 개발
- 승진 및 이동: 인력 이동 시 적합한 직무를 파악하고 승진 기준을 마련

(2) 직무분석 방법:

- 면접: 직무 수행자와 면접을 통해 직무에 대한 정보를 수집
- 관찰: 직무 수행 현장을 직접 관찰하여 업무 내용을 파악
- 문서 분석: 직무 관련 문서(직무 설명서, 업무 매뉴얼 등)를 분석
- 설문 조사: 직무 수행자를 대상으로 설문 조사를 실시하여 직무에 대한 다양한 의견 수집

나. 직무평가 (Job Evaluation)

직무평가는 직무분석을 통해 얻은 정보를 바탕으로 각 직무의 상대적인 가치를 평가하는 과정이다. 직무의 중요도, 난이도, 책임 등을 종합적으로 고려하여 임금, 승진, 보상 등 인사 관리의 기초 자료로 활용한다.

(1) 직무평가의 목적:

- 공정한 보상 시스템 구축: 직무의 가치에 따라 공정한 보상을 제공
- 직무의 상대적 가치 비교: 다양한 직무의 상대적인 중요도를 파악
- 조직의 효율성 증대: 직무 설계 및 인력 배치의 효율성을 높임

(2) 직무평가 방법:

- 요인 비교법: 직무의 요인(지식, 기술, 책임 등)을 비교하여 점수를 부여
- 순위법: 직무를 중요도 순으로 나열하는 방법
- 단위법: 직무를 구성하는 요소별로 가중치를 부여하여 점수를 산정

3.2.4 선발 및 배치

직업적성 검사와 직무 분석 및 평가를 통해 개인의 적합성과 직무의 요구사항을 파악했다면, 이제 그 결과를 바탕으로 선발과 배치라는 구체적인 행동으로 옮겨야 한다.

가. 선발(Selection)

선발은 조직에 적합한 인재를 선발하는 과정으로 직무 분석을 통해 도출된 직무 요건에 맞는 지원자를 선발하기 위해 다양한 방법을 활용한다.

(1)선발 과정:

- 채용 공고: 직무 요건을 명확히 제시하여 적합한 지원자를 유치.
- 서류 심사: 지원서, 자기소개서 등을 통해 기본적인 자격 요건을 검토
- 필기 시험: 지식, 능력, 적성 등을 측정하기 위한 다양한 유형의 시험을 실시
- 면접: 직무 수행 능력, 성격, 가치관 등을 종합적으로 평가하기 위한 면접을 진행
- 신체 검사: 특정 직무에 필요한 신체 조건을 검사
- 참고자료 확인: 추천서, 경력 증명서 등을 통해 지원자의 경험과 역량을 확인
- 최종 합격: 종합적인 평가를 통해 최종 합격자를 선발한다.

(2) 선발 도구:

- 지능 검사: 일반적인 지적 능력 측정
- 적성 검사: 직무 수행에 필요한 특정 능력 측정
- 성격 검사: 성격 특성, 가치관 측정
- 면접: 직무 관련 질문, 상황 판단 능력 평가
- 인성 검사: 도덕성, 윤리의식 등을 평가

나. 배치(Placement)

배치는 선발된 인력을 적합한 직무에 배치하는 과정으로 직무 분석 결과와 개인의 적성 검사 결과를 비교하여 개인의 강점을 최대한 활용하고 조직의 목표 달성에 기여할 수 있도록 배치해야 한다.

(1) 배치 기준:

- 직무 요건: 직무 수행에 필요한 지식, 기술, 경험
- 개인의 역량: 지능, 성격, 흥미, 가치관 등
- 조직의 목표: 조직의 비전과 전략에 부합하는 인력 배치
- 팀 구성: 팀 내 다양성을 확보하고 협업을 촉진

(2) 배치 방법:

- 직무 순환: 다양한 직무를 경험하게 하여 잠재력을 개발하고 조직에 대한 이해를 높임
- 계층 이동: 개인의 성과와 능력에 따라 승진 또는 전보를 실시

- 팀 배치: 팀 구성원 간의 시너지를 창출하고 팀 목표 달성을 지원

(3) 선발과 배치의 중요성

- 조직 효율성 향상: 적합한 인재를 적재적소에 배치하여 조직 목표 달성
- 개인의 만족도 향상: 개인의 능력과 흥미를 최대한 발휘할 수 있는 환경 제공
- 인력 유출 방지: 직무 만족도를 높여 이직률 감소
- 조직 문화 형성: 조직 가치와 비전을 공유하는 인재 확보

3.2.5 인사관리의 기초

인사관리는 조직 내의 사람을 대상으로 하는 모든 관리 활동을 의미하며 사람을 채용하고, 평가하고, 개발하며, 보상하는 등의 일련의 과정을 통해 조직의 목표를 달성하고 구성원들의 만족도를 높이는 활동이라고 할 수 있다.

(예: 채용, 교육, 평가, 보상 등의 순환 과정을 시각적으로 표현)

▶ 직업적성과 배치가 인사관리에서 중요한 이유

- 조직 효율성 증대: 적합한 인재를 적재적소에 배치하여 조직의 생산성을 높일 수 있음
- 개인의 만족도 향상: 개인의 능력과 흥미를 고려하여 직무를 배치하면 직무 만족도가 높아지고 이직률이 감소
- 조직 목표 달성: 조직의 목표에 부합하는 인재를 확보하고 개발하여 조직의 목표를 달성할 수 있음

3.3 인간의 특성과 안전

3.3.1 안전사고 요인

안전사고 요인은 산업안전사고 발생에 영향을 미치는 모든 요소를 의미한다.
이러한 안전사고 요인에는 다음과 같은 것들이 포함된다.

가. 정신적 요인

① 안전의식 부족
② 주의력 부족
③ 방심 및 공상
④ 개성적 결함 요소
(ⓐ 과도한 자존심 및 자만심 ⓑ 다혈질 및 인내력 부족 ⓒ 약한 마음 ⓓ 도전적 성격 ⓔ 감정의 장기 지속성 ⓕ 경솔성 ⓖ 과도한 직찹성 ⓗ 배타성 ⓘ 게으름 등)
⑤ 판단력의 부족 또는 그릇된 판단
⑥ 정신력에 영향을 주는 생리적 현상
(ⓐ 극도의 피로 ⓑ 시력 및 청각 기능의 이상 ⓒ 근육 운동의 부적합 ⓓ 육체적 능력의 초과 ⓔ 생리 및 신경 계통의 이상 등)

나. 불안전한 행동

불안전한 행동의 직접원인으로는 ① 지식 부족 ② 기능 미숙 ③ 태도 불량 ④ 인간 에러 등이 있다.

다. 불안전한 행동의 배후요인

(1) 인적요인

① 망각: 학습된 행동이 지속되지 않고 소실되는 현상(지속되는 것은 파지)
② 소질적 결함: 개인의 성격이나 기질에서 비롯되는 불안전한 행동 경향
③ 주변적 동작: 의식외의 동작으로 인한 위험성 노출
④ 지름길 반응: 지름길을 통해 목적장소에 빨리 도달하려고 하는 행위
⑤ 생략행위: 안전 규칙이나 절차를 일부 또는 전부 생략하고 수행하는 행위
⑥ 억측판단: 충분한 정보나 근거 없이 상황을 판단하고 행동하는 것
⑦ 착오(착각): 정보 처리 과정에서 발생하는 오류
⑧ 피로

(2) 외적(환경적)요인(4M)

① 인간관계요인(Man): 인간관계 불량으로 작업의욕침체, 능률저하, 안전의식저하 등을 초래

② 설비적(물적)요인(Machine): 기계설비 등의 물적 조건, 인간공학적 배려 및 작업성, 보전성, 신뢰성 등을 고려

③ 작업적 요인(Media): 1. 작업의 내용, 방법, 정보 등의 작업 방법적 요인
2. 작업을 실시하는 장소에 관한 작업 환경적 요인

④ 관리적 요인(Management): 안전법규의 철저, 안전기준, 지휘감독 등의 안전관리

산업안전보건법에서는 사업주가 근로자에게 정기적으로 안전보건교육을 실시하도록 규정하 고 있으며 위험성 평가를 통해 기계 · 기구 · 설비, 근로자의 작업행동 또는 그 밖의 업무로 인한 유해 · 위험 요인을 찾아내어 안전사고를 예방해야 한다고 명시하고 있다.

(3) 불안전한 행동의 개선

불안전한 행동을 개선하는 것은 안전한 작업 환경을 조성하고, 사고를 예방하기 위해 매우 중요하다.

1) 지식 교육

- 목표: 안전에 대한 기본적인 지식과 정보를 제공하여, 위험 요소를 인지하고 올바른 행동 방식을 습득하게 한다.
- 내용:
  - 안전 관련 법규 및 규정
  - 일반적인 안전 수칙
  - 각 작업별 위험 요소 및 예방 대책
  - 응급 상황 발생 시 대처 방법
- 방법:
  - 안전 교육 자료 (매뉴얼, 동영상 등) 활용
  - 강의, 토론, 질의응답
  - 현장 안전 점검 및 설명

2) 태도 교육

- 목표: 안전에 대한 중요성을 인식하고, 안전 의식을 고취시켜 안전 행동을 자발적으로 실천하도록 한다.
- 내용:
  - 안전은 나 자신과 동료를 위한 것이라는 인식 심어주기
  - 안전 불감증 해소
  - 책임감과 소속감 함양
  - 안전 문화 조성

- 방법:
  - 사례 연구, 역할극
  - 안전 관련 스토리텔링
  - 안전 표어 및 슬로건 제작
  - 안전 경진 대회

3) 개인 교육

- 목표: 개인별 특성과 역할에 맞는 맞춤형 교육을 통해 안전 행동을 강화한다.
- 내용:
  - 개인별 위험 요소 분석 및 개선 방안 모색
  - 직무 특성에 따른 안전 교육
  - 1:1 상담 및 코칭
- 방법:
  - 면담, 설문 조사
  - 개인별 학습 자료 제공
  - 멘토링 프로그램 운영

4) 집단 교육

- 목표: 소속감을 높이고, 동료 간 상호 작용을 통해 안전 문화를 확산시킵니다.
- 내용:

  팀별 안전 목표 설정 및 달성

  안전 관련 토론 및 의견 공유

  안전 캠페인 참여
- 방법:

  팀 회의, 워크숍

(4) 안전사고 발생 시 긴급 조치 6단계

안전사고 발생 시 신속하고 정확한 대처는 피해를 최소화하고, 추가적인 사고를 예방하는 데 매우 중요하다. 다음은 안전사고 발생 시 취해야 할 6단계 긴급 조치이다.

1단계: 피해 기계의 정지

- 목적: 추가적인 사고를 방지하고, 피해를 확산시키는 것을 막다.
- 방법: 해당 기계의 비상 정지 버튼을 누르거나, 전원을 차단하는 등의 조치를 취한다.

2단계: 피해자 구출

- 목적: 피해자의 생명을 보호하고, 추가적인 부상을 방지한다.
- 방법: 안전을 확보한 후, 전문적인 구조대원의 도움을 받아 피해자를 안전한 장소로 이동시킨다.

3단계: 응급 조치
- 목적: 피해자의 상태를 안정시키고, 추가적인 합병증을 예방한다.
- 방법: 의료 전문가의 도움을 받아 심폐소생술, 지혈 등의 응급 조치를 실시한다.

4단계: 관계자에게 통보
- 목적: 사고 상황을 신속하게 공유하고, 추가적인 지원을 요청한다.
- 방법: 회사 안전 담당자, 소방서, 경찰 등 관련 기관에 사고 발생 사실을 알리고, 필요한 지원을 요청한다.

5단계: 2차 재해 방지
- 목적: 사고 현장의 안전을 확보하고, 추가적인 사고 발생 가능성을 최소화한다.
- 방법: 사고 현장을 안전하게 차단하고, 위험 요소를 제거한다.

6단계: 현장 보존
- 목적: 사고 원인을 규명하고, 재발 방지 대책을 수립하기 위한 자료를 확보한다.
- 방법: 사고 현장을 그대로 보존하고, 필요한 경우 사진이나 영상을 촬영한다.

안전사고 발생 시 위 6단계를 신속하고 정확하게 수행하는 것이 중요하다. 각 단계별로 담당자를 지정하고, 정기적인 교육을 통해 대응 능력을 향상시켜야 한다.

주의사항:
- 안전 우선: 자신의 안전을 확보한 후에 다른 사람을 구조해야 한다.
- 신속한 대응: 골든타임을 놓치지 않도록 신속하게 조치를 취해야 한다.
- 정확한 보고: 사고 상황을 정확하게 보고하여 적절한 조치가 이루어지도록 해야 한다.
- 협력: 관련 기관과 협력하여 사고를 해결해야 한다.

안전사고 예방을 위한 노력과 함께, 위 6단계 긴급 조치를 숙지하여 만약의 사태에 대비하는 것이 중요하다.

3.3.2 산업안전심리의 요소

산업안전심리는 산업안전 분야에서 근로자들의 안전 인식과 행동에 대한 심리적 요소를 연구하고 이를 통해 안전성을 증진시키기 위한 학문적 접근 방법을 제공하는 것이다.

산업안전심리에는 다음과 같은 5대 요소가 있다.

① 동기
- 능동적 감각에 의한 자극에서 발생되는 생각의 결과를 동기라 한다.
- 인간의 마음을 움직이는 원동력임

② 기질
- 개인이 특수하게 가지고 있는 성격, 능력 등 개인적인 특성을 기질이라 한다.
- 성장하면서 생활환경에 영향을 받으며, 주위환경에 따라 변화한다.

③ 감정: 사고, 지각과 같이 대상의 성질을 아는 것이 아닌, 희로애락 등의 의식을 말한다.

④ 습성: 인간이 가지고 있는 의식과 주의 집중력 및 긴장상태를 말한다.

⑤ 습관: 인간에게 성장 과정을 통해 형성된 규칙적인 행동을 말한다.

위의 요소들을 산업심리의 5대 요소라 하며, 인간의 행동에 영향을 미치는 요소들이다.

5대 요소는 서로 상호관계가 있으며 그 결과로서 나타나는 것이 행동이고, 이 행동이 나쁜 방향으로 나타나는 것이 한 행동이다.

3.3.3 착상심리

착상심리란 근로자가 작업 중 특정한 자극이나 상황에 사로잡혀 주변 환경에 대한 주의가 산만해져 위험 요소를 인지하지 못하거나, 잘못 인지하는 심리 상태를 말한다. 착상심리의 특징으로는

① 특정 자극이나 상황에 대한 집중: 작업 중 특정한 자극이나 상황에 지나치게 집중하면 주변 환경에 대한 주의가 산만해

② 주의력 감소: 피로, 스트레스, 불안 등으로 인해 주의력이 감소

③ 인지적 편견: 과거 경험이나 믿음에 기반한 인지적 편견은 위험 요소를 잘못 인지하거나 과소평가하게 만들 수 있다.

④ 자만심: 자신의 능력이나 경험에 대한 과도한 자만심은 위험 상황을 인지하지 못하게 할 수 있다.

등이 있다.

3.3.4 착오

착오란 인간의 인지 과정에서 발생하는 오류를 의미하며 인간의 착요요인에는 다음과 같은 것들이 있다.

① 능력부족: 적성, 지식, 기술 등

② 주의부족: 개성, 감정의 불안정

③ 환경조건 부적당: 표준불량, 규칙 불충분, 작업조건 등이 있다.

또한, 착오의 종류에는 인지과정 착오, 판단과정 착오, 조치과정 착오 등이 있다.

- 인지과정 착오의 요인

① 생리적, 심리적 능력의 한계

② 정보량 저장 능력의 한계

③ 감각 차단 현상(예: 단조로운 업무 등)
④ 정서 불안정
- 판단과정 착오의 요인
  ① 자기 합리화
  ② 능력 부족
  ③ 정보 부족, 과신
- 조치과정 착오의 요인
  ① 작업자의 기능 미숙
  ② 작업경험 부족
  ③ 피로
  ④ 착오 메커니즘(위치의 착오, 순서의 착오, 패턴의 착오, 형의 착오, 기억의 착오 등)

3.3.5 착시

착시는 우리가 눈으로 보고 인지하는 것이 실제와 다르게 느껴지는 현상이다. 이것은 뇌가 시각 정보를 처리하는 과정에서 발생하는 오류로, 우리의 시각 체계가 완벽하지 않음을 보여주는 증거이기도 하다. 착시는 다양한 요인에 의해 발생하며, 심리학, 신경과학 등 다양한 분야에서 연구 대상이 되고 있다.

가. 착시의 종류

착시는 발생 원인에 따라 크게 세 가지로 분류할 수 있다.

(1) 물리적 착시(생리적 착시): 빛의 굴절, 눈의 피로, 잔상 등 물리적인 요인에 의해 발생하는 착시. 예를 들어, 물속에 있는 물체가 실제보다 크게 보이는 현상이나, 밝은 곳에서 어두운 곳으로 이동했을 때 처음에는 아무것도 보이지 않는 현상 등

(2) 인지적 착시: 뇌가 시각 정보를 해석하는 과정에서 발생하는 착시다. 뇌는 과거의 경험이나 학습된 정보를 바탕으로 시각 정보를 해석하기 때문에, 때로는 잘못된 해석을 하게 됨. 뮐러-라이어 착시, 폰조 착시 등이 대표적인 예시임.

(3) 생리적 착시: 뇌의 신경 시스템 자체의 특성으로 인해 발생하는 착시. 잔상 효과, 움직임 후 착시 등이 이에 속함.

나. 착시가 일어나는 이유

- 뇌의 정보 처리 과정: 뇌는 시각 정보를 빠르게 처리하기 위해 다양한 단축키를 사용. 하지만 이러한 단축키는 때때로 오류를 발생시켜 착시를 일으킬 수 있음.

- 주변 환경의 영향: 주변의 밝기, 색깔, 크기 등이 시각 정보 해석에 영향을 미쳐 착시를 발생시킬 수 있음.
- 개인의 경험과 기대: 과거의 경험이나 기대가 시각 정보 해석에 영향을 미쳐 착시를 발생시킬 수 있음.

1) 뮐러-라이어(Muller-Lyer) 착시

독일의 심리학자 프란츠 카를 뮐러-라이어가 제시한 착시 현상 중 하나로, 동일한 길이의 두 선분이 화살표 모양의 꼬리 때문에 다르게 보이는 현상

(a) (b)

2) 헬름홀츠(Helmholz) 착시

독일의 생리학자이자 물리학자인 헤르만 폰 헬름홀츠가 발견한 착시에는 다양한 종류가 있지만, 가장 대표적인 몇 가지는 다음과 같다.

- 헬름홀츠 사각형: 동일한 크기의 두 사각형이 배경의 줄무늬 방향에 따라 다르게 보이는 현상. 일반적으로 가로 줄무늬 배경의 사각형이 세로 줄무늬 배경의 사각형보다 더 커 보임.
- 헬름홀츠 원: 원 안에 그려진 선들의 배열에 따라 원의 크기가 다르게 보이는 현상.
- 헬름홀츠 각도 착시: 두 선이 이루는 각도가 실제보다 더 예각으로 보이거나 둔각으로 보이는 현상.

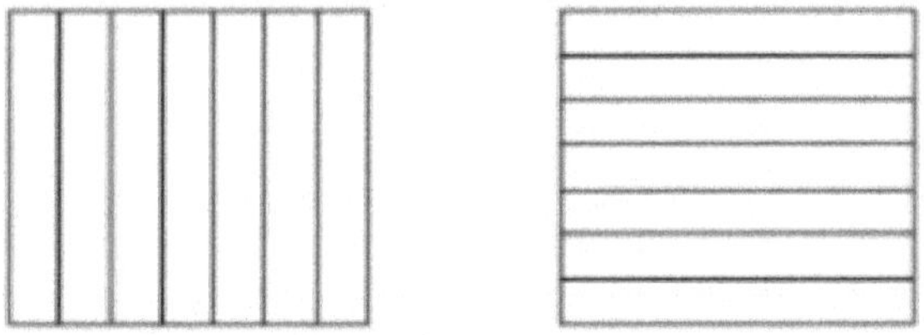

(a) (b)

3) 헤링 착시(Hering illusion)

독일의 생리학자 에왈드 헤링(Ewald Hering)이 발견한 시각 착시 현상 중 하나로 다음과 특징이 있다.

- 기하학적 착시: 헤링 착시는 주로 선, 각도, 면적 등 기하학적 요소들의 배열에 의해 발생.

(a) (b)

- 방사형 배경: 헤링 착시를 유발하는 대표적인 방법은 방사형으로 뻗어나가는 선들 위에 평행선을 그려 넣는 것임.
- 왜곡된 인식: 방사형 배경 위에 놓인 평행선은 실제로는 곧게 뻗어 있지만, 우리 눈에는 바깥쪽으로 휘어진 것처럼 인식

4) 퀄러(Kohler)의 착시

퀄러 착시(Kohler illusion)는 독일의 심리학자 칼 에른스트 코흐(Karl Ernst K. Koch)가 제시한 다양한 시각 착시 현상을 통틀어 이르는 말로 주로 프랙탈 도형과 관련된 착시로, 도형의 복잡한 구조로 인해 실제와 다르게 인지되는 현상을 말함.

아래 그림에서 평행한 호를 보고 직선을 보면 호의 반대방향으로 굽어 보임.

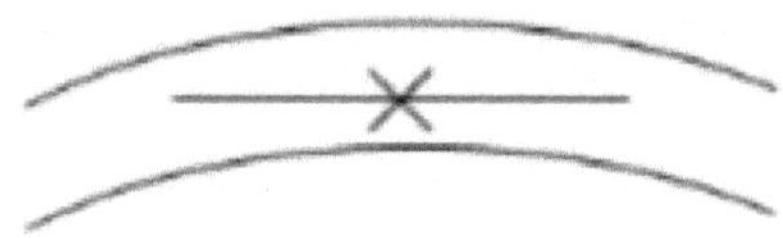

5) 포겐도르프(Poggendorf)의 착시

포겐도르프 착시(Poggendorff illusion)는 1860년 독일의 물리학자 요한 카를 포겐도르프(Johann Karl Poggendorff)가 발견한 시각 착시 현상으로 다음과 같은 특징이 있다.

- 기하학적 착시: 포겐도르프 착시는 주로 선, 각도 등 기하학적 요소들의 배열에 의해 발생.
- 사선과 가로선: 포겐도르프 착시는 사선이 가로선에 의해 가려졌을 때 사선의 일부가 실제 위치와 다르게 보이는 현상.
- 예각의 둔각화: 가로선에 의해 가려진 사선은 실제보다 더 둔각으로 보이는 경향

아래 그림에서 (a) 와 (b)가 실질적으로 일직선상에 있으나 (a)와 (c)가 일직선상에 있은 것처럼 보임.

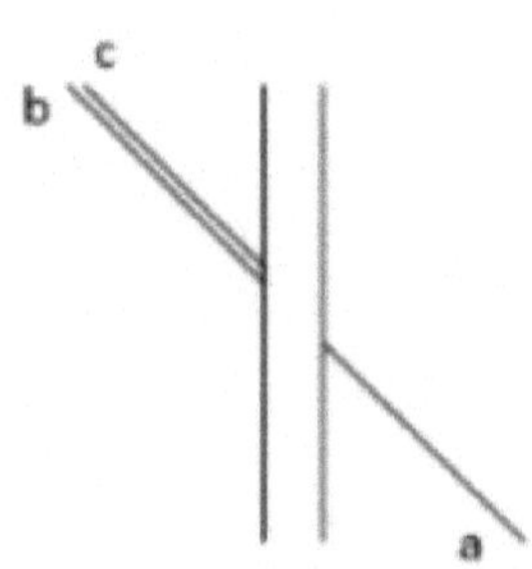

6) 졸러 착시(Zöllner illusion)

독일의 천체물리학자 요한 카를 프리드리히 졸너(Johann Karl Friedrich Zöllner)가 1860년에 발견한 시각 착시 현상으로 다음과 같은 특징이 있다.

- 기하학적 착시: 졸러 착시는 주로 선, 각도 등 기하학적 요소들의 배열에 의해 발생.
- 평행선과 짧은 선분: 졸러 착시는 평행선 위에 짧은 선분들을 기울여서 그려 넣었을 때

평행선이 실제와 다르게 보이는 현상.

- 평행선의 기울어짐: 짧은 선분들이 기울어진 방향에 따라 평행선이 서로 기울어지는 것처럼 보임.

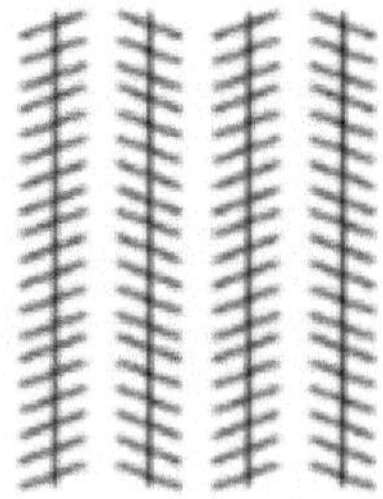

3.3.6 착각현상

착각은 물리현상을 왜곡하는 지각현상을 말한다.

착각의 종류에는 자동운동, 유도운동, 가현운동 등이 있다.

- 자동운동

암실 내에 정지된 작은 광점이나 밤하늘의 별들을 응시하면 움직이는 것처럼 보이는 현상으로 ⓐ 광점이 작을수록 ⓑ 시야의 다른 부분이 어두울수록 ⓒ 광의 강도가 작을수록 ⓓ 대상이 단순할수록 발생하기 쉽다

- 유도운동

실제로는 정지한 물체가 어느 기준 물체의 이동에 유도되어 움직이는 것처럼 느끼는 현상으로 출발하는 자동차의 창문으로 길가의 가로수를 볼 때 가로수가 움직이는 것처럼 보이는 현상이다.

- 가현운동

정지하고 있는 대상물이 빠르게 나타나거나 사라지는 것으로 인해 대상물이 운동하는 것으로 인식되는 현상으로 영화영상기법이 대표적이다.

3.3.7 주요 감각

가 운동시지각

운동 시지각은 우리가 사물의 움직임을 인지하고 해석하는 능력을 말한다. 이는 단순히 눈으로 움직임을 보는 것을 넘어, 뇌에서 시각 정보를 처리하고 해석하여 우리가 주변 환경과 상호작용하는 데 필수적인 역할을 한다.

운동 시지각에는 다양한 종류가 있는데, 그중 대표적인 세 가지를 살펴본다.

(1) 자동운동 (Autokinetic Movement)

정지해 있는 물체가 움직이는 것처럼 보이는 현상을 자동운동이라고 한다. 어두운 방에서 작은 빛을 응시하면 빛이 스스로 움직이는 것처럼 보이는 것이 대표적인 예이다.

왜 이런 현상이 발생할까요?

- 눈의 미세한 떨림: 우리의 눈은 항상 미세하게 떨리고 있으며, 이러한 떨림 때문에 고정된 빛이 움직이는 것처럼 보일 수 있다.
- 뇌의 시각 처리 과정: 뇌는 시각 정보를 처리하는 과정에서 약간의 오류를 발생시킬 수 있으며, 이러한 오류가 자동운동을 유발할 수 있다.

(2) 유도운동 (Induced Movement)

어떤 물체의 움직임이 다른 물체의 움직임으로 오해되는 현상을 유도운동이라고 한다. 예를 들어, 기차 안에서 정지해 있는 다른 기차를 보면 마치 자신이 탄 기차가 반대 방향으로 움직이는 것처럼 느껴지는 현상이 유도운동이다.

(3) 가현운동 (Apparent Movement)

실제로는 움직이지 않는 여러 개의 정지된 이미지가 빠르게 연속적으로 제시될 때, 마치 하나의 물체가 움직이는 것처럼 보이는 현상을 가현운동이라고 한다. 영화나 애니메이션이 대표적인 예이다.

나. 감각기관의 자극반응시간

- 청각 0.17초
- 촉각 0.18초
- 시각 0.2초
- 미각 0.29초
- 통각 0.7초

Chapter 4 인간의 행동과학

4.1 조직과 인간행동

4.1.1 인간관계

인간관계에 대한 이론에는 다음과 같은 것들이 있다.

- 과학적 관리법(Taylorism): 인간을 기계와 같은 효율적인 도구로 간주하고, 작업을 단순화하여 생산성을 극대화하는 데 중점을 두고 있으며 높은 생산성 달성 가능하다는 장점이 있다, 다만, 인간의 심리적 요구나 사회적 관계를 무시하여 직원들의 불만과 이직률 증가 초래하는 단점이 있다.

- 관료제 이론: 조직을 계층화하고, 규칙과 절차를 중시하여 효율성을 추구하고 있으며 명확한 권한과 책임 분담, 업무처리에 있어 예측 가능하다는 장점이 있다. 다만, 획일적인 조직 문화의 형성, 창의성과 자율성 저하라는 단점이 있다.

- 메이요의 인간관계 관리방식

메이요는 호손 공장에서 실험을 통해 인간의 사회적 관계와 심리적 요인이 작업 성과에 미치는 영향을 밝혀냈는데 핵심내용은 다음과 같다.

- 사회적 존재로서의 인간: 사회적 존재로서의 인간은 단순히 경제적 동기만으로 움직이는 것이 아니라, 소속감, 인정, 자율성 등 사회적 욕구를 가지고 있다

- 비공식 조직의 중요성: 공식적인 조직 외에도 비공식적인 조직이 존재하며, 이러한 비공식 조직이 조직원의 행동에 큰 영향을 미친다고 보았다.

- 리더십의 중요성: 리더는 단순히 명령을 내리는 존재가 아니라, 조직원들과의 관계를 형성하고 동기를 부여하는 역할을 해야 한다고 주장했다.

이러한 인간관계 이론의 변화에는 다음과 같은 시사점을 보여주고 있다.

- 인간 중심의 관리: 조직 구성원들의 심리적, 사회적 욕구를 충족시켜야 생산성을 높일 수 있다는 것을 보여주고 있다.

- 소통의 중요성: 조직원들과의 소통을 강화하고, 그들의 의견을 수렴해야 한다.

- 팀워크 강조: 팀워크를 통해 시너지를 창출하고, 조직원들의 만족도를 높여야 한다.

4.1.2 사회행동의 기초

사회행동에 있어서 부적응 행동은 다음과 같이 분류할 수 있다.

(1) 망상형 인격

망상형 인격은 과도한 의심과 불신을 특징으로 한다. 다른 사람들이 자신을 해치거나 속이려 한다고 생각하며, 이러한 믿음에 근거하여 관계를 맺는 데 어려움을 겪는다. 주요 특징으로는 다음과 같은 것들이 있다.

- 편집적인 사고: 다른 사람의 행동이나 말을 자신에게 해로운 의도로 해석한다.
- 과도한 질투: 배우자나 친구가 자신을 배신할 것이라고 의심한다.
- 비밀스러운 행동: 남들이 자신을 해칠까 봐 경계하며, 비밀스럽게 행동한다.
- 권위에 대한 불신: 정부, 기업 등 권위 있는 기관을 불신하고, 음모론을 믿는 경향이 있다.

(2) 순환형 인격(경계선성 인격장애)

순환형 인격은 극심한 감정 기복과 불안정한 대인 관계를 특징으로 하며 스스로를 조절하기 어려워 자해나 충동적인 행동을 보이기도 한다. 주요 특징으로는 다음과 같은 것들이 있다.

- 극단적인 감정 변화: 행복에서 절망으로, 사랑에서 증오로 빠르게 감정이 변한다.
- 불안정한 자기 이미지: 자신에 대한 이미지가 불안정하여 자존감이 낮고, 타인의 평가에 민감하다.
- 충동적인 행동: 쇼핑, 성관계, 약물 남용 등 충동적인 행동을 자주한다.
- 대인 관계의 불안정: 가까운 사람과의 관계에서 극심한 불안과 공포를 느끼고, 이별과 재회를 반복한다.

(3) 분열형 인격

분열형 인격은 사회적 고립과 비정상적인 사고 방식을 특징으로 하며 현실과 환상을 구분하기 어려워하고, 독특한 언어 사용이나 행동을 보인다. 주요 특징으로는 다음과 같은 것들이 있다.

- 사회적 고립: 다른 사람들과의 관계를 맺는 것을 어려워하고, 혼자 있는 것을 선호한다.
- 기이한 사고 방식: 마술적인 사고, 텔레파시 등 비현실적인 생각을 한다.
- 감정의 둔감: 감정 표현이 부족하고, 다른 사람의 감정에 공감하기 어려워한다.
- 이상한 행동: 괴상한 옷차림, 특이한 말투 등 독특한 행동을 보인다.

(4) 폭발형 인격

폭발형 인격은 충동적인 폭력과 분노 조절의 어려움을 특징으로 하며 사소한 자극에도 쉽게 화를 내고, 폭력적인 행동을 보일 수 있다, 주요 특징으로는 다음과 같은 것들이 있다. - 분노 조절의 어려움: 사소한 일에도 쉽게 화를 내고, 분노를 참기 어렵다.

- 공격적인 행동: 폭력적인 행동, 위협적인 언행 등 공격적인 행동을 보인다.
- 경솔한 행동: 충동적인 행동을 자주 하고, 미래에 대한 생각 없이 행동한다.
- 자신감 과잉: 자신감이 지나치게 높고, 다른 사람을 무시하는 경향이 있다.

(5) 강박적 인격

강박적 인격은 완벽주의와 통제 욕구가 강한 것이 특징이며 모든 일을 완벽하게 해내려고 노력하고, 작은 실수에도 크게 스트레스를 받는다. 주요 특징으로는 다음과 같은 것들이 있다.

- 완벽주의: 모든 일을 완벽하게 해내려고 노력하고, 작은 실수에도 크게 스트레스를 받는다.
- 규칙과 질서에 대한 집착: 규칙과 질서를 지키는 것에 매우 집착하고, 변화를 싫어한다.
- 효율성에 대한 강조: 모든 일을 효율적으로 처리하려고 하며, 시간을 낭비하는 것을 싫어한다.
- 인간관계의 어려움: 완벽주의적인 성향 때문에 다른 사람과의 관계를 맺는 데 어려움을 겪는다.

사회적 행동은 다음과 같이 분류해 볼 수 있다.

① 협력: 조력, 분업
② 대립: 공격, 경쟁
③ 도피: 고립, 정신병, 자살
④ 융합: 강제 타협

의식단계는 다음과 같은 수준으로 나누어 볼 수 있다.

① 제0단계: 무의식, 실신
② 제1단계: 의식 흐림, 의식 몽롱함
③ 제2단계: 이완상태, 정상
④ 제3단계: 정상, 분명한 의식
⑤ 제4단계: 과긴장, 초긴장 상태

4.1.3 인간관계 메커니즘

인간관계 메커니즘은 다음과 같이 나누어 볼 수 있다.

① 투사(책임전가): 자기 속에 억압된 것을 다른 사람의 것으로 생각하는 것
② 모방: 남의 행동이나 판단을 표본으로 하여 그것과 같거나 또는 그것에 가까운 행동 또는 판단을 취하려는 행동
③ 암시: 다른 사람으로부터의 판단이나 행동을 무비판적으로 논리적, 사실적 근거 없이 받아들이는 행동
④ 승화: 사회적으로 승인되지 않은 욕구가 사회적, 문화적으로 가치 있는 것으로 나타남
⑤ 합리화: 자기의 실패나 약점을 그럴듯한 이유나 변명을 들어 자신의 실패를 정당화하는 행동
⑥ 커뮤니케이션: 여러 가지 행동 양식이 기호를 매개로 하여 한 사람으로부터 다른 사람에게 전달되는 과정으로 언어, 손짓, 몸짓, 표정 등

4.1.4 집단행동

가. 집단 규범

집단규범은 특정 집단 내에서 구성원들이 공유하고 따르는 행동 기준으로, 소속감 형성, 예측 가능성 증가, 갈등 해소 등의 역할을 한다. 집단규범의 특징으로는 다음과 같은 것들 있다.

- 공유된 믿음: 집단 구성원 대부분이 동의하고 받아들이는 믿음.
- 행동 지침: 어떤 행동을 해야 하고 어떤 행동을 해서는 안 되는지를 알려주는 기준.
- 집단 유지: 집단의 질서를 유지하고 구성원 간의 관계를 원활하게 하는 역할.
- 변화 가능성: 시간이 지나거나 환경이 변하면서 규범도 변화할 수 있음.

집단행동은 다음과 같은 관점에서 분류해 볼 수도 있다.

(1) 사회심리학적 관점
- 사회비교이론: 개인은 자신을 다른 사람과 비교하며, 불공정하거나 불합리한 상황에 대해 함께 맞서 싸우려는 동기를 얻음.
- 정체성 이론: 개인은 소속된 집단의 일원으로서 정체성을 형성하고, 집단의 목표를 위해 행동함으로써 소속감을 느낌.
- 대중 심리 이론: 특정 상황에서 개인은 익명성을 느끼고 책임감이 감소되어, 평소에는 하지 않던 행동을 하게 됨. (대중 심리: 군중 속에서 개인은 익명성을 느끼고 비슷한 생각과 행동을 하는 것)

(2) 경제학적 관점
- 집단행동의 논리 (맨큐어 올슨): 개인은 공공재를 누리면서도 비용을 부담하지 않으려는 경향이 있어 공공재를 위한 집단행동이 일어나기 어렵다는 이론
- 자원동원 이론: 집단행동은 단순히 불만만으로 발생하는 것이 아니라, 자원(돈, 인력, 정보 등)을 효과적으로 동원할 수 있을 때 가능.

집단행동의 유형은 다음과 같이 나누어 볼수 있다.
- 규범적인 집단행동: 사회적 규범이나 가치관에 기반하여 행동하는 것 (예: 자원봉사, 시민운동)
- 비규범적인 집단행동: 사회적 규범이나 법을 위반하는 행동 (예: 폭동, 시위)
- 정치적 집단행동: 정치적인 목표를 달성하기 위한 행동 (예: 선거운동, 정당 활동)

집단행동에 영향을 미치는 요인은 다음과 같다.
- 집단의 크기와 구성: 집단이 클수록, 구성원 간의 유대감이 강할수록 집단행동이 더 활발하게 일어납니다.
- 리더십: 카리스마 있고 강력한 리더의 존재는 집단행동을 촉발하고 유지하는 데 중요한 역할을 한다.
- 사회적 네트워크: 개인 간의 연결망이 촘촘할수록 정보 전달이 빠르게 이루어지고, 집단행동이 확산될 가능성이 높습니다.
- 외부 환경: 사회경제적 불평등, 정치적 억압 등 외부 환경은 집단행동을 유발하는 중요

한 요인이다

집단행동의 결과는 다음과 같이 나누어 볼 수 있다.

- 긍정적인 결과: 사회 변화, 민주주의 발전, 사회 정의 실현
- 부정적인 결과: 폭력, 혼란, 사회 불안

결론적으로, 집단행동은 사회 변화를 이끌어내는 중요한 동력이지만, 동시에 예측하기 어렵고 때로는 파괴적인 결과를 초래할 수도 있다. 집단행동에 대한 이해는 사회 현상을 분석하고 예측하는 데 중요한 역할을 한다.

나. 소시오메트리

소시오메트리(Sociometry)는 사회측정법이라고도 불리며, 집단 내 구성원 간의 상호작용과 관계를 정량적으로 분석하는 방법으로 집단 구성원들이 서로를 어떻게 생각하고, 어떤 관계를 맺고 있는지를 측정하여 집단의 구조와 동태를 파악하는 방법이다. 소시오메트리는 정신과 의사인 모레노(Jacob Moreno)에 의해 개발되었으며 사람들 사이의 관계를 수학적인 방법으로 분석하고 시각화하여 집단 내의 역동성을 파악하고자 했다.

소시오메트리를 하는 이유는 집단 내에서 누가 누구와 친하고, 누가 소외되는지 등 집단의 구조를 파악하고, 리더십 발굴, 소외된 구성원 발견, 팀워크 향상 방안 등을 모색할 수 있다. 소시오메트리 결과는 소시오그램이라는 그림으로 시각화하여 이해하기 쉽게 만들 수 있는데 소시오그램은 집단 구성원을 점으로 나타내고, 서로 간의 관계를 선으로 연결하여 집단의 구조를 보여준다.

소시오메트리의 활용분야는 다음과 같다.

- 교육: 학급 내의 친구 관계 분석, 팀 구성, 리더십 개발 등에 활용
- 조직: 직원 간의 관계 분석, 팀워크 향상, 조직문화 개선 등에 활용
- 사회복지: 집단 상담, 치료 프로그램 등에 활용

소시오메트리의 한계점은 다음과 같다.

- 주관적인 평가: 구성원의 주관적인 판단에 의존하기 때문에 객관성이 부족할 수 있다.
- 시간 소모: 많은 구성원으로 이루어진 집단의 경우 데이터 수집 및 분석에 시간이 많이 소요될 수 있다.
- 상황 변화: 집단 내의 관계는 시간이 지남에 따라 변화하기 때문에, 소시오메트리 결과가 항상 정확하지 않을 수 있다.

결론적으로, 소시오메트리는 집단 내의 관계를 파악하고 분석하는 데 유용한 도구이지만 소시오메트리의 한계점을 인지하고, 다른 방법과 함께 활용하는 것이 바람직하다.

다. 집단 행동

집단행동은 통제가 있는 집단행동과 비통제 집단행동으로 나누어 볼 수 있으며 통제가 있는 집단 행동으로는 관습, 제도적행동, 유행 등이 있다. 비통제 집단행동은 군중이라는 특수한 상황에

서 모두가 비슷한 감정을 느끼고 같은 행동을 하게 되는 현상이며, 군중은 감정에 휩쓸려 비슷한 생각과 행동을 하는 사람들의 무리이며, 모브는 이러한 군중의 또 다른 표현으로 특히 폭력적인 성향을 강조할 때 사용된다. 패닉은 공포나 불안이 확산되어 이성을 잃고 무질서한 행동을 하는 상태이며, 심리적 전염은 감정이나 행동이 마치 전염병처럼 군중 속에서 빠르게 퍼져나가는 현상을 의미한다.

4.1.5 인간의 일반적인 행동특성

인간의 행동특성을 설명하는 이론으로는 다음과 같은 것들이 있다.

(1) 정신분석학적 이론(Freud)

무의식: 인간의 행동은 의식되지 않는 무의식적인 욕구와 충동에 의해 크게 영향을 받음.

본능: 생존 본능과 성 본능이 인간 행동의 주된 동기임.

방어 기제: 현실과 내적 갈등으로부터 자신을 보호하기 위해 무의식적으로 사용하는 심리적 메커니즘.

(2) 행동주의 이론(Skinner)

학습: 인간의 행동은 학습을 통해 획득되고 강화됨.

자극-반응: 특정 자극에 대한 반응으로 행동이 형성되고 강화됨.

보상과 처벌: 보상은 행동을 강화하고, 처벌은 행동을 약화시킴.

(3) 인지주의 이론

인지 과정: 인간은 정보를 받아들이고, 해석하고, 저장하며, 활용하는 과정을 통해 행동.

사고와 지각: 사고와 지각이 행동에 직접적인 영향을 미침.

기대와 신념: 개인의 기대와 신념이 행동을 결정하는 중요한 요소

(4) 레윈의 장 이론

-인간의 행동을 다음과 같은 함수로 표현

$B= F(P \cdot E)$

B: Behavior (인간의 행동)

F: function (함수관계) P.E에 영향을 줄 수 있는 조건

P: person (연령, 경험, 심신상태, 성격, 지능 등)

E: Environment (심리적 환경 - 인간관계, 작업환경, 설비적 결함 등)

인간의 행동(B)은 인간이 가진 능력과 자질 즉, 개체(P)와 주변의 심리적환경(E)과의 상호 함수관계에 있다.

(5) 인본주의 이론(Maslow)

자아실현: 인간은 잠재력을 최대한 발휘하고 자아실현을 추구하려는 본능적인 욕구를 가지고 있다.

욕구 단계: 생리적 욕구, 안전 욕구, 사회적 욕구, 존경 욕구, 자아실현 욕구 등 다양한 욕구 단계를 거치며 성장한다.

인간의 동작 특성은 다음과 같이 분류해 볼수 있다.

(1) 외적 조건
- ① 동적조건(대상물의 동적인 성질로써 최대요인)
- ② 정적조건(높이, 폭, 길이, 두께, 크기 등)
- ③ 환경조건(기온, 습도, 조명, 분진 등의 물리적 환경조건)

(2) 내적 조건
- ① 생리적 조건(피로, 긴장 등)
- ② 경력
- ③ 개인차

인간의 심리적인 행동 특성은 다음과 같이 분류해 볼 수 있다.

(1) 리스크 테이킹
- ① 객관적인 위험을 자기 편리한 대로 판단하여 의지결정을 하고 행동에 옮기는 현상
- ② 안전태도가 양호한 자는 리스크 테이킹 정도가 적다.
- ③ 안전태도 수준이 같은 경우 작업의 달성 동기, 성격, 일의 능률, 적성배치, 심리상 태 등 각종요인의 영향으로 리스크 테이킹의 정도는 변한다.

(2) 기타의 행동특성
- ① 순간적인 경우의 대치 방향은 좌측(우측에 비해 2배 이상)
- ② 동조행동: 소속집단의 행동기준이나 원칙을 지키고 따르려고 하는 행동
- ③ 좌측 보행: 자유로운 상태에서 보행할 경우 좌측벽면 쪽으로 보행하는 경우가 많다.
- ④ 근도반응: 정상적인 루트가 있음에도 지름길을 택하는 현상
- ⑤ 생략 행위: 객관적 판단력의 약화로 나타나는 현상

4.1.6 인간 심리

인간의 심리는 매우 복잡하고 다층적인 구조를 가지고 있다. 다양한 관점에서 인간 심리를 설명하려는 시도가 이루어져 왔으며, 그중에서도 동기, 기질, 감정, 습성, 습관은 인간 행동을 이해하는 데 있어 중요한 요소들이다.

1) 동기(Motivation)

- 정의: 어떤 행동을 하도록 유발하는 내적인 힘이나 욕구를 의미한다.
- 종류: 생리적 욕구(식욕, 수면욕 등), 심리적 욕구(성취욕, 소속감 등), 사회적 욕구(사랑, 존경 등) 등 다양한 종류가 있다.
- 특징: 동기는 개인의 목표 설정과 달성에 중요한 역할을 하며, 행동의 강도와 지속성에 영

향을 미친다.

- 예시: 시험에서 좋은 성적을 얻고 싶은 욕구, 새로운 것을 배우고 싶은 욕구 등

2) 기질(Temperament)

- 정의: 개인이 타고난 성격적 특성으로, 외부 자극에 대한 반응 방식이나 행동 양식을 결정하는 데 영향을 미친다.
- 종류: 콜레라형(활동적이고 감정 기복이 심함), 다혈질형(충동적이고 열정적임), 담즙질형(냉정하고 침착함), 점액질형(느긋하고 조심스러움) 등 다양한 기질 유형이 있다.
- 특징: 기질은 후천적인 경험에 의해 변화될 수 있지만, 개인의 기본적인 성향에 큰 영향을 미친다.
- 예시: 쉽게 흥분하고 화를 내는 성격, 침착하고 조용한 성격 등

3) 감정(Emotion)

- 정의: 특정한 사건이나 대상에 대한 반응으로 나타나는 심리적 상태를 의미한다.
- 종류: 기쁨, 슬픔, 분노, 두려움, 놀람 등 다양한 종류의 감정이 있다.
- 특징: 감정은 생리적인 변화(심장 박동수 증가, 호흡 변화 등)와 함께 나타나며, 행동에 영향을 미친다.
- 예시: 사랑하는 사람과의 이별로 인한 슬픔, 시험에서 좋은 성적을 받았을 때 느끼는 기쁨 등

4) 습성(Habit)

- 정의: 반복적인 행동을 통해 습득된 자동적인 행동 패턴을 의미한다.
- 특징: 습성은 의식적인 노력 없이 자연스럽게 나타나며, 새로운 습관을 형성하거나 기존의 습관을 변화시키는 데 시간과 노력이 필요하다.
- 예시: 매일 아침 일어나자마자 스마트폰을 확인하는 습관, 식사 전에 손을 씻는 습관 등

5) 습관(Custom)

- 정의: 특정 사회나 집단에서 일반적으로 행해지는 행동 양식을 의미한다.
- 특징: 습관은 사회적 학습을 통해 형성되며, 개인의 행동에 강력한 영향을 미친다.
- 예시: 명절에 차례를 지내는 습관, 식사 시 젓가락을 사용하는 습관 등

▶ 각 요소 간의 상호 작용

- 동기와 습관: 강한 동기는 새로운 습관 형성을 촉진하고, 습관은 동기를 유지하는 데 도움이 된다.
- 기질과 감정: 기질은 개인이 어떤 감정을 쉽게 느끼고 어떻게 표현하는지에 영향을 미친다.
- 감정과 습성: 특정 감정 상태에서 특정 습관이 더욱 강하게 나타날 수 있다.
- 습관과 습관: 다양한 습관들이 서로 영향을 미치며 복잡한 행동 패턴을 형성한다.

▶ 습관에 영향을 주는 요인

습관은 우리 삶의 많은 부분을 차지하며, 우리가 어떤 사람인지, 어떻게 살아갈지를 결정하는 데 큰 영향을 미친다. 습관은 단순히 반복되는 행동을 넘어, 우리의 생각과 감정, 그리고 삶의 방식까지도 형성한다. 습관에 영향을 주는 주요 요인으로는 다음과 같은 것들이 있다.

① 동기(Motivation)
어떤 행동을 하도록 촉발하는 내적인 힘이나 이유이다.
② 기질(Temperament)
사람이 타고난 성격적 특징으로, 쉽게 변하지 않는 기본적인 성향이다.
③ 감정(Emotion)
특정한 사건이나 대상에 대한 반응으로 나타나는 심리적인 상태이다.
④ 습성(Habit)
반복적인 행동을 통해 자연스럽게 형성된 규칙적인 행동 양식이다.

4.1.7 매슬로우 욕구이론

매슬로우 욕구이론은 인간의 욕구를 생리적 욕구 (음식, 물 등), 안전 욕구 (안정, 보호), 사회적 욕구 (사랑, 소속감), 존경 욕구 (자존감, 타인의 인정), 자아실현 욕구 (잠재력 실현) 등 5단계로 나누어 설명하는 이론이다. 즉, 하위 단계의 욕구가 충족되어야 상위 단계의 욕구를 추구하게 된다는 것을 의미한다.

- 생리적 욕구: 생존에 필요한 기본적인 욕구이다. (예: 음식, 물, 잠)
- 안전 욕구: 안정된 환경에서 살고 싶은 욕구이다. (예: 안전한 집, 직업, 건강)
- 사회적 욕구: 다른 사람과의 관계를 맺고 소속감을 느끼고 싶은 욕구이다. (예: 사랑, 우정, 소속감)
- 존경 욕구: 자신감, 자존감, 타인의 인정을 받고 싶은 욕구이다. (예: 성공, 명예, 지위)
- 자아실현 욕구: 자신의 잠재력을 최대한 발휘하고 싶은 욕구이다. (예: 창의성 발휘, 자기계발)

매슬로우 욕구이론의 핵심은 낮은 단계의 욕구가 충족되어야 비로소 더 높은 단계의 욕구를 추구할 수 있다는 것이다.

4.1.8 인간의 에러 원인

인간은 완벽하지 않기 때문에 실수를 할 수 있다. 특히 작업 현장에서 발생하는 인간의 실수는 안전사고로 이어질 수 있기 때문에 그 원인을 파악하고 예방하는 것이 매우 중요하다. 긴장, 피로, 교육 훈련은 인간의 에러를 발생시키는 주요 원인 중 하나이다.

4.1.9 인간의 기억과정

우리가 경험하는 모든 순간들은 뇌에 기록되어 기억이 된다. 이러한 기억은 단순히 정보를 저장하는 것이 아니라, 우리의 삶을 구성하고, 학습하고, 성장하는 데 중요한 역할을 한다. 기억 과정은 크게 기명, 파지, 재생, 재인 등의 단계로 나눌 수 있다.

1) 기명(Memorizing)
- 정의: 새로운 정보를 처음으로 인식하고 뇌에 각인시키는 과정이다.
- 예시: 새로운 단어를 처음으로 배우거나, 친구의 얼굴을 처음 보는 것과 같이, 감각 기관을 통해 들어온 정보가 뇌에 저장되는 과정이다.

2) 파지(Retention)
- 정의: 기명된 정보를 뇌 속에 유지하는 과정이다. 마치 컴퓨터의 하드디스크에 파일을 저장하는 것과 같다.
- 예시: 어제 저녁에 먹었던 음식, 친구의 전화번호 등을 기억하는 것이 파지의 예이다.

3) 재생(Recalling)
- 정의: 저장된 정보를 의식적으로 떠올리는 과정이다.
- 예시: 시험을 볼 때 문제를 보고 답을 떠올리거나, 친구의 생일을 기억해내는 것이 재생의 예이다.

4) 재인(Recognition)
- 정의: 이전에 경험한 정보를 다시 마주했을 때, 그것을 인식하는 과정이다.
- 예시: 길을 가다가 예전에 살던 집을 보고 "저기가 내가 살던 집이야!"라고 떠올리는 것이 재인의 예이다.

▶ 기억 (Memory)이란 위의 모든 과정을 통틀어, 과거의 경험이나 정보를 현재에 되살려내는 능력을 의미한다. 기억의 종류에는 다음과 같은 것들이 있다.

감각기억: 매우 짧은 시간 동안 감각 정보를 유지하는 기억 (예: 잔상)

단기기억: 짧은 시간 동안 정보를 유지하고 조작하는 기억 (예: 전화번호 잠깐 외우기)

장기기억: 오랜 시간 동안 정보를 저장하는 기억 (예: 어린 시절의 기억)

기억에 영향을 미치는 요인

주의: 정보에 집중할수록 기억이 잘 된다.

반복: 반복해서 학습할수록 기억이 오래 지속된다.

연상: 기존의 지식과 연결하여 학습하면 기억이 더욱 효과적이다.

감정: 강한 감정과 함께 기억된 정보는 오래 기억된다.

맥락: 정보를 학습한 상황과 유사한 상황에서 기억이 잘 떠올려진다.

4.2 재해 빈발성 및 행동과학

4.2.1 사고경향

산업안전관리는 작업장에서 발생할 수 있는 재해를 예방하고, 안전하고 건강한 작업 환경을 조성하기 위해 중요한 역할을 한다. 이에 따라 산업재해예방 및 안전보건교육은 필수적이며, 인간의 행동 과학을 이해하고 분석하는 것이 중요하다. 특히, 재해 빈발성 및 행동과학 내에서 사고 경향을 파악하는 것은 효과적인 안전관리의 핵심 요소 중 하나이다.

가. 사고 경향의 정의

사고 경향이란 특정 작업 환경이나 작업 방식에서 반복적으로 발생하는 사고 유형이나 패턴을 의미한다. 이는 작업자의 행동, 환경적 요인, 작업 절차 등 다양한 요소에 의해 영향을 받는다. 사고 경향을 파악함으로써 재해 예방을 위한 구체적인 대책을 마련할 수 있다.

나. 사고 경향 분석의 중요성

사고 경향을 분석하는 것은 산업재해 예방의 첫걸음이다. 사고 경향을 통해 빈번하게 발생하는 사고 유형과 원인을 식별할 수 있다. 예를 들어, 특정 작업장에서 자주 발생하는 사고가 있다면, 그 원인을 분석하여 예방 조치를 취할 수 있으며 다음과 같은 이유로 사고 경향 분석은 중요하다

- 재해 예방: 사고 경향을 파악함으로써 사고를 미리 예측하고 예방할 수 있다.
- 안전 교육 강화: 사고 경향에 맞춘 교육 프로그램을 개발하여 작업자들의 안전 의식을 높일 수 있다.
- 작업 환경 개선: 반복적으로 발생하는 사고를 줄이기 위해 작업 환경을 개선할 수 있다.

다. 사고 경향의 유형

사고 경향에는 다양한 유형이 있다. 이는 작업 환경, 작업자의 행동, 작업 절차 등에 따라 다르게 나타난다. 주요 사고 경향의 유형은 다음과 같다.

- 작업 환경 요인: 작업장 내의 안전 장비 부족, 미흡한 조명, 미끄러운 바닥 등 환경적 요인에 의한 사고.
- 작업자의 행동 요인: 부주의, 규정 위반, 피로 등에 의한 사고.
- 작업 절차 요인: 잘못된 작업 절차, 부적절한 도구 사용 등에 의한 사고.

라. 사고 경향 분석 방법

사고 경향을 분석하기 위해서는 다음과 같은 방법을 사용할 수 있다:

데이터 수집: 과거의 사고 데이터를 수집하고 분석한다.

통계 분석: 사고 빈도, 발생 시간, 사고 유형 등을 통계적으로 분석하여 경향을 파악한다.
원인 분석: 사고의 근본 원인을 분석하여 재발 방지 대책을 마련한다.

마. 사고 경향 분석 사례

예를 들어, A사에서는 최근 1년간 작업장에서 발생한 사고 데이터를 분석하였다. 분석 결과, 작업자의 피로로 인한 사고가 빈번하게 발생함을 발견하였다. 이는 작업 강도가 높고 휴식 시간이 부족한 것이 원인으로 밝혀졌다. 이에 따라 A사는 작업 강도를 조절하고, 적절한 휴식 시간을 제공함으로써 사고를 줄일 수 있었다.

사고 경향을 분석하는 것은 산업재해 예방에 있어 필수적인 과정이다. 이를 통해 반복적으로 발생하는 사고를 예측하고, 효과적인 예방 대책을 마련할 수 있다. 또한, 사고 경향 분석을 통해 작업자들에게 적절한 안전 교육을 제공하고, 작업 환경을 개선함으로써 더욱 안전한 작업장을 만들 수 있다. 앞으로도 지속적인 사고 경향 분석과 예방 활동을 통해 산업재해 없는 안전한 작업 환경을 조성하는 것이 중요하다.

4.2.2 성격의 유형

산업안전관리에서 성격 유형을 파악하는 것은 작업 환경에서 발생할 수 있는 재해를 예방하는 데 중요한 역할을 한다. 산업안전기사 기출 문제에 따르면, Y.G 성격검사 유형은 다음과 같이 분류된다.

A형(평균형): 조화적이고 적응적인 성격을 가진다. 이 유형의 사람들은 변화에 잘 적응하고, 조화로운 대인 관계를 유지하는 특징이 있다. 이 유형은 일반적으로 작업 환경에서 안정적으로 일할 가능성이 높다.

B형(우편형): 정서불안형으로 활동적이며 외향적인 성격을 가진다. 이 유형의 사람들은 활발하지만 정서적으로 불안정할 수 있다. 이러한 특성으로 인해 사고 발생률이 높을 수 있어 주의가 필요하다.

C형(좌편형): 안전소극형으로 온순하고 소극적이며 내향적인 성격을 가진다. 이 유형의 사람들은 조용하고 안전지향적이다. 이들은 대체로 사고 발생률이 낮지만, 적극적인 안전 참여가 부족할 수 있다.

D형(우하형): 안전하고 적응적이며 적극적인 성격을 가진다. 대인 관계에서도 양호한 특성을 보인다. 이 유형의 사람들은 안전을 중요시하고, 작업 환경에서 적극적으로 활동하여 안전한 작업 환경을 유지하는 데 도움이 된다.

E형(좌하형): 불안정하고 부적응적이며 수동적인 성격을 가진다. 이 유형의 사람들은 스트레스와 변화에 취약하며, 소극적인 특성을 보인다. 이로 인해 재해 발생 위험이 높을 수 있다.

성격 유형을 분석하는 것은 각 성격 유형에 맞는 예방 조치를 마련하는 데 중요하다. 예를 들어, B형과 E형은 사고 발생 위험이 높으므로 주의 깊은 관리와 맞춤형 교육이 필요하다. 반면, C형과 D형은 안정적이거나 안전을 중요시하는 특성을 활용해 팀 작업에서의 안전을 강화할 수 있다.

이와 같이 성격 유형에 대한 이해와 분석은 산업재해 예방과 안전보건교육을 효과적으로 수행하는 데 중요한 요소로 작용한다. 성격 유형에 맞춘 교육과 작업 환경 개선을 통해 더욱 안전한 작업장을 조성할 수 있다.

4.2.3 재해빈발성

가. 재해 빈발성의 개요

재해 빈발성은 특정 작업 환경이나 상황에서 반복적으로 발생하는 사고 유형이나 패턴을 의미한다. 재해 빈발성을 분석하는 것은 재해를 예방하고 안전한 작업 환경을 조성하는 데 있어 중요한 역할을 한다.

나. 재해 빈발성의 중요성

재해 빈발성을 이해하는 것은 산업재해 예방의 핵심이다. 이는 재해가 자주 발생하는 원인과 경향을 파악하여 예방 대책을 수립하는 데 도움을 준다. 재해 빈발성 분석을 통해 다음과 같은 이점을 얻을 수 있다.

- 재해 예방: 반복적으로 발생하는 재해의 원인을 파악하고, 이를 미리 방지할 수 있다.
- 안전 교육 강화: 빈발 재해 유형에 맞춘 교육 프로그램을 통해 작업자들의 안전 의식을 높일 수 있다.
- 작업 환경 개선: 재해가 자주 발생하는 작업 환경을 개선하여 안전성을 높일 수 있다.

(1) 재해 빈발성의 유형

재해 빈발성은 다양한 형태로 나타날 수 있다. 이는 작업 환경, 작업자의 행동, 작업 절차 등에 따라 다르게 나타난다. 주요 재해 빈발성 유형은 다음과 같다.

작업 환경 요인: 안전 장비 부족, 미흡한 조명, 미끄러운 바닥 등 환경적 요인에 의한 재해가 빈발한다. 이는 작업 환경의 안전성을 높임으로써 예방할 수 있다.

작업자의 행동 요인: 부주의, 규정 위반, 피로 등에 의한 재해가 빈발한다. 이는 작업자 교육과 안전 규정 준수를 통해 감소시킬 수 있다.

작업 절차 요인: 잘못된 작업 절차, 부적절한 도구 사용 등에 의한 재해가 빈발한다. 이는 작업 절차의 표준화와 도구의 적절한 사용을 통해 예방할 수 있다.

4.2.4 동기부여

동기부여는 이 소분류 내에서 중요한 역할을 한다. 동기부여는 작업자들이 안전한 행동을 지속하고, 산업재해를 예방하는 데 필요한 의지와 열정을 불어넣는 과정이다.

가. 동기부여의 중요성

동기부여는 작업자들이 안전 규정을 준수하고, 위험을 감수하지 않도록 하는 데 중요한 역할을 한다. 다음과 같은 이유로 동기부여는 중요하다.

재해 예방: 작업자들이 자발적으로 안전 규정을 지키고, 위험한 행동을 피하도록 한다.

생산성 향상: 동기부여를 통해 작업자들의 생산성을 높일 수 있다. 안전하게 일하는 환경은 신뢰와 만족도를 높인다.

조직문화 강화: 안전을 중시하는 문화를 형성하고, 조직 전체의 안전 의식을 높인다.

나. 동기부여의 유형

동기부여는 내적 동기와 외적 동기로 구분된다. 다음과 같은 동기부여의 유형이 있다.

내적 동기부여: 작업자 스스로가 느끼는 성취감, 자부심, 책임감 등을 통해 동기부여를 받는 경우이다. 예를 들어, 작업자가 자신의 안전한 행동이 팀의 성공에 기여한다고 느끼는 것이 내적 동기부여이다.

외적 동기부여: 보상, 승진, 인센티브 등 외부 요인에 의해 동기부여를 받는 경우이다. 예를 들어, 안전 규정을 잘 지키는 작업자에게 보너스를 지급하는 것이 외적 동기부여이다.

다. 동기부여 방법

동기부여를 효과적으로 이끌어내기 위해서는 다양한 방법을 사용할 수 있다. 다음과 같은 동기부여 방법이 있다.

- 인정과 보상: 작업자들의 안전한 행동을 칭찬하고 보상하는 방법이다. 예를 들어, 월간 안전 우수자를 선정하여 포상하는 것이 있다.
- 교육과 훈련: 안전 교육과 훈련을 통해 작업자들이 안전의 중요성을 인식하고, 자발적으로 안전 행동을 실천하도록 유도하는 방법이다.
- 목표 설정: 명확하고 도전적인 목표를 설정하여 작업자들이 이를 달성하기 위해 노력하도록 하는 방법이다. 예를 들어, '올해 무재해 달성'이라는 목표를 설정할 수 있다.
- 참여와 소통: 작업자들이 안전 관리에 적극적으로 참여하고, 의견을 교환할 수 있는 환경을 조성하는 방법이다. 이는 팀워크를 강화하고, 작업자들의 책임감을 높인다.

4.2.5 주의와 부주의

가. 작업자의 주의 및 부주의 관리

산업안전관리에서 중요한 요소 중 하나는 작업자의 주의와 부주의를 관리하는 것이다. 이는 재해 예방과 안전 보건 교육의 필수적인 부분으로, 인간의 행동 과학에 기반하여 재해 빈발성과 밀접한 관계가 있다. 주의와 부주의는 작업 환경에서 발생할 수 있는 사고를 줄이기 위한 핵심적인 요소이다.

주의는 작업자가 작업을 수행할 때 집중하고 신경을 기울이는 상태를 의미한다. 이는 작업의 안전성과 효율성을 높이는 데 필수적이다. 주의는 작업자가 작업 과정에서 잠재적인 위험 요소를 인식하고, 이를 회피하거나 최소화하기 위한 행동을 하는 데 중요한 역할을 한다. 주의가 있다면 작업자는 자신의 작업뿐만 아니라 주변 환경과 동료의 안전에도 신경을 쓴다. 작업자는 작업 지침과 안전 수칙을 철저히 준수하며, 필요 시 적절한 보호 장비를 착용한다. 주의는 산업 현장에서 발생할 수 있는 다양한 사고를 예방하는 데 중요한 역할을 한다. 주의 깊은 작업자는 잠재적인 위험을 미리 인식하고 대처할 수 있으므로 사고 발생 가능성이 줄어든다. 또한, 작업 효율성도 높아져 생산성이 향상된다.

부주의는 작업자가 작업을 수행할 때 집중하지 않거나 신경을 기울이지 않는 상태를 의미한다. 이는 재해 발생의 주요 원인 중 하나이다.

부주의는 작업자가 위험 요소를 제대로 인식하지 못하거나, 인식하더라도 이를 무시하는 경우가 많다. 부주의가 있다면 작업자는 작업 지침과 안전 수칙을 제대로 따르지 않으며, 보호 장비를 착용하지 않거나 부적절하게 착용한다. 작업자는 자신의 작업과 주변 환경에 대한 관심이 부족하여, 잠재적인 위험에 노출되기 쉽다.

부주의는 산업 재해의 주요 원인이 된다. 부주의한 작업자는 잠재적인 위험 요소를 인식하지 못하거나 무시하여, 사고 발생 가능성이 높아진다. 이는 작업자의 안전뿐만 아니라 동료의 안전에도 큰 위협이 된다.

▶ 주의의 특징

- 선택성: 주어진 자극 중 특정 자극에만 집중하고 나머지는 무시하는 성질이다.
- 방향성: 주의가 특정 대상이나 활동에 집중될 때 다른 대상에 대한 주의는 감소하는 성질이다.
- 변동성: 주의가 일정하게 유지되지 않고 시간이 지남에 따라 변화하는 성질이다.

즉, 우리의 주의는 특정한 대상에 집중하지만, 그 집중력은 지속되지 않고 다른 곳으로 쉽게 옮겨갈 수 있다는 것을 의미한다.

나. 주의와 부주의의 관리 방안

- 교육 및 훈련

주의를 강화하고 부주의를 줄이기 위해서는 지속적인 교육과 훈련이 필요하다. 작업자들에게 안전 지침과 절차를 철저히 교육하고, 정기적인 안전 교육을 통해 주의의 중요성을 인식시킨다. 또한, 시뮬레이션 훈련을 통해 실제 상황에서의 대처 능력을 향상시킨다.

- 작업 환경 개선

작업 환경을 개선하여 작업자가 주의를 기울일 수 있는 환경을 조성한다. 작업장 내 조명, 소음, 온도 등을 적절히 관리하고, 작업 공간을 정리정돈하여 위험 요소를 최소화한다.

- 주의 환기 및 상기

작업 중 주기적으로 주의를 환기시키기 위한 방법을 도입한다. 예를 들어, 작업 시작 전과 중간 휴식 시간에 안전 점검을 실시하고, 작업자들 간에 상호 안전을 확인하는 문화를 조성한다.

- 기술적 지원

첨단 기술을 활용하여 작업자의 주의를 환기시킨다. 예를 들어, 위험 구역에 접근할 때 경고음을 울리거나, 작업 과정에서의 실수를 자동으로 감지하는 시스템을 도입한다.

다. 부주의 유발 외적 조건

- 작업 및 환경조건 불량: 소음, 조명 부족, 온도 및 습도 불량 등 열악한 작업 환경은 집중력을 저하시켜 부주의를 유발한다.
- 작업순서 부적당: 비효율적인 작업 순서나 불필요한 동작은 작업자의 피로를 증가시키고 실수를 유발하여 부주의로 이어질 수 있다.
- 작업 강도: 과도한 작업 강도는 피로 누적, 스트레스 증가 등으로 이어져 집중력을 떨어뜨리고 부주의를 야기한다.
- 기상 조건: 극심한 추위, 더위, 습도 등의 기상 조건은 작업자의 컨디션을 저하시켜 부주의를 유발할 수 있다.

즉, 위의 외적 조건들은 작업자의 집중력을 떨어뜨리고 피로를 증가시켜 부주의한 행동을 유발하는 요인으로 작용한다.

4.2.6 산업재해

산업재해는 다양한 원인이 복합적으로 작용하여 발생한다. 크게 직접적인 원인과 간접적인 원인으로 나눌 수 있습니다.

가. 직접적인 원인

(1) 불안전한 행동(인적원인: 약88%):

- 안전 수칙 미준수 (보호구 미착용, 정해진 절차 무시 등)
- 숙련도 부족 (미숙련 작업, 부주의)
- 정신적 방심 (피로, 스트레스, 졸음 등)

(2) 불안전한 상태(물적원인: 약 10%):
- 기계, 설비 결함 (고장, 마모, 부식 등)
- 작업 환경 불량 (소음, 진동, 유해 물질 노출 등)
- 안전 시설 부족 (방호벽, 안전 난간 미설치 등)

나. 간접적인 원인 (직접적인 원인을 유발하는 근본적인 원인)

(1) 관리적 요인:
안전 관리 시스템 부재 또는 미흡

(2) 인적 요인:
경영진의 안전 불감증
관리 감독 소홀

(3) 기술적 요인:
설계 결함
공정 관리 미흡

(4) 교육적요인:

(5) 정신적요인

간접적인 원인들이 누적되어 직접적인 원인을 유발하고, 이는 곧 산업재해로 이어지며 안전 교육이 부족하고 (간접적 원인) 작업자가 안전 수칙을 지키지 않아 (직접적 원인) 사고가 발생하는 것과 같다. 따라서, 산업재해 예방을 위해서는 직접적인 원인뿐만 아니라 간접적인 원인까지 파악하고 개선해야 한다.

▶ 불안전 행동

불안전 행동은 다양한 요인이 복합적으로 작용하여 발생한다. 이러한 요인들을 크게 생리적, 심리적, 교육적, 환경적 요인으로 나누어 살펴본다.

1) 생리적 요인
피로: 과도한 업무, 수면 부족 등으로 인해 집중력이 저하되고 반사 신경이 둔해져 사고 발생 위험이 높아진다.

2) 심리적 요인
스트레스: 업무 스트레스, 대인 관계 문제 등으로 인해 판단력이 흐려지고 불안감이 증가하여 안전에 대한 경각심이 떨어진다.

3) 교육적 요인
안전 교육 부족: 안전 수칙, 위험 요소 등에 대한 교육이 부족하여 위험을 인지하지 못하거나 잘못된 행동을 할 수 있다.

4) 환경적 요인
작업 환경: 소음, 진동, 열악한 조명 등 열악한 작업 환경은 작업자의 집중력을 떨어뜨리고 사고 발생 가능성을 높인다.

4.2.7 재해예방의 4원칙

재해예방의 4원칙은 산업재해를 예방하고 안전한 작업 환경을 조성하기 위한 기본적인 원칙이다.

(1) 예방 가능의 원칙:

- 천재지변을 제외한 모든 인재는 예방이 가능.
- 사고는 우연히 발생하는 것이 아니라, 미리 예측하고 예방할 수 있는 요인들이 복합적으로 작용하여 발생

(2) 손실 우연의 원칙:

- 사고의 결과(손실)는 사고 발생 당시의 조건에 따라 우연적으로 발생.
- 동일한 사고라도 발생 시점이나 상황에 따라 피해 규모가 달라질 수 있음.

(3) 원인 연계의 원칙:

- 모든 사고에는 반드시 원인이 있으며, 이러한 원인들은 대부분 연계되어 있음.

(4) 대책 선정의 원칙:

- 대책은 단순히 문제 해결뿐만 아니라 예방적인 차원에서 접근

4.2.8 인간의 비질런스(긴장) 현상

- 작업 시작 후 빠른 속도로 저하된다: 인간은 지속적인 주의 집중이 어렵기 때문에 작업 시작 후 비교적 빠른 속도로 긴장도가 떨어지고, 따라서 검출률이 감소하는 현상이다.
- 발생빈도가 높은 신호일수록 검출률이 높다: 자주 접하는 신호에 대해서는 인지 체계가 민감하게 반응하여 검출률이 높아지는 경향이 있다.
- 규칙적인 신호에 대한 검출률이 높다: 불규칙적인 신호보다 규칙적인 신호에 대해 인간은 더 쉽게 인지하고 반응한다.
- 신호 강도가 높고 오래 지속되는 신호는 검출률이 높다: 신호의 강도가 강하고 지속 시간이 길수록 뇌가 신호를 더 명확하게 인지하여 검출률이 높아진다.

간단히 말해, 인간은 지속적인 주의 집중이 어렵고, 익숙하고 규칙적인 강한 신호에 더 잘 반응한다는 것을 의미한다. 이러한 비질런스 현상은 작업 효율성 저하, 실수 증가 등 다양한 문제를 야기할 수 있으므로, 작업 환경 설계 시 이를 고려해야 한다.

4.2.9 테일러의 과학적 관리

테일러의 과학적 관리는 20세기 초에 등장하여 산업 현장의 생산성을 획기적으로 향상시킨 경영 이론이다. 테일러는 과학적인 방법을 통해 작업을 분석하고 개선하여, 노동자와 기업 모두에게 이익이 되는 효율적인 시스템을 구축하고자 했다.

테일러의 과학적 관리의 주요 구성요소는 다음과 같다.

1) 과학적 방법(Scientific Method)

- 작업 분석: 각 작업을 세밀하게 분석하여 가장 효율적인 방법을 찾다.
- 표준화: 작업 방법, 도구, 작업 환경 등을 표준화하여 일관성을 확보한다.
- 과학적 기준 설정: 작업 시간, 생산량 등을 측정하여 과학적인 기준을 설정한다.

2) 과학적 선발과 교육(Scientific Selection and Training)

- 적합성 평가: 각 작업에 가장 적합한 사람을 선발하기 위해 능력과 적성을 평가한다.
- 체계적인 교육: 선발된 사람들에게 표준화된 작업 방법을 교육하여 생산성을 향상시킨다.

3) 협동심 고취(Cooperation)

- 노사 협력: 노동자와 경영진이 협력하여 생산성 향상을 위한 목표를 달성한다.
- 인센티브 제도: 성과에 따른 보상 시스템을 도입하여 노동자의 동기를 부여한다.

4) 작업의 균등 분배(Equal Division of Work)

- 업무 분담: 작업을 작은 단위로 나누어 각자에게 적합한 작업을 배분한다.
- 전문성 강화: 특정 작업에 대한 전문성을 높여 효율성을 증대시킨다.

▶ 테일러의 과학적 관리의 장점

- 생산성 향상: 작업의 표준화와 효율적인 작업 방법을 통해 생산성을 획기적으로 향상시킬 수 있다.
- 비용 절감: 불필요한 동작을 제거하고 자원을 효율적으로 활용하여 비용을 절감할 수 있다.
- 노동 조건 개선: 과학적인 작업 분석을 통해 작업 환경을 개선하고, 노동자의 피로를 줄일 수 있다.

▶ 테일러의 과학적 관리의 단점

- 인간 소외: 노동자를 단순한 기계로 보고, 인간적인 측면을 간과하는 경향이 있다.
- 획일성: 모든 작업에 동일한 기준을 적용하여 개인의 창의성과 자율성을 억압할 수 있다.
- 단순 작업 반복: 단순하고 반복적인 작업은 노동자의 만족도를 저하시키고, 이직률을 높일 수 있다.

결론적으로, 테일러의 과학적 관리는 산업 발전에 큰 기여를 했지만, 인간적인 요소를 간과하고 획일적인 시스템을 강조한다는 비판도 받고 있다. 현대 경영에서는 테일러의 과학적 관리의 장점을 살리고 단점을 보완하여, 인간 중심의 효율적인 시스템을 구축하는 것이 중요하다.

4.3 집단관리와 리더십

4.3.1 리더십의 유형

관리 그리드 이론(Managerial Grid Theory)은 로버트 블레이크(Robert Blake)와 제인 무튼(Jane Mouton)이 개발한 리더십 이론으로, 리더의 행동에 있어 '사람에 대한 관심(Concern for People)'과 '생산에 대한 관심(Concern for Production)', 이 두 가지 차원을 기준으로 리더십 스타일을 다섯 가지 주요 유형으로 구분한다.

가. 리더십 유형:

(1) 무관심형(1,1):
사람에 대한 관심: 낮음
생산에 대한 관심: 낮음
이 유형의 리더는 최소한의 노력만 기울여 자신의 직무를 유지하려 하며, 팀원과 과업 모두에 대한 관심이 거의 없습니다.

(2) 가부장적/클럽형(1,9):
사람에 대한 관심: 높음
생산에 대한 관심: 낮음
이 리더는 팀원의 요구와 편안함에 큰 비중을 두며, 업무 성과보다는 인간관계 유지를 중요시한다. 팀원들이 만족하고 즐겁게 일할 수 있는 환경을 조성하려 한다.

(3) 과업 지향형(9,1):
사람에 대한 관심: 낮음
생산에 대한 관심: 높음
이 유형의 리더는 생산성과 성과에 초점을 맞추며, 팀원들의 개인적 필요나 감정에는 관심을 두지 않습니다. 효율성과 과업 달성을 최우선으로 한다.

(4) 중도형(5,5):
사람에 대한 관심: 중간
생산에 대한 관심: 중간
이 리더는 어느 정도의 성과와 팀원의 만족 사이에서 균형을 맞추려 한다. 양쪽 모두를 적절히 고려하지만, 어느 한쪽에도 극단적으로 치우치지 않습니다.

(5) 팀형(9,9):
사람에 대한 관심: 높음
생산에 대한 관심: 높음
이 유형의 리더는 높은 생산성과 팀원들의 높은 만족을 동시에 추구한다. 팀원들과의 협력과 상호 신뢰를 바탕으로 최고의 성과를 내는 것을 목표로 한다.

따라서, 관리 그리드 이론에서 인간관계 유지에는 낮은 관심을 보이지만 과업에 대해서는 높은 관심을 가지는 리더십의 유형은 "과업 지향형(9,1)"이다 이 리더는 효율적인 생산성과 목표 달성에 초점을 맞추며, 팀원들의 개인적 필요나 감정에는 상대적으로 관심을 덜 기울이다

4.3.2 리더십과 헤드십

산업안전관리는 근로자의 안전과 건강을 보호하고, 작업 환경을 개선하여 생산성 향상을 도모하는 중요한 분야이다. 이 과정에서 리더십과 헤드십은 조직의 안전문화를 형성하고 유지하는 데 필수적인 역할을 한다.

가. 리더십의 개념

리더십은 조직의 목표를 달성하기 위해 사람들을 동기부여하고, 방향을 제시하며, 이끄는 능력을 의미한다. 리더는 비전을 제시하고, 구성원들이 그 비전에 공감하고 따를 수 있도록 유도한다. 리더십은 주로 인간적인 측면에 초점을 맞추며, 팀원들과의 신뢰 관계 구축, 커뮤니케이션, 동기부여 등의 역할을 수행한다.

나. 헤드십의 개념

헤드십은 조직 내에서의 공식적인 권한과 책임을 바탕으로 이루어지는 관리 능력을 의미한다. 헤드는 조직의 구조와 규칙에 따라 명확한 역할과 책임을 가지고 있으며, 주로 조직의 운영과 통제를 담당한다. 헤드십은 규율 준수, 업무 할당, 성과 평가 등의 기능을 포함하며, 시스템적이고 절차적인 측면에 중점을 둔다.

다. 리더십과 헤드십의 차이점

- 초점: 리더십은 사람 중심으로, 헤드십은 시스템 중심으로 초점을 맞춘다.
- 기능: 리더십은 동기부여와 비전 제시에 중점을 두며, 헤드십은 관리와 통제에 중점을 둔다.
- 관계: 리더십은 신뢰와 소통을 기반으로 하며, 헤드십은 권한과 책임을 기반으로 한다.
- 영향력: 리더십은 비공식적인 영향력을 통해 작용하며, 헤드십은 공식적인 권한을 통해 작용한다.

라. 산업안전관리에서의 리더십과 헤드십의 중요성

- 안전문화 형성: 리더는 안전에 대한 비전을 제시하고, 구성원들이 안전의 중요성을 인식하도록 동기부여한다. 이는 조직 전체에 안전문화를 형성하는 데 필수적이다.
- 규율과 절차 준수: 헤드는 안전 규정과 절차를 엄격히 준수하고, 이를 구성원들에게 전달하여 안전한 작업 환경을 유지한다.
- 위기 관리: 리더는 위기 상황에서 침착하게 대응하며, 팀원들을 이끌어 문제를 해결한다. 헤드는 체계적인 위기 관리 계획을 수립하고 실행한다.
- 성과 관리: 리더는 팀원들의 성과를 인정하고, 개선할 수 있는 방법을 제시한다. 헤드는 성과 평가를 통해 안전 목표 달성 여부를 확인하고, 필요한 조치를 취한다.

마. 리더십의 권한

리더십 권한은 리더가 조직 구성원들에게 영향력을 행사하고 행동을 유도할 수 있는 힘의 근원이다. 각 권한은 리더와 구성원 간의 관계, 조직의 구조, 리더의 개인적인 특성 등 다양한 요소에 의해 결정된다.

- 선출된 권한: 구성원들의 직접적인 투표나 선거를 통해 선출된 리더에게 부여되는 권한이다. 리더와 부하 간의 심리적 거리가 좁고, 민주적인 의사결정 과정을 통해 구성원들의 지지를 얻을 수 있다.
- 보상적 권한: 리더가 부하에게 급여 인상, 승진, 포상 등의 보상을 제공할 수 있는 권한이다. 부하들의 성과에 대한 인센티브를 제공하여 동기를 부여하고, 목표 달성을 위한 노력을 이끌어낼 수 있다.
- 강압적 권한: 리더가 부하에게 징계, 감봉, 해고 등의 처벌을 내릴 수 있는 권한이다. 부하들의 부적절한 행동을 제지하고 규율을 유지하는 데 효과적이지만, 과도한 사용은 부하들의 반발을 야기할 수 있다.
- 합법적(존경) 권한: 조직의 공식적인 위계질서에 따라 리더에게 부여되는 권한으로, 부하들은 리더의 지위를 존중하고 명령에 따른다. 리더의 전문성, 경험, 성품 등에 대한 신뢰가 바탕이 되며, 조직의 안정성을 유지하는 데 기여한다.
- 위임된 권한: 리더가 스스로에게 부여하는 권한으로, 리더의 개인적인 능력, 경험, 전문성에 기반한다. 리더의 자율성과 독립성을 보장하지만, 책임감 또한 요구된다.
- 전문성의 권한: 리더가 특정 분야에 대한 전문적인 지식과 기술을 갖추고 있기 때문에 부하들이 자발적으로 따르는 권한이다. 리더의 전문성은 부하들에게 신뢰감을 주고, 문제 해결 능력을 향상시킨다.

바. Lippit & White 리더십 모델

Lippit & White는 리더십 스타일을 크게 세 가지 유형으로 분류했다.

1) 독재형 리더십(Autocratic Leadership)

   리더가 모든 결정을 내리고, 구성원들에게 명령하고 통제하는 방식이다. 효율성을 높일 수 있지만, 구성원들의 창의성을 저해하고, 리더에 대한 의존도를 높일 수 있다.

2) 민주형 리더십(Democratic Leadership)

   리더가 구성원들과 함께 의견을 나누고, 공동으로 결정을 내리는 방식이다. 구성원들의 참여를 유도하여 만족도를 높이고, 창의적인 아이디어를 얻을 수 있다.

3) 자유방임형 리더십(Laissez-faire Leadership)

   리더가 최소한의 개입만 하고, 구성원들에게 자율성을 부여하는 방식이다. 구성원들의 자발성을 높일 수 있지만, 목표 설정이나 문제 해결에 어려움을 겪을 수 있다.

각 리더십 스타일의 특징 비교

리더십 스타일	장점	단점
독재형	효율성, 빠른 의사결정	창의성 저하, 구성원 불만
민주형	높은 구성원 만족도, 창의성 증진	의사결정 속도 저하
자유방임형	자율성 증진, 높은 구성원 만족도	목표 설정의 어려움, 책임 소재 불명확

가장 좋은 리더십 스타일은 상황과 구성원에 따라 다르다. 예를 들어, 위기 상황에서는 빠른 의사결정이 필요하므로 독재형 리더십이 효과적일 수 있지만, 창의적인 아이디어가 필요한 경우에는 민주형 리더십이 더 적합할 수 있다.

결론적으로, 효과적인 리더는 상황에 맞춰 다양한 리더십 스타일을 유연하게 활용할 수 있어야 한다.

4.3.3 사기와 집단역학

산업안전관리는 근로자의 안전과 건강을 보호하고, 작업 환경을 개선하여 생산성을 향상시키는 중요한 분야이다. 산업안전관리의 성공적인 구현을 위해서는 사기와 집단역이 중요한 역할을 한다.

가. 사기의 개념

사기는 조직 내 구성원들이 느끼는 심리적 상태로, 업무에 대한 만족도와 몰입도를 나타낸다. 높은 사기는 구성원들이 자신들의 역할에 만족하며, 조직의 목표를 달성하기 위해 적극적으로 참여하고 노력하는 상태를 의미한다. 사기는 근로자의 동기부여, 생산성, 그리고 전반적인 작업 환경에 중요한 영향을 미친다.

나. 집단역의 개념

집단역은 조직 내에서 구성원들이 공동의 목표를 달성하기 위해 협력하고 조화롭게 작동하는 능력을 의미한다. 이는 팀워크, 커뮤니케이션, 상호 신뢰, 그리고 협동심 등을 포함한다. 집단역이 강한 조직은 구성원들이 상호 보완적으로 작용하며, 문제 해결과 목표 달성에 있어 높은 성과를 낸다.

다. 사기와 집단역의 차이점

초점: 사기는 개인의 심리적 상태와 만족도에 초점을 맞추며, 집단역은 팀이나 조직 전체의 협

력과 조화에 초점을 맞춘다.

측정 방법: 사기는 주로 설문조사나 개인 인터뷰를 통해 측정하며, 집단역은 팀 성과, 협력 정도, 커뮤니케이션 빈도 등을 통해 측정한다.

영향력: 사기는 개인의 업무 수행 능력에 직접적인 영향을 미치며, 집단역은 조직 전체의 효율성과 성과에 영향을 미친다.

라. 산업안전관리에서의 사기와 집단역의 중요성

안전문화 형성: 높은 사기와 강한 집단역은 구성원들이 안전의 중요성을 인식하고, 안전 규정을 자발적으로 준수하게 한다.

위기 대응 능력 향상: 집단역이 강한 조직은 위기 상황에서 효과적으로 협력하여 문제를 해결할 수 있으며, 높은 사기는 위기 상황에서도 구성원들이 동기부여를 잃지 않도록 한다.

생산성 향상: 높은 사기는 근로자들이 작업에 몰입하고, 효율적으로 업무를 수행하게 하며, 강한 집단역은 팀워크를 통해 업무 효율성을 극대화한다.

직원 유지: 높은 사기와 강한 집단역은 근로자들의 직무 만족도를 높이고, 이직률을 감소시켜 조직의 안정성을 유지한다.

4.4 생체리듬과 피로

4.4.1 피로의 증상 및 대책

산업안전관리는 작업 현장에서 발생할 수 있는 다양한 위험 요소를 예방하고 관리하기 위한 중요한 과정이다. 그 중에서도 피로는 작업자의 안전과 건강에 큰 영향을 미칠 수 있는 중요한 문제이다. 피로는 작업 능률 저하, 사고 발생률 증가, 작업자의 건강 악화 등을 초래할 수 있다. 따라서, 산업 현장에서 피로를 관리하고 예방하는 것은 매우 중요하다.

가. 피로의 증상

- 신체적 피로: 신체적 피로는 근육의 피로감, 전신 무력감, 작업 능력 감소 등의 증상을 보인다. 이는 주로 장시간 반복적인 육체 노동, 무리한 신체 활동 등으로 인해 발생한다.
- 정신적 피로: 정신적 피로는 집중력 저하, 기억력 감퇴, 판단력 저하 등의 증상을 나타낸다. 이는 주로 과도한 업무 스트레스, 긴 시간 동안의 정신 노동, 휴식 부족 등으로 인해 발생한다.
- 감정적 피로: 감정적 피로는 불안, 우울, 짜증 등의 감정적 변화를 동반한다. 이는 주로 직장 내 갈등, 과중한 업무 부담, 개인적 문제 등으로 인해 발생할 수 있다.

나. 피로의 대책

- 적절한 휴식 제공: 작업 중 규칙적인 휴식 시간을 제공하여 작업자의 신체적, 정신적 피로를 줄인다. 휴식 시간 동안 충분한 휴식을 취할 수 있도록 휴게 공간을 마련하고, 작업 강도를 조절한다.
- 작업 환경 개선: 작업 환경을 개선하여 피로를 예방한다. 조명, 소음, 온도 등의 작업 환경 요소를 적절히 관리하고, 작업자의 편의를 도모하는 장비를 제공한다.
- 작업 시간 관리: 적절한 작업 시간 관리를 통해 과도한 노동을 방지한다. 주당 최대 근로 시간을 준수하고, 야간 작업이나 연장 근무를 최소화한다. 교대 근무 시 충분한 휴식 시간을 제공하여 피로를 관리한다.
- 건강 관리 프로그램 도입: 작업자의 건강을 체계적으로 관리하기 위한 프로그램을 도입한다. 정기적인 건강 검진, 체력 단련 프로그램, 스트레스 관리 교육 등을 통해 작업자의 건강을 증진시킨다.
- 심리적 지원 제공: 작업자의 심리적 안정을 위해 상담 프로그램을 운영하고, 직장 내 긍정적인 인간관계 형성을 도모한다. 필요시 전문 심리 상담사의 도움을 받을 수 있도록 지원한다.

4.4.2 피로의 측정법

산업안전관리에서 피로의 측정은 작업자의 안전과 건강을 유지하기 위해 필수적인 과정이다. 피로는 작업 효율을 저하시킬 뿐만 아니라 사고 발생률을 증가시킬 수 있다. 따라서, 체계적이고 정확한 피로 측정법을 통해 작업자의 피로 상태를 평가하고 관리하는 것이 중요하다.

가. 피로의 측정법

- 피로 설문지: 작업자의 주관적인 피로 정도를 평가하기 위해 설문지를 사용한다. 대표적인 설문지로는 피로 심도 척도(Fatigue Severity Scale, FSS)와 피로 평가 척도(Chalder Fatigue Scale, CFS) 등이 있다. 이러한 설문지는 작업자가 느끼는 피로를 1점에서 7점까지 평가하게 하여 피로의 정도를 정량화한다.
- 자기 보고서: 작업자가 자신의 피로 상태를 직접 기록하는 방법이다. 일일 피로 일지를 작성하여 작업 시간, 휴식 시간, 주관적인 피로 정도 등을 기록한다.
- 생리적 지표 측정: 피로를 객관적으로 평가하기 위해 생리적 지표를 측정한다. 대표적인 지표로는 심박수, 혈압, 호흡률, 근전도(EMG) 등이 있다. 이러한 지표는 작업 중이나 작업 후에 측정하여 피로의 생리적 변화를 분석한다.
- 행동적 지표 측정: 작업자의 행동을 통해 피로를 평가하는 방법이다. 작업자의 반응 시간, 작업 수행 능력, 실수 빈도 등을 측정하여 피로의 영향을 평가한다.
- 인지 기능 테스트: 피로가 작업자의 인지 기능에 미치는 영향을 평가하기 위해 다양한 인지 기능 테스트를 실시한다. 대표적인 테스트로는 스트룹 테스트(Stroop Test), 기억력 테스트, 주의력 테스트 등이 있다.
- 체력 측정: 작업자의 체력을 평가하여 피로의 신체적 영향을 분석한다. 대표적인 체력 측정 방법으로는 근력 측정, 유연성 테스트, 심폐지구력 테스트 등이 있다. 이러한 측정을 통해 작업자의 체력 수준을 평가하고 피로의 영향을 분석한다.

피로 측정은 작업자의 피로 상태를 객관적으로 평가하고, 이를 기반으로 적절한 대책을 수립하는 데 중요한 역할을 한다. 정확한 피로 측정을 통해 작업자는 자신의 피로 상태를 인식하고, 관리할 수 있다. 또한, 피로 측정 결과를 토대로 작업 환경을 개선하고, 작업 시간을 조정하며, 적절한 휴식과 건강 관리를 제공할 수 있다.

4.4.3 작업강도와 피로

산업안전관리에서 작업강도와 피로는 작업자의 건강과 안전에 중요한 영향을 미치는 요소이다. 작업강도는 작업자가 수행하는 업무의 신체적, 정신적 부담 정도를 의미하며, 이는 작업자의 피로를 유발하는 주요 요인 중 하나이다. 피로는 작업 능력 저하, 사고 발생 위험 증가, 건강 문제 등을 초래할 수 있다.

가. 작업강도와 피로의 관계

작업강도는 작업자가 업무를 수행하는 동안 경험하는 신체적, 정신적 부담의 정도를 의미한다. 작업강도는 작업의 반복성, 작업 시간, 작업 자세, 작업 환경 등의 요소에 의해 결정된다.

- 작업강도가 피로에 미치는 영향: 높은 작업강도는 작업자의 신체적, 정신적 에너지를 빠르게 소모하게 하여 피로를 유발한다. 반복적이고 지속적인 높은 작업강도는 누적 피로를 초래할 수 있으며, 이는 작업 능력 저하와 사고 위험 증가로 이어질 수 있다.
- 피로의 유형: 피로는 신체적 피로와 정신적 피로로 구분할 수 있다. 신체적 피로는 근육의 피로감, 전신 무력감 등을 포함하며, 주로 육체 노동에서 발생한다. 정신적 피로는 집중력 저하, 기억력 감퇴 등을 포함하며, 주로 정신 노동에서 발생한다.
- 작업강도와 피로 관리의 중요성: 작업 효율 향상: 적절한 작업강도 조절과 피로 관리를 통해 작업 효율을 높일 수 있다. 피로가 적은 상태에서는 작업자의 집중력과 작업 능력이 향상된다.
- 사고 예방: 피로는 작업 중 사고 발생의 주요 원인 중 하나이다. 피로 관리를 통해 사고 발생 위험을 줄일 수 있다.
- 건강 보호: 장기간의 높은 작업강도와 피로는 작업자의 건강에 부정적인 영향을 미칠 수 있다. 피로 관리는 작업자의 건강을 보호하는 데 필수적이다.

나. 작업강도와 피로 관리 대책

- 작업 시간 관리: 적절한 작업 시간 관리와 휴식 시간을 제공하여 작업자의 피로를 줄인다. 주당 최대 근로 시간을 준수하고, 야간 작업과 연장 근무를 최소화한다.
- 작업 환경 개선: 작업 환경을 개선하여 작업자의 신체적, 정신적 부담을 줄인다. 조명, 소음, 온도 등의 작업 환경 요소를 적절히 관리하고, 인체공학적 작업 도구와 장비를 제공한다.
- 체력 및 건강 관리: 작업자의 체력과 건강을 체계적으로 관리한다. 정기적인 건강 검진과 체력 단련 프로그램을 도입하고, 건강한 생활 습관을 장려한다.
- 심리적 지원 제공: 작업자의 심리적 안정을 위해 상담 프로그램을 운영하고, 직장 내 긍정적인 인간 관계 형성을 도모한다. 필요시 전문 심리 상담사의 도움을 받을 수 있도록 지원한다.

다. 감각온도

감각온도는 실제 온도계가 측정하는 온도와는 달리, 사람이 느끼는 체감 온도를 의미한다. 즉, 똑같은 온도라도 주변 환경에 따라 다르게 느껴지는 것을 감각온도라고 한다. 감각온도를 결정하는 주요 요소는 다음과 같다.

- 온도: 가장 기본적인 요소로, 공기의 온도가 높을수록 따뜻하게 느껴지고, 낮을수록 춥게 느껴진다.
- 습도: 공기 중에 포함된 수증기의 양을 나타내는 것으로, 습도가 높으면 땀이 잘 증발되지 않아 더 덥게 느껴진다.

- 대류: 공기의 흐름, 즉 바람이 얼마나 부는지를 의미한다. 바람이 불면 체온이 빨리 빼앗겨 더 춥게 느껴진다.

즉, 감각온도는 온도, 습도, 대류의 복합적인 작용에 의해 결정되는 것이다.

라. 피로 유발 외부인자

피로는 우리 몸이 과도한 업무나 스트레스에 노출될 때 느끼는 피곤함을 의미한다. 이러한 피로는 단순히 잠을 못 잤을 때뿐만 아니라, 다양한 외부적인 요인에 의해서도 발생할 수 있다.

- 작업 조건: 장시간 반복적인 작업, 소음, 진동, 불편한 자세 등 열악한 작업 환경은 근육 피로를 유발하고 집중력을 저하시켜 피로를 가중시킨다.
- 환경 조건: 덥거나 추운 환경, 습도가 높은 환경, 조명이 부족한 환경 등 열악한 환경 조건은 신체에 부담을 주고 피로를 유발한다.
- 생활 조건: 불규칙한 식습관, 불충분한 수면, 과도한 음주, 흡연 등 건강하지 못한 생활 습관은 만성 피로를 유발하는 주요 원인이다.
- 대인관계: 직장 내 갈등, 가족 문제 등 대인관계 문제는 스트레스를 유발하고, 이는 곧 피로로 이어질 수 있다.

4.4.4 생체리듬과 피로

산업안전관리에서 생체리듬은 작업자의 건강과 작업 효율성에 큰 영향을 미치는 중요한 요소이다. 생체리듬은 인간의 생물학적 주기에 따라 다양한 신체적, 정신적 기능이 주기적으로 변화하는 것을 의미한다. 이러한 리듬은 작업자의 수면, 각성, 집중력, 신체 기능 등에 직접적인 영향을 미친다.

가. 생체리듬의 개념

생체리듬(또는 일주기 리듬)은 약 24시간 주기로 반복되는 생리적 과정들을 말한다. 이는 주로 빛과 같은 외부 환경 자극에 의해 조절되며, 수면-각성 주기, 호르몬 분비, 체온 변화 등이 포함된다. 특히 생체리듬의 중요한 한 부분으로 바이오리듬이 주목을 받고 있는데 바이오 리듬은 개인의 신체적, 정신적, 감정적 주기로 구성된다. 다음은 바이오리듬의 세 가지 주요 주기이다:

- 육체 주기: 23일 주기로 변화하며, 신체적 힘, 체력, 면역력 등에 영향을 미친다.(청색)
- 지성 주기: 33일 주기로 변화하며, 집중력, 기억력, 논리적 사고 능력 등에 영향을 미친다.(녹색)
- 감성 주기: 28일 주기로 변화하며, 감정, 창의성, 감수성 등에 영향을 미친다.(적색)

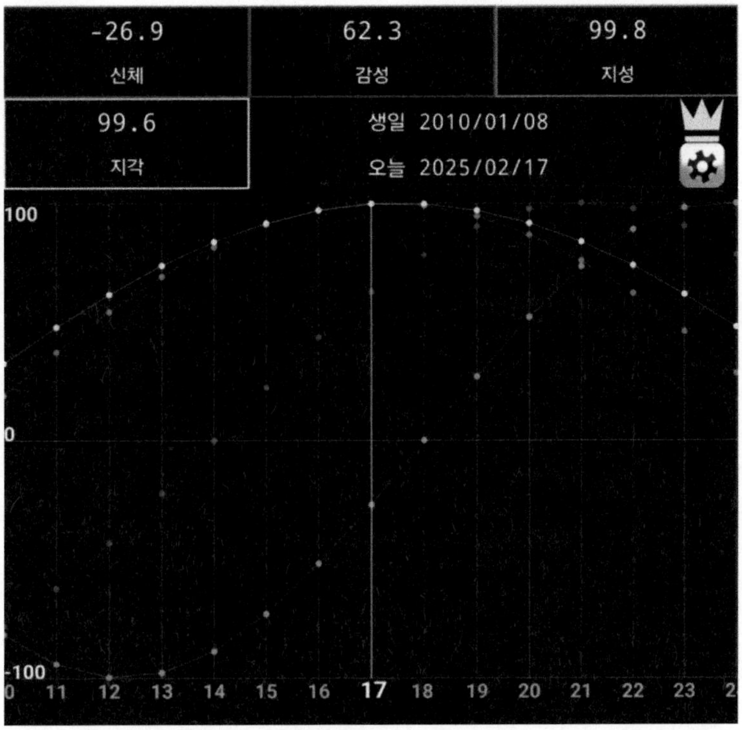

생체리듬 그래프

생체리듬이 작업에 미치는 영향

생체리듬은 수면 패턴에 큰 영향을 미치며 야간 근무나 교대 근무는 생체리듬을 교란시켜 수면의 질을 저하시킬 수 있으며, 이는 낮 동안의 피로와 집중력 저하를 초래한다. 또한, 생체리듬은 신체 기능의 주기적인 변화를 초래하는데, 예를 들어, 체온과 신진대사는 낮 동안 높아지고 밤에는 낮아진다. 이러한 변화는 작업 수행 능력과 직결된다. 집중력, 기억력, 판단력 등 정신적 기능 역시 생체리듬에 의해 영향을 받는다. 생체리듬이 교란되면 이러한 정신적 기능이 저하되어 작업 효율이 떨어지고, 사고 발생 위험이 증가할 수 있다.

나. 생체리듬 관리 대책

(1) 교대 근무의 관리: 교대 근무 시 생체리듬의 교란을 최소화하기 위해 순환 교대 근무를 시행하고, 교대 주기를 적절히 설정한다. 주간 근무, 야간 근무, 휴식 간의 균형을 맞추어 작업자의 생체리듬을 보호한다.

(2) 적절한 수면 환경 제공: 작업자가 충분한 수면을 취할 수 있도록 조용하고 어두운 수면 환경을 제공한다. 필요시, 수면 유도 요법이나 수면 보조 기구를 활용한다.

(3) 빛 노출 관리: 작업 환경에서 적절한 빛 노출을 관리하여 생체리듬을 조절한다. 주간 근무 시에는 충분한 자연광을 제공하고, 야간 근무 시에는 인공 조명을 활용하여 생체리듬을 유

지한다.

⑷ 건강 관리 프로그램 도입: 작업자의 전반적인 건강을 유지하기 위한 프로그램을 도입한다. 규칙적인 운동, 균형 잡힌 식사, 스트레스 관리 등을 통해 생체리듬을 유지하고 개선한다.

4.4.5 위험일

위험일은 특정 작업 환경이나 조건에서 작업자가 사고를 당할 확률이 높아지는 날을 의미한다. 이는 주로 작업 강도, 작업 시간, 기상 조건, 작업자의 피로도 등 다양한 요소에 의해 결정된다. 위험일을 사전에 예측하고 관리하는 것은 작업자의 안전을 보장하고, 작업 효율을 높이며, 사고를 예방하는 데 중요한 역할을 한다.

가. 위험일 발생의 원인

⑴ 작업 강도: 작업 강도가 높은 날은 작업자의 피로가 누적되어 사고 발생 가능성이 높아진다. 반복적인 작업, 무거운 물건을 다루는 작업 등이 이에 해당한다.

⑵ 작업 시간: 장시간 작업이나 야간 작업은 작업자의 신체적, 정신적 피로를 유발하여 사고 위험을 증가시킨다. 특히 교대 근무 시에는 생체리듬의 교란이 발생할 수 있다.

⑶ 기상 조건: 기상 조건이 나쁜 날, 예를 들어 비가 많이 오거나 눈이 많이 내리는 날, 바람이 강하게 부는 날 등은 작업 환경이 악화되어 사고 발생 가능성이 높아진다.

⑷ 작업자의 상태: 작업자의 건강 상태, 피로도, 정신적 스트레스 등이 위험일 발생에 영향을 미친다. 특히 피로가 누적된 상태에서는 사고 위험이 크게 증가한다.

나. 위험일의 관리 대책

⑴ 작업 환경 개선: 작업 환경을 개선하여 위험 요인을 줄인다. 예를 들어, 작업장 내 조명, 소음, 온도 등의 환경 요소를 적절히 관리하고, 안전 장비를 제공한다.

⑵ 작업 시간 관리: 적절한 작업 시간 관리를 통해 피로를 줄인다. 장시간 작업을 피하고, 규칙적인 휴식 시간을 제공하며, 야간 작업이나 연장 근무를 최소화한다.

⑶ 기상 조건 대응: 기상 조건이 나쁜 날에는 작업을 연기하거나 작업 방법을 조정하여 안전을 확보한다. 예를 들어, 비가 많이 오는 날에는 실내 작업으로 전환하거나, 필요한 경우 작업을 중단한다.

⑷ 건강 관리 프로그램: 작업자의 건강을 체계적으로 관리하기 위한 프로그램을 도입한다. 정기적인 건강 검진, 체력 단련 프로그램, 스트레스 관리 교육 등을 통해 작업자의 건강을 유지한다.

⑸ 위험일 예측 시스템 도입: 위험일을 사전에 예측할 수 있는 시스템을 도입하여 사고를 예방

한다. 예를 들어, 작업자의 피로도, 기상 조건, 작업 강도 등을 종합적으로 분석하여 위험일을 예측하고, 이에 따라 작업 계획을 조정한다.

관련자료:
산업안전보건법: 산업안전보건법에서는 작업자의 건강과 안전을 보호하기 위한 다양한 규정을 두고 있다. 제39조(위험 예방 조치), 제41조(유해·위험 작업의 관리) 등이 위험일 관리와 관련이 있다.
산업안전보건기준에 관한 규칙: 이 규칙에서는 작업장의 안전과 건강을 위한 세부 기준을 제시하고 있다. 제2장(작업 환경 관리), 제3장(작업 시간 관리) 등이 위험일 예방과 관련된 내용이다.
근로기준법: 근로시간, 휴게시간, 연장근로 등에 대한 규정을 통해 작업자의 피로를 관리하고 있다. 제50조(근로시간), 제54조(휴게시간), 제59조(연장근로의 제한) 등이 포함된다.
국제 표준화 기구(ISO) 45001: 산업안전보건 경영시스템에 관한 국제 표준으로, 작업자의 건강과 안전을 체계적으로 관리하기 위한 지침을 제공한다.

Chapter 5 안전보건교육의 내용 및 방법

5.1 교육의 필요성과 목적

5.1.1 교육의 요소와 목적

가) 교육의 요소

교육의 3요소는 교육 활동이 이루어지기 위해 필수적인 요소로, 가르치는 사람(강사), 배우는 사람(학생), 그리고 가르치는 내용과 방법을 전달하는 매개체(교재)를 의미한다.

- 주체(강사): 교육 내용을 전달하고 학습 활동을 이끄는 사람이다.
- 객체(학생): 교육을 받고 지식과 기술을 습득하는 사람이다.
- 매개체(교재): 강사와 학생을 연결하여 교육 내용을 전달하는 매개체로, 교과서, 교구, 강의 자료 등이 해당된다.

이 세 가지 요소가 상호 작용하며 교육 활동이 이루어지고, 학습 목표를 달성할 수 있다.

나) 안전보건교육

안전보건교육이란 일상생활에서 개인 및 집단의 안전과 보건에 필요한 지식, 기능, 태도를 이해시키고 이에 대한 대처능력을 기르게 하는 교육이며, 산업재해를 예방하고 쾌적한 작업환경을 조성함으로써 근로자의 안전과 보건을 유지, 증진시킴을 목적으로 근로자들이 속해 있는 작업장의 위험요인 및 사고를 예방할 수 있는 방법을 배울 수 있도록 산업안전보건법에서 정해 놓은 법정 의무교육을 말한다.

안전보건교육의 목적은 근로자들에게 작업환경에서 발생할 수 있는 다양한 위험과 그에 따른 안전조치를 알려주고 많은 안전 규정과 행동절차를 이해하고 지킬 수 있도록 가르치는데 목적이 있다. 또한 작업 환경에서 발생할 수 있는 사고를 미연에 예방하기 위해 근로자들에게 위험요인을 인식하고 이에 대처하는 방법과 더불어 갑작스러운 비상 상황에서 어떻게 대응해야 하는지에 대한 능력을 향상시킨다. 그리고, 안전보건교육은 안전한 작업 환경을 지속적으로 유지하기 위해 조직 내에서 올바른 안전문화를 구축하는데 기여를 하며 이는 근로자들 간의 협력과 팀워크를 강화하게끔 하여 안전성을 높인다. 단순히 근로자를 산업재해로부터 예방하는 것 뿐만 아니라 개인의 재해 발생으로 인한 직접, 간접적인 경제적 손실도 방지하고 기업 입장에서는 근로자에게 작업의 안전보건에 대한 안전감을 주어 기업에 대한 신뢰감을 높이는 효과가 있으며 생산성이나 품질의 향상에도 기여한다.

근로자들이 안전하고 건강하게 업무를 수행할 수 있도록 안전보건에 대한 지식과 태도를 함양시키는 것을 목적으로 한다.

(1) 산업재해 예방

근로자가 작업장에서 안전하고 건강하게 일할 수 있도록 하여 산업재해를 예방한다.

근로자에게 작업 중 발생할 수 있는 사고와 질병을 사전에 방지하는 방법을 교육한다.

(2) 안전의식 향상

근로자의 안전의식을 높여 스스로 안전을 지키는 문화를 조성한다.

근로자들에게 안전규칙과 절차를 철저히 교육하여 사고 발생을 최소화한다.

(3) 유해 요인 관리

작업 환경에서 발생할 수 있는 유해 요인에 대한 인식을 높이고, 이를 효과적으로 관리할 수 있는 방법을 교육한다.

화학물질, 소음, 진동, 고온 등 유해 요인에 대한 안전조치와 보호 장비 사용 방법을 교육한다.

(4) 법적 준수 및 책임

산업안전보건법 및 관련 법규에 대한 이해를 돕고, 이를 준수하도록 한다.

사업주와 근로자 모두가 법적 의무를 숙지하고 이행할 수 있도록 교육한다.

(5) 비상 대응 능력 배양

비상 상황이나 사고 발생 시 신속하고 적절히 대응할 수 있는 능력을 배양한다.

응급처치, 대피 절차, 화재 대응 방법 등을 교육하여 비상 상황에 대비한다.

(6) 작업 환경 개선

근로자들이 작업 환경을 개선하는 데 기여할 수 있도록 교육한다.

안전하고 쾌적한 작업 환경을 조성하여 근로자의 건강과 복지를 증진한다.

5.1.2 교육의 개념

산업안전 교육은 근로자들이 안전한 작업 환경에서 일할 수 있도록 필요한 지식과 기술, 태도를 배우는 과정으로 산업 현장에서 발생할 수 있는 위험을 미리 인지하고 예방하며, 안전 사고 발생 시 적절하게 대처할 수 있는 능력을 키우는 것이 목표이다.

따라서, 안전에 대한 인식을 높이고 안전 수칙을 숙지하며 안전 장비 사용법의 숙달, 안전 장비의 올바른 사용법, 응급처치 방법숙지, 안전 문화의 정착을 통해 안전이 최우선이라는 가치관을 공유하도록 하는 것이 중요하다.

산업안전 교육은 단순히 지식을 전달하는 것을 넘어, 실제 작업 현장에서 안전 행동을 실천할 수 있도록 돕는 활동이다 따라서 교육 내용은 현장 상황과 관련된 실제적인 내용으로 구성되어야 하며, 참여자들의 적극적인 참여를 유도하는 방식으로 진행되어야 한다.

효과적인 산업안전 교육을 위해서는 다음과 같은 노력이 필요하다.

(1) 체계적인 교육 프로그램 개발: 다양한 직무와 위험 요소를 고려한 맞춤형 교육 프로그램을 개발해야 한다.

(2) 실제적인 교육 내용: 현장 상황을 반영한 실습 위주의 교육을 진행해야 한다.

참여자 중심의 교육 방식: 질의응답, 토론, 역할극 등 다양한 참여형 교육 방법을 활용해야 한다.

(3)정기적인 교육 실시: 교육 효과를 높이기 위해 정기적으로 교육을 실시하고, 교육 내용을 지속적으로 업데이트해야 한다.

산업안전 교육은 단순히 교육이 아니라, 안전 문화를 만들어가는 첫걸음이라고 할 수 있다.

5.1.3 학습지도 이론

가. 개별화의 원리

개별화의 원리는 학습자 각각의 능력, 관심사, 학습 스타일 등을 고려하여 교육을 맞춤형으로 제공하는 것이다.

개인 차이 존중: 학습자의 배경, 능력, 흥미 등에 따라 교육 내용과 방법을 조정한다.

맞춤형 학습 목표 설정: 학습자의 현재 수준과 목표를 바탕으로 개별 학습 계획을 수립한다.

다양한 학습 자료와 활동 제공: 각기 다른 학습자들이 자신의 속도와 방법에 맞게 학습할 수 있도록 다양한 자료와 활동을 제공한다.

나. 통합의 원리

통합의 원리는 학습 내용을 연결하고 융합하여 학습자가 전체적으로 이해할 수 있도록 돕는 것이다.

교과 통합: 여러 교과목의 내용을 연계하여 학습자가 종합적이고 심층적으로 이해할 수 있도록 한다.

주제 중심 학습: 특정 주제를 중심으로 관련된 다양한 지식을 통합하여 학습한다.

연계 학습 경험 제공: 이론과 실제를 연결하거나, 과거 학습 경험과 새로운 내용을 연계하여 이해를 돕는다.

다. 사회화의 원리

사회화의 원리는 학습자들이 사회적 기술과 태도를 습득하여 사회 구성원으로서의 역할을 수행할 수 있도록 하는 것이다.

협력 학습 촉진: 그룹 활동과 협동 학습을 통해 사회적 상호작용 능력을 기른다.

사회적 규범과 가치 교육: 사회적 규범과 가치를 이해하고 내면화할 수 있도록 교육한다.

의사소통 능력 강화: 토론, 발표 등 다양한 활동을 통해 의사소통 능력을 발전시킨다.

라. 자발성의 원리

자발성의 원리는 학습자가 자발적으로 학습에 참여하고 적극적으로 학습 활동에 임하도록 하는 것이다.

내재적 동기 유발: 학습자 자신의 흥미와 필요에 따라 학습 동기를 자극한다.

학습 선택권 부여: 학습자가 자신의 학습 목표, 내용, 방법 등을 선택할 수 있도록 한다.

창의적 학습 환경 제공: 학습자가 자신의 방식대로 문제를 해결하고 탐구할 수 있는 환경을 제공한다.

마. 직관의 원리

직관의 원리는 학습자가 직관적 사고와 직접 경험을 통해 이해와 문제 해결 능력을 기르도록 하는 것이다.

직접 경험 강조: 실험, 관찰, 실습 등을 통해 학습자가 직접 경험하며 이해를 깊게 한다.

구체적 자료 사용: 시각적, 물리적 자료를 활용하여 추상적인 개념을 쉽게 이해할 수 있도록 한다.

직관적 사고 촉진: 학습자가 스스로 생각하고 직관적으로 문제를 해결할 수 있는 기회를 제공한다.

5.1.4 교육심리학의 이해

교육심리학은 교육의 과정에서 일어나는 여러 문제를 심리학적 측면에서 연구하여 원리를 정립하고 방법을 제시함으로써 교육의 효과를 극대화하려는 교육학의 한 분야로 다음과 같은 특징이 있다.

- 교육심리학에서 심리학적 측면을 강조하는 경우에는 학습자의 발달과정이나 학습방법과 관련된 법칙 정립이 그 핵심이 되어 가치중립적인 과학적 연구가 된다.
- 바람직한 방향으로 학습자를 성장하도록 도와준다는 교육적 측면이 중요시되는 경우에는 교육적인 측면에 가치가 개입된다.

가. 교육심리학의 연구방법

실험법: 관찰 대상을 에 맞게 계획하고 조작하여 나타나는 결과를 관찰하는 방법

관찰법: 현재의 상태를 있는 그대로 관찰하는 방법

투사법: 다양한 종류의 상황을 가정하거나 상상하여 관찰 대상의 심리상태를 파악하는 방법

면접법: 관찰자가 직접 면접을 통해서 관찰 대상의 심리상태를 파악하는 방법

사례연구법: 여러 가지 사례를 조사하여 결과를 도출하는 방법. 원칙과 규정의 체계적 습득이 어려움

질문지법: 관찰 대상에게 질문지를 나누어 주고 이에 대한 답을 작성하게 해서 알아보는 방법

카운슬링: 심리학적 교양과 기술을 익힌 전문가인 카운슬러가 적응상의 문제를 가진 내담자와 면접하여 대화를 거듭하고, 이를 통하여 내담자가 자신의 문제를 해결해 나가는 인격적 발달을 도울 수 있도록 하는 것

5.2 교육방법

5.2.1 교육훈련기법

교육훈련 기법은 학습자의 능동적인 참여를 유도하고 학습 목표 달성을 극대화하기 위해 활용되는 다양한 방법론이다. 강의를 중심으로 한 전통적인 방식에서 벗어나, 학습자의 특성과 학습 내용에 맞춰 최적의 학습 경험을 제공하고자 하는 노력이 지속적으로 이루어지고 있다

가. 강의법

강의법은 강사가 일방적으로 지식과 정보를 전달하는 가장 기본적인 교육 방식이다. 체계적인 지식 전달이 가능하며, 많은 학습자에게 동일한 내용을 효율적으로 전달할 수 있다는 장점이 있다. 하지만 학습자의 능동적인 참여를 유도하기 어렵고, 지루함을 느낄 수 있다는 단점 또한 지니고 있다.

나. 토론법

토론법은 학습자들이 주어진 주제에 대해 자유롭게 의견을 개진하고 토론하는 과정을 통해 학습하는 방법이다. 이를 통해 학습자들은 비판적 사고력과 문제 해결 능력을 향상시킬 수 있으며, 능동적인 참여를 유도할 수 있다. 하지만 토론 주제 선정과 진행에 대한 노하우가 필요하며, 모든 학습자들이 적극적으로 참여하기 어려울 수 있다.

다. 역할극

역할극은 학습자들이 특정한 역할을 맡아 실제 상황을 모방하며 학습하는 방법이다. 이를 통해 학습자들은 이론적인 지식을 실제 상황에 적용해 보고, 학습 내용을 오래 기억할 수 있다. 하지만 충분한 준비 시간이 필요하며, 모든 학습자들이 적극적으로 참여하지 않을 수 있다.

라. 사례 연구법

사례 연구법은 실제 발생한 사례를 분석하고 문제 해결 방안을 모색하는 과정을 통해 학습하는 방법이다. 이를 통해 학습자들은 이론적인 지식을 현실 문제에 적용해 보고, 문제 해결 능력을 향상시킬 수 있다. 하지만 사례 준비에 시간이 많이 소요될 수 있으며, 학습자의 배경 지식에 따라 이해도가 달라질 수 있다.

마. 시뮬레이션

시뮬레이션은 컴퓨터 프로그램 등을 활용하여 실제 상황을 모방하고 학습하는 방법이다. 이를

통해 학습자들은 위험한 상황을 안전하게 경험하고, 반복 학습을 통해 학습 효과를 높일 수 있다. 하지만 시뮬레이션 프로그램 개발에 비용이 많이 들 수 있으며, 실제 상황과의 차이가 발생할 수 있다.

바. 체험 학습

체험 학습은 학습자가 직접 체험하고 경험하면서 학습하는 방법이다. 이를 통해 학습자들은 학습 내용을 오래 기억하고, 학습에 대한 흥미를 높일 수 있다. 하지만 안전 관리에 유의해야 하며, 모든 학습자에게 동일한 경험을 제공하기 어려울 수 있다.

사. 프로젝트 학습

프로젝트 학습은 학습자들이 스스로 문제를 해결하고 결과물을 만들어내는 과정을 통해 학습하는 방법이다. 이를 통해 학습자들은 자기 주도적인 학습 능력을 향상시키고, 문제 해결 능력을 키울 수 있다. 하지만 많은 시간과 노력이 필요하며, 학습자 간 역할 분담이 중요하다.

결론적으로, 교육훈련 기법은 다양한 방식으로 학습 효과를 극대화할 수 있는 효과적인 학습 방법이다. 각 기법의 장단점을 고려하여 학습 목표와 학습자의 특성에 맞는 최적의 방법을 선택하고, 다양한 기법을 조합하여 활용하는 것이 바람직하다.

- 존 듀이(John Dewey)의 5단계 사고과정

존 듀이는 미국 실용주의 철학자 · 교육자로서 대표적인 형식적 교육은 학교안전교육이라고 주장하였다.

제 1단계: 시사(Suggestion)를 받는다.
제 2단계: 지식화(Intellectualization)한다.
제 3단계: 가설(Hypothesis)을 설정한다.
제 4단계: 추론(Reasoning)한다.
제 5단계: 행동에 의하여 가설을 검토한다.

5.2.2 안전보건교육방법

안전보건 교육방법에는 대표적으로 다음과 같은 방법이 있다.

(1) TWI(Training Whithin Industry)

주로 관리감독자를 대상으로 하며 전체 교육시간은 10시간(1일 2시간씩 5일 교육)으로 실시한다. 한 그룹에 10명 내외로 토의법과 실연법 중심으로 강의가 실시되며 훈련의 종류는 다음과 같다.

작업지도훈련(JIT: Job Instruction Training)
작업방법훈련(JMT: Job Method Training)
인간관계훈련(JRT: Job Relation Training)
작업안전훈련(JST: Job Safety Training)

(2) ATT(American Telephone & Telegraph Co.)

대상층이 한정되어 있지 않고 토의식으로 진행되며, 한 번 훈련을 받은 관리자는 그 부하인 감독자에 대해 지도원이 될 수 있다. 교육시간은 1차 훈련은 1일 8시간씩 2주간, 2차 과정은 문제 발생 시 하도록 되어 있다.

(3) OJT 및 OFFJT

(가) OJT(직장 내 교육훈련)

OJT(On-the-Job Training)는 직무 현장에서 직접 실무를 경험하며 배우는 교육 방식으로, 개인의 특성에 맞는 맞춤형 교육과 함께 직장 상황에 최적화된 실질적인 교육을 제공하여 교육 비용을 절감하고 빠른 효과를 얻을 수 있다는 장점이 있다.

▶ OJT의 특성

- 개인별 맞춤 교육: 직원 개개인의 강점과 약점을 파악하여 부족한 부분을 집중적으로 교육할 수 있다.
- 실무 중심 교육: 이론적인 교육뿐만 아니라 실제 업무를 수행하며 문제 해결 능력을 키울 수 있다.
- 비용 절감: 외부 교육 기관에 비해 비용이 적게 들고, 교육 시간을 단축할 수 있다.
- 빠른 효과: 현장에서 바로 적용할 수 있는 실무 능력을 향상시켜 생산성을 높일 수 있다.
- 조직 문화 적응 용이: 조직 문화에 빠르게 적응하고 동료들과의 협업 능력을 향상시킬 수 있다.

▶ OJT의 효과를 높이기 위한 방법:

- 체계적인 교육 계획: 교육 목표, 내용, 평가 방법 등을 명확히 설정해야 한다.
- 숙련된 교육 담당자: 풍부한 경험과 지식을 갖춘 교육 담당자를 선정해야 한다.
- 정기적인 피드백: 교육 과정 중간에 피드백을 제공하여 교육 효과를 높여야 한다.
- 평가 시스템 구축: 교육 결과를 평가하고 개선점을 도출해야 한다.

(나) OFFJT(직장 외 교육훈련)

OFFJT는 다수의 근로자를 대상으로 조직적으로 이루어지는 훈련으로, 훈련에만 전념할 수 있는 환경에서 전문가를 초빙하여 집단적인 협력과 교재, 시설 등을 효과적으로 활용하여 체계적인 교육을 제공하는 방식이다.

가. OFFJT 안전교육 4단계

1) 1단계: 학습 준비 (Preparation)

- 목표 설정: 교육 목표를 명확히 하고, 교육 참여자들이 교육 목표를 이해하도록 한다.
- 흥미 유발: 다양한 매체 (이미지, 영상, 사례 등)를 활용하여 교육 내용에 대한 흥미를 유발한다.
- 사전 지식 확인: 교육 참여자들의 사전 지식을 확인하여 교육 내용의 난이도를 조절한다.

2) 2단계: 작업 설명 (Explanation)

- 안전 수칙 설명: 작업 시 발생할 수 있는 위험 요소와 이를 예방하기 위한 안전 수칙을 명확하게 설명한다.
- 시각 자료 활용: 그림, 도표, 동영상 등을 활용하여 안전 수칙을 시각적으로 보여준다.

3) 3단계: 작업 시연 (Demonstration)

- 실제 작업 시연: 강사가 직접 안전 작업 방법을 시연하여 교육 내용을 구체적으로 보여준다.
- 슬로우 모션: 위험한 동작은 슬로우 모션으로 반복하여 보여줌으로써 안전 수칙의 중요성을 강조한다.
- 참여 유도: 교육 참여자들에게 간단한 작업을 시켜보도록 하여 참여도를 높인다.

4) 4단계: 확인 및 피드백 (Feedback)

- 숙달도 확인: 교육 참여자들이 학습한 내용을 얼마나 잘 이해하고 있는지 확인한다.
- 질의응답: 추가적인 질문을 받고 궁금증을 해소한다.
- 피드백 제공: 교육 참여자들의 학습 결과에 대한 피드백을 제공하여 개선점을 찾도록 돕는다.

OFFJT 안전 교육 4단계를 통해 교육 효과를 극대화하고, 안전 사고를 예방할 수 있다. 각 단계별로 체계적인 교육을 진행하여 교육 참여자들이 안전 수칙을 정확하게 숙지하고 실제 작업에 적용할 수 있도록 해야 한다.

(4) 하버드 학파의 5단계 교수법(사례연구 중심)

하버드 교수법은 학습자가 스스로 학습하고 문제를 해결하는 능력을 키울 수 있도록 체계적으로 구성된 학습 방법이다. 5단계로 나누어 진행되는데, 각 단계의 주요 특징은 다음과 같다.

- 준비(Preparation): 학습할 내용에 대한 사전 지식을 제공하고, 학습 목표를 명확히 설정하여 학습자의 흥미를 유발하고 학습에 대한 동기를 부여하는 단계이다.
- 교시(Presentation): 새로운 학습 내용을 제시하고, 예시와 함께 설명하여 학습자가 쉽게 이해할 수 있도록 돕는 단계이다.
- 연합(Association): 새롭게 학습한 내용을 기존에 알고 있는 지식과 연결시켜 학습 내용을 심화하고, 이해를 돕는 단계이다.

- 총괄(Generalization): 학습한 내용을 종합하여 일반적인 원리나 개념을 도출하고, 학습 목표를 달성했는지 확인하는 단계이다.
- 응용(Application): 학습한 내용을 실제 문제 해결이나 새로운 상황에 적용해 보는 단계이다.

▶ 핵심: 하버드 교수법은 단순히 지식을 전달하는 것을 넘어, 학습자가 스스로 생각하고 문제를 해결하는 능력을 키우는 데 중점을 둔다. 각 단계를 거치면서 학습자는 능동적으로 학습에 참여하고, 학습 내용을 자신의 것으로 만들 수 있다.

5.2.3 학습목적의 3요소

학습 목적은 학습자가 무엇을 배우고자 하는지 명확하게 정의하는 것으로, 효과적인 학습을 위한 필수적인 요소로 다음과 같은 세 가지 요소로 구성된다.

1. 행동: 학습자가 수행해야 할 구체적인 행동을 명시
   예시: 설명하다, 비교하다, 분석하다, 적용하다, 창작하다 등
   역할: 학습자가 어떤 수준까지 학습해야 하는지 명확하게 나타내어 학습 방향을 제시
2. 내용: 학습해야 할 구체적인 내용을 명시
   예시: 역사, 과학, 수학, 언어 등 특정 과목의 내용 또는 특정 개념, 원리 등
   역할: 학습의 범위를 정의하고 학습 자료를 선정하는 데 도움.
3. 조건: 학습이 이루어지는 상황이나 조건을 명시
   예시: 특정 도구, 자료, 시간 제한 등
   역할: 실제 학습 상황을 반영하여 학습 목표를 현실적으로 만들고 평가 기준을 설정하는 데 도움을 줌

학습 목적의 예시:
   잘못된 예시: "역사를 공부한다." (너무 광범위하고 구체적이지 않음)
   올바른 예시: "2차 세계대전의 원인과 결과를 설명하고, 주요 인물을 비교할 수 있다." (행동 동사, 내용, 조건이 명확하게 제시됨)

5.2.4 교육법의 4단계

교육법은 다음과 같은 4단계로 구분된다.

(1) 1단계: 도입 (준비단계)
(2) 2단계: 제시 (일을 해 보이는 단계)
(3) 3단계: 적용 (일을 시켜보는 단계)
(4) 4단계: 확인 (보습 지도의 단계)

5.2.5 교육훈련의 평가 방법

학습평가의 기본적인 기준에는 타당성, 신뢰성, 객관성, 실용성 등이 있다.

교육훈련평가는 반응, 학습, 행동, 결과의 4단계를 거치며 평가방법으로는 관찰, 면접, 자료분석, 과제, 설문, 감상문, 상호평가, 시험 등이 있다.

5.2.6 학과교육 4단계

학과교육 4단계는 학습자의 흥미를 유발하고, 새로운 내용을 제시하여 이해를 돕고, 학습 내용을 실제 문제에 적용하며, 마지막으로 학습 내용을 정리하고 확인하는 과정으로 이루어진다.

- 도입: 학습 주제에 대한 흥미를 유발하고, 학습 목표를 제시하여 학습자의 참여를 유도하는 단계이다.
- 제시(설명): 새로운 학습 내용을 설명하고, 예시를 통해 이해를 돕는 단계이다.
- 적용(응용): 학습한 내용을 실제 문제 해결이나 새로운 상황에 적용해 보는 단계이다.
- 확인(종합): 학습 내용을 정리하고, 학습 목표를 달성했는지 확인하는 단계이다.

5.2.7 실습교육4단계

실습 교육 4단계는 학습할 내용을 미리 준비하고, 작업 방법을 상세히 설명한 후, 실제로 작업을 수행하고, 마지막으로 결과물을 확인하며 피드백을 받는 과정으로 이루어진다.

- 학습 준비: 실습에 필요한 도구, 재료 등을 준비하고, 안전 수칙을 숙지하는 단계이다.
- 작업 설명: 작업 방법, 순서, 주의사항 등을 상세히 설명하고, 시범을 보이는 단계이다.
- 실습: 설명된 내용을 바탕으로 직접 작업을 수행하는 단계이다.
- 결과 시찰: 작업 결과를 확인하고, 강사나 다른 학습자들과 함께 피드백을 주고받는 단계이다.

이러한 4단계를 통해 학습자는 이론을 실제로 적용해보고, 문제 해결 능력과 실무 능력을 향상시킬 수 있다.

5.2.8 하버드 교수법

하버드 교수법은 학습자가 스스로 학습하고 문제를 해결하는 능력을 키울 수 있도록 체계적으로 구성된 학습 방법이다. 5단계로 나누어 진행되는데, 각 단계의 주요 특징은 다음과 같다.

- 준비 (Preparation): 학습할 내용에 대한 사전 지식을 제공하고, 학습 목표를 명확히 설정하여 학습자의 흥미를 유발하고 학습에 대한 동기를 부여하는 단계이다.
- 교시 (Presentation): 새로운 학습 내용을 제시하고, 예시와 함께 설명하여 학습자가 쉽게 이해할 수 있도록 돕는 단계이다.
- 연합 (Association): 새롭게 학습한 내용을 기존에 알고 있는 지식과 연결시켜 학습 내용을 심화하고, 이해를 돕는 단계이다.
- 총괄 (Generalization): 학습한 내용을 종합하여 일반적인 원리나 개념을 도출하고, 학습 목표를 달성했는지 확인하는 단계이다.
- 응용 (Application): 학습한 내용을 실제 문제 해결이나 새로운 상황에 적용해 보는 단계이다.

▶ 핵심: 하버드 교수법은 단순히 지식을 전달하는 것을 넘어, 학습자가 스스로 생각하고 문제를 해결하는 능력을 키우는 데 중점을 둔다. 각 단계를 거치면서 학습자는 능동적으로 학습에 참여하고, 학습 내용을 자신의 것으로 만들 수 있다.

5.2.9 안전기능교육 3원칙

안전기능교육 3원칙은 안전한 작업 환경을 조성하고 산업재해를 예방하기 위해 작업에 앞서 철저히 준비하고, 위험 요소를 미리 파악하여 규제하며, 안전한 작업 방법을 표준화하는 것을 의미한다.

- 준비: 작업에 필요한 모든 준비를 철저히 하고, 안전 장비를 착용하며, 작업 환경을 점검하는 등 안전한 작업 수행을 위한 기본적인 자세를 갖추는 것을 의미한다.
- 위험작업의 규제: 위험이 예상되는 작업에 대해서는 안전 절차를 수립하고, 위험 요소를 제거하거나 최소화하는 조치를 취하는 것을 의미한다.
- 안전작업의 표준화: 안전한 작업 방법을 정형화하여 모든 작업자가 동일한 방법으로 작업을 수행하도록 함으로써 안전사고 발생 가능성을 줄이는 것을 의미한다.

이 세 가지 원칙을 준수함으로써 작업자의 안전을 확보하고, 생산성 향상에도 기여할 수 있다.

5.3 교육실시 방법

5.3.1 강의법

가. 강의 중심의 방법

일방적인 강의: 강사가 주도적으로 내용을 전달하는 가장 기본적인 방법이다

장점: 많은 양의 정보를 빠르게 전달할 수 있다.

단점: 수강생의 참여도가 낮아 지루할 수 있다.

토론: 강사가 주제를 제시하고 수강생들이 자유롭게 의견을 나누는 방식이다

장점: 수강생의 참여도를 높이고, 다양한 관점을 공유할 수 있다.

단점: 시간이 오래 걸리고, 토론 주제에 따라 효과가 달라질 수 있다.

질의응답: 강사가 질문을 하고 수강생들이 답변하는 방식이다

장점: 수강생의 이해도를 확인하고, 궁금증을 해소할 수 있다.

단점: 수강생의 참여가 저조할 수 있다.

나. 참여 중심의 방법

역할극: 실제 상황을 가정하여 수강생들이 직접 역할을 수행하며 안전 행동을 연습하는 방법이다.

장점: 실제 상황에 대한 이해도를 높이고, 안전 행동을 습관화할 수 있다.

단점: 준비 시간이 오래 걸리고, 공간이 필요한다.

시뮬레이션: 컴퓨터 프로그램이나 모형을 이용하여 위험 상황을 재현하고 대처 방법을 익히는 방법이다

장점: 위험한 상황을 안전하게 경험하고, 반복 학습이 가능한다.

단점: 실제 상황과의 차이가 있을 수 있다.

그룹 활동: 소규모 그룹으로 나누어 토론, 발표, 문제 해결 등의 활동을 하는 방법이다

장점: 협동심을 길러주고, 다양한 의견을 수렴할 수 있다.

단점: 조별 활동 시 집중도가 떨어질 수 있다.

다. 시각 자료 활용

PPT: 텍스트, 이미지, 동영상 등을 활용하여 시각적으로 매력적인 자료를 제작한다.

영상: 안전 사고 사례, 안전 수칙 시연 등을 영상으로 보여줌으로써 교육 효과를 높이다

모형: 실제 장비나 설비를 축소한 모형을 이용하여 설명한다.

라. 기타 방법

게임: 안전 관련 게임을 통해 흥미를 유발하고 학습 효과를 높이다

견학: 현장을 직접 방문하여 안전 시설 및 설비를 살펴보고 안전 수칙을 확인한다.
스토리텔링: 안전 관련 이야기를 통해 흥미를 유발하고 메시지를 전달한다.

5.3.2 토의법

가. 안전보건교육에서 토의법의 중요성과 활용

안전보건교육에서 토의법은 단순히 지식을 전달하는 것을 넘어, 학습자들이 직접 참여하여 문제를 해결하고 안전 의식을 함양하도록 돕는 효과적인 방법이다 토론을 통해 학습자들은 안전에 대한 다양한 생각을 공유하고, 문제점을 분석하며, 해결 방안을 모색할 수 있다.

나. 토의법의 장점

능동적인 참여 유도: 일방적인 강의 방식과 달리, 토론은 학습자들의 능동적인 참여를 유도하여 집중력을 높이다
깊이 있는 이해: 다양한 의견을 교환하며 안전 문제에 대한 깊이 있는 이해를 얻을 수 있다.
문제 해결 능력 향상: 실제 발생할 수 있는 안전 문제를 가정하고 해결 방안을 모색하는 과정을 통해 문제 해결 능력을 향상시킵니다.
안전 의식 고취: 토론을 통해 안전의 중요성을 인식하고, 안전 행동 실천 의지를 높일 수 있다.

다. 토의법의 종류 및 활용 예시

자유 토론: 특정 주제를 정하고, 참가자들이 자유롭게 의견을 개진하는 방식이다
역할극 토론: 특정 상황을 가정하고, 각자 역할을 분담하여 토론하는 방식이다
사례 연구 토론: 실제 발생한 안전 사고 사례를 분석하고, 원인과 대책을 토론하는 방식이다
브레인스토밍: 제한 없이 다양한 아이디어를 자유롭게 제시하고, 이를 바탕으로 문제 해결 방안을 모색하는 방식이다

라. 토의법을 효과적으로 활용하기 위한 팁

명확한 주제 설정: 토론 주제를 구체적이고 명확하게 설정하여 참가자들이 혼란 없이 토론에 참여할 수 있도록 한다.
적절한 분위기 조성: 편안하고 개방적인 분위기를 조성하여 참가자들이 자유롭게 의견을 개진할 수 있도록 한다.

중립적인 태도 유지: 강사는 토론 진행 시 중립적인 태도를 유지하고, 참가자들의 의견을 존중해야 한다.
요약 및 정리: 토론이 끝난 후, 도출된 결론을 요약하고 정리하여 학습 효과를 높이다

마. 토의법의 한계점 및 보완 방안

시간 소요: 토론은 시간이 오래 걸릴 수 있으며, 모든 참가자가 적극적으로 참여하지 않을 수 있다.
주도적인 참여자의 부재: 소극적인 참여자의 경우, 토론에 적극적으로 참여하지 않을 수 있다.
결론 도출의 어려움: 다양한 의견이 나오는 경우, 결론을 도출하기 어려울 수 있다.

바. 보완 방안:

시간 관리: 토론 시간을 미리 정하고, 시간 관리를 철저히 한다.
역할 분담: 토론 진행자, 기록자 등 역할을 분담하여 효율적인 토론을 진행한다.
구조화된 토론 기법 활용: 질문 목록, 의견 정리표 등을 활용하여 토론을 구조화한다.
사전 준비: 토론 주제에 대한 사전 조사를 통해 참가자들이 충분히 준비할 수 있도록 한다.

5.3.3 실연법

안전보건교육에서 실연법은 교육 내용을 직접 보여줌으로써 학습자의 이해도를 높이고, 안전 행동을 습득하게 하는 효과적인 방법이다 단순히 이론적인 설명만으로는 안전 의식을 고취시키기 어렵기 때문에, 실제 상황과 유사한 환경에서 안전 행동을 직접 보여주고 따라 하도록 하는 것이 중요한다.

가. 실연법의 장점

직관적인 이해: 시각적인 정보를 통해 안전 수칙을 쉽게 이해할 수 있다.
기억력 향상: 직접 보고 경험하는 과정을 통해 오래 기억될 수 있다.
흥미 유발: 단순한 이론 학습보다 흥미를 유발하여 참여도를 높일 수 있다.
실제 적용 능력 향상: 실제 상황과 유사한 환경에서 연습함으로써 실제 업무에서 안전 행동을 실천할 수 있는 능력을 키울 수 있다.

나. 실연법의 종류 및 활용 예시

개인 보호구 착용 시연: 안전모, 안전화, 보안경 등 개인 보호구의 올바른 착용 방법을 시연하고, 착용 후 안전 행동을 보여줍니다.
위험한 기계 조작 시연: 위험한 기계 조작 시 안전 수칙을 지키며 올바른 조작 방법을 시연한다.
비상 상황 대처 시연: 화재 발생 시 대피 방법, 소화기 사용법 등을 시연하고, 실제 상황에서 어떻게 행동해야 하는지 설명한다.
안전 표지판 설명: 다양한 안전 표지판의 의미를 설명하고, 각 표지판이 나타내는 위험 상황과 대처 방법을 시연한다.

다. 실연법을 효과적으로 활용하기 위한 팁

충분한 준비: 시연에 필요한 장비, 재료, 공간을 미리 준비하고, 시연 순서와 내용을 상세하게 계획한다.
명확한 설명: 시연과 함께 간결하고 명확한 설명을 덧붙여 이해를 돕습니다.
참여 유도: 수강생들이 직접 참여할 수 있는 기회를 제공하여 학습 효과를 높이다
반복 연습: 같은 내용을 반복하여 시연함으로써 학습 내용을 강화한다.
질의응답: 시연 후 질의응답 시간을 통해 수강생들의 궁금증을 해소하고 이해도를 확인한다.

라. 실연법의 한계점 및 보완 방안

시간 소요: 실제 상황을 재현하기 위해 많은 시간이 소요될 수 있다.
장소 제약: 모든 교육 내용을 실제 상황으로 시연하기 어려울 수 있다.
비용 발생: 시연에 필요한 장비 및 재료 비용이 발생할 수 있다.

마. 보완 방안:

영상 자료 활용: 실제 상황을 촬영한 영상을 활용하여 시연 시간을 단축하고, 다양한 상황을 보여줄 수 있다.
VR/AR 기술 활용: 가상현실 또는 증강현실 기술을 활용하여 실제와 유사한 환경에서 안전 교육을 진행할 수 있다.
소규모 그룹별 실습: 큰 그룹보다는 소규모 그룹으로 나누어 실습을 진행하면 참여도를 높이고, 개인별 맞춤형 교육이 가능한다.

5.3.4 프로그램학습법

가. 프로그램 학습법

프로그램 학습법은 학습자가 개별적으로 학습 자료를 따라 학습 목표를 달성하도록 설계된 학습 방법이다 즉, 미리 정해진 순서와 내용에 따라 학습자가 스스로 학습하도록 하는 자기 주도 학습 방식이라고 할 수 있다.

나. 안전보건교육에 프로그램 학습법을 적용하는 이유

개별 학습 가능: 시간과 장소에 구애받지 않고 학습자가 자신의 속도에 맞춰 학습할 수 있다.

반복 학습 가능: 어려운 부분은 반복 학습할 수 있고, 이미 숙달된 부분은 건너뛸 수 있다.

즉각적인 피드백: 학습 내용을 바로 확인하고 수정할 수 있어 학습 효과를 높일 수 있다.

다양한 매체 활용: 텍스트, 이미지, 동영상 등 다양한 매체를 활용하여 학습 내용을 효과적으로 전달할 수 있다.

다. 안전보건교육에 프로그램 학습법을 적용하는 방법

학습 목표 설정: 교육 목표를 명확히 설정하고, 각 학습 단계별 목표를 구체적으로 제시한다.

학습 내용 구성: 학습 내용을 작은 단위로 나누고, 각 단위별로 학습 목표, 설명, 예시, 연습 문제 등을 구성한다.

학습 자료 개발: 텍스트, 이미지, 동영상, 시뮬레이션 등 다양한 매체를 활용하여 학습 자료를 개발한다.

학습 순서 설계: 학습 내용의 순서를 논리적으로 구성하고, 학습자가 쉽게 따라갈 수 있도록 안내한다.

학습 평가: 각 학습 단계마다 간단한 평가를 통해 학습자의 이해도를 확인하고, 다음 단계로 넘어갈 수 있도록 한다.

피드백 제공: 학습자가 어려워하는 부분에 대해 개별적으로 피드백을 제공하여 학습 효과를 높이다.

라. 프로그램 학습법의 장점

학습자 중심: 학습자의 속도와 학습 스타일을 고려하여 학습할 수 있다.

시간과 장소의 제약 없음: 언제 어디서든 학습이 가능한다.

학습 효과 극대화: 반복 학습과 즉각적인 피드백을 통해 학습 효과를 극대화할 수 있다.

객관적인 평가: 학습 결과를 객관적으로 평가할 수 있다.

마. 프로그램 학습법의 단점 및 보완 방안

단순 반복 학습의 한계: 창의적인 문제 해결 능력을 키우기 어려울 수 있다.

사회성 발달 저해: 다른 사람과의 상호 작용이 부족할 수 있다.

기술적 문제: 학습 시스템에 문제가 발생할 경우 학습이 중단될 수 있다.

보완 방안: 오프라인 교육과 연계: 프로그램 학습과 오프라인 교육을 병행하여 학습 효과를 높일 수 있다.

토론 및 협업 활동: 온라인 커뮤니티를 활용하여 다른 학습자들과 토론하고 협업할 수 있는 기회를 제공한다.

다양한 학습 콘텐츠 제공: 게임, 시뮬레이션 등 다양한 학습 콘텐츠를 제공하여 학습의 흥미를 유발한다.

바. 안전보건교육 프로그램 학습 사례

온라인 안전 교육 플랫폼: 다양한 안전 교육 콘텐츠를 제공하고, 학습자의 학습 진도를 관리하는 플랫폼

모바일 안전 교육 앱: 스마트폰을 통해 언제 어디서든 안전 교육을 받을 수 있는 앱

VR/AR 기반 안전 교육: 가상 현실 또는 증강 현실 기술을 활용하여 실제 상황과 유사한 환경에서 안전 교육을 진행

5.3.5 모의법

모의법은 안전보건교육에서 실제 상황을 가상하여 연습하는 것을 의미한다. 마치 연극처럼 특정한 상황을 설정하고, 교육 참여자들이 각자 역할을 맡아 실제 상황에서 어떻게 행동해야 하는지 훈련하는 방법이다

가. 모의법의 장점

실제 상황 적용 능력 향상: 실제 발생할 수 있는 위험 상황을 미리 경험하고 대처 방법을 익힐 수 있다.

안전 의식 고취: 직접 참여하고 경험하면서 안전의 중요성을 깊이 인식하게 된다.

팀워크 향상: 팀원들과 함께 문제를 해결하는 과정에서 협동심과 책임감을 키울 수 있다.

문제점 발견 및 개선: 모의 훈련을 통해 안전 시스템의 문제점을 발견하고 개선할 수 있는 기회를 제공한다.

나. 모의법의 종류 및 활용 예시

화재 대피 훈련: 화재 발생 시 대피 경로, 소화기 사용법 등을 훈련한다.
응급처치 훈련: 심폐소생술, 지혈 등 응급 상황에 대처하는 방법을 훈련한다.
위험물질 유출 사고 훈련: 유해 물질 유출 시 보호 장비 착용 방법, 비상 연락 절차 등을 훈련한다.
기계 사고 대응 훈련: 기계 고장이나 사고 발생 시 안전 조치 방법, 비상 정지 절차 등을 훈련한다.

다. 모의법을 효과적으로 활용하기 위한 팁

구체적인 시나리오: 실제 발생 가능한 상황을 구체적으로 설정하여 현실감을 높이다.
다양한 역할 부여: 참여자들에게 다양한 역할을 부여하여 실제 상황에 대한 몰입도를 높이다.
피드백 제공: 훈련 후에는 참여자들의 행동을 평가하고 피드백을 제공하여 개선점을 찾도록 한다.
정기적인 실시: 정기적으로 모의 훈련을 실시하여 안전 의식을 지속적으로 유지하고, 대응 능력을 향상시킵니다.

라. 모의법의 한계점 및 보완 방안

시간과 비용 소모: 모의 훈련을 위해 많은 시간과 비용이 소요될 수 있다.
실제 상황과의 차이: 모의 훈련은 실제 상황과 완전히 동일할 수 없으므로, 실제 상황에서의 대처 능력을 보장하기 어렵습니다.

마. 보완 방안

시뮬레이션 활용: 컴퓨터 시뮬레이션을 활용하여 다양한 상황을 연출하고, 반복적인 훈련이 가능하도록 한다.
VR/AR 기술 활용: 가상현실 또는 증강현실 기술을 활용하여 실제와 유사한 환경에서 훈련을 진행할 수 있다.
소규모 그룹 훈련: 대규모 훈련보다는 소규모 그룹으로 나누어 집중적인 훈련을 실시한다.

5.3.6 시청각교육법

가. 시청각 교육법의 개요

시청각 교육법은 시각 자료(사진, 그림, 동영상 등)와 청각 자료(음성, 음악 등)를 활용하여 교육 효과를 높이는 방법이다 사람은 시각과 청각을 통해 정보를 획득하고 기억하는 비중이 크기 때문에, 이러한 감각을 자극하여 학습자의 흥미를 유발하고 교육 내용을 효과적으로 전달할 수 있다.

나. 시청각 교육법의 장점

높은 집중도: 시각과 청각을 동시에 자극하여 학습자의 집중도를 높일 수 있다.
효과적인 정보 전달: 복잡한 내용을 시각 자료를 통해 간결하고 명확하게 전달할 수 있다.
기억력 향상: 시각과 청각 정보는 텍스트 정보보다 오래 기억되기 쉽습니다.
다양한 표현 가능: 다양한 시각 자료와 음향 효과를 활용하여 생동감 있는 교육이 가능한다.

다. 시청각 교육법의 종류 및 활용 예시

동영상: 안전 사고 사례, 안전 수칙 시연 등을 생생하게 보여줄 수 있다.
PPT: 텍스트, 이미지, 동영상 등을 활용하여 교육 내용을 체계적으로 정리하고 전달할 수 있다.
모형: 실제 장비나 설비를 축소한 모형을 이용하여 교육 내용을 시각적으로 보여줄 수 있다.
VR/AR: 가상현실 또는 증강현실 기술을 활용하여 실제 상황을 체험하게 함으로써 교육 효과를 높일 수 있다.

라. 시청각 교육법을 효과적으로 활용하기 위한 팁

학습 목표와 연관성: 시청각 자료는 교육 목표와 직접적으로 연관되어야 한다.
간결하고 명확한 내용: 불필요한 내용은 제외하고, 핵심 내용만을 간결하게 전달해야 한다.
다양한 매체 활용: 텍스트, 이미지, 동영상 등 다양한 매체를 적절히 활용하여 지루함을 해소해야 한다.
참여 유도: 질문, 퀴즈 등을 통해 학습자의 참여를 유도해야 한다.
반복 학습: 중요한 내용은 반복하여 시청각 자료를 통해 학습하도록 한다.

마. 시청각 교육법의 한계점 및 보완 방안

기술적 문제: 장비 고장, 인터넷 연결 불량 등 기술적인 문제가 발생할 수 있다.
학습자의 개별 차이: 모든 학습자가 시청각 자료를 통해 동일하게 학습 효과를 얻을 수는 없습니다.

비용: 고품질의 시청각 자료를 제작하기 위해서는 비용이 많이 소요될 수 있다.
보완 방안:
예비 점검: 교육 전에 장비를 점검하고, 인터넷 연결 상태를 확인한다.
다양한 학습 자료 제공: 텍스트 자료, 그림 자료 등 다양한 학습 자료를 함께 제공하여 학습자의 선택권을 넓힙니다.
상호 작용: 시청각 자료 시청 후 질의응답 시간을 갖거나, 토론을 통해 학습 내용을 정리한다.

5.4 안전보건교육계획 수립 및 실시

5.4.1 안전보건교육의 기본방향

가. 안전보건교육의 기본 방향

안전보건교육은 단순히 규정을 암기하는 것을 넘어, 근로자들이 안전에 대한 올바른 가치관을 가지고 스스로 안전을 확보하는 능동적인 자세를 길러주는 것이 목표이다.

안전보건교육의 기본 방향은 크게 다음과 같이 요약할 수 있다.

- 사고 사례 중심의 교육: 실제 발생한 사고 사례를 분석하여 유사한 사고가 재발되지 않도록 원인과 예방 대책을 교육
- 안전 작업을 위한 교육: 각 작업 특성에 맞는 안전 수칙과 절차를 교육
- 안전 의식 향상을 위한 교육: 안전에 대한 중요성을 인식하고, 안전 문화를 조성하기 위한 다양한 교육 프로그램

나. 안전교육의 목표

- 근로자의 안전 의식 고취: 안전은 개인의 책임이라는 인식을 심어주고, 안전에 대한 관심과 참여를 유도
- 위험 요소 인지 능력 향상: 작업 환경에서 발생할 수 있는 위험 요소를 정확하게 파악하고, 이에 대한 대처 능력
- 안전 행동 습관 형성: 안전 수칙을 준수하고, 안전한 작업 방법을 숙달하여 안전 행동을 일상화
- 안전 문화 조성: 안전을 최우선 가치로 삼는 기업 문화를 만들고, 구성원 모두가 안전에 대한 책임감을 느끼도록 함.

다. 효과적인 안전보건교육을 위한 핵심 요소

- 맞춤형 교육: 근로자의 직무, 경험, 교육 수준 등을 고려하여 맞춤형 교육을 제공
- 참여형 교육: 일방적인 강의 형식에서 벗어나, 토론, 역할극 등 다양한 참여형 교육 방법을 활용
- 지속적인 교육: 단발적인 교육이 아닌, 정기적인 교육을 통해 안전에 대한 관심을 지속적으로 유지
- 실제 사례 중심의 교육: 실제 발생한 사고 사례를 분석하여 교육 효과를 높임.
- 체계적인 교육 관리: 교육 계획 수립, 교육 자료 개발, 교육 평가 등 체계적인 교육 관리 시스템을 구축

라. 안전보건교육의 중요성

안전보건교육은 단순히 법적인 의무를 수행하는 것을 넘어, 기업의 생산성 향상, 근로자의 만족도 증대, 그리고 무엇보다 소중한 인명과 재산을 보호하는 데 필수적인 요소이다.

마. 안전보건교육을 통해 얻을 수 있는 효과

- 산업재해 예방: 안전사고 발생률 감소 및 산업재해로 인한 손실 최소화
- 생산성 향상: 안전한 작업 환경 조성을 통한 생산성 향상
- 직원 만족도 증대: 안전에 대한 투자를 통해 직원들의 소속감과 만족도 향상
- 기업 이미지 향상: 안전 경영을 통해 기업의 사회적 책임을 실천하고, 긍정적인 기업 이미지 구축

5.4.2 안전보건교육의 단계별 교육과정

가. 안전보건교육의 단계별 교육 과정

안전보건교육은 단순히 지식을 전달하는 것을 넘어, 실제 현장에서 안전 행동을 실천할 수 있도록 돕는 체계적인 교육 과정이다 일반적으로 안전보건교육은 다음과 같은 단계로 진행된다.

1단계: 지식 교육(Cognitive Learning)
- 안전에 대한 기본 지식 전달: 안전보건법규, 안전 용어, 위험 요소, 사고 유형 등에 대한 기본적인 지식을 전달.
- 각종 안전 수칙 숙지: 작업 환경별 안전 수칙, 개인 보호구 착용 방법, 비상 상황 대처 요령 등을 교육.
- 사고 사례 분석: 실제 발생한 사고 사례를 분석하여 유사한 사고를 예방하는 방법을 교육

2단계: 기능 교육(Psychomotor Learning)
- 안전 장비 사용법 습득: 안전모, 안전화, 보호 장갑 등 다양한 안전 장비의 올바른 사용법을 숙달
- 안전 작업 시연: 실제 작업 상황을 모방하여 안전한 작업 방법을 시연하고 연습
- 비상 상황 대처 훈련: 화재, 폭발, 누출 등 비상 상황 발생 시 대피 요령과 응급 처치 방법을 훈련

3단계: 태도 교육(Affective Learning)
- 안전 의식 고취: 안전은 나와 동료의 생명을 지키는 것이라는 인식을 심어주고, 안전에 대한 책임감을 강조
- 안전 문화 조성: 안전을 최우선 가치로 삼는 기업 문화를 만들고, 안전에 대한 적극적인

참여를 유도

- 안전 행동 습관화: 안전 수칙을 일상생활에서 자연스럽게 실천할 수 있도록 습관을 형성.

5.4.3 안전보건교육 계획

가. 안전보건교육 계획에 포함되어야 할 내용

안전보건교육 계획은 단순히 교육 일정을 나열하는 것뿐만 아니라, 효과적인 교육을 위해 다양한 요소를 고려해야 하며 일반적으로 안전보건교육 계획에는 다음과 같은 내용들이 포함된다.

(1) 교육 목표 설정
- 교육 목표 명확화: 교육을 통해 달성하고자 하는 구체적인 목표를 설정한다. 예를 들어, "모든 근로자가 안전 수칙을 숙지하고, 위험 요소를 인지하며, 비상 상황에 대처할 수 있도록 한다"와 같이 구체적으로 명시한다.
- 성과 측정 지표 마련: 교육 목표 달성 여부를 평가하기 위한 객관적인 지표를 설정한다. 예를 들어, 교육 후 안전 수칙 준수율, 사고 발생 건수 감소 등을 측정할 수 있다.

(2) 교육 대상 및 범위
- 교육 대상: 전 직원, 특정 부서, 신규 입사자 등 교육 대상을 명확히 한다.
- 교육 범위: 일반 안전, 특정 작업 안전, 비상 상황 대처 등 교육 범위를 설정한다.

(3) 교육 내용 및 방법
- 법정 교육 내용: 산업안전보건법에서 정한 필수 교육 내용을 포함 (예: 안전보건법 개요, 위험성 평가, 개인보호구 착용 등)
- 현장 맞춤형 교육 내용: 사업장의 특성과 위험 요소를 고려하여 맞춤형 교육 내용을 구성
- 교육 방법: 강의, 실습, 시뮬레이션, 토론, 동영상 시청 등 다양한 교육 방법을 활용하여 참여도를 높임.

(4) 교육 일정 및 시간
- 교육 주기: 정기 교육, 신규 입사자 교육, 특별 교육 등 교육 주기를 설정.
- 교육 시간: 법정 교육 시간을 준수하고, 교육 내용에 따라 교육 시간을 조절.

(5) 교육 자료 및 교구
- 교육 자료: 교육 내용에 맞는 교재, PPT, 동영상 등 다양한 교육 자료를 준비
- 교구: 실습에 필요한 안전 장비, 시뮬레이션 장비 등을 준비.

(6) 교육 평가
- 교육 만족도 조사: 교육 참여자의 만족도를 조사하여 교육 효과를 평가.
- 학습 성과 평가: 시험, 설문조사, 실기 평가 등을 통해 학습 성과를 평가
- 교육 개선: 평가 결과를 바탕으로 교육 프로그램을 개선

(7) 담당자 지정 및 역할 분담

- 교육 담당자: 교육 기획, 진행, 평가 등 교육 전반을 담당할 담당자를 지정.
- 역할 분담: 강사, 보조 강사, 행정 지원 등 역할을 분담하여 효율적인 교육을 진행

(8) 예산 및 비용

- 교육 예산: 교육 자료, 교구, 강사료 등 교육에 필요한 예산을 확보.
- 비용 절감 방안: 온라인 교육, 자체 강사 활용 등을 통해 비용을 절감할 수 있는 방안을 모색

(9) 기타 사항

- 비상 상황 대비: 교육 중 발생할 수 있는 비상 상황에 대비한 계획을 수립.
- 교육 기록 관리: 교육 이수 여부, 교육 내용, 평가 결과 등을 기록하여 관리

5.5 교육내용

5.5.1 근로자 정기안전보건 교육내용: 산안법시행규칙 별표5 참조

산업안전보건법에 따라 상시 근로자 5인 이상 사업장에서는 근로자에게 정기적으로 안전보건 교육을 실시해야 한다. 이 교육은 산업 현장에서 발생할 수 있는 다양한 위험 요소를 인지하고, 사고를 예방하기 위한 필수적인 과정이다.

가. 교육 대상 및 주기

대상: 상시 근로자 5인 이상 사업장의 모든 근로자

주기: 1년에 1회 이상(단, 특별한 위험이 있는 작업에 종사하는 근로자는 더 자주 실시할 수 있음)

나. 교육 내용 (주요 항목)

- 산업안전 및 사고 예방에 관한 사항:
- 안전보건법령 및 관련 법규 소개
- 사업장의 일반적인 위험 요소 및 예방 대책
- 개인 보호구 착용 방법 및 중요성
- 기계 및 설비의 안전 관리
- 작업 환경 개선을 위한 노력
- 안전모 착용 방법
- 산업보건 및 직업병 예방에 관한 사항:
- 유해인자 노출 예방
- 건강진단의 중요성
- 직업병 예방을 위한 건강 관리
- 소음측정

다. 건강증진 및 질병 예방에 관한 사항:

- 건강한 생활 습관
- 스트레스 관리
- 예방 접종
- 건강검진 안내
- 유해·위험 작업환경 관리에 관한 사항:
- 소음, 진동, 유해 가스 등 유해 요인 관리
- 위험물 취급 안전
- 유해물질 경고 표지

라. 산업안전보건법령 및 산업재해보상보험 제도에 관한 사항:

- 산업안전보건법 주요 조항
- 산업재해보상보험 제도 소개
- 근로자의 권리와 의무
- 직무스트레스 예방 및 관리에 관한 사항:
- 직무 스트레스의 원인과 증상
- 스트레스 관리 방법

마. 교육 방법

- 강의식 교육: 안전보건 관련 법규, 이론 등을 강의 형식으로 전달
- 실습 교육: 안전 장비 사용법, 응급 처치 등을 직접 실습하여 숙달
- 시뮬레이션 교육: 가상 현실이나 시뮬레이션 프로그램을 활용하여 위험 상황에 대처하는 방법 훈련
- 토론 및 질의응답: 교육 내용에 대한 질문과 답변을 통해 이해도를 높임
- 사례 연구: 실제 발생한 산업재해 사례를 분석하여 교육 효과를 높임

바. 교육 효과 측정

- 교육 만족도 조사: 설문 조사를 통해 교육 참여자의 만족도를 파악
- 학습 성과 평가: 시험, 퀴즈 등을 통해 교육 내용에 대한 이해도를 평가
- 행동 변화 관찰: 교육 후 안전 수칙 준수 여부, 위험 요소 인지 능력 등을 관찰

사. 교육 시 유의 사항

- 근로자의 직무와 특성에 맞는 교육 내용 구성: 단순한 이론 전달보다는 실제 작업과 연관된 내용을 중심으로 교육해야 한다.
- 다양한 교육 방법 활용: 강의뿐만 아니라 실습, 시뮬레이션 등 다양한 방법을 활용하여 참여도를 높여야 한다.
- 정기적인 교육 평가: 교육 효과를 측정하고, 교육 내용을 지속적으로 개선해야 한다.
- 근로자의 적극적인 참여 유도: 질문과 답변, 토론 등을 통해 근로자의 참여를 유도해야 한다.

5.5.2 관리감독자 정기안전보건 교육내용

가. 관리감독자 정기 안전보건 교육 내용

관리감독자는 산업 현장에서 안전보건을 책임지는 핵심 인력으로서, 근로자의 안전을 확보하고 산업재해를 예방하는 데 중요한 역할을 한다. 따라서 관리감독자는 정기적으로 안전보건 교육을 이수하여 전문성을 향상시켜야 한다.

(1) 교육 목표

- 관리감독자의 안전보건에 대한 책임감 고취
- 위험성 평가 및 예방 조치 능력 향상
- 안전보건 관련 법규 및 지침 이해 심화
- 산업재해 발생 시 대처 능력 향상
- 안전 문화 조성을 위한 리더십 함양

(2) 주요 교육 내용

가) 산업안전보건법 및 관련 법규:

- 산업안전보건법 주요 조항 및 개정 내용
- 산업안전보건법 주요 조항

나) 위험성 평가:

- 위험성 평가의 목적과 방법
- 위험 요인 식별 및 평가
- 위험성 평가 결과를 활용한 개선 조치
- 위험성 평가 절차

다) 안전보건 관리 시스템:

- 안전보건 경영 시스템 구축 및 운영
- 위험성 정보 관리
- 비상 대응 체계 구축
- 안전보건 경영 시스템 모델

라) 산업재해 예방 및 대응:

- 산업재해 발생 원인 분석
- 사고 조사 및 보고
- 비상 상황 대처 요령
- 산업재해 유형5.5 교육내용

마) 근로자 참여 및 소통:
- 안전보건위원회 운영
- 근로자 의견 수렴
- 안전보건 교육 참여 독려
- 안전보건위원회 회의 모습

바) 직무 스트레스 관리:
- 직무 스트레스의 원인과 영향
- 직무 스트레스 예방 및 관리 방안
- 직무 스트레스 관리 방법

사) 특정 위험 작업 안전:
- 건설업, 제조업 등 산업별 특성에 맞는 안전 관리
- 위험 기계·설비 안전 관리
- 유해 물질 관리
- 건설 현장 안전 수칙

아) 산업보건 관리:
- 직업병 예방
- 건강 진단 관리
- 작업 환경 개선
- 작업 환경 측정

나. 교육 방법
- 강의: 안전보건 관련 법규, 이론, 사례 등을 강의 형식으로 전달
- 토론: 참여자 간의 의견 교환을 통해 문제 해결 능력 향상
- 실습: 안전 장비 사용법, 응급 처치 등을 실습하여 숙달
- 시뮬레이션: 가상 현실이나 시뮬레이션 프로그램을 활용하여 위험 상황에 대처하는 방법 훈련
- 현장 견학: 실제 작업 현장을 방문하여 안전 관리 실태를 확인

다. 교육 효과 측정
- 교육 만족도 조사: 설문 조사를 통해 교육 참여자의 만족도를 파악
- 학습 성과 평가: 시험, 퀴즈 등을 통해 교육 내용에 대한 이해도를 평가

- 행동 변화 관찰: 교육 후 안전 수칙 준수 여부, 위험 요소 인지 능력 등을 관찰

라. 관리감독자 교육의 중요성

관리감독자는 현장에서 안전보건 활동을 주도하고 근로자의 안전 행동을 이끌어내는 핵심적인 역할을 수행한다.

따라서 관리감독자의 안전보건에 대한 전문성과 리더십 함양은 산업재해 예방을 위한 필수적인 요소이다.

5.5.3 신규채용시와 작업내용변경시 안전보건 교육내용

가. 신규 채용 시 안전보건 교육

신규 채용된 근로자는 사업장에 처음 발을 들여놓는 만큼, 안전에 대한 기본적인 지식과 사업장의 특성에 맞는 안전 수칙을 숙지해야 한다.

(1)교육 내용:

- 사업장 일반 안전 수칙:
- 안전모, 안전화 등 개인 보호구 착용 방법 및 중요성
- 비상구 위치 및 대피 방법
- 화재 발생 시 대처 요령
- 위험 기계·설비 안전 수칙
- 안전모 착용

(2) 작업 환경 및 유해 요인:

- 소음, 진동, 유해 가스 등 유해 요인
- 위험 물질 취급 시 주의사항
- 소음 측정

(3) 산업안전보건법 및 관련 법규:

- 산업안전보건법 주요 조항
- 근로자의 권리와 의무

(4) 특별 안전보건 교육:

- 해당 직무와 관련된 특별한 위험 요소 및 안전 수칙

- 예시: 건설 현장 안전, 화학 물질 취급 안전 등
- 건설 현장 안전 교육

나. 작업 내용 변경 시 안전보건 교육

작업 내용이 변경될 경우, 변경된 작업에 따른 새로운 위험 요소가 발생할 수 있으므로, 근로자에게 변경된 작업에 대한 안전 교육을 실시해야 한다.

▶ 교육 내용:

(1) 변경된 작업 내용 상세 설명:

- 변경된 작업의 특징 및 위험 요소
- 새로운 기계·설비 사용 방법
- 변경된 작업 시뮬레이션

(2) 변경된 작업에 따른 안전 수칙:

- 기존 안전 수칙과의 차이점
- 추가적인 안전 조치 사항

(3) 새로운 위험 요소에 대한 대처 방법:

- 비상 상황 발생 시 대처 요령
- 개인 보호구 착용 방법 변경 등
- 변경된 작업 안전 수칙 설명
- 교육 시 유의 사항

(4) 근로자의 이해도를 고려한 교육:

- 어려운 전문 용어를 최대한 자제하고, 쉽고 간결하게 설명
- 실제 사례를 활용하여 이해를 돕도록 함

다. 교육방식 및 형태

- 참여형 교육:질의응답, 토론, 실습 등을 통해 교육 효과를 높임
- 정기적인 교육: 작업 내용이 자주 변경되는 경우, 정기적인 교육을 통해 안전 의식을 유지하도록 함
- 개별 맞춤형 교육: 근로자의 직무와 경험 수준에 맞춰 교육 내용을 조절

라. 교육 효과 측정

- 교육 만족도 조사: 설문 조사를 통해 교육 참여자의 만족도를 파악
- 학습 성과 평가: 시험, 퀴즈 등을 통해 교육 내용에 대한 이해도를 평가
- 행동 변화 관찰: 교육 후 안전 수칙 준수 여부, 위험 요소 인지 능력 등을 관찰

5.5.4 특별교육대상 작업별 교육내용

특별교육은 산업안전보건법에서 정한 특정 유해·위험한 작업에 종사하는 근로자에게 실시하는 교육으로, 일반적인 안전보건 교육보다 더욱 심도 있고 전문적인 내용을 포함한다. 이러한 특별교육은 해당 작업의 특성에 따른 위험 요소를 정확히 파악하고, 이에 대한 안전 대책을 마련하여 산업재해를 예방하기 위한 목적으로 실시된다. 특별교육 대상 작업의 종류는 매우 다양하며, 대표적인 특별교육 대상 작업으로는 다음과 같은 것들이 있다.

가. 특별교육대상 작업

(1) 밀폐된 장소에서의 용접 작업: 밀폐된 공간 내에서 발생할 수 있는 질식, 화재, 폭발 등의 위험성에 대한 교육
(2) 폭발성 물질 취급 작업: 폭발, 화재, 유독 가스 발생 등의 위험성에 대한 교육
(3) 1톤 이상의 크레인 작업: 낙하물, 전도, 충돌 등의 위험성에 대한 교육
(4) 비계 조립·해체 작업: 추락, 협착, 낙하물 등의 위험성에 대한 교육
(5) 전기 작업: 감전, 화재, 폭발 등의 위험성에 대한 교육
(6) 고소 작업: 추락, 협착, 낙하물 등의 위험성에 대한 교육

나. 특별교육 내용의 일반적인 구성

(1) 해당 작업의 위험 요소: 작업 특성에 따른 구체적인 위험 요소를 파악하고, 이에 대한 설명
(2) 안전 작업 방법 및 수칙: 위험 요소를 예방하기 위한 안전한 작업 방법 및 수칙 교육
(3) 개인 보호구 착용: 작업에 적합한 개인 보호구의 종류와 착용 방법 교육
(4) 비상 상황 대처 요령: 응급 처치, 비상 연락망, 대피 방법 등 교육
(5) 관련 법규: 산업안전보건법 및 관련 법규에 대한 설명

다. 특별교육의 중요성

(1) 산업재해 예방: 특별 교육을 통해 근로자는 자신이 수행하는 작업의 위험성을 정확히 인지

하고, 안전한 작업 방법을 숙달하여 산업재해 발생 가능성을 낮출 수 있다.

(2) 법적 의무: 산업안전보건법에서는 특정 작업에 종사하는 근로자에게 특별 교육을 실시하도록 의무화하고 있다.

(3) 근로자의 안전 의식 향상: 특별 교육을 통해 근로자의 안전 의식을 높이고, 자발적인 안전 활동 참여를 유도할 수 있다.

라. 특별 교육 시 유의 사항

(1) 근로자의 이해도를 고려한 교육: 어려운 전문 용어를 최대한 자제하고, 실제 사례를 활용하여 이해를 돕도록 한다.

(2) 실습 교육: 가능한 한 실제 작업 환경과 유사한 환경에서 실습 교육을 실시하여 교육 효과를 높이다

(3) 정기적인 교육: 작업 내용이 변경되거나 새로운 위험 요소가 발생할 경우, 정기적으로 교육을 실시한다.

(4) 근로자의 참여 유도: 질의응답, 토론 등을 통해 근로자의 참여를 유도한다.

Chapter 6 산업안전관계 법규

1) 산업안전보건법

산업안전보건법은 산업 현장에서 발생할 수 있는 다양한 안전 및 보건 문제를 해결하고, 근로자의 안전과 건강을 보호하기 위한 법으로 다음과 같이 구성되어 있다.

제1장 총칙

- 법의 목적: 산업재해 예방을 통한 근로자의 안전과 보건 향상
- 용어의 정의: 법에서 사용되는 용어의 뜻을 규정
- 적용 범위: 법률이 적용되는 사업장의 범위를 정함

제2장 일반적인 의무

- 사업주의 의무: 안전보건 확보 의무, 유해·위험 요인 제거 의무 등
- 근로자의 의무: 안전보건 교육 이수, 안전 수칙 준수 등
- 안전보건관리체계 구축: 사업장 자율적인 안전보건 관리 체계 구축 의무

제3장 안전보건관리 조직

- 안전보건관리자: 안전보건관리자의 선임, 자격, 업무 등
- 산업안전보건위원회: 구성, 기능, 운영 등

제4장 유해·위험 방지

- 유해·위험 요인 평가: 유해·위험 요인의 파악 및 평가
- 위험성 평가: 위험성 평가 실시 및 개선 조치
- 특별한 위험 작업: 특별한 위험이 따르는 작업에 대한 관리 기준

제5장 보건 관리

- 건강진단: 근로자 건강진단 실시 및 결과 관리
- 유해 물질 관리: 유해 물질 취급 시 안전 관리 기준
- 소음·진동 관리: 소음·진동에 대한 관리 기준

제6장 교육 및 훈련

- 안전보건 교육: 사업주와 근로자에 대한 안전보건 교육 실시

- 전문교육: 안전보건 전문가 양성을 위한 교육

제7장 산업재해 보상

- 산업재해 보상: 산업재해 발생 시 근로자에게 지급되는 보상

제8장 감독 및 처벌

- 감독: 산업안전보건법 위반 행위 감독
- 처벌: 위반 시 부과되는 행정 처분 및 형사 처벌1)

2) 산업안전보건법 시행령

산업안전보건법 시행령은 산업안전보건법의 구체적인 시행을 위한 세부적인 사항을 규정하는 법령이다 법률의 큰 틀을 구체화하여 현장에서 실질적으로 적용할 수 있도록 돕는 역할을 하고 있다.

1) 시행령의 주요 내용

시행령은 산업안전보건법의 각 조항에 대한 해석과 적용 기준을 제시하며, 다음과 같은 주요 내용을 포함하고 있다.

가. 안전관리자 및 보건관리자: 안전관리자와 보건관리자의 자격 요건, 선임 기준, 업무 범위 등을 구체적으로 규정

나. 안전보건관리체계: 사업장의 안전보건관리체계 구축 및 운영에 필요한 세부적인 사항을 규정(예를 들어, 위험성 평가 방법, 안전보건 교육 내용, 비상 대응 계획 등을 명시함)

다. 유해·위험 요인 관리: 특정 유해 물질, 소음, 진동 등에 대한 관리 기준을 제시하고, 노출 기준을 설정

라. 안전시설: 안전난간, 비상구 등 안전시설의 설치 기준과 유지 관리 방법을 규정

마. 개인 보호구: 근로자에게 지급해야 할 개인 보호구의 종류와 사용 기준을 명시

바. 산업재해 발생 시 조치: 산업재해 발생 시 사업주가 취해야 할 조치, 보고 절차 등을 규정.

사. 도급 사업: 도급 사업에서의 안전보건 관리 책임 소재 및 협력 업체 간 안전보건 관리 협력 사항을 규정.

3) 산업안전보건법 시행규칙

산업안전보건법 시행규칙은 법과 시행령에서 규정한 사항을 세부적으로 규정하는 법규이다.

가. 안전보건교육의 내용

근로자에게 실시해야 할 안전보건교육의 구체적인 내용을 규정한다.

교육 내용에는 작업장 내 위험요소, 안전조치, 응급처치 방법 등이 포함된다.

나. 위험기계 기구 등의 안전조치

특정 기계 및 기구에 대한 안전조치를 규정한다.

위험기계 사용 시 필요한 보호장치와 안전 사용법을 명시한다.

다. 산업재해 통계 및 보고서 작성

사업주는 재해 발생 시 통계와 보고서를 작성하고 관계 당국에 제출해야 한다.

통계 자료는 재해 예방 대책 수립에 활용된다.

라. 개인 보호구

근로자에게 지급해야 할 보호구의 종류와 사용법을 규정한다.

보호구는 근로자의 작업 환경에 맞게 적절히 지급되고 사용되어야 한다.

마. 응급처치 및 구급활동

응급상황 발생 시 필요한 처치 및 구급활동 절차를 규정한다.

응급처치 교육을 정기적으로 실시하고, 필요한 구급장비를 갖추어야 한다.

4) 산업안전보건기준에 관한 규칙

산업안전보건기준에 관한 규칙은 작업장에서 지켜야 할 구체적인 안전보건기준을 규정한다.

가. 작업환경 관리

유해물질 취급 시의 작업환경 관리기준을 규정한다.

작업장은 환기 시설을 갖추고, 유해물질 노출을 최소화해야 한다.

나. 기계 및 기구의 안전기준

기계 및 기구 사용 시의 안전기준을 명시한다.

기계 작동 시 발생할 수 있는 위험을 예방하기 위한 보호장치를 설치해야 한다.

다. 화학물질 관리

화학물질의 취급, 저장 및 운반 시의 안전기준을 규정한다.

유해 화학물질은 별도의 저장소에 보관하고, 취급 시 안전장비를 사용해야 한다.

라. 물리적 위험요소 관리

소음, 진동, 방사선 등 물리적 위험요소의 관리기준을 규정한다.

작업 환경에서 발생하는 물리적 위험요소를 최소화하기 위한 조치를 취해야 한다.

마. 작업자 보호

작업자 보호를 위한 세부 안전기준을 제공한다.

작업자는 보호구를 착용하고, 안전한 작업 방법을 따라야 한다.

5) 관련 고시 및 지침에 관한 사항

관련 고시 및 지침은 고용노동부 등 관련 기관이 산업안전보건법령의 시행을 위해 발표하는 세부 지침과 고시이다.

가. 안전보건 교육 지침

근로자 교육에 필요한 세부 지침을 제공한다.

교육 자료와 방법을 규정하고, 정기적인 교육 실시를 강조한다.

나. 작업환경 측정 지침

작업환경 측정 방법과 절차를 구체적으로 규정한다.

측정 결과는 기록하고, 기준치를 초과하는 경우 즉시 조치해야 한다.

다. 화학물질 관리 지침

특정 화학물질 취급 시 필요한 안전관리 지침을 제공한다.

유해 화학물질 취급 시 필요한 안전조치와 보호구 사용법을 명시한다.

라. 산업재해 보고 및 통계 지침

산업재해 발생 시 보고 절차와 통계 작성 방법을 명시한다.

재해 발생 후 즉시 관계 당국에 보고하고, 재해 원인 분석 및 예방 대책을 마련해야 한다.

마. 응급처치 지침

응급상황 발생 시 필요한 처치 방법과 절차를 구체적으로 제공한다.

응급처치 교육을 정기적으로 실시하고, 구급장비를 적절히 관리해야 한다.

* 관련법규 · 규칙 · 고시, 관련규격 및 자료

1) 산업안전보건법

- 주요 법령: 산업안전보건법 (한국) - 대한민국 법제처에서 제공하는 공식 법령
- 관련 자료: 산업안전보건공단의 교육 자료 및 가이드북, 고용노동부의 산업안전보건 관련 보고서 및 자료

2) 산업안전보건법 시행규칙 (한국)

-관련 자료:산업안전보건공단에서 제공하는 시행규칙 관련 자료

고용노동부의 시행규칙 해설서

3) 산업안전보건기준에 관한 규칙

관련 자료:고용노동부의 산업안전보건기준에 관한 해설서

산업안전보건공단의 기준 규칙 관련 지침서

4) 고용노동부의 관련 고시 목록 - 고용노동부 공식 웹사이트에서 제공하는 고시 목록

관련 자료: 고용노동부와 산업안전보건공단에서 제공하는 각종 지침서 및 매뉴얼

산업재해 예방을 위한 고용노동부의 최신 지침과 공고

5) 기타 참고자료 출처

- KOSHA (한국산업안전보건공단),
- 국가법령정보센터,
- ISO(International Organization for Standardization) 국제 표준화 기구의 안전보건 관련 국제 규격 ,
- OSHA(Occupational Safety and Health Administration) 미국의 산업안전보건국에서 제공하는 안전보건 자료

6) 관련규격 및 자료

- 산업안전보건공단, "산업안전 관리 지침서"
- 김철수, "동기부여와 산업재해 예방", 한국산업안전학회지, 2022
- 산업안전보건용어사전, 한국산업안전보건공단
- 김철수, "산업재해 예방을 위한 행동과학적 접근", 한국산업안전학회지, 2022

[산업안전 수식 정리]

1. 재해손실비 계산

① 하인리히 방식의 재해손실비(직접비와 간접비의 비율이 1:4)

재해비용 = 직접비 + 간접비 ×4

직접비: 치료비, 유족보상비, 장례비, 휴양급여, 요양급여, 장애보상비,

간접비: 인적/물적 손실, 생산 및 시간손실, 기계/기구 손실

② 시몬즈 방식의 재해손실비

재해코스트 = 보험 코스트 + 비보험 코스트

- 보험 코스트: 산재보험료
- 비보험 코스트: 휴업상해, 통원상해, 구급조치상해, 무상해 사고

③ 버즈 방식의 재해손실비

직접비 : 보험 비용 : 1

간접비 :

1) 비보험 재산비용(측정가능 항목: 건물손실, 기구 및 장비손실, 제품 및 재료손실, 조업중단, 지연손실)) : 5~50

2) 비보험 기타 재산비용(측정이 어려운, 시간, 교육, 임대 등) : 1~3

④ 콤패스 방식의 재해손실비

총 재해비용 = 공동 비용 + 개별 비용

공동 비용(불변 비용): 보험료, 안전보건팀 유지비

개별 비용(가변 비용): 작업중단, 치료, 사고조사비, 수리경비

2. 보호구 관련 수식

① 방독마스크 유효기간 계산

$$\text{유효시간(파과시간)} = \frac{\text{시험가스농도} \times \text{표준유효시간}}{\text{유해가스농도(작업장)}}(\text{분})$$

② 방음용 귀마개 또는 귀덮개 음압수준

$$\text{음압수준}(dB) = 20\log\frac{P}{P_0}$$

P : 측정음압(Pa)
P_0 : 기준음압($20\mu Pa$)

[관련수식 정리]

3. 에너지 대사율(RMR) : 작업강도

$$\text{에너지 대사율} = \frac{\text{노동 대사량}}{\text{기초 대사량}}$$

$$= \frac{\text{작업시 에너지} - \text{안정시 에너지}}{\text{기초 대사량}}$$

※ 작업강도 구분에 따른 에너지 대사율 (RMR)

① 경작업: 가벼운 작업 1 ~ 2

② 중작업: 보통작업 2 ~ 4

③ 중작업: 힘든 작업 4 ~ 7

④ 초중작업: 굉장히 힘든 작업 7 이상

4. 휴식시간(R) 계산

$$\text{휴식시간} = \frac{60 \times (E - \text{평균에너지})}{\text{작업시소비에너지}(E) - \text{휴식중소비에너지}(1.5)}(\text{분})$$

1) 평균에너지: - 기초 대사량 포함시 5 kcal/분

- 기초 대사량 포함하지 않을 경우: 4 kcal/분

2) 작업시간: 60(분)

3) E(kcal/분): 작업 시 필요한 에너지

[체크문제]

1. 1년간 80건의 재해가 발생한 A사업장은 1000명의 근로자가 1주일당 48시간, 1년간 52주를 근무하고 있다. A사업장의 도수율은? (단, 근로자들은 재해와 관련 없는 사유로 연간 노동시간의 3%를 결근하였다.)

2. A사업장의 현황이 다음과 같을 때 이 사업장의 강도율은?
   - 근로자수: 600명
   - 연간근로시간: 2000시간
   - 신체장해등급: 2급(2명), 10급(10명)
   - 의사 진단에 의한 휴업일수: 1200일

3. 교육훈련 방법 중 OJT(On the Job Training)와 OFFJT의 특징에 대해 설명하시오.

4. 기술교육의 형태 중 준 듀이(J.Dewey)의 사고과정 5단계에 대해 설명하시오.

5. 기업 내 정형교육 중 TWI(Training Within Industry)의 교육들에 대해 설명하시오.

6. 무재해운동과 다음과 같은 무재해 운동 추진 기법에 대해 설명하시오.
   ① Touch and call
   ② Brain Storming
   ③ Error cause removal
   ④ Safety training observation program

7. 다음과 같은 산업재해의 분석 및 평가를 수행하는 재해통계 분석기법들에 대해 설명하시오.
   ① 관리도
   ② 안전 T점수
   ③ 파레토도
   ④ 특성 요인도

8. 다음과 같은 안전점검에 대해 설명하시오.
   ① 정기점검
   ② 수시점검
   ③ 특별점검
   ④ 임시점검

9. 라인(Line)형 안전관리조직에 대해 설명하시오.?

[체크문제]

10. 레빈(Lewin)의 법칙에 대해 설명하시오.?

11. 매슬로우(Maslow)의 인간의 욕구단계에 대해 설명하시오.

12. 버드(Bird)의 재해분포에 따르면 20건의 경상(물적, 인적상해)사고가 발생했을 때 무상해·무사고(위험순간) 고장 발생 건수는?

13. 보호구 안전인증 고시상 전로 또는 평로 등의 작업 시 사용하는 방열두건의 차광도 번호는?

14. 보호구 자율안전확인 고시상 자율안전확인 보호구에 표시하여야 하는 사항들은 무엇인가?

15. 부주의의 발생 원인에 대해 설명하시오.

16. 불안전 상태와 불안전 행동을 제거하는 안전관리의 시책에는 적극적인 대책과 소극적인 대책에 대해 비교해 설명하시오.

17. 브레인스토밍(Brain Storming)의 4원칙에 대해 설명하시오.

18. 산소결핍이 예상되는 맨홀 내에서 작업을 실시할 때의 사고 방지 대책에 대해 설명하시오.

19. 산업안전보건법령상 거푸집 동바리의 조립 또는 해체작업 시 특별교육 내용에 대해 설명하시오.

20. 산업안전보건법령상 관리감독자 대상 정기안전보건 교육의 교육내용에 대해 설명하시오.

21. 산업안전보건법령상 근로자 안전보건교육 중 작업내용 변경시의 교육을 할 때 일용근로자를 제외한 근로자의 교육시간에 대해 설명하시오.

22. 산업안전보건법령상 산업안전보건위원회의 구성에서 사용자위원과 근로자 위원에 대해 설명하시오.

23. 산업안전보건법령상 안전관리자의 업무에 대해 설명하시오.

24. 산업안전보건법령상 안전모의 시험성능기준 항목에 대해 설명하시오.

25. 산업안전보건법령상 안전보건관리규정 작성 시 포함되어야 하는 사항에 대해 설명하시오.

26. 산업안전보건법령상 안전보건진단을 받아 안전보건개선계획의 수립 및 명령을 할 수 있는 대상들에 대해 설명하시오.

27. 산업안전보건법령상 안전보건표지 제작에 있어 기준이 되는 사항(도형, 색)에 대해 설명하시오.

28. 산업안전보건법령상 안전보건표지의 종류에 대해 설명하시오.

29. 산업안전보건법령상 유기화합물용 방독마스크에 대해 설명하시오.

30. 산업안전보건법령상 유해위험 방지계획서 제출 대상 공사에 대해 설명하시오.

31. 산업안전보건법령상 주로 고음을 차음하고, 저음은 차음하지 않는 방음보호구의 기호는?

32. 산업안전보건법상 환기가 극히 불량한 좁고 밀폐된 장소에서 용접작업을 하는 근로자 대상의 특별안전보건교육 교육내용에 대해 설명하시오.

33. 산업안전심리의 5대 요소에 대해 설명하시오.

34. 산업재해의 기본원인 중 "작업정보, 작업방법 및 작업환경" 등이 분류되는 항목은 무엇인가?

35. 상황성 누발자의 재해유발원인에 대해 설명하시오.

36. 안전교육에 있어 수업매체별 장단점에 대해 설명하시오.

37. 스트레스의 요인 중 외부적 자극 요인에 대해 설명하시오.

38. 안전교육 훈련에 있어 동기부여 방법에 대해 설명하시오.

39. 안전보건교육의 단계에 대해 설명하시오.

40. 안전조직 중에서 라인-스탭(Line-Staff) 조직의 특징에 대해 설명하시오.

41. 안전 · 보건교육의 단계별 교육과정 순서에 대해 설명하시오.

42. 억측판단이 발생하는 배경에 대해 설명하시오.

[체크문제]

43. 연천인율과 도수율에 대해 설명하고 둘의 관계에 대해 설명하시오.

44. 위험예지훈련의 문제해결 4라운드에 대해 설명하시오.

45. 재해예방의 4원칙에 대해 설명하시오.

46. 재해원인중 직접원인과 간접원인에 대해 설명하시오.

47. 재해통계에 있어 강도율에 대해 설명하시오.

48. 적성요인에 있어 직업적성을 검사하는 항목에 대해 설명하시오.

49. 적응기제의 형태 중 방어적 기제에 대해 설명하시오.

50. 하인리히 방식의 재해코스트 산정에서 직접비에 대해 설명하시오.

51. 하인리히 안전론에 대해 설명하시오.

52. 하인리히의 사고예방원리 5단계에 대해 설명하시오.

53. 학습정도(Level of learning)의 4단계에 대해 설명하시오.

54. 학습지도의 형태들에 대해 설명하시오.

55. 허츠버그(Herzberg)의 일을 통한 동기부여 원칙에 대해 설명하시오.

56. 헤드십(headship)의 특성에 대해 설명하시오.

57. 도수율이 24.5이고, 강도율이 1.15인 사업장에서 한 근로자가 입사하여 퇴직할 때까지의 근로손실일수는?

58. 착시의 종류에 대해서 설명하시오.

59. 산업안전보건법령상 프레스를 사용하여 작업을 할 때 작업시작 전 점검사항에 대해 설명하시오.

60. 인간관계의 메커니즘에 대해 설명하시오.

2

인간공학 및 위험성평가

Chapter 7 안전과 인간공학

7.1 인간공학의 정의

7.1.1 정의 및 목적

인간공학(Human Factors Engineering 또는 Ergonomics)은 인간의 특성과 한계를 고려하여 시스템, 제품, 환경 등을 설계하고 개선하는 학문으로, 궁극적으로 인간의 안전, 효율성, 편안함을 증대시키는 것을 목표로 한다. 국제인간공학협회(International Ergonomics Association, IEA)는 인간공학을 "시스템의 설계에 있어서 인간의 능력, 한계, 특성 등을 고려함으로써 인간과 시스템 간의 상호작용을 최적화하는 학문"으로 정의한다. 미국인간공학협회(Human Factors and Ergonomics Society, HFES)는 이를 "작업 시스템과 관련된 설계, 평가, 최적화 과정을 통해 인간의 성능과 복지를 증진시키는 데 중점을 두는 과학적 연구와 실천의 분야"로 설명한다.

인간공학은 인간이 사용하고 상호작용하는 모든 시스템의 성능을 향상시키고, 인간의 능력을 극대화하며, 작업 환경에서의 불편함과 위험을 최소화하기 위해 다양한 원리와 방법론을 적용한다.

가. 인간공학의 목적

인간공학의 목적은 크게 네 가지로 요약할 수 있다: 안전성 향상, 작업 효율성 증대, 편안함 증진, 생산성 향상. 각각의 목적은 세부적으로 여러 목표를 포함하고 있으며, 이러한 목표들은 상호 연관되어 인간과 시스템의 상호작용을 최적화한다.

(1) 안전성 향상

인간공학의 가장 중요한 목적 중 하나는 작업 환경에서의 안전성을 높이는 것이다. 이는 산업재해를 예방하고 근로자의 신체적 손상을 최소화하는 데 중점을 둔다. 안전성 향상을 위해 작업 환경을 분석하고, 위험 요소를 식별하며, 이를 제거하거나 최소화하기 위한 조치를 취한다. 예를 들어, 기계와 장비의 설계 시 안전 장치를 추가하고, 작업자 보호구를 제공하며, 작업 절차를 표준화하여 사고 발생 가능성을 줄인다.

(2) 작업 효율성 증대

인간공학은 인간의 신체적, 정신적 능력을 최대한 활용하여 작업의 효율성을 높이는 것을 목표로 한다. 이를 위해 작업 도구와 기계의 사용성을 개선하고, 작업 환경을 최적화하며, 작업 절차를 단순화한다. 예를 들어, 반복 작업에서의 신체적 피로를 줄이기 위해 인체공학적 설계를 적용하여 작업 공간을 설계하고, 자동화된 시스템을 도입하여 작업 속도를 높인다.

(3) 편안함 증진

작업 환경에서의 신체적 불편함과 스트레스를 줄여 근로자의 편안함을 증진시키는 것도 중요한 목적 중 하나이다. 인체 공학적 원리를 적용하여 작업 자세를 개선하고, 근로자의 신체적 부담을 최소화한다. 예를 들어, 작업대 높이를 조절 가능하게 설계하거나, 인체공학적 의자를 제공하여 장시간 작업 시에도 편안함을 유지하도록 한다.

(4) 생산성 향상

인간공학은 작업 환경과 조건을 최적화하여 전체 생산성을 높이는 것을 목표로 하며, 작업자의 능력과 한계를 고려한 직무 설계와 작업 환경 개선을 통해 작업 효율성을 높인다. 예를 들어, 작업 흐름을 분석하고 개선하여 비효율적인 절차를 제거하고, 협업 환경을 조성하여 팀 작업의 효율성을 높인다.

(5) 심리적 및 정신적 건강 증진

작업 환경에서의 스트레스와 피로를 줄이고, 근로자의 정신적 건강을 보호하는 것도 인간공학의 중요한 목표이다. 작업 요구와 근로자의 능력 간의 균형을 맞추어 업무 부담을 줄이고, 근로자의 심리적 안정을 도모한다. 예를 들어, 작업 중 휴식 시간을 적절히 배분하고, 스트레스 관리 프로그램을 도입하여 근로자의 정신적 건강을 유지한다.

나. 인간공학의 주요 영역

인간공학은 다양한 분야에서 인간과 시스템의 상호작용을 연구하고 개선하는 것을 목표로 한다. 주요 영역으로는 물리적 인간공학, 인지적 인간공학, 조직적 인간공학이 있다.

(1) 물리적 인간공학

물리적 인간공학은 인간의 신체적 특성을 고려하여 작업 환경, 도구, 기계 등을 설계한다. 작업 자세, 인체 측정학, 근골격계 질환 예방 등을 다룬다. 예를 들어, 작업 도구의 손잡이를 인체공학적으로 설계하여 손목의 부담을 줄이고, 작업장의 조명을 최적화하여 눈의 피로를 줄인다.

(2) 인지적 인간공학

인지적 인간공학은 인간의 인지적 능력과 한계를 고려하여 시스템, 정보처리 과정 등을 설계하며,

사용자 인터페이스 디자인, 정보 표시 방법, 작업 부하 관리 등을 다룬다. 예를 들어, 소프트웨어의 사용자 인터페이스를 직관적으로 설계하여 사용자의 이해와 학습을 돕고, 작업 부하를 적절히 분배하여 과도한 스트레스를 예방한다.

(3) 조직적 인간공학

조직적 인간공학은 작업 환경과 조직 구조를 개선하여 근로자의 복지와 효율성을 높이며, 작업 시간 관리, 팀워크 향상, 직무 설계 등을 다룬다. 예를 들어, 유연 근무제를 도입하여 근로자의 일과 생활의 균형을 맞추고, 팀워크를 강화하기 위한 협업 도구와 공간을 제공하여 생산성을 높인다.

다. 인간공학 적용의 사례

인간공학은 다양한 산업 분야에서 적용고 있으며 아래는 몇 가지 대표적인 사례이다.

(1) 작업장 설계

작업장 레이아웃을 인체 공학적으로 설계하여 근로자의 움직임을 최소화하고 작업 효율성을 높인다. 예를 들어, 조립라인에서 작업자들이 불필요하게 이동하지 않도록 부품과 도구를 적절히 배치하고, 작업대의 높이를 조절 가능하게 설계하여 작업자의 편안함을 유지한다.

(2) 기계 및 도구 설계

사용자의 신체적 특성에 맞게 도구와 기계를 설계하여 작업 피로를 줄이고 안전성을 높인다. 예를 들어, 공구의 손잡이를 인체공학적으로 설계하여 손목의 부담을 줄이고, 기계의 조작부를 직관적으로 배치하여 사용자의 이해와 사용을 용이하게 한다.

(3) 컴퓨터 작업 환경 설계

컴퓨터 모니터, 키보드, 마우스의 위치를 적절히 조정하여 사용자의 불편함을 줄이고, 시력 보호와 손목 질환 예방을 도모한다. 예를 들어, 모니터의 높이를 눈높이에 맞추고, 손목 보호대를 사용하여 장시간 작업 시에도 편안함을 유지한다.

(4) 자동차 디자인

운전자의 편안함과 안전을 고려한 자동차 좌석, 핸들, 페달 등의 디자인을 통해 운전 피로를 줄이고 사고를 예방한다. 예를 들어, 조절 가능한 운전석과 편안한 시트 디자인을 통해 장시간 운전 시에도 편안함을 유지하고, 차량 내부의 각종 조작 버튼을 직관적으로 배치하여 운전 중 주의를 분산시키지 않도록 한다.

라. Layout의 원칙

레이아웃은 공간 활용을 최적화하고 효율성을 높이기 위한 설계 작업이다. 특히 생산 시스템에서 기계 배치는 생산성과 품질에 직접적인 영향을 미치기 때문에 신중하게 계획해야 한다.

(1) 기계 배치의 집중화: 생산 공정과 관련된 기계들을 한 곳에 모아 배치하는 것을 의미한다.

▶ 목적:

- 생산 효율 증대: 동일한 작업을 하는 기계들이 가까이 위치하면 작업자 이동 거리가 줄어들어 시간과 노력을 절약할 수 있다.
- 자재 흐름 간소화: 자재 이동 경로가 단축되어 불필요한 이동을 줄이고, 작업 중간에 발생하는 대기 시간을 최소화할 수 있다.
- 공간 활용도 증대: 기계 간 간격을 최소화하여 공간 활용도를 높이고, 생산 공간을 효율적으로 활용할 수 있다.
- 예시: 자동차 조립 라인에서 차체 용접 공정에 필요한 모든 기계를 한 곳에 모아 배치하는 것

(2) 운반 작업의 기계화: 사람이 직접 하는 운반 작업을 기계(지게차, AGV 등)를 이용하여 자동화하는 것을 의미한다.

▶ 목적:

- 생산성 향상: 기계는 사람보다 더 빠르고 정확하게 작업을 수행할 수 있어 생산성을 크게 향상시킬 수 있다.
- 품질 향상: 사람의 실수를 줄이고 균일한 품질의 제품을 생산할 수 있다.
- 안전성 확보: 무거운 물건을 사람이 직접 운반하는 과정에서 발생할 수 있는 안전사고를 예방할 수 있다.
- 예시: 창고에서 제품을 고객에게 출하할 때 지게차를 이용하여 팔레트를 운반하는 것

(3) 중복 부분의 제거: 생산 과정에서 불필요하게 반복되는 작업이나 이동 동선을 제거하는 것을 의미한다.

▶ 목적:

- 생산 비용 절감: 불필요한 작업을 줄여 생산 비용을 절감할 수 있다.
- 생산 시간 단축: 작업 시간을 단축하여 생산성을 향상시킬 수 있다.
- 품질 향상: 불필요한 작업을 줄임으로써 발생할 수 있는 오류를 줄이고 품질을 향상시킬 수 있다.
- 예시: 제품 조립 과정에서 동일한 부품을 여러 번 반복해서 조립하는 경우, 이를 하나의 작업으로 통합하여 작업 횟수를 줄이는 것

위에서 설명한 세 가지 레이아웃 원칙은 서로 연관되어 있으며, 이를 효과적으로 적용하면 생산 시스템의 효율성을 크게 향상시킬 수 있다. 하지만 각 기업의 생산 환경과 제품 특성에 따라 최적의 레이아웃은 다르므로, 각 기업의 상황에 맞는 맞춤형 레이아웃 설계가 필요하다.

▶ 레이아웃 설계 시 고려해야 할 추가적인 요소:

- 안전: 작업자의 안전을 최우선으로 고려하여 위험 요소를 최소화해야 한다.
- 유연성: 생산량 변동이나 새로운 제품 도입에 유연하게 대처할 수 있도록 레이아웃을 설계해야 한다.
- 확장성: 미래의 생산량 증가에 대비하여 레이아웃을 확장할 수 있는 여지를 남겨두어야 한다.

7.1.2 배경 및 필요성

가. 인간공학의 배경

인간공학의 배경은 산업혁명 시기로 거슬러 올라간다. 18세기 후반과 19세기 초반에 일어난 산업혁명으로 인해 대규모 기계화가 시작되었고, 사람들은 더 효율적으로 일할 방법을 고민하게 되었다. 처음에는 생산성을 높이는 데만 집중했지만, 점점 근로자의 건강과 안전을 고려해야 한다는 필요성이 커지게 되었다. 20세기 초에는 프레드릭 테일러(Frederick Taylor)와 같은 과학적 관리론자들이 작업 효율성을 연구하면서 인간공학의 기초를 닦았다. 이후 2차 세계대전 기간에는 군사 장비와 시스템의 복잡성이 증가하면서 인간의 능력과 한계를 고려한 설계가 중요해졌고, 이 시기에 인간공학이 더욱 발전하게 되었다.

나. 인간공학의 필요성

(1) 안전성 확보

작업 환경에서 발생할 수 있는 사고와 부상을 줄이기 위해 인간공학이 필요하다. 기계나 도구가 인간의 특성을 고려하지 않으면 사고가 발생할 가능성이 높아지기 때문에, 안전한 설계와 작업 방식을 도입해야 한다.

(2) 효율성 증대

인간의 신체적, 정신적 능력을 최대한 활용하면 작업 효율성을 높일 수 있다. 예를 들어, 작업 도구나 기계가 사용하기 편리하게 설계되면 작업 속도가 빨라지고, 피로가 줄어들어 생산성이 높아진다.

(3) 편안함 증진

작업 환경이 편안해야 근로자들이 더 오랫동안 건강하게 일할 수 있다. 장시간 같은 자세로 일하면 신체에 무리가 가는데, 인간공학적 설계는 이러한 불편함을 줄여준다.

(4) 생산성 향상

작업 환경과 조건을 최적화하면 전체적인 생산성이 향상된다. 근로자가 편안하게 일할 수 있는 환경을 만들면 작업 품질도 좋아지고, 결과적으로 생산성도 높아진다.

(5) 정신적 건강 보호

작업 환경이 스트레스를 줄 수 있는데, 인간공학을 통해 이런 부분을 개선하면 정신적 건강도 지킬 수 있다. 예를 들어, 업무 요구와 근로자의 능력 사이의 균형을 맞추면 스트레스가 줄어든다.

7.1.3 작업관리와 인간공학

가. 작업관리

작업관리는 작업의 효율성과 생산성을 높이기 위해 작업 과정을 체계적으로 계획하고 조직하는 과정이다. 여기에는 작업 분석, 작업 설계, 작업 표준화, 작업 측정 등이 포함된다. 작업관리는 주로 다음과 같은 목표를 가지고 있다.

- 효율성 증대: 작업을 더 빠르고 효율적으로 수행할 수 있도록 작업 과정을 최적화한다. 불필요한 동작을 제거하고, 필요한 자원을 적절히 배분해서 낭비를 줄이는 것이 중요하다.
- 생산성 향상: 동일한 시간 내에 더 많은 제품을 생산하거나, 더 적은 시간에 동일한 제품을 생산할 수 있도록 작업을 계획하고 조정한다. 이를 위해 작업 흐름을 개선하고, 병목 현상을 최소화하는 것이 필요하다.
- 안전성 강화: 작업 환경을 안전하게 만들기 위해 위험 요소를 식별하고, 이를 줄이기 위한 대책을 마련한다. 작업자의 건강과 안전을 보호하는 것도 중요한 작업관리의 목표이다.
- 작업자 만족도 향상: 작업자가 보다 편안하고 만족스러운 환경에서 일할 수 있도록 작업 환경을 개선한다. 작업자의 피로를 줄이고, 스트레스를 최소화하는 것도 중요한 부분이다.

나. 인간공학

인간공학은 작업자와 작업 환경 간의 상호작용을 최적화하여 작업 효율성과 안전성을 높이는 학문이다. 인간공학은 주로 다음과 같은 원칙을 기반으로 한다.

- 인체 공학적 설계: 작업 환경을 설계할 때 작업자의 신체적 특성을 고려해서 설계한다. 작업대 높이, 의자 디자인, 도구의 크기와 형태 등을 작업자의 신체에 맞추는 것이 중요하다. 이를 통해 작업자의 불편함과 부상을 줄일 수 있다.
- 인지 공학적 설계: 작업자가 작업을 수행할 때 필요한 정보가 쉽게 전달되도록 작업 환경을 설계한다. 예를 들어, 작업 지시서나 경고 표시가 명확하게 보이도록 하고, 복잡한 정보는 직관적으로 이해할 수 있도록 구성해야 한다.

- 심리적 요인 고려: 작업자의 심리적 상태를 고려해서 작업 환경을 설계한다. 작업 스트레스를 줄이고, 작업 동기와 만족도를 높이기 위한 환경을 제공하는 것이 중요하다. 예를 들어, 작업 휴식 시간을 적절히 배분하거나, 작업 성과에 대한 피드백을 제공하는 것도 좋은 방법이다.
- 작업 환경 개선: 소음, 조명, 온도 등 작업 환경의 물리적 조건을 최적화해서 작업자의 편안함을 높이고 작업 효율성을 증대시킨다. 예를 들어, 적절한 조명을 제공해서 눈의 피로를 줄이고, 소음을 최소화해서 작업에 집중할 수 있는 환경을 만들어야 한다.

작업관리와 인간공학은 모두 작업 효율성과 안전성을 높이기 위한 중요한 학문이다. 이 두 가지를 잘 적용하면 작업자가 보다 건강하고 안전하게, 그리고 효율적으로 일할 수 있게 된다.

7.1.4 사업장에서의 인간공학 적용분야

사업장에서 인간공학이 적용되는 분야는 다음과 같다.

가. 작업장 설계: 작업장을 설계할 때 인간공학 원칙을 적용하여 작업자들이 편안하고 효율적으로 일할 수 있도록 하는 것이 중요하다. 작업대의 높이, 의자 디자인, 도구 배치 등을 작업자의 신체 특성에 맞게 조정하는 것이 필요하다.

나. 도구 및 장비 설계: 도구와 장비를 설계할 때 인간공학을 고려하여 사용하기 편리하고 안전하게 만드는 것이 중요하다. 손잡이의 크기와 형태, 도구의 무게와 균형 등을 작업자가 쉽게 다룰 수 있도록 설계해야 한다.

다. 작업 환경 개선: 작업 환경의 물리적 조건을 최적화하여 작업 효율성과 안전성을 높이는 것이 필요하다. 조명, 소음, 온도, 환기 등을 적절하게 조절하여 작업자가 쾌적하게 일할 수 있는 환경을 만들어야 한다.

라. 작업 방법 및 절차 설계: 작업 방법과 절차를 설계할 때 작업자의 신체적, 정신적 부담을 최소화하도록 해야 한다. 작업 동작을 표준화하고, 불필요한 동작을 제거하여 작업 효율성을 높이는 것이 중요하다.

마. 교육 및 훈련 프로그램 개발: 작업자들에게 인간공학 원칙을 교육하고 훈련시켜 작업 효율성과 안전성을 높이는 것이 필요하다. 올바른 작업 자세, 도구 사용법, 작업 환경 관리 등에 대한 교육을 통해 작업자가 보다 안전하고 효율적으로 일할 수 있도록 해야 한다.

바. 작업자의 건강 관리: 작업자의 건강 상태를 지속적으로 모니터링하고, 필요한 경우 적절한 조치를 취하여 작업 효율성을 유지하는 것이 중요하다. 작업자의 피로를 줄이고, 스트레스를 관리할 수 있는 방법을 제공하는 것이 필요하다.

사. 의사소통 체계 개선: 작업자와 관리자 간의 의사소통 체계를 개선하여 작업 환경과 절차에 대한 피드백을 원활히 주고받을 수 있도록 해야 한다. 이를 통해 작업 환경을 지속적으로 개선하고, 작업자의 만족도를 높일 수 있다.

사업장에서 인간공학을 적용하면 작업자의 신체적 부담을 줄이고, 작업 효율성을 높이며, 안전한 작업 환경을 조성할 수 있다. 이는 결국 작업자의 만족도와 생산성을 향상하는데 기여한다. 인간공학의 원칙을 잘 적용하여 건강하고 안전한 작업 환경을 조성하는 것이 중요하다.

7.1.5 인간기준의 종류

인간공학에서 인간기준은 시스템이나 제품을 설계하고 평가할 때, 인간의 특성과 요구를 반영하기 위해 사용되는 다양한 척도와 방법들을 의미한다. 인간의 특성은 매우 다양하고 복잡하기 때문에, 이를 종합적으로 고려하여 시스템을 설계해야 효율적이고 안전한 시스템을 구축할 수 있다.

1) 인간의 성능 척도

인간의 성능 척도는 인간이 수행하는 작업의 효율성과 정확성을 측정하는 지표이다.

- 작업 시간: 작업을 완료하는 데 걸리는 시간으로, 작업의 속도를 나타낸다.
- 오류율: 작업 중 발생하는 오류의 빈도로, 작업의 정확성을 나타낸다.
- 생산성: 단위 시간당 생산되는 제품의 수량으로, 작업의 효율성을 나타낸다.
- 만족도: 작업에 대한 주관적인 만족도로, 작업의 편리성과 쾌적성을 나타낸다.

2) 주관적 반응

주관적 반응은 사람이 특정 자극이나 상황에 대해 느끼는 감정이나 생각을 말한다. 설문조사, 면접, 관찰 등 다양한 방법을 통해 수집할 수 있다.

- 만족도: 시스템이나 제품에 대한 전반적인 만족도
- 편의성: 사용하기 편리한 정도
- 쾌적성: 사용하는 동안 느끼는 편안함
- 스트레스: 작업 중 느끼는 스트레스 정도

3) 생리학적 지표

생리학적 지표는 심박수, 혈압, 뇌파, 근전도 등 생체 신호를 측정하여 인간의 심리적, 생리적 상태를 파악하는 지표이다.

- 심박수: 스트레스, 흥분 등의 정도를 나타낸다.
- 혈압: 스트레스, 긴장 상태를 나타낸다.
- 뇌파: 뇌의 활동 상태를 나타내며, 집중도, 피로도 등을 파악할 수 있다.
- 근전도: 근육의 활성도를 나타내며, 근육 피로도 등을 파악할 수 있다.

4) 사고 및 과오 빈도

사고 및 과오 빈도는 작업 중 발생하는 사고나 실수의 횟수를 측정하는 지표이다.

- 안전사고: 신체적인 상해를 유발하는 사고
- 오작업: 작업 절차를 잘못 수행하여 발생하는 오류
- 품질 불량: 제품의 품질이 기준에 미치지 못하는 경우

〈인간기준의 종류를 종합적으로 활용하는 이유〉

위에서 설명한 다양한 인간기준을 종합적으로 활용하면, 시스템이나 제품을 사용하는 사람들의 요구를 정확하게 파악하고, 더욱 효율적이고 안전한 시스템을 설계할 수 있다. 예를 들어, 작업 시간과 오류율을 측정하여 작업 효율성을 개선하고, 주관적 반응을 통해 사용자 만족도를 높이며, 생리학적 지표를 통해 작업 환경의 안전성을 확보할 수 있다.

7.2 인간-기계 체계

7.2.1 인간-기계 시스템의 정의 및 유형

인간-기계 시스템은 인간과 기계가 협력하여 특정한 작업을 수행하는 체계이다. 이 시스템은 인간의 능력과 기계의 능력을 결합하여 작업 효율성과 안전성을 높이는 것을 목표로 한다. 인간은 주로 의사결정, 감독, 조정 등의 역할을 하며, 기계는 작업의 수행, 데이터 처리, 물리적 힘 제공 등의 역할을 담당한다.

가. 인간-기계 시스템의 유형

(1) 수동 시스템: 수동 시스템은 인간이 대부분의 작업을 직접 수행하고, 기계는 보조적인 역할을 하는 시스템이다. 예를 들어, 사람이 직접 공구를 사용하여 작업을 수행하는 경우가 해당된다. 이 시스템에서는 인간의 역할이 매우 크며, 기계는 단순한 도구로서 작용한다.

(2) 반자동 시스템: 반자동 시스템은 인간과 기계가 협력하여 작업을 수행하는 시스템이다. 기계는 반복적이고 규칙적인 작업을 수행하고, 인간은 기계의 동작을 감독하거나 조정하는 역할을 한다. 예를 들어, 기계가 부품을 조립하고 인간이 최종 검사를 수행하는 경우가 해당된다. 이 시스템에서는 인간과 기계가 상호보완적인 관계를 형성한다.

(3) 자동 시스템: 자동 시스템은 기계가 대부분의 작업을 수행하고, 인간은 주로 시스템의 설정, 감독, 유지보수를 담당하는 시스템이다. 기계는 프로그래밍된 절차에 따라 작업을 자동으로 수행하며, 인간은 기계가 제대로 작동하는지 확인하고 필요 시 조치를 취한다. 예를 들어, 자동화된 생산 라인이 해당된다. 이 시스템에서는 기계의 역할이 크고, 인간은 관리와 감독의 역할을 한다.

(4) 자율 시스템: 자율 시스템은 기계가 인간의 개입 없이 스스로 판단하고 작업을 수행하는 시스템이다. 인공지능 기술이 적용되어 기계가 환경을 인식하고, 상황에 맞게 의사결정을 내리며 작업을 수행한다. 예를 들어, 자율주행 자동차가 해당된다. 이 시스템에서는 기계가 대부분의 역할을 담당하고, 인간은 시스템의 초기 설정과 긴급 상황 시 개입을 담당한다.

인간-기계 시스템은 인간과 기계의 협력을 통해 작업의 효율성과 안전성을 높이는 것을 목표로 한다. 각 유형의 시스템은 작업의 성격과 필요에 따라 적절히 선택되고 적용되어야 한다. 인간과 기계의 역할을 명확히 정의하고, 상호작용을 최적화함으로써 안전하고 효율적인 작업 환경을 조성하는 것이 중요하다.

7.2.2 시스템의 특성

인간-기계 시스템의 특성은 다음과 같다.

(1) 상호작용성: 인간과 기계는 상호작용을 통해 작업을 수행한다. 인간은 기계에 명령을 내리고, 기계는 이를 실행하며 결과를 인간에게 전달한다. 이 상호작용을 통해 작업의 효율성과 정확성을 높일 수 있다.

(2) 적응성: 인간-기계 시스템은 작업 환경과 조건의 변화에 적응할 수 있어야 한다. 기계는 다양한 작업 조건에 맞게 조정될 수 있으며, 인간은 기계의 상태를 모니터링하고 필요 시 조치를 취할 수 있다.

(3) 신뢰성: 인간-기계 시스템의 신뢰성은 매우 중요하다. 기계는 항상 동일한 성능을 발휘해야 하며, 인간은 기계의 동작을 정확하게 이해하고 조작할 수 있어야 한다. 이를 통해 시스템의 안정성과 안전성을 확보할 수 있다.

(4) 효율성: 인간-기계 시스템은 작업의 효율성을 높이는 것이 목표이다. 기계는 반복적이고 단순한 작업을 빠르게 수행하고, 인간은 창의적이고 복잡한 의사결정을 내림으로써 전체적인 작업 효율을 높일 수 있다.

(5) 안전성: 인간-기계 시스템에서 안전성은 중요한 요소이다. 기계는 안전하게 설계되어야 하며, 인간은 기계의 작동 원리와 안전 절차를 충분히 이해하고 있어야 한다. 이를 통해 작업자의 부상을 예방할 수 있다.

7.3 체계설계와 인간요소

7.3.1 목표 및 성능명세의 결정

시스템이 달성해야 할 최종 목표와 이를 평가하기 위한 성능 기준을 설정하는 단계이다. 이 과정은 시스템 설계의 첫 단계로, 명확하고 구체적인 목표를 설정하여 후속 설계 및 개발 과정의 방향을 정한다. 목표는 시스템이 궁극적으로 도달해야 할 상태나 결과를 의미한다. 예를 들어, 생산 공정의 목표는 제품의 품질, 생산 속도, 안전성 등이 될 수 있다. 성능명세는 설정된 목표를 달성하기 위해 필요한 구체적인 성능 기준을 정의하는 것이다. 예를 들어, 제품 불량률 1% 이하, 작업자 안전사고 0건 등이 포함될 수 있다.

7.3.2 기본 설계

시스템의 기본 구조와 기능을 설계하는 단계이다. 이는 전체적인 설계 방향과 주요 요소들을 결정하며, 시스템의 주요 구성 요소와 이들의 상호작용을 정의한다. 기본설계는 시스템의 주요 구조적 요소와 기능적 요구 사항을 정의하는 과정이다. 예를 들어, 생산 라인의 레이아웃, 주요 장비의 위치, 작업 흐름 등이 포함된다.

7.3.3 계면(Interface) 설계

사용자와 시스템 간의 상호작용을 설계하는 단계이다. 이는 사용자 인터페이스(UI)와 사용자 경험(UX)을 포함하며, 사용자가 시스템을 쉽게 이해하고 사용할 수 있도록 하는 것을 목표로 한다. 인터페이스 설계는 사용자가 시스템을 쉽게 이해하고 사용할 수 있도록 하는 설계 과정을 의미한다. 예를 들어, 작업자가 쉽게 접근할 수 있는 제어 패널, 직관적인 인터페이스 디자인 등이 포함된다.

7.3.4 촉진물 설계

시스템 성능을 측정하고 평가하기 위한 도구와 방법을 설계하는 단계이다. 이는 시스템의 성능을 정확하게 측정하고 분석하여 개선점을 도출하기 위한 기반을 마련한다. 촉진물 설계는 시스템의 성능을 정확하게 측정하고 평가하기 위한 도구 및 방법을 정의하는 과정이다. 예를 들어, 품질 검사 장비, 생산 속도 측정 기기, 안전성 평가 도구 등이 포함된다.

7.3.5 시험 및 평가

설계된 시스템을 시험하고 평가하는 단계이다. 이는 시스템이 설정된 목표와 성능 기준을 충족하는지 확인하고, 필요한 경우 개선을 위한 피드백을 제공한다. 시험 및 평가는 시스템의 실제 성능을 테스트하고 평가하여 설계 목표를 달성했는지 검증하는 과정이다. 예를 들어, 파일럿 테스트, 시뮬레이션, 현장 시험 등이 포함된다.

7.3.6 감성공학

사용자의 감성적 요구를 반영하여 시스템을 설계하는 단계이다. 이는 사용자의 감정, 만족도, 편안함 등을 고려하여 시스템을 설계하며, 사용자 경험을 향상시키는 것을 목표로 한다. 감성공학은 사용자의 감성적 요구를 고려하여 시스템을 설계하는 과정을 의미한다. 예를 들어, 작업 환경의 색상, 조명, 소음 수준 등을 조절하여 작업자의 스트레스를 줄이고 만족도를 높이는 설계가 포함된다.

7.3.7 인간-기계 관계 측정법

인간과 기계가 상호작용하는 시스템에서, 얼마나 효율적이고 안전하게 작업이 이루어지는지 측정하기 위해 다양한 방법들이 사용된다. 이러한 측정 방법들은 시스템 설계를 개선하고, 작업 효율성을 높이며, 안전사고를 예방하는 데 중요한 역할을 한다.

〈 주요 측정 방법〉

1) 순간 조작 분석:

- 설명: 특정 순간에 작업자가 어떤 행동을 하고 있는지 관찰하고 기록하는 방법이다.
- 목적: 작업 순서, 시간 소요, 동작 흐름 등을 파악하여 비효율적인 부분을 찾아내고 개선한다.
- 예시: (작업자가 각 작업 단계에서 어떤 동작을 하는지 시간별로 기록하는 표)

2) 지각 운동 정보 분석:

- 설명: 작업자가 시각, 청각 등 감각 기관을 통해 정보를 받아들이고, 이에 따라 신체를 움직이는 과정을 분석하는 방법이다.
- 목적: 작업 환경의 시각적 요소, 소음, 진동 등이 작업 성과에 미치는 영향을 평가한다.
- 예시: (작업자가 디스플레이를 보면서 조작하는 모습을 녹화하여 분석하는 모습)

3) 연속 컨트롤 부담 분석:

- 설명: 작업자가 기계를 조작하는 동안 느끼는 부담을 연속적으로 측정하는 방법이다.
- 목적: 작업 부담이 높은 부분을 파악하고, 작업 환경이나 작업 방법을 개선하여 부담을 줄이다.

- 예시: (심박수, 근전도 등 생리적 지표를 측정하여 부담 수준을 파악하는 모습)

4) 전 작업 부담 분석:
- 설명: 작업 전체에 걸쳐 작업자가 느끼는 부담을 평가하는 방법이다.
- 목적: 작업의 복잡성, 시간 압박, 정신적 스트레스 등 다양한 요인이 작업 부담에 미치는 영향을 종합적으로 평가한다.
- 예시: (설문조사를 통해 작업자의 주관적인 부담 정도를 평가하는 모습)

5) 기계의 상호 연관성 분석:
- 설명: 여러 기계 간의 상호 작용을 분석하여 시스템 전체의 효율성을 평가하는 방법이다.
- 목적: 병목 현상, 불필요한 대기 시간 등 시스템 문제점을 찾아내고 개선한다.
- 예시: (생산 시스템의 각 공정별 소요 시간을 분석하여 병목 현상을 파악하는 모습)

6) 사용 빈도 부담 분석:
- 설명: 특정 기능이나 조작이 얼마나 자주 사용되는지, 그리고 이러한 사용 빈도가 작업 부담에 어떤 영향을 미치는지 분석하는 방법이다.
- 목적: 자주 사용되는 기능을 더욱 편리하게 만들고, 사용 빈도가 낮은 기능은 간소화하거나 제거하여 작업 효율성을 높인다.
- 예시: (기계의 각 버튼이나 스위치 사용 빈도를 기록하여 분석하는 모습)

왜 이러한 측정 방법들이 필요할까요?
- 효율성 증대: 작업 시간 단축, 오류 감소, 생산성 향상
- 안전성 확보: 작업 중 발생할 수 있는 사고 예방
- 사용자 만족도 향상: 작업 환경 개선, 작업 편의성 증대
- 시스템 개선: 시스템 설계 및 운영 방식 개선

이러한 측정 방법들을 통해 얻은 데이터를 바탕으로 시스템을 개선하면, 작업자의 능률을 향상시키고, 생산성을 높이며, 안전한 작업 환경을 구축할 수 있다.

7.4 인간요소와 휴먼에러

7.4.1 인간 실수의 분류

인간실수는 작업장에서 발생할 수 있는 여러 종류의 실수를 체계적으로 분류하여 분석하고, 이를 예방하기 위한 대책을 마련하는 것이 중요하다. 인간실수는 다양한 형태로 나타날 수 있으며, 이를 적절히 분류하여 이해하는 것은 안전 관리를 위한 기초 작업이다. 실수(Errors)는 의도하지 않은 행동이나 결과로, 계획된 작업이 의도대로 수행되지 않는 경우이다. 실수는 크게 조작 실수, 판단 실수, 인지 실수로 나눌 수 있다.

- 조작 실수(Operation Error): 작업자가 기계를 잘못 조작하거나, 절차를 잘못 수행하는 경우.
  예: 기계의 버튼을 잘못 눌러 오작동을 유발하는 경우.
- 판단 실수(Decision Error): 작업자가 잘못된 판단으로 인해 잘못된 행동을 하는 경우.
  예: 안전 절차를 무시하고 위험한 작업을 수행하는 경우.
- 인지 실수(Perception Error): 작업자가 상황을 잘못 인지하여 실수를 범하는 경우.
  예: 경고 신호를 잘못 해석하여 잘못된 대응을 하는 경우.

7.4.2 형태적 특성

인간의 형태적 특성은 신체적인 특성을 포함하여 작업 환경에 영향을 미친다. 이는 작업 환경 설계 시 고려해야 할 중요한 요소로, 작업자의 편안함과 효율성을 높이는 데 기여한다.

(1) 신체적 특성(Physical Characteristics): 작업자의 신체 크기, 체력, 민첩성 등을 의미하며, 작업 환경의 설계에 중요한 요소로 작용한다.
예: 작업대의 높이 조절, 도구의 크기와 무게 등이 작업자의 신체적 특성을 고려하여 설계되어야 한다.

(2) 인지적 특성(Cognitive Characteristics): 작업자가 정보를 처리하고 의사결정을 하는 능력을 의미한다.
예: 작업 매뉴얼의 복잡성, 정보의 시각적 배치 등이 작업자의 인지적 특성을 고려하여 설계되어야 한다.

7.4.3 인간실수 확률에 대한 추정기법

작업장에서 인간실수의 발생 확률을 추정하는 것은 위험성을 평가하고 예방 대책을 마련하는 데 필수적이다. 다양한 추정기법을 통해 실수의 발생 가능성을 미리 예측하고, 이를 기반으로 예방 대책을 수립할 수 있다.

(1) 예측기법(Predictive Techniques): 특정 작업에서 인간실수의 발생 확률을 사전에 예측하는 방법.
(2) HEP(Human Error Probability): 인간실수 발생 확률을 수치화하여 예측하는 기법으로, 특정 상황에서 작업자가 실수를 할 확률을 추정한다.
(3) FTA(Fault Tree Analysis): 시스템의 고장 원인을 계층적으로 분석하여 인간실수의 원인을 찾는 기법으로, 사건의 논리적 관계를 트리 형태로 도식화하여 분석한다.
(4) HRA(Human Reliability Analysis): 인간의 신뢰성을 분석하여 실수 확률을 예측하는 기법으로, 다양한 방법론이 사용된다.

7.4.4 인간실수 예방기법

인간실수를 예방하기 위해 다양한 기법을 적용하여 작업 환경을 설계하고 관리한다. 예방기법은 공학적 대책, 관리적 대책, 행동적 대책으로 나눌 수 있다.
(1) 공학적 대책(Engineering Controls): 시스템 설계 자체를 변경하여 인간실수를 줄이는 방법.
예: 자동화 시스템 도입, 인터록(interlock) 장치 설치, 에러를 방지하는 기계 설계.
(2) 관리적 대책(Administrative Controls): 작업 절차나 규정을 통해 인간실수를 줄이는 방법.
예: 작업 표준화, 정기적인 안전 교육 및 훈련 프로그램, 작업 지침서 제공.
(3) 행동적 대책(Behavioral Controls): 작업자의 행동을 변화시켜 인간실수를 줄이는 방법.
예: 인센티브 제도 도입, 피드백 시스템 운영, 실수를 줄이기 위한 행동 교정 프로그램.

Chapter 8 위험성 파악 결정

8.1 위험성 평가

8.1.1 위험성 평가의 정의 및 개요

위험성 평가는 작업장에서 발생할 수 있는 잠재적 위험 요소를 식별하고, 그 위험성을 평가하여 적절한 관리 대책을 수립하는 과정이다. 이는 산업재해를 예방하고 작업자의 안전을 보장하기 위해 필수적인 활동이다. 위험성 평가(Risk Assessment)는 작업 환경에서 발생할 수 있는 위험 요소를 체계적으로 분석하고 평가하는 과정이므로 이를 통해 사고 발생 가능성과 그로 인한 피해 정도를 파악하고, 이를 기반으로 적절한 예방 대책을 마련한다.

- 위험 요소(Hazard): 사고를 유발할 수 있는 모든 요소를 의미하며, 물리적, 화학적, 생물학적, 인간적 요인이 포함될 수 있다.
- 위험(Risk): 위험 요소로 인해 실제로 사고가 발생할 가능성과 그로 인한 피해의 정도를 의미한다.

8.1.2 평가대상 선정

위험성 평가를 실시하기 위해서는 우선 평가 대상이 되는 작업, 설비, 공정 등을 선정해야 한다. 평가대상은 사고 발생 가능성이 높거나, 사고 발생 시 큰 피해가 예상되는 부분을 우선적으로 포함해야 한다.

- 작업(Task): 작업 과정에서 발생할 수 있는 모든 종류의 활동을 포함한다. 예를 들어, 고소 작업, 화학물질 취급 작업 등이 있다.
- 설비(Equipment): 작업장에서 사용되는 모든 기계 및 장비를 포함한다. 예를 들어, 기계 가공 설비, 전기 장비 등이 있다.
- 공정(Process): 생산 또는 작업 과정에서 발생할 수 있는 모든 단계를 포함한다. 예를 들어, 제조 공정, 조립 공정 등이 있다.

8.1.3 평가 항목

평가항목(Evaluation Criteria)은 각 평가대상에 대해 위험성을 평가할 때 고려해야 할 구체적인 항목들로 위험 요소의 유형과 발생 가능성, 심각성 등을 포함한다. 평가대상이 선정되면, 각 평가대상에 대해 구체적인 평가항목을 설정해야 한다. 평가항목은 주로 물리적, 화학적, 생물학적 위험 요소와 관련된 요소들을 포함한다.

- 물리적 위험 요소(Physical Hazards): 기계, 전기, 소음, 진동 등과 같은 물리적 요인.
- 화학적 위험 요소(Chemical Hazards): 유해 화학물질, 가스 누출 등과 같은 화학적 요인.
- 생물학적 위험 요소(Biological Hazards): 바이러스, 세균, 곰팡이 등과 같은 생물학적 요인.
- 인간적 요인(Human Factors): 작업자의 실수, 피로, 스트레스 등과 같은 인간적 요인.

8.1.4 관련법에 관한 사항

관련법에 관한 사항은 위험성 평가를 수행할 때 준수해야 하는 법적 요구사항 및 표준을 의미한다. 이는 작업장의 안전을 보장하기 위한 최소한의 기준으로, 이를 준수하지 않을 경우 법적 제재를 받을 수 있다. 위험성 평가는 관련 법규와 표준을 준수하여 실시해야 한다. 이는 법적 요구사항을 충족하고, 작업자의 안전을 보장하기 위한 최소한의 기준을 준수하는 것을 의미한다.

- 산업안전보건법: 작업장의 안전과 보건을 보장하기 위한 법적 요구사항을 명시하고 있다. 예를 들어, 작업 환경 측정, 안전 장비 사용, 정기적인 안전 교육 등이 포함된다.
- 위험물안전관리법: 위험물의 안전한 취급, 저장, 운송 등을 규정하고 있다. 예를 들어, 위험물의 저장 조건, 취급 절차, 비상 대응 계획 등이 포함된다.

8.2 시스템 위험성 추정 및 결정

8.2.1 시스템 위험성 분석 및 관리

시스템 위험성 분석 및 관리는 시스템의 설계, 제작, 운영과정에서 발생할 수 있는 위험 요소를 사전에 파악하고, 이를 최소화하기 위한 체계적인 활동이다.

가. 시스템 위험성 분석 및 관리의 목적

- 사고예방: 인명 및 재산 피해를 방지하고 시스템 안전성을 확보
- 시스템 성능 향상: 위험 요소를 제거함으로써 시스템의 안정성과 신뢰성 증대
- 개발 및 운영 비용 절감: 사고 발생 시 발생하는 손실을 미리 방지하여 비용 절감
- 법규 준수: 관련 법규 및 규정을 준수하여 법적 책임을 예방

등으로 볼 수 있다.

나. 시스템 위험성 분석 및 관리의 단계

(1) 위험식별: 시스템의 구성 요소 및 작동 방식을 분석하여 잠재적인 위험 요소를 파악
(2) 위험평가: 식별된 위험 요소마다 발생 가능성과 식감도를 평가여 위험 수준을 결정
(3) 위험관리: 평가된 위험 수준에 따라 적절한 관리 방안을 마련하고 실행

8.2.2 위험 분석 기법

위험 분석 기법은 시스템, 프로젝트, 운영등 다양한 분야에서 잠재적인 위험 요소를 식별하고 평가하여 사고나 손실을 예방하기 위한 체계적인 방법이다.

가. 핵심목표:

- 위험요소의 조기 발견: 미래에 발생 가능한 위험을 미리 파악하여 사전에 대비
- 위험평가: 각 위험 요소의 발생 가능성과 심각도를 평가하여 우선순위를 설정
- 적절한 관리 방안 마련: 평가된 위험 요소에 대해 적절한 제어 및 방지 조치를 마련
- 안전성 및 효율성 향상: 위험 요소를 최소화함으로써 시스템의 안전성과 효율성을 향상

나. 분류

- 정성적 위험 분석: 수치적인 분석 없이 전문가의 판단과 경험을 기반으로 위험 요소를 평가.

예) 예비위험분석, HAZOP, 체크리스트 분석, 작업자 실수 분석, 원인결과분석
- ㅇ 장점: 간편하고 빠르게 수행 가능
- ㅇ 단점: 주관적인 판단에 의존하기 때문에 정확도가 떨어질 수 있음.

- 정량적 위험 분석: 수치적인 데이터를 활용하여 위험 요소를 평가

예) 사건수 분석, 결함수 분석
- ㅇ 장점: 보다 객관적이고 정확한 평가 가능
- ㅇ 단점: 데이터 수집 및 분석에 시간과 비용이 많이 소요될 수 있음.

- 복합적 분석: 공정위험분석, 상대 위험순위 결정

다. 대표적인 위험 분석 기법:

(1) 예비위험분석(PHA: Preliminary Hazard Analysis)

시스템이나 프로세스 초기 단계에서 잠재적인 위험 요소를 식별하고 평가하는 기법

장점: 간단하고 빠르게 수행 가능, 초기 단계에서 잠재적 위험 식별, 비용 효율적

단점: 정량적인 분석 부족, 주관적인 판단 개입, 상세한 위험 평가에는 한계

(2) 사건수 분석(ETA: Event Tree Analysis)

장점: 과거 데이터 기반 분석, 객관적인 결과 도출 가능, 유사 사건 예측

단점: 과거 데이터 부족 시 어려움, 새로운 위험 예측 어려움, 데이터 수집 및 분석에 시간 소요

(3) 결함수 분석(FTA: Fault Tree Analysis)

FTA(Fault Tree Analysis)는 시스템의 고장이나 사고가 발생하는 원인을 논리적으로 분석하여 시스템의 안전성을 평가하는 기법이다. 마치 나무의 뿌리를 거슬러 올라가듯, 하나의 고장 사건을 여러 개의 하위 사건으로 분해하여 원인을 규명하고, 이를 통해 시스템의 취약점을 파악하고 개선 방안을 모색한다.

1) 사상기호와 논리기호: FTA에서 사용하는 사상기호와 시스템 구성을 표현하는 논리기호

기호	명칭	설명	기호	명칭	설명
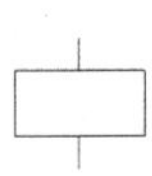	결함사상	개별적인 결함사항	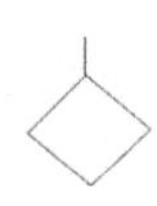	생략사상	정보부족이나 해석기술이 불충분하여 더 이상 전개할 수 없는 사상
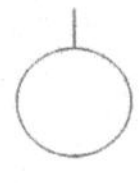	기본사상	더 이상 전개되지 않는 기본적인 사상	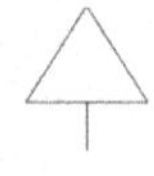	전이기호	FT도 상에서 다른부분으로의 이행 또는 연결을 나타냄(입력(삼각형 꼭지점), 출력(삼각형 밑변)
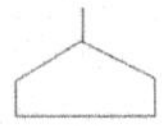	통상사상	통상발생이 예상되는 사항	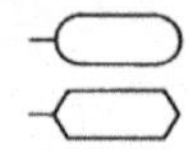	수정기호	게이트와 조합하여 출력사상 발생조건 표시

	AND 게이트	모든사상이 공존할 때 출력사상 발생	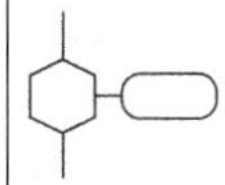	억제게이트	억제조건에 따라 출력
	OR	입력사상중 어느하나라도 존재하면 출력사상 발생	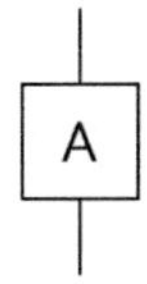	부정게이트	입력사상의 반대사상이 출력됨.
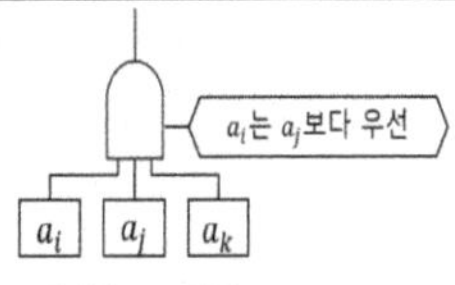 (a) 우선적 AND 게이트	우선적AND게이트: ai 가 aj보다 먼저 일어날 때 출력현상 발생			배타적OR게이트: OR게이트지만 2개 이상의 입력이 있는 경우에는 출력이 발생하지 않음.	
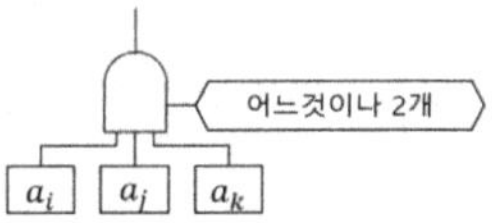	조합AND게이트: 3개 이상의 입력중 2개이상의 입력이 있으면 출력이 발생		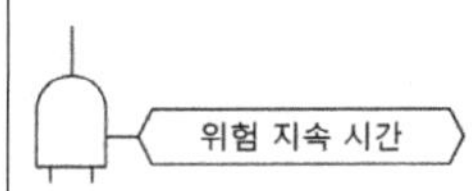	위험지속시간AND게이트: 입력현상이 생겨서 일정한 기간이 지속될 때 출력이 발생. 만	

2) FTA 주요 개념과 용어: 컷셋(Cut set)과 패스셋(Path Set) 미니멀 컷셋, 미니멀 패스셋

FTA(Fault Tree Analysis)는 시스템의 고장 원인을 논리적으로 분석하여 시스템의 신뢰도를 평가하는 방법입니다. 이때 사용되는 용어들이 컷셋, 패스셋, 미니멀 컷셋, 미니멀 패스셋이다.

- 컷셋(Cut Set): 시스템의 최상위 사건(Top Event)을 발생시키는 데 필요한 최소한의 기본 사건(Basic Event)들의 집합이다. 즉, 컷셋에 포함된 모든 기본 사건이 발생하면 반드시 최상위 사건이 발생하게 된다.
- 패스셋(Path Set): 시스템이 정상적으로 작동하기 위해 필요한 최소한의 기본 사건들의 집합이다. 즉, 패스셋에 포함된 모든 기본 사건이 정상적으로 작동하면 시스템은 정상적으로 작동한다.
- 미니멀 컷셋: 컷셋 중에서 더 이상 작은 부분집합으로 나눌 수 없는 최소한의 컷셋을 말한다. 즉, 미니멀 컷셋에 포함된 모든 기본 사건이 발생하면 반드시 최상위 사건이 발생하지만, 그 중 하나라도 발생하지 않으면 최상위 사건이 발생하지 않는다.
- 미니멀 패스셋: 패스셋 중에서 더 이상 작은 부분집합으로 나눌 수 없는 최소한의 패스셋을 말한다. 즉, 미니멀 패스셋에 포함된 모든 기본 사건이 정상적으로 작동하면 시스템은 정상적으로 작동하지만, 그 중 하나라도 고장나면 시스템은 고장난다.

다시 말해

- 컷셋: 시스템을 고장나게 만드는 최소한의 조합: 고장확률
- 패스셋: 시스템을 정상적으로 작동하게 만드는 최소한의 조합: 가동확률
- 미니멀 컷셋: 더 이상 줄일 수 없는 최소한의 고장 조합: 시스템 위험도
- 미니멀 패스셋: 더 이상 줄일 수 없는 최소한의 정상 작동 조합: 시스템 신뢰도

▶ 예시:
자동차 시동이 걸리지 않는 상황을 분석한다고 가정해 보자.

- 컷셋: 배터리 방전, 시동 모터 고장, 연료 부족 등이 될 수 있다.
- 미니멀 컷셋: 배터리 방전만으로도 시동이 걸리지 않으므로, {배터리 방전}이 하나의 미니멀 컷셋이 된다.
- 패스셋: 배터리 충전, 시동 모터 정상 작동, 연료 충분 등이 될 수 있다.
- 미니멀 패스셋: 위의 모든 조건이 만족해야 시동이 걸리므로, {배터리 충전, 시동 모터 정상 작동, 연료 충분}이 하나의 미니멀 패스셋이 된다.

정리하면, FTA 분석을 통해 미니멀 컷셋과 미니멀 패스셋을 파악하면 시스템의 신뢰도를 정량적으로 평가하고, 고장 발생 가능성이 높은 부분을 찾아 개선할 수 있다.

3) FTA에서 미니멀 컷셋을 구하는 이유

- 시스템 취약점 파악: 미니멀 컷셋을 통해 시스템의 가장 취약한 부분을 정확하게 파악할 수 있다.
- 고장 원인 분석: 시스템 고장이 발생했을 때, 미니멀 컷셋을 참고하여 고장 원인을 빠르게 규명할 수 있다.
- 개선 방안 도출: 미니멀 컷셋에 포함된 사건들을 대상으로 개선 방안을 마련하여 시스템의 안전성을 향상시킬 수 있다.

4) 미니멀 컷셋을 구하는 방법

미니멀 컷셋을 구하는 방법은 복잡한 논리 게이트를 이용하여 수행된다. 일반적으로는 전문 소프트웨어를 사용하여 자동으로 계산한다.

4) FTA의 장점과 단점

▶ 장점:

- 시스템 안전성 향상: 시스템의 잠재적인 위험을 사전에 예측하고 대비할 수 있다.
- 의사 결정 지원: 시스템 설계 및 운영에 필요한 의사 결정을 지원한다.
- 체계적인 분석: 복잡한 시스템의 고장 원인을 논리적으로 분석할 수 있다.

▶ 단점:

- 전문 지식 요구: FTA를 수행하기 위해서는 시스템에 대한 전문적인 지식이 필요하다.
- 시간과 비용 소모: 복잡한 시스템일수록 FTA 분석에 많은 시간과 비용이 소요될 수 있다.

5) 관련 문제

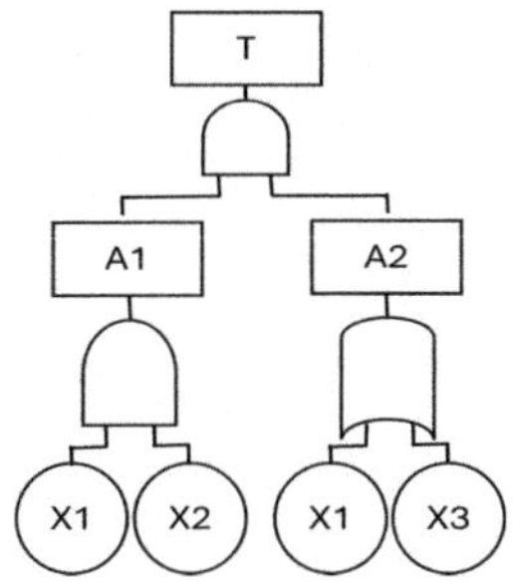	문제: 컷셋과 미니멀컷셋 구하기 가. 컷셋 구하기 A1 = {X1 and X2} A2 = {X1} or {X3} T= {A1 and A2} = {X1 and X2} and {X1} ==〉 {X1 and X2}, = {X1 and X2} and {X3} ==〉 {X1 and X2 and X3} 컷셋: {X1 and X2}, {X1 and X2 and X3} 미니멀 컷셋: {X1 and X2}
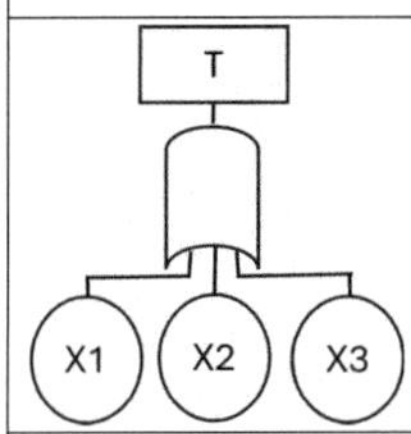 톱사상 발생확률은? X1 = 0.1 X2 = 0.15 X3 = 0.1	풀이: 1-(1-X1)(1-X2)(1-X3) = 1-(1-0.1)(1-0.15)(1-0.1) = 1- (0.9*0.85*0.9) = 1- 0.6885 = 0.3115
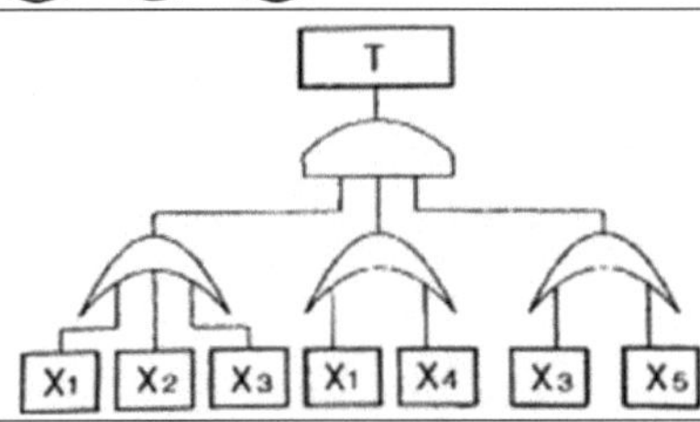	문제: X1부터X5까지 모든 부품이 고장이 나서 하나씩 수리해 나가는데 몇 번째 부품을 수리하면 톱사상이 발생할까? 풀이: 톱사상 발생조건은 AND게이트 이므로 모든 입력사상이 발생할 때임. 따라서, X1이 수리되면 두 개의 입력 사상이 발생되고, X3가 수리되면 모든 입력사상이 발생되어 톱사상이 발생됨.
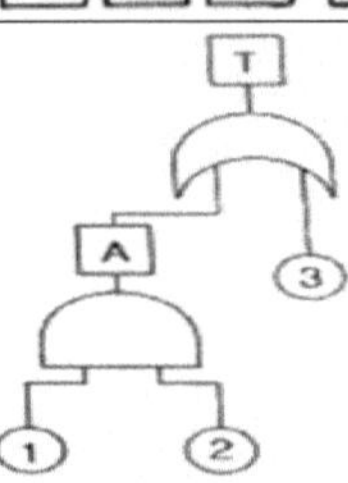	문제: 왼쪽 FT도에서 F1=0.015, F2=0.02, F3=0.05일 때 톱사상 T가 발생할 확률은? A = F1*F2 = 0.015*0.02 = 0.0003 T= 1-(1-0.0003)(1-0.05)= 1-0.9997*0.95=0.050285 약 0.0503

FTA는 시스템의 안전성을 확보하고, 고장을 예방하기 위한 효과적인 도구이다. 미니멀 컷셋은 FTA 분석의 핵심 결과물로, 시스템의 취약점을 정확하게 파악하고 개선 방안을 도출하는 데 활용된다.

(4) 위험운전분석 (HAZOP: Hazard and Operability Study)

공정의 설계 의도에서 벗어나는 편차를 체계적으로 분석하여 위험 요소를 식별하는 기법

장점: 체계적인 위험 식별, 다양한 가능성 고려, 운전성 개선

단점: 시간과 인력 소모, 전문가 필요, 주관적 판단 개입 가능성

- HAZOP 기법에서 사용하는 가이드 워드:

- No/Not - 설계 의도의 완전한 부정
- More/Less - 정량적인 증가 또는 감소
- Part of- 성질상의 감소

- Other than - 완전한 대체

(5) 체크리스트 분석

장점: 간단하고 빠르게 수행 가능, 표준화된 절차, 다양한 분야에 적용 가능

단점: 새로운 위험 식별 어려움, 체크리스트 구성에 따라 분석 결과 달라짐

(6) 작업자 실수 분석(HEA: Human Error Analysis)

장점: 인적 오류 원인 규명, 작업 환경 개선, 교육 훈련 강화

단점: 주관적인 요인 개입, 분석 결과 해석의 어려움

(7) 공정위험분석 (PHA: Process Hazard Analysis)

장점: 공정 시스템의 위험 평가, 사고 예방, 안전 확보

단점: 복잡한 공정에는 시간과 노력 소요, 전문 지식 필요

(8) 원인결과분석(CCA: Cause-Consequence Analysis)

장점: 문제의 근본 원인 파악, 반복 발생 방지, 시스템 개선

단점: 분석 결과가 주관적일 수 있음, 원인 간의 복잡한 상호 작용 고려 어려움

(9) 상대 위험순위 결정(DMI: Dow and Mond Indice)

공정 및 설비에 존재하는 위험에 대하여 상대위험순위를 수치로 지표화하여 그 피해 정도를 나타내는 방법

장점: 다양한 위험 요소 비교, 우선순위 설정, 자원 배분

단점: 주관적인 판단 개입, 정량적인 분석 부족

(10) FMEA(Failure Mode and Effects Analysis): 고장 모드 영향 분석

FMEA는 제품이나 시스템이 개발되거나 운영되는 과정에서 발생할 수 있는 잠재적인 고장 모드와 그 영향을 미리 분석하여 사전에 예방하는 데 사용되는 기법이다.

1) FMEA의 목적

- 잠재적 문제점 사전 발견: 제품 출시 전에 미리 문제점을 파악하여 사고 예방 및 품질 향상
- 위험 평가: 각 문제점의 심각도, 발생 가능성, 탐지 용이성 등을 평가하여 우선순위 설정
- 개선 조치 마련: 문제점 해결을 위한 구체적인 개선 조치 수립

2) FMEA의 주요 단계

- 시스템 정의: 분석 대상 시스템을 명확히 정의하고, 시스템 경계를 설정
- 고장 모드 열거: 시스템의 각 구성 요소별로 발생할 수 있는 모든 고장 모드를 열거
- 고장 원인 분석: 각 고장 모드의 발생 원인을 분석
- 고장 결과 예측: 각 고장 모드가 발생했을 때 시스템에 미치는 영향(결과)을 예측.

- 심각도, 발생 가능성, 탐지 용이성 평가: 각 고장 모드에 대한 심각도, 발생 가능성, 탐지 용이성을 정량적으로 평가
- 위험 우선순위 결정: 위험도(심각도 x 발생 가능성 x 탐지 용이성)를 계산하여 위험 우선순위를 결정
- 개선 조치: 위험도가 높은 고장 모드에 대한 개선 조치를 마련하고 실행
- 재평가: 개선 조치 후 위험도를 재평가하여 효과를 확인

3) 전기 시스템에 적용되는 FMEA의 특징

- 전기적 고장 모드: 개방, drift, 입출력 불량, 절연 불량, 단락, 과전류, 과열 등 전기 시스템에서 발생할 수 있는 다양한 고장 모드를 분석
- 안전 관련 고장: 감전, 화재, 폭발 등 안전과 직결된 고장 모드에 대한 분석
- 전자기적 환경: 전자기 간섭, 노이즈 등 전자기적 환경에 의한 고장 모드를 고려
- 부품 신뢰성: 전자 부품의 수명, 신뢰성 데이터를 활용하여 고장 가능성을 예측

4) FMEA의 활용 분야

- 전자 제품: 스마트폰, 컴퓨터, 가전제품 등
- 자동차: 전기 자동차, 자율 주행 자동차 등
- 산업 시스템: 공장 자동화 시스템, 전력 시스템 등
- 의료 기기: 의료 장비, 임플란트 등

5) FMEA의 장점

- 사전 예방: 문제 발생 전에 미리 대처하여 손실을 최소화한다.
- 품질 향상: 제품의 품질과 신뢰성을 향상시킵니다.
- 안전 확보: 안전 관련 문제를 사전에 예방하여 안전성을 확보한다.
- 체계적인 문제 해결: 문제 해결 과정을 체계화하여 효율성을 높입니다.

FMEA는 제품 개발 초기 단계부터 적용하여 제품의 품질과 안전성을 확보하는 데 매우 중요한 도구이다.

(11) THERP(Technique for Human Error Rate Prediction)

제어실 운전원의 휴먼 에러 확률을 예측하는 기법으로 인간 실수의 발생 가능성을 평가하는 방법

장점:

- 다양한 인간 실수 유형을 고려하여 정확한 평가 가능
- 정량적인 데이터를 활용하여 객관적인 평가
- 인간 실수 방지 전략 수립에 도움

단점:

- 전문적인 지식과 경험이 필요
- 데이터 수집 및 분석에 시간과 비용이 많이 소요될 수 있음.

(12) Delphi Method: 여러 전문가의 의견을 종합하여 위험 요소를 평가하는 방법

장점:

- 다양한 관점을 반영하여 보다 객관적인 평가 가능
- 전문가 간의 의견 교환을 통해 새로운 정보 도출
- 합의 형성 및 의사 결정에 도움

단점:

- 의견 수렴 과정에 많은 시간이 소요될 수 있음.
- 전문가의 선정에 따라 결과가 달라질 수 있음.

라. 위험 분석 기법 선정시 고려사항

- 분석 대상의 특성 (시스템, 프로젝트, 운영 등)
- 필요한 분석 수준 (정성적, 정량적)
- 사용 가능한 자원 (시간, 비용, 인력)
- 분석자의 전문성 및 경험

마. 주의사항

- 위험 분석 기법은 위험을 완전히 없애는 것이 아니라 관리 가능한 수준으로 줄이는데 도움을 줌.
- 단일 기법보다는 여러 기법을 조합하여 사용하는 것이 효과적
- 위험 분석 결과는 지속적으로 모니터링하고 업데이트 해야 함.

8.2.3 결함수 분석

결함수 분석은 시스템의 고장이나 사고 발생 원인을 체계적으로 분석하여 근본적인 원인을 파악하고 재발 방지를 위한 개선 방안을 마련하는 데 활용되는 정성적 위험 분석 기법이다.

가. 핵심목표

- 사고 발생 가능성을 낮추고 안전성을 향상
- 시스템의 신뢰성을 확보
- 유지보수 비용 절감
- 제품 품질 개선

나. 전개단계

(1) 정의: 분석 대상 시스템의 고장 또는 원치 않는 결과를 명확하게 정의함.
사건 분해: 정의된 고장 또는 결과를 더 작은 사건들로 분해함.
사건 간의 관계 분석: 분해된 사건들 간의 논리적 관계를 분석하여 사고 발생 시나리오를 도출함.

(2) 근본 원인 파악: 도출된 사고 발생 시나리오를 바탕으로 사고의 근본 원인을 파악함.
개선 방안 마련: 파악된 근본 원인을 제거하기 위한 구체적인 개선 방안을 마련하고 실행함.

다. 장점

- 직관적이고 이해하기 쉬움: 시각적인 도구를 활용하여 사고 발생 시나리오를 명확하게 표현
- 사고의 근본 원인을 명확하게 파악 가능: 사건 간의 논리적 관계를 분석하여 근본 원인을 도출
- 다양한 분야에 활용 가능: 제조, 화학, 석유, 항공, 의료 등 다양한 산업 분야에 적용 가능
- 팀워크 및 의사 소통 개선: 분석 과정에 여러 전문가들이 참여하여 협력하고 의사 소통

라. 단점

- 정성적인 분석: 수치적인 데이터를 활용하지 않기 때문에 정확도가 다소 떨어질 수 있음.
- 복잡한 시스템 분석 어려움: 대규모 또는 복잡한 시스템 분석에는 어려움이 있을 수 있음.
- 전문가의 경험 의존: 분석 결과의 신뢰도는 분석자의 경험과 전문성에 따라 달라질 수 있음.

마. 활용 분야:

- 제품 설계 및 개발 단계: 제품의 잠재적인 위험 요소를 파악하고 제거하여 안전하고 신뢰성 있는 제품 개발
- 설비 및 시스템 운영: 운영 중 발생 가능한 사고 위험을 평가하고 예방 조치 마련
- 사고 원인 분석: 발생한 사고의 근본 원인을 파악하고 재발 방지를 위한 개선 방안 마련
- 위험 관리: 시스템의 안전성을 평가하고 위험 요소를 관리하기 위한 전략 수립

바. 결함수 분석에 의한 재해 사례 연구 순서

- 연구 대상 선정
- 정보수집
- 사고정의
- 사건 분해

- 사건 간의 관계 분석
- 근본 원인 파악
- 개선 방안 마련
- 개선 방안 실행 및 모니터링

8.2.4 정성적, 정량적 분석

정성적 분석과 정량적 분석은 서로 다른 방식으로 데이터를 수집하고 분석하여 정보를 얻는 두 가지 중요한 연구 방법으로 상황에 따라 적절한 방법을 선택하는 것이 중요하다.

가. 정성적 분석

정성적 분석은 비수치적인 데이터를 수집하고 분석하는 방법으로 텍스트, 이미지, 오디오, 비디오 등의 데이터를 활용하며, 설문조사, 인터뷰, 관찰, 문서 분석 등의 다양한 방법을 사용하여 데이터를 수집한다.

(1) 장점
- 풍부한 정보 도출: 수치적인 데이터로는 표현하기 어려운 참여자들의 경험, 생각, 감정을 이해하는데 도움
- 다양한 관점 반영: 다양한 배경과 경험을 가진 참여자들의 의견을 수렴하여 폭넓은 시각을 얻을 수 있음.
- 탐색적 연구에 적합: 연구 초기 단계에서 새로운 연구 주제를 발견하거나 연구 질문을 명확히하는 데 효과적

(2) 단점
- 주관적인 해석 가능성: 분석 결과가 연구자의 편견이나 가치관에 영향을 받을 수 있음
- 데이터 분석 어려움: 수집된 데이터를 체계적으로 분석하고 의미 있는 정보를 도출하기 어려울 수 있음.
- 비교 분석 어려움: 다른 연구와 비교하기 어려울 수 있음.

(3) 활용 분야
- 사용자 경험 조사: 사용자의 니즈, 요구 사항, 만족도 등을 조사하여 제품이나 서비스를 개선
- 시장 조사: 소비자들의 구매 패턴, 선호도, 인식 등을 조사하여 마케팅 전략 수립
- 사회 현상 연구: 사회 구성원들의 행동, 문화, 가치관 등을 연구
- 교육 연구: 학습 과정, 교수법, 학습자 특성 등을 연구

나. 정량적 분석

정량적 분석은 수치적인 데이터를 수집하고 분석하는 방법으로 설문조사, 실험, 관찰 등의 방법을 사용하여 데이터를 수집하며, 통계 분석, 시각화 등의 도구를 활용하여 데이터를 분석한다.

(1) 장점
- 객관적인 분석 가능: 수치적인 데이터를 기반으로 객관적이고 신뢰할 수 있는 분석 결과 도출
- 비교 분석 용이: 다른 연구와 쉽게 비교 분석하여 연구 결과의 일반화 가능성을 높임.
- 통계적 검증 가능: 수치적인 데이터를 활용하여 연구 결과의 유의성을 검증

(2) 단점
- 풍부한 정보 누락 가능성: 수치화하기 어려운 참여자들의 경험, 생각, 감정을 충분히 반영하지 못할 수 있음.
- 구조화된 데이터 필요: 분석을 위해 구조화된 데이터가 필요하며, 데이터 수집 및 처리에 많은 시간과 비용이 소요될 수 있음.
- 탐색적 연구에 어려움: 연구 초기 단계에서 새로운 연구 주제를 발견하거나 연구 질문을 명확히 하는데 어려움이 있음.

8.2.5 신뢰도 계산

신뢰도는 시스템이나 제품이 특정 기능을 수행하도록 설계된 조건에서 정확하고 예측 가능하게 작동할 가능성을 나타내는 지표이다.

가. 신뢰도 계산 개념

신뢰도는 일반적으로 확률을 사용하여 계산하며 사용 기간 동안 시스템이나 제품이 고장나지 않을 확률을 나타낸다. 시간에 따라 변하는 값이며, 일반적으로 시스템 작동 시간이 길어질수록 감소한다.

나. 신뢰도 계산 종류

신뢰도를 계산하는 방법에는 여러 가지가 있으며, 대표적인 방법으로는 다음과 같다.
- 고장률 기반: 과거 데이터를 기반으로 특정 기간 동안 시스템이나 제품이 고장날 확률을 계산함.
- Weibull 분포 기반: 시스템이나 제품의 고장률이 시간에 따라 어떻게 변하는지를 나타내는 Weibull 분포를 사용하여 신뢰도를 계산함.

- Markov 모델 기반: 시스템이나 제품의 상태 변화를 나타내는 Markov 모델을 사용하여 신뢰도를 계산함.

다. 신뢰도 계산 활용 사례:

신뢰도 계산은 다음과 같은 다양한 분야에서 활용된다.

- 시스템 설계 및 개발: 시스템이나 제품의 목표 신뢰도를 달성하기 위한 설계 및 개발 과정에 활용
- 품질 관리: 제품의 품질을 관리하고 개선하기 위한 활동에 활용
- 유지보수: 시스템이나 제품의 고장을 예측하고 예방적인 유지보수 계획을 수립하는 데 활용
- 안전성 평가: 시스템이나 제품의 안전성을 평가하고 위험 요소를 관리하는 데 활용

라. 신뢰도 계산 관련 주의 사항:

신뢰도 계산은 과거 데이터를 기반으로 하기 때문에 미래의 고장 발생을 정확하게 예측하지 못할 수 있다. 신뢰도 계산에는 다양한 방법이 있으며, 적절한 방법을 선택하는 것이 중요하며 계산 결과는 시스템이나 제품의 설계, 제조, 운영 등 다양한 요인에 영향을 받을 수 있다.

Chapter 9 위험성 감소 대책 수립·실행

9.1 위험성 개선대책(공학적·관리적)의 종류

위험성 평가 결과 도출된 위험 요소를 제거 또는 감소시키기 위한 구체적인 조치를 위험성 개선 대책이라고 하며 크게 공학적 대책과 관리적 대책으로 나눌 수 있다.

9.1.1 공학적 대책

시스템이나 설계 자체를 변경하여 위험 요소를 제거하거나 감소시키는 대책
대표적인 예시:

- 안전장치 설치: 기계에 인터록 장치 등을 설치하여 작업자를 보호
- 재료 변경: 강도가 높거나 내화성이 있는 재료로 변경
- 설계 변경: 구조적 안전성을 확보하거나 위험 요소를 제거하는 설계 변경
- 자동화 도입: 위험 작업을 자동화하여 작업자 노출을 줄임.

(1) 장점:

- 근본적인 원인을 해결하여 지속적인 위험 감소 효과
- 장기적인 안전성 확보
- 유지 관리 비용 절감 가능성

(2) 단점:

- 개발 및 도입 비용이 많이 소요될 수 있음.
- 시스템 변경으로 인해 기능 저하 또는 성능 저하 발생 가능성
- 즉각적인 효과가 나타나지 않을 수 있음.

9.1.2 관리적 대책:

작업 절차, 교육, 훈련, 관리 시스템 등을 개선하여 위험 요소를 제거하거나 감소시키는 대책이다. 대표적인 예시:

- 작업 절차 개선: 안전한 작업 절차를 마련하고 교육 및 훈련을 통해 철저히 준수하도록 함.
- 교육 및 훈련 강화: 작업자에게 위험 요소에 대한 교육 및 훈련을 실시하여 안전 의식을 함양
- 관리 시스템 구축: 위험 관리를 위한 체계적인 관리 시스템 구축 및 운영
- 점검 및 유지보수 강화: 시설 및 장비에 대한 정기적인 점검 및 유지보수를 실시하여 안전성 확보

(1) 장점:

- 비교적 저렴한 비용으로 빠르게 도입 가능
- 유연하고 상황에 맞게 조정 가능
- 교육 및 훈련을 통해 작업자의 안전 의식 개선

(2) 단점:

- 근본적인 원인을 해결하지 못하여 지속적인 관리가 필요
- 작업자의 숙련도 및 준수 여부에 따라 효과가 달라질 수 있음.
- 장기적인 안전성 확보에 어려움

9.1.3 적절한 대책 선택:

위험 요소의 특성, 발생 가능성, 영향 심각도 등을 고려하여 공학적 대책과 관리적 대책을 적절하게 조합하여 위험성 개선 대책을 마련해야 한다.

또한, 다음과 같은 사항도 고려해야 한다.

- 비용: 대책 마련 및 실행에 필요한 비용
- 기술적 실현 가능성: 현재 기술로 대책을 구현할 수 있는지 여부
- 시간: 대책 마련 및 실행에 소요되는 시간
- 법규 준수: 관련 법규 및 규정을 준수하는지 여부
- 영향 평가: 대책이 다른 시스템이나 작업에 미치는 영향 평가

9.2 허용가능한 위험수준 분석

허용 가능한 위험 수준 분석은 시스템 또는 프로젝트에서 발생 가능한 위험을 평가하고 그 중 어느 정도까지의 위험을 감수할 수 있는지를 결정하는 데 활용되는 위험 관리 프로세스의 중요한 단계로 어느 정도의 위험이라면 안전하게 운영할 수 있다고 판단하는 수준을 정하는 과정이다.

9.2.1 허용 가능한 위험 수준 분석의 목적:

- 안전성과 비용의 균형점 찾기: 위험을 완전히 없애는 것은 비용이 많이 들고 현실적으로 어려울 수 있음. 따라서 허용 가능한 위험 수준을 설정하여 안전성을 확보하면서도 비용 효율적인 운영을 가능하게 함.
- 위험 관리 의사 결정 지원: 분석 결과를 바탕으로 위험 감소 전략 수립 및 위험 관리 관련 의사 결정을 지원함.
- 제한된 자원 효율적 활용: 위험 관리에 투자할 수 있는 자원이 제한적인 경우, 허용 가능한 위험 수준 분석을 통해 가장 중요한 위험에 집중 투자하도록 함.

9.2.2 허용 가능한 위험 수준 설정 요소:

- 법규 및 규정 준수: 관련 법규 및 규정에서 요구하는 안전 기준을 고려해야 함.
- 산업 기준 및 관행: 비슷한 산업 분야에서 적용하는 안전 기준 및 관행을 참고할 수 있음.
- 조직의 위험 감수 성향: 조직의 문화, 가치관, 재정 상황 등을 고려하여 위험 감수 성향을 결정해야 함.
- 사고 발생 가능성 및 영향 심각도: 과거 사고 데이터, 전문가 의견 등을 활용하여 사고 발생 가능성과 영향 심각도를 평가함.
- 위험 감소 비용: 위험 감소 전략을 실행하는 데 필요한 비용을 고려해야 함.
- 사회적 영향: 위험이 발생했을 때 사회에 미칠 수 있는 영향을 고려해야 함.

9.2.3 허용 가능한 위험 수준 설정 방법:

- 정량적 방법: 사고 발생 가능성과 영향 심각도를 수치화하여 허용 가능한 위험 수준을 설정함. 예를 들어, FMEA(Failure Mode and Effects Analysis), HAZOP(Hazard and Operability Analysis) 등의 방법을 활용할 수 있음.
- 정성적 방법: 전문가 의견, 과거 사고 경험, 사회적 가치 등을 종합적으로 고려하여 허용 가능한 위험 수준을 설정함.

9.2.4 허용 가능한 위험 수준 활용:

- 위험 평가 결과 해석: 위험 평가 결과를 통해 도출된 위험 요소의 위험 수준을 허용 가능한 위험 수준과 비교하여 위험 우선순위를 정하고 적절한 대응 전략을 수립함.
- 위험 감소 전략 수립: 허용 가능한 위험 수준을 초과하는 위험 요소에 대해 위험 감소 전략을 수립하고 실행함. 위험 감소 전략에는 공학적 대책, 관리적 대책, 교육 및 훈련, 점검 및 유지보수 강화 등이 포함될 수 있음.
- 위험 관리 의사 결정: 위험 관리 관련 의사 결정 과정에서 허용 가능한 위험 수준을 기준으로 위험 감수 여부를 판단하고 적절한 조치를 취함.

9.2.5 허용 가능한 위험 수준 분석 활용 분야:

- 산업 안전: 공장, 작업 현장 등에서 발생 가능한 위험 요소를 평가하고 허용 가능한 위험 수준을 설정하여 안전사고 예방 및 안전 관리를 수행함.
- 건설: 건설 공사에서 발생 가능한 위험 요소를 평가하고 허용 가능한 위험 수준을 설정하여 안전한 건설 작업을 수행하고 구조물의 안전성을 확보함.
- 의료: 의료 행위 및 의료기기 사용에서 발생 가능한 위험 요소를 평가하고 허용 가능한 위험 수준을 설정하여 환자 안전을 보호함.
- IT: 정보 시스템 및 네트워크에서 발생 가능한 위험 요소를 평가하고 허용 가능한 위험 수준을 설정하여 정보 보안 및 시스템 안전성을 확보함.
- 금융: 금융 상품 및 서비스 개발 및 운영 과정에서 발생 가능한 위험 요소를 평가하고 허용 가능한 위험 수준을 설정하여 고객 자금을 보호하고 금융 시스템의 안정성을 유지함.
- 환경: 환경 오염 및 환경 재해 발생 가능성을 평가하고 허용 가능한 위험 수준을 설정하여 환경 보호 및 지속 가능한 발전을 추구함.

9.2.6 허용 가능한 위험 수준 분석의 장점:

- 객관적인 위험 평가 기준 제공: 허용 가능한 위험 수준을 명확하게 설정함으로써 위험 평가의 객관성을 확보하고 일관성 있는 위험 관리를 가능하게 함.
- 위험 관리 의사 결정 지원: 위험 감수 여부 및 위험 감소 전략 수립에 있어 합리적인 기준을 제공하여 효율적인 위험 관리 의사 결정을 지원함.
- 제한된 자원의 효율적 활용: 위험 관리에 투자할 수 있는 자원이 제한적인 경우, 허용 가능한 위험 수준을 기준으로 가장 중요한 위험에 집중적으로 대응할 수 있도록 함.
- 소통 및 협력 개선: 허용 가능한 위험 수준에 대한 합의를 통해 이해관계자 간의 소통 및 협력을 개선하고 공동의 목표 달성을 위한 노력을 촉진함.

9.2.7 허용 가능한 위험 수준 분석의 한계:

- 불확실성: 허용 가능한 위험 수준은 미래의 사고 발생 가능성을 예측하는 데 불확실성을 포함하고 있으며, 주관적인 판단에 따라 달라질 수 있음.
- 변화 가능성: 사회적 가치관, 기술 발전, 법규 변경 등에 따라 허용 가능한 위험 수준은 변화할 수 있으며, 이에 따라 지속적인 평가 및 업데이트가 필요함.
- 비용: 허용 가능한 위험 수준을 설정하고 이를 준수하기 위해서는 위험 평가, 위험 감소 전략 수립, 안전 관리 시스템 구축 및 운영 등에 필요한 비용이 발생함.
- 윤리적 문제: 허용 가능한 위험 수준 설정 과정에서 발생하는 윤리적 문제를 고려해야 함. 예를 들어, 어느 정도의 위험을 감수하여 경제적 이익을 추구할 수 있는지에 대한 판단이 필요함.

9.3 감소대책에 따른 효과 분석 능력

감소 대책에 따른 효과 분석 능력은 위험 요소에 대한 감소 대책을 마련한 후 그 효과를 정량적으로 평가하는 능력으로 대책을 통해 위험이 얼마나 줄어들었는지 객관적으로 측정하고 분석하는 능력이라고 할 수 있다.

9.3.1 감소 대책 효과 분석 능력의 중요성:

- 효과적인 위험 관리: 감소 대책의 효과를 정확하게 평가함으로써 위험 관리의 효율성을 높일 수 있음.
- 비용 대비 효과가 높은 대책을 우선적으로 집중 투자하고, 효과가 없는 대책은 개선하거나 중단할 수 있음.
- 지속적인 위험 관리 프로세스를 통해 위험 수준을 최소화하고 안전성을 확보할 수 있음.

9.3.2 과학적 의사 결정:

- 감정이나 주관적인 판단에 의존하지 않고 객관적인 데이터를 기반으로 위험 관리 관련 의사 결정을 내릴 수 있음.
- 투명하고 신뢰할 수 있는 의사 결정 과정을 통해 이해관계자들의 신뢰를 얻을 수 있음.
- 조직의 위험 관리 역량을 강화하고 안전 문화를 조성하는 데 기여함.
- 자원의 효율적 활용: 제한된 자원을 가장 효과적인 방식으로 활용하도록 함.
- 비용 대비 효과가 낮은 대책에 자원을 낭비하지 않고, 가장 중요한 위험에 집중적으로 투자할 수 있음.
- 조직의 경쟁력을 높이고 지속 가능한 성장을 이루는 데 기여함.

9.3.3 감소 대책 효과 분석 활용 방법:

- 정량적 분석: 사고 발생률, 사고 손실 규모, 위험 지표 변화 등을 측정하여 수치적으로 표현함.
- 통계 분석, 모형화, 시뮬레이션 등의 방법을 활용하여 분석의 정확성을 높일 수 있음.
- 객관적이고 비교 가능한 결과를 도출하여 의사 결정에 활용할 수 있음.
- 정성적 분석: 전문가 의견, 사고 사례 분석, 설문 조사 등을 통해 질적인 정보를 수집하고 분석함.
- 정량적 분석으로는 파악하기 어려운 요소를 보완하고 분석의 심층도를 높일 수 있음.
- 다양한 이해관계자들의 의견을 반영하여 보다 포괄적인 분석 결과를 도출할 수 있음.
- 비용-편익 분석: 감소 대책 투자 비용과 예상되는 효과를 비교하여 투자 가치를 평가함.

- 비용 대비 효과가 높은 대책을 우선적으로 선택하고, 제한된 예산을 효율적으로 활용할 수 있음.
- 투자 의사 결정의 타당성을 검증하고, **투자 수익률(ROI)**을 계산할 수 있음.

9.3.4 감소 대책 효과 분석 관련 지표 및 도구:

- 사고 발생률: 특정 기간 동안 발생한 사고 건수를 전체 노출 시간 또는 작업량으로 나눈 비율
- 사고 손실 규모: 사고로 인해 발생한 직접적·간접적 손실 비용을 나타냄.
- 위험 지표: FTA(Fault Tree Analysis), HAZOP(Hazard and Operability Analysis) 등을 통해 계산된 위험 수준을 나타냄.
- 설문 조사: 위험 인지도, 안전 만족도, 위험 감소 대책에 대한 평가 등을 조사함.
- 전문가 의견: 안전 전문가, 산업 전문가, 의료 전문가 등의 의견

Chapter 10 근골격계질환 예방관리

10.1 근골격계 유해요인

10.1.1 근골격계 질환의 정의 및 유형

가. 근골격계 질환의 정의

근골격계 질환은 근육, 뼈, 관절, 인대, 힘줄 등 근골격계에 영향을 미치는 질환으로 뼈, 근육, 관절, 인대, 힘줄 등이 손상되거나 기능 저하되어 발생하는 질환이라고 할 수 있다. 근골격계 질환은 다양한 원인으로 인해 발생하며, 급성 또는 만성으로 나타날 수 있다.

- 급성 근골격계 질환: 갑작스럽게 발생하는 통증, 염증, 부상 등이 특징
- 만성 근골격계 질환: 장기간 지속되는 통증, 기능 저하, 변형 등이 특징

나. 근골격계 질환의 유형:

근골격계 질환은 크게 다음과 같이 분류된다.

- 염증성 관절 질환: 류마티스 관절염, 강직성 척추염, 통풍 등이 있음.
- 퇴행성 관절 질환: 골관절염, 추간판 탈출증, 반월판 손상 등이 있음.
- 근육 및 힘줄 질환: 근막염, 봉와근염, 건염, 근육통 등이 있음.
- 뼈 질환: 골다공증, 골절, 척추 측만증 등이 있음.
- 기타: 자세 불량, 반복적인 동작, 과도한 운동 등으로 인해 발생하는 근골격계 질환도 있음.

다. 근골격계 질환의 증상:

근골격계 질환의 증상은 질환의 유형과 심각도에 따라 다양하게 나타난다.

- 통증: 가장 흔한 증상이며, 작은 쑤시는 통증부터 심한 통증까지 다양함.
- 강직: 관절이 움직이기 어려워지거나 움직일 때 통증을 느낄 수 있음.
- 부종: 관절 주변이 부어 오를 수 있음.

- 감각 이상: 따가움, 쑤심, 저림 등의 감각 이상이 나타날 수 있음.
- 근력 약화: 근육이 약해져 힘이 약해지거나 쉽게 피로감을 느낄 수 있음.
- 기능 저하: 일상생활 활동을 수행하는 데 어려움을 겪을 수 있음.

라. 근골격계 질환의 예방 및 관리

근골격계 질환은 예방과 관리가 중요하다. 다음과 같은 방법을 통해 근골격계 질환을 예방하고 관리할 수 있다.

- 적절한 자세 유지: 올바른 자세를 유지하고, 장시간 같은 자세를 유지하지 않도록 해야 함.
- 규칙적인 운동: 근력 강화, 유연성 향상, 심혈관 건강 증진을 위한 운동을 규칙적으로 해야 함.
- 반복적인 동작 피하기: 업무나 일상생활에서 반복적인 동작을 피하거나, 자주 휴식을 취해야 함.
- 체중 관리: 과체중은 근골격계에 부담을 줄 수 있으므로, 건강한 체중을 유지해야 함.
- 인체공학적 설계: 작업 공간 및 도구를 인체공학적으로 설계하여 근골격계에 부담을 줄여야 함.
- 보호구 착용: 작업 시 필요한 보호구를 착용하여 근골격계를 보호해야 함.
- 조기 발견 및 치료: 증상이 나타나면 즉시 전문의에게 진료를 받고 적절한 치료를 받아야 함.

10.1.2 근골격계 부담작업의 범위

가. 근골격계 부담작업의 범위 및 관련 규정

근골격계 부담작업은 근육, 뼈, 관절, 인대, 힘줄 등 근골격계에 부담을 줄 수 있는 작업을 의미하며 반복적인 동작, 과도한 힘, 불안정한 자세 등으로 인해 근골격계 질환 발생 위험이 높은 작업이라고 할 수 있다.

(1) 근골격계 부담작업의 범위

산업안전보건법 시행령 제656조 제1항에 따라 다음과 같은 작업이 근골격계 부담작업으로 규정된다/됨.

① 반복적인 동작을 수반하는 작업:
- 같은 자세를 유지하거나 동일한 동작을 반복적으로 수행하는 작업
- 손, 팔, 어깨, 등, 허리, 다리 등 특정 부위에 과도한 힘을 가하는 작업
- 진동이 있는 도구나 기계를 사용하는 작업

② 과도한 힘을 요하는 작업:
- 무거운 물건을 들어올리거나 옮기는 작업
- 힘든 자세를 유지하거나 과도한 힘을 가하는 작업
- 진동이 있는 도구나 기계를 사용하는 작업

③ 불안정한 자세를 유지하는 작업:
- 높은 곳에서 작업하거나 불안정한 자세를 유지하는 작업
- 균형을 잃기 쉬운 자세로 작업하는 작업
- 진동이 있는 도구나 기계를 사용하는 작업

④ 그 외 근골격계에 부담을 줄 수 있는 작업:
- 냉·온도가 극단적으로 높거나 낮은 환경에서 작업하는 경우
- 소음이나 진동이 심한 환경에서 작업하는 경우
- 스트레스가 많은 환경에서 작업하는 경우

(2) 근골격계 부담작업 관련 규정
- 산업안전보건법 제63조: 사업주는 근골격계 부담작업에 대한 유해요인 조사를 실시하여야 함.
- 산업안전보건법 시행령 제656조: 근골격계 부담작업의 범위를 정함.
- 고용노동부 고시 제2020-12호: 근골격계 부담작업의 범위 및 유해요인 조사 방법에 관한 고시를 정함.
- 산업안전보건관리규정 제38조: 근골격계 부담작업에 대한 유해요인 관리 방법을 정함.

(3) 근골격계 부담작업 예시:
- 제조업: 생산라인 작업, 조립 작업, 용접 작업, 도색 작업, 포장 작업 등
- 건설업: 운반 작업, 삽작업, 벽돌쌓기, 지붕공사, 도색 작업, 용접 작업 등
- 서비스업: 청소 작업, 운반 작업, 이사 작업, 창고 작업, 쇼핑몰 진열 작업 등
- 농림수산업: 농작물 수확, 가축 사육, 어업, 임업 등
- 사무업: 컴퓨터 작업, 서류 작업, 전화 상담, 고객 서비스 등

(4) 근골격계 부담작업의 위험:
- 근골격계 부담작업은 다음과 같은 근골격계 질환을 발생시킬 수 있음.
- 염증성 관절 질환: 류마티스 관절염, 강직성 척추염, 통풍 등
- 퇴행성 관절 질환: 골관절염, 추간판 탈출증, 반월판 손상 등
- 근육 및 힘줄 질환: 근막염, 봉와근염, 건염, 근육통 등
- 뼈 질환: 골다공증, 골절, 척추 측만증 등
- 기타: 자세 불량, 반복적인 동작, 과도한 운동 등으로 인해 발생하는 근골격계 질환도 있음.

10.1.3 근골격계 질환 작업분석 및 평가분석 종류

근골격계 질환은 반복적인 동작, 부자연스러운 자세, 과도한 힘 사용 등으로 인해 발생하는 질환이다. 이러한 질환을 예방하고 관리하기 위해서는 작업 환경에 대한 정확한 분석과 평가가 필수적이다.

1) 작업분석 및 평가분석의 목적:

- 위험 요인 파악: 근골격계 질환을 유발할 수 있는 작업 자세, 동작, 힘 등의 위험 요인을 파악한다.
- 개선 방안 모색: 위험 요인을 개선하기 위한 다양한 방안을 모색하고, 효과적인 개선 방안을 선택한다.
- 예방 활동 강화: 근골격계 질환 예방을 위한 교육과 훈련 프로그램을 개발하고, 근로자의 건강을 증진시킨다.

2) 작업분석 및 평가분석의 종류:

다양한 작업분석 및 평가분석 도구들이 존재하며, 각 도구는 특징과 장단점을 가지고 있다. 대표적인 도구로는 다음과 같은 것들이 있다.

- OWAS(Ovako Working Posture Analysis System): 작업 자세를 4가지 요소(손목, 팔, 몸통, 다리)로 나누어 평가하는 간단한 방법이다.
- RULA(Rapid Upper Limb Assessment): 상체 자세를 7개의 요소로 나누어 평가하는 보다 정밀한 방법이다.
- NIOSH Lifting Equation: 물체를 들 때 발생하는 근골격계 부담을 정량적으로 평가하는 방법이다.
- REBA(Rapid Entire Body Assessment): 전신 자세를 평가하여 근골격계 부담을 평가하는 방법이다.
- QEC(Quick Exposure Checklist): 작업 환경의 다양한 위험 요인을 빠르게 확인하는 체크리스트 방식이다.

3) 선택 기준:

- 작업의 특성: 작업의 종류, 자세, 동작 등에 따라 적절한 도구를 선택해야 한다.
- 평가 목적: 위험 요인 파악, 개선 방안 모색 등 평가 목적에 따라 도구를 선택해야 한다.
- 평가자의 전문성: 평가자의 전문성과 경험에 따라 적절한 도구를 선택해야 한다.

4) 작업분석 및 평가분석의 중요성:

근골격계 질환은 개인의 건강뿐만 아니라 기업의 생산성에도 큰 영향을 미친다. 따라서 작업분석 및 평가분석을 통해 위험 요인을 사전에 파악하고 개선하여 근골격계 질환을 예방하는 것이 매우 중요하다.

5) 주의사항:

- 다양한 도구 활용: 하나의 도구만 사용하기보다는 여러 가지 도구를 함께 활용하여 보다 정확한 평가를 수행해야 한다.
- 전문가의 도움: 필요한 경우 산업안전 전문가의 도움을 받아 작업분석 및 평가를 수행해야 한다.
- 주기적인 평가: 작업 환경이 변화하거나 새로운 작업이 도입될 경우 주기적으로 평가를 수행해야 한다.

근골격계 질환 작업분석 및 평가분석은 근로자의 건강을 보호하고 기업의 생산성을 향상시키기 위한 필수적인 과정이다. 다양한 평가 도구를 활용하여 정확한 분석을 수행하고, 그 결과를 바탕으로 개선 방안을 마련해야 한다.

10.2 인간공학적 유해요인 평가

10.2.1 OWAS

가. OWAS의 개념 및 정의

OWAS(Ovako Working Posture Analysis System) 평가도구는 근력을 발휘하기에 부적절한 작업자세를 구별해내기 위한 목적으로 개발하였다.

조치수준 결정은 4단계로 AC1은 문제가 없는 작업, AC 2는 근시일 내에 추가적인 조사 필요, AC 3는 가능한 조기에 개선이 필요한 작업, AC 4는 즉시 개선이 필요한 작업을 의미한다. 따라서 여러 작업 중에서 개선을 필요로 하는 작업을 우선적으로 선정할 수 있다는 장점이 있는 반면 작업자세 특성이 정적인 자세에 초점이 맞추어져 있고, 중량물 취급 작업 외에는 작업에 소요되는 힘과 반복성에 대한 위험성 평가에 반여되지 않아 한계점으로 지적되고 있다.

장점:

특별한 기구 없이 관찰만으로 평가 가능하다

전반적인 작업 자세의 위험도를 쉽고 간단하게 평가할 수 있다.

현재 가장 범용적으로 사용되는 근골격계 유해요인 평가 방법 중 하나다.

나. 평가 방법

관찰: 작업자의 자세를 직접 관찰하거나 영상 촬영을 통해 기록한다.

코드화: 허리, 팔, 다리, 하중 각 부위의 자세를 코드로 변환한다.

평가: 코드 조합에 따라 위험도 4단계로 평가 (1단계: 매우 낮음, 4단계: 매우 높음)

다. 활용

근골격계 질환 위험 요인 파악: 작업 자세의 위험도를 평가하여 근골격계 질환 발생 가능성을 예측한다

작업 개선 방안 수립: 위험 요인이 높은 작업에 대해 작업 자세 개선, 작업 환경 개선 등의 방안 수립한다.

작업자 교육: 근골격계 질환 예방을 위한 교육 및 자세 교정 훈련을 한다.

라. OWAS 평가 시 고려 사항

작업자의 개인차: 신체적 특성, 근력, 경험 등을 고려해야 한다.

작업 환경: 온도, 습도, 소음, 조명 등 작업 환경 요소도 영향을 미칠 수 있다.

작업 강도 및 지속 시간: 작업 강도와 지속 시간이 길수록 근골격계에 부담이 커진다.

작업자의 주관적인 느낌: 통증, 피로감 등 작업자의 주관적인 느낌도 함께 고려해야 한다.

10.2.2 RULA

가. RULA의 개념

RULA(Rapid Upper Limb Assessment)는 상지의 근골격계 부담을 인간공학적으로 평가하는 도구다. 작업자의 상지 부담 정도를 평가하여 근골격계 질환 예방을 목적으로 만들어졌다.

장점:

간단하고 빠르게 평가 가능하다.

작업 자세와 힘 조건을 동시에 반영한다.

OWAS보다 정밀한 평가 가능하다.

나. 평가 방법

관찰: 작업자의 자세를 직접 관찰하거나 영상 촬영을 통해 기록한다.

코드화: 상지 각 부위의 자세와 힘 사용 정도를 코드로 변환한다.

평가: 코드 조합에 따라 위험도 4단계로 평가 (1단계: 매우 낮음, 4단계: 매우 높음)

다. 활용

근골격계 질환 위험 요인 파악: 작업 자세의 위험도를 평가하여 근골격계 질환 발생 가능성을 예측한다.

작업 개선 방안 수립: 위험 요인이 높은 작업에 대해 작업 자세 개선, 작업 환경 개선, 작업 방법 개선 등의 방안 수립하낟.

작업자 교육: 근골격계 질환 예방을 위한 교육 및 자세 교정 훈련을 실시한다.

라. RULA 평가 시 고려 사항

작업자의 개인차: 신체적 특성, 근력, 경험 등을 고려해야 한다.

작업 환경: 온도, 습도, 소음, 조명 등 작업 환경 요소도 영향을 미칠 수 있다.

작업 강도 및 지속 시간: 작업 강도와 지속 시간이 길수록 근골격계에 부담이 커진다.

작업자의 주관적인 느낌: 통증, 피로감 등 작업자의 주관적인 느낌도 함께 고려해야 한다.

10.2.3 REBA

가. REBA의 개념

REBA(Revised Ergonomic Analysis of Body Posture)는 전신의 근골격계 부담을 인간공학적으로 평가하는 도구다. 작업관련성 근골격계질환에 대한 유해요인의 노출 평가를 위한 목적으로 개발되었다.

장점:

OWAS, RULA보다 정밀하고 포괄적인 평가 가능하다.

전신 자세, 힘 사용, 작업 속도, 개인차 등을 고려한다.

근골격계 질환 발생 위험을 정량적으로 평가한다.

나. 평가 방법

관찰: 작업자의 자세를 직접 관찰하거나 영상 촬영을 통해 기록한다.

코드화: 전신 각 부위의 자세, 힘 사용, 작업 속도 등을 코드로 변환한다.

평가: 코드 조합과 개인차 요인을 반영하여 위험도 4단계로 평가한다. (1단계: 매우 낮음, 4단계: 매우 높음)

다. 활용

근골격계 질환 위험 요인 파악: 작업 자세의 위험도를 정량적으로 평가하여 근골격계 질환 발생 가능성을 예측한다.

작업 개선 방안 수립: 위험 요인이 높은 작업에 대해 작업 자세 개선, 작업 환경 개선, 작업 방법 개선, 작업자 교육 및 훈련 등의 방안을 마련한다.

근골격계 질환 예방 관리: 작업자의 건강 상태를 지속적으로 관리하고, 필요시 추가적인 조치를 취한다.

라. REBA 평가 시 고려 사항

작업자의 개인차: 신체적 특성, 근력, 경험, 근골격계 질환 이력 등을 고려해야 한다.

작업 환경: 온도, 습도, 소음, 조명 등 작업 환경 요소도 영향을 미칠 수 있다.

작업 강도 및 지속 시간: 작업 강도와 지속 시간이 길수록 근골격계에 부담이 커진다.

작업자의 주관적인 느낌: 통증, 피로감, 불편함 등 작업자의 주관적인 느낌도 함께 고려해야 한다.

10.3 근골격계 유해요인 관리

10.3.1 작업관리목적

가. 근로자의 안전 및 건강 보호

작업장 위험 요인 식별 및 평가: 물리적, 화학적, 생물학적, 인체공학적, 정신적 등 다양한 작업장 위험 요인을 정확하게 식별하고 평가한다.

위험 요인에 대한 적절한 관리: 위험 요인을 제거 또는 최소화하고, 노출을 관리하며, 안전장치 및 개인보호구를 제공하여 근로자를 보호한다.

작업 안전 교육 및 훈련: 근로자에게 작업 관련 안전 및 건강 지식과 안전한 작업 방법을 교육하고 훈련하여 안전 의식을 함양하고, 사고 예방 능력을 향상시킨다.

작업 환경 개선: 작업 환경을 쾌적하고 안전하게 유지하기 위해 환기, 조명, 소음, 온도 등을 관리한다.

작업 사고 예방 및 대처: 작업 사고를 예방하기 위한 체계적인 관리 시스템을 구축하고, 발생 시 신속하고 효과적인 대처를 수행한다.

나. 작업 효율성 향상

작업 계획 및 관리: 효율적인 작업 계획을 수립하고, 계획에 따라 작업을 진행하며, 작업 진행 상황을 지속적으로 관리한다.

작업자의 역량 강화: 작업자 교육 및 훈련을 통해 작업 능력을 향상시키고, 작업자의 참여를 유도하여 생산성을 높인다.

작업 방법 개선: 지속적인 개선 노력을 통해 비효율적인 작업 방법을 개선하고, 보다 안전하고 효율적인 작업 방법을 개발한다.

자원 관리: 작업에 필요한 자원을 효율적으로 관리하여 자원 낭비를 줄이고, 생산 비용을 절감한다.

성과 관리: 작업 성과를 지속적으로 측정하고 평가하여 개선점을 파악하고, 목표 달성을 위해 노력한다.

다. 법령 준수

산업안전보건 관련 법령 및 규정 준수: 산업안전보건법, 산업안전보건특별법, 산업안전보건법 시행령 및 규칙 등 관련 법령 및 규정을 준수하여 안전한 작업 환경을 조성한다.

안전허가 및 검사: 작업 내용에 따라 필요한 안전허가를 취득하고, 정기적인 안전검사를 통해 안전 관리 시스템의 효과성을 유지한다.

사고 보고 및 조사: 발생한 작업 사고를 신속하게 보고하고, 사고 원인을 조사하여 재발 방지를 위한 조치를 취한다.

라. 기업 이미지 제고

안전한 작업 환경 조성: 안전한 작업 환경을 조성하여 기업 이미지를 제고하고, 고객 및 투자자의 신뢰를 얻는다.

사회적 책임 수행: 근로자의 안전과 건강을 보호하고, 안전한 작업 환경을 조성함으로써 사회적 책임을 수행한다.

브랜드 가치 향상: 안전 경영을 통해 기업의 브랜드 가치를 높이고, 경쟁력을 강화한다.

마. 지속가능한 발전

안전 문화 조성: 안전을 최우선 가치로 여기는 안전 문화를 조성하여 지속가능한 발전을 위한 기반을 마련한다.

안전 관리 시스템 개선: 지속적인 개선 노력을 통해 안전 관리 시스템을 발전시키고, 안전한 작업 환경을 유지한다.

미래 위험 대비: 미래 발생 가능한 작업 위험을 예측하고, 사전에 대비책을 마련하여 지속가능한 성장을 도모한다.

10.3.2 방법연구 및 작업측정

가. 방법연구의 목적 및 주요단계

방법 연구는 불필요한 작업을 줄이고, 효율적인 작업 방법을 개발하는 과정이다.

(1) 목적

- 작업 효율성 향상한다.
- 작업자의 부담 감소한다.
- 작업품질 개선한다.
- 생산 비용 절감한다.
- 작업 안전성 증진한다.

(2) 주요 단계

- 현재 작업 방법 분석: 작업 과정을 단계별로 분석하고, 문제점을 파악한다.
- 개선 방안 제시: 문제점을 해결하기 위한 다양한 개선 방안을 제시한다.
- 최적의 작업 방법 선정: 제시된 개선 방안을 평가하고, 가장 효과적인 작업 방법을 선정한다.
- 개선된 작업 방법 적용: 선정된 작업 방법을 실제 작업에 적용하고, 효과를 검증한다.

나. 작업측정

(1) 작업측정의 개념 및 목적

작업측정이란 작업을 수행하는 데 필요한 시간과 노력을 측정하는 과정이다.

작업측정의 목적은 작업 시간 및 노력의 기준을 설정, 작업 효율성 평가, 인건비 산정, 작업 표준 개발, 작업자의 업무량 평가 등으로 볼 수 있다.

(2) 주요 방법

- 시간 연구: 작업을 직접 관찰하고, 시간을 측정하는 방법
- 예측 시간 연구: 과거 작업 데이터를 분석하여 작업 시간을 예측하는 방법
- 표준 시간 연구: 작업을 분석하고, 표준 시간을 설정하는 방법

10.3.3 문제 해결 절차

가. 문제해결의 절차

① 문제 파악:

문제문을 꼼꼼하게 읽고, 요구 사항을 정확하게 파악한다.

문제의 핵심 요소를 파악하고, 관련된 법령, 규정, 기준 등을 염두에 둔다.

② 정보 수집:

문제 해결에 필요한 정보를 수집한다.

교재, 규정집, 인터넷 등 다양한 정보 출처를 활용한다.

③ 분석 및 판단:

수집된 정보를 분석하고, 문제의 원인을 파악한다.

관련 법령, 규정, 기준을 적용하여 문제 해결 방안을 제시한다.

④ 방안 마련:

여러 가지 문제 해결 방안을 제시하고, 각 방안의 장단점을 비교 분석한다.

현실적으로 실행 가능하고, 효과적인 문제 해결 방안을 선택한다.

⑤ 대안 평가:

선택된 문제 해결 방안을 다시 한번 평가하고, 개선점이 있는지 확인한다.

예상되는 문제점을 파악하고, 대비책을 마련한다.

⑥ 실행 및 평가:

선택된 문제 해결 방안을 실행하고, 결과를 평가한다.

필요에 따라 방안을 수정하거나 보완한다.

⑦ 문서화:

문제 해결 과정 및 결과를 문서화한다.

향후 유사한 문제 발생 시 참고할 수 있도록 기록한다.

나. 문제 해결 전략

단계별 진행: 문제 해결 절차를 단계별로 차근차근 진행하는 것이 중요하다.

논리적 사고: 논리적 사고 능력을 사용하여 문제를 분석하고, 해결 방안을 제시한다.

창의적 사고: 창의적 사고 능력을 사용하여 다양한 해결 방안을 생각해 본다.

체계적인 작성: 문제 해결 과정을 체계적으로 작성하여 평가자에게 쉽게 이해될 수 있도록 한다.

10.3.4 작업개선안의 원리 및 도출방법

가. 작업개선안의 원리

작업 개선안의 핵심 원리는 문제점 파악 → 원인 분석 → 개선 방안 모색 → 실행 및 평가의 순환 과정이다.

- 문제점 파악: 현장을 면밀히 관찰하고, 데이터를 분석하여 문제점을 구체적으로 파악하는 것으로 문제점은 생산성 저하, 품질 불량, 안전 사고 위험, 불필요한 시간 낭비 등 다양한 형태로 나타날 수 있다.
- 원인 분석: 파악된 문제점의 근본적인 원인을 규명하는 것으로 5Why 분석, Fishbone Diagram 등 다양한 도구를 활용하여 원인을 깊이 있게 파악할 수 있다.
- 개선 방안 모색: 다양한 아이디어를 제시하고, 그 중 가장 효과적인 개선 방안을 선택하는 것으로 비용, 시간, 안전성 등을 고려하여 현실적인 방안을 모색해야 한다.
- 실행 및 평가: 선정된 개선 방안을 실행하고, 그 효과를 측정하여 개선 여부를 판단한다.

나. 작업개선안 도출 단계

(1) 현장 조사 및 자료 수집:

작업 현장을 직접 방문하여 작업 과정을 관찰하고, 문제점을 파악한다.

작업자, 감독자, 안전 관리자 등의 인터뷰를 통해 정보를 수집한다.

작업 관련 문서, 통계자료, 사진, 영상 등을 수집한다.

(2) 문제점 분석:

수집된 정보를 분석하여 문제점을 명확하게 정의한다.

5W1H 질문을 활용하여 문제의 근본 원인을 파악한다.

문제점의 심각도와 영향 범위를 분석한다.

(3) 개선 방안 제시:

다양한 개선 방안을 창의적으로 제시한다.

브레인스토밍, 마인드맵, SCAMPER 기법 등을 활용할 수 있다.

제시된 개선 방안의 장단점을 비교 분석한다.

(4) 개선 방안 선정:

실현 가능성, 효과성, 비용, 시간, 자원 등을 고려하여 최적의 개선 방안을 선정한다. 선정된 개선 방안의 실행 계획을 수립한다.

(5) 개선 방안 평가 및 개선:

선정된 개선 방안을 실행하고, 그 효과를 평가한다.

필요에 따라 개선 방안을 수정하거나 보완한다.

다. 작업 개선 4단계

작업 개선의 4단계는 기존의 작업 방식을 분석하고 개선하여 효율성을 높이는 과정이다. 먼저 작업을 작은 단위로 분해하여 각 단계를 면밀히 검토하고, 문제점을 파악한 후 새로운 방법을 적용하여 작업을 개선하는 과정을 거친다.

- 작업 분해: 복잡한 작업을 작은 단위로 나누어 각 단계를 명확히 파악한다.
- 세부 내용 검토: 분해된 각 단계를 자세히 검토하여 불필요한 작업, 시간 낭비 요소 등을 찾아낸다.
- 작업 분석: 작업 순서, 방법, 시간 등을 분석하여 문제점을 정확히 파악한다.
- 새로운 방법의 적용: 문제점을 해결하기 위해 새로운 방법이나 도구를 도입하여 작업을 개선한다.

Chapter 11 유해요인 관리

11.1 물리적 유해요인 관리

11.1.1 물리적 유해 요인 파악

가. 물리적 유해요인의 종류

물리적 유해 요인의 종류에는 다음과 같은 것들이 있다.

- 소음: 산업 현장에서 발생하는 기계 소음, 공작 소음, 폭발음 등이 여기에 속한다. 장기간 고강도 소음에 노출되면 청력 손실, 불안, 스트레스 등의 건강 문제를 일으킬 수 있다.
- 진동: 공작 기계, 운송 기구, 도구 등으로 인해 발생하는 진동이 여기에 속한다. 진동은 손, 팔, 전신에 영향을 미쳐 백내장, 손바닥 마비, 척추 장애 등의 건강 문제를 일으킬 수 있다.
- 극한 온도: 작업 환경의 지나치게 높거나 낮은 온도가 여기에 속한다. 극한 온도에 노출되면 열사병, 저체온증, 탈수 등의 건강 문제를 일으킬 수 있다.
- 비자외선: 용접, 아크 용접 등의 작업에서 발생하는 자외선이 여기에 속한다. 장기간 자외선에 노출되면 피부암, 백내장 등의 건강 문제를 일으킬 수 있다.
- 이온화 방사선: X선, 감마선 등의 방사선이 여기에 속한다. 이온화 방사선은 세포 손상, 암, 백혈병 등의 심각한 건강 문제를 일으킬 수 있다.

나. 물리적 유해 요인에 대한 관리

(1) 공학적 관리:

소음 발생원을 감소시키는 설비 개선
진동 차단 장치 설치
냉난방 시스템 설치
방사선 차폐막 설치

(2) 행정적 관리:

작업 시간 제한

휴식 시간 설정
건강 관리 프로그램 운영
안전 교육 실시
(3) 개인 보호 장치:
귀마개, 이어폰 착용 (소음 차단)
진동 차단 장갑 착용
보온/방한 옷 착용
자외선 차단 안경, 선크림 사용
방사선 차폐복 착용

11.1.2 물리적 유해요인 노출 기준

가. 소음

(1) 허용되는 노출기준:
- 시간가중평균 노출기준(TWA): 85 dB (A) 이하
- 단시간 노출기준(STEL): 115 dB (A) 이하
- 피크 노출기준: 140 dB (A) 이하

(2) 측정 방법: 소음계 사용
(3) 주요 노출 산업: 제조업, 건설업, 운송업 등
(4) 노출 건강 영향: 청력 손실, 불안, 스트레스, 인지 기능 저하 등

나. 진동

(1) 허용되는 노출기준:
- 전신 진동:
- 시간가중평균 노출기준 (TWA): 0.5 m/s^2 이하
- 단시간 노출기준 (STEL): 1.0 m/s^2 이하
- 손 진동:
- 시간가중평균 노출기준 (TWA): 5 m/s^2 이하
- 단시간 노출기준 (STEL): 8.6 m/s^2 이하

(2) 측정 방법: 진동계 사용
(3) 주요 노출 산업: 제조업, 건설업, 광업 등
(4) 노출 건강 영향: 손바닥 마비, 백내장, 척추 장애, 신경계 손상 등

다. 극한 온도

(1) 허용되는 노출기준:

- WBGT 지표:

허용되는 노출 범위: 남자: 28℃ 이하. 여자: 27℃ 이하

주의 범위: 남자: 28~31℃. 여자: 27~30℃

위험 범위: 남자: 31℃ 이상. 여자: 30℃ 이상

(2) 측정 방법: WBGT 계측기 사용

(3) 주요 노출 산업: 제조업, 건설업, 농업, 서비스업 등

(4) 노출 건강 영향: 열사병, 저체온증, 탈수, 피로 등

라. 비자외선

(1)허용되는 노출기준:

용접 작업:

적외선: 100 W/m^2 이하

자외선: 1.5 W/m^2 이하

(2) 측정 방법: 비자외선 측정기 사용

(3) 주요 노출 산업: 용접, 절단, 도금 등

(4) 노출 건강 영향: 피부암, 백내장, 각막염 등

마. 이온화 방사선

(1) 허용되는 노출기준:

연간 허용량: 20 mSv 이하

(2) 측정 방법: 방사선 검출기 사용

(3) 주요 노출 산업: 의료, 원자력, 방사선 검사 등

(4) 노출 건강 영향: 암, 백혈병, 불임, 태아 이상 등

11.1.3 물리적 유해요인 관리대책 수립

가. 현장 조사 및 자료 수집:

- 작업 현장을 직접 방문하여 작업 과정을 관찰하고, 문제점을 파악한다.
- 작업자, 감독자, 안전 관리자 등의 인터뷰를 통해 정보를 수집한다.
- 작업 관련 문서, 통계자료, 사진, 영상 등을 수집한다.

나. 물리적 유해요인 파악:

소음, 진동, 극한 온도, 비자외선, 이온화 방사선 등 다양한 유해 요인을 파악한다. 측정기를 사용하여 유해 요인의 노출 수준을 측정한다.

다. 노출 평가:

측정 결과를 기반으로 작업자의 노출 수준이 허용되는 기준을 초과하지 않는지 평가한다. 허용되는 기준은 산업안전보건법 시행령 및 규칙, 산업안전보건공단 고시 등에 명시되어 있다.

라. 위험성 평가:

파악된 유해 요인의 종류, 강도, 노출 시간, 작업자의 건강 상태 등을 고려하여 위험성을 평가한다. 위험성 평가 도구 (예: HAZOP, FTA)를 활용할 수 있다.

마. 관리대책 수립:

위험성 평가 결과를 기반으로 우선순위를 정하고, 효과적인 관리대책을 수립한다.

(1) 공학적 관리:
- 소음 발생원 감소(소음 저감형 장비 도입, 방음 시설 설치 등)
- 용접연기 제거(국소 배기 시설 설치, 용접 마스크 착용 등)

(2) 행정적 관리:
- 작업 시간 제한 및 휴식 시간 설정
- 건강 관리 프로그램 운영(정기적인 건강 검진, 교육 실시 등)
- 안전 교육 실시(물리적 유해 요인에 대한 교육, 안전 보호 장치 사용 교육 등)

(3) 개인 보호 장치:
- 귀마개, 이어폰 착용(소음 차단)
- 마스크, 호흡기 착용(먼지, 용접연기 차단)
- 보호 안경, 선크림 사용(자외선 차단)
- 방사선 차폐복 착용(이온화 방사선 차단)

바. 관리대책 실행 및 평가:

수립된 관리대책을 현장에 적용하고, 지속적으로 관리 및 점검한다.
관리대책의 효과를 평가하고, 필요에 따라 개선한다.

사. 문서화:

현장 조사, 노출 평가, 위험성 평가, 관리대책 수립, 관리대책 실행 및 평가 등의 과정을 문서화한다.

11.2 화학적 유해요인 관리

화학적 유해요인은 작업 환경에서 근로자의 건강을 해칠 수 있는 다양한 화학 물질을 의미하며 이러한 유해 물질에 노출되면 호흡기 질환, 피부 질환, 심혈관 질환 등 다양한 건강 문제를 유발할 수 있다. 따라서 화학적 유해요인에 대한 정확한 이해와 체계적인 관리가 필수적이다.

11.2.1 화학적 유해요인 파악

가. 화학적 유해요인의 종류와 유해성

화학적 유해요인은 그 형태, 특성에 따라 다양하게 분류될 수 있으며 일반적으로 다음과 같은 종류로 나눌 수 있습니다.

- 기체: 휘발성 유기 화합물(VOCs), 산, 염기, 할로겐화물 등
- 액체: 유기 용제, 산, 염기, 중금속 용액 등
- 고체: 분진, 섬유, 중금속 화합물 등

화학적 유해요인의 유해성은 다음과 같은 요인에 따라 결정된다.

- 농도: 노출되는 화학 물질의 농도가 높을수록 유해성이 증가
- 노출 시간: 노출 시간이 길수록 유해성이 증가
- 노출 경로: 호흡기, 피부, 소화기 등 노출 경로에 따라 유해성이 달라짐
- 개인의 민감성: 개인의 건강 상태, 연령, 성별 등에 따라 유해성에 대한 민감도가 다름

나. 화학적 유해요인 관리 방법

화학적 유해요인을 관리하기 위해서는 다음과 같은 다양한 방법을 활용할 수 있다.

(1) 공학적 관리
- 환기 시설 설치: 유해 물질을 희석하고 배출하기 위한 환기 시설을 설치.
- 밀폐 시스템 도입: 유해 물질이 누출되는 것을 방지하기 위해 밀폐 시스템을 도입.
- 국소 배기 장치 설치: 유해 물질 발생원 부근에 국소 배기 장치를 설치하여 유해 물질을 포집.

(2) 관리적 관리
- 작업 허가제: 위험한 작업에 대한 허가 절차를 마련하고, 작업 전 안전 점검을 실시.
- 교육 훈련: 근로자에게 유해 물질에 대한 정보를 제공하고, 안전 작업 방법을 교육.
- 건강 검진: 정기적인 건강 검진을 통해 유해 물질 노출에 따른 건강 이상 유무를 확인.

(3) 개인 보호구 착용
- 호흡기 보호구: 마스크, 방독면 등을 착용하여 호흡기를 보호
- 피부 보호구: 장갑, 앞치마, 보호복 등을 착용하여 피부를 보호
- 안면 보호구: 안경, 보안경 등을 착용하여 눈을 보호

(4) 관련 법규
- 산업안전보건법: 유해 물질 관리에 대한 기본적인 법적 규정을 마련
- 화학물질관리법: 유해 화학 물질의 제조, 수입, 사용 등에 대한 규제를 담고 있음

다. 유해성 분류

(1) 독성:
- 급성 독성: 짧은 시간 내에 심각한 건강 피해를 일으킬 수 있는 독성
- 만성 독성: 장기간 노출 시 건강에 악영향을 미칠 수 있는 독성
- 발암성: 암 발생 위험을 증가시키는 독성
- 생식 독성: 생식 기능에 악영향을 미칠 수 있는 독성
- 기타: 신경독성, 면역독성, 피부독성 등

(2) 인화성:
- 인화점: 액체나 기체가 증발하여 공기와 혼합되어 화염이 발생하는 데 필요한 최저 온도
- 인화 범위: 하한 인화 농도와 상한 인화 농도 사이의 농도 범위
- 발화점: 액체가 증발하지 않고 표면에서 화염이 발생하는 데 필요한 최저 온도
- 인화성 액체: 인화점이 60℃ 이하인 액체
- 인화성 고체: 자발적으로 연소하거나 다른 물질과 접촉하여 쉽게 연소하는 고체
- 인화성 기체: 쉽게 발화하여 폭발 위험이 있는 기체

(3) 폭발성:
- 폭발 범위: 폭발성 물질과 공기의 혼합 농도 범위
- 폭발 하한 농도: 폭발성 물질과 공기의 혼합 농도가 낮아도 폭발이 가능한 최저 농도
- 폭발 상한 농도: 폭발성 물질과 공기의 혼합 농도가 높아도 폭발이 불가능한 최고 농도
- 폭발 압력: 폭발로 인해 발생하는 압력
- 폭발 감도: 충격, 마찰, 열 등에 의해 쉽게 폭발하는 정도

(4) 산화성:
- 산화제: 다른 물질의 산화 반응을 촉진하는 물질
- 환원제: 다른 물질의 환원 반응을 일으키는 물질
- 자연발화: 공기 중의 산소와 반응하여 자발적으로 연소하는 현상

(5) 기타:
- 부식성: 금속, 조직 등을 부식시키는 특성
- 개선성: 호흡기에 자극을 주고 염증을 일으키는 특성
- 마취성: 중추 신경계를 억제하여 의식을 상실하게 하는 특성

라. 관리방안

(1) 공학적 관리:
- 지역 제어: 국소 배기 시설 설치, 밀폐 용기 사용, 자동화 시스템 도입
- 원격 제어: 작업자와 유해 물질의 직접적인 접촉을 최소화
- 교체: 덜 위험한 물질로 대체

(2) 행정적 관리:
- 작업 허가제: 위험 작업에 대한 허가 절차 마련
- 안전 교육: 화학적 유해요인의 위험성, 취급 방법, 안전 조치 등에 대한 교육
- 개인 보호 장치 착용: 호흡기 보호 장치, 보호 안경, 고글, 장갑, 작업복

11.2.2 화학적 유해요인 노출 기준

가. 주요 화학적 유해요인 및 노출 기준

(1) 관리 대상 화학물질

유해 물질: 인체에 해를 끼칠 수 있는 가능성이 있는 물질

허가 대상 유해물질: 제조, 수입, 취급, 저장, 운반 등을 위해 허가를 받아야 하는 유해 물질

금지 대상 유해물질: 제조, 수입, 취급, 저장, 운반 등이 금지된 유해 물질

(2) 노출 기준

허용되는 노출기준 (TWA): 1일 8시간 동안 노출되어도 건강에 해를 끼치지 않는 농도

단시간 노출기준 (STEL): 15분 동안 노출되어도 건강에 해를 끼치지 않는 농도

최고 노출기준 (C): 잠시라도 노출되어서는 안 되는 농도

피크 노출기준: 단기간 노출이라도 건강에 해를 끼칠 수 있는 농도

(3) 노출 기준 설정 근거

독성학적 자료: 동물 실험, 역학 연구 등을 통해 얻은 자료

산업위생 조사: 실제 작업 현장에서의 노출 수준 조사

국제기관 권고: ILO, WHO 등 국제기관의 권고치

나. 주요 노출 기준 적용

(1) 작업 환경 측정
- 측정 방법:

  공기 중 농도 측정: 가스 검지관, 흡착관, 분광기 등

  생체학적 지표 측정: 혈액, 소변, 호흡 공기 등 검사
- 측정 빈도:

작업 환경 변화 시
새로운 유해 물질 도입 시
작업자의 건강 이상 발생 시

다. 노출 평가

- 측정 결과와 노출 기준 비교: 허용되는 노출 기준을 초과하지 않는지 평가
- 노출 위험도 평가: 노출 농도, 노출 시간, 작업자의 건강 상태 등을 고려하여 평가

11.2.3 화학적 유해요인 관리대책 수립

가. 화학적 유해요인 관리대책 수립 단계

(1) 현장 조사 및 자료 수집
- 작업 현장을 직접 방문하여 작업 과정을 관찰하고, 문제점을 파악.
- 작업자, 감독자, 안전 관리자 등의 인터뷰를 통해 정보를 수집.
- 작업 관련 문서, 통계자료, 사진, 영상 등을 수집.

(2) 화학적 유해요인 파악
- 작업 과정에서 사용되는 모든 화학 물질을 파악
- 각 화학 물질의 물리적, 화학적 특성, 위험성을 확인
- SDS (Safety Data Sheet)를 참고하여 정보를 습득

(3) 노출 평가
- 작업 현장에서 발생하는 화학 물질의 노출 농도를 측정
- 측정 결과를 기반으로 작업자의 노출 수준이 허용되는 기준을 초과하지 않는지 평가
- 허용되는 기준은 산업안전보건법 시행령 및 규칙, 산업안전보건공단 고시 등에 명시되어 있음

(4) 위험성 평가
- 파악된 화학 물질의 종류, 강도, 노출 시간, 작업자의 건강 상태 등을 고려하여 위험성을 평가
- HAZOP, FTA 등의 위험성 평가 도구를 활용할 수 있음

(5) 관리대책 수립

위험성 평가 결과를 기반으로 우선순위를 정하고, 효과적인 관리대책을 수립.

① 공학적 관리
- 제거: 발생원에서 제거 (대체 물질 사용, 작업 공정 개선 등)
- 격리: 작업자와 유해 물질의 직접적인 접촉 차단 (밀폐, 국소 배기 등)

- 감소: 발생량 감소 (자동화, 작업량 감소 등)

② 행정적 관리:

- 작업 허가제 운영
- 안전 교육 실시 (위험성, 취급 방법, 안전 조치 등)
- 개인 보호 장치 착용 (호흡기, 보호 안경, 장갑 등)
- 작업 위생 관리 철저
- 건강 관리 프로그램 운영 (정기적인 건강 검진, 건강 관리 교육 등)

③ 개인적 관리:

- 흡연 금지
- 작업 후 손 씻기
- 음식물 섭취 금지

(6) 관리대책 실행 및 평가

- 수립된 관리대책을 현장에 적용하고, 지속적으로 관리 및 점검
- 관리대책의 효과를 평가하고, 필요에 따라 개선.

(7) 문서화

현장 조사, 노출 평가, 위험성 평가, 관리대책 수립, 관리대책 실행 및 평가 등의 과정을 문서화한다.

11.3 생물학적 유해요인 관리

11.3.1 생물학적 유해요인 파악

생물학적 유해요인은 근로자의 안전과 건강을 위협하는 다양한 생물학적 요소들을 포함하며 살아있는 생물체 또는 그들의 부산물로 인해 인간의 건강에 해를 끼칠 수 있는 모든 요소를 말한다. 이러한 유해요인은 다양한 형태로 존재하며, 우리의 건강과 안전을 위협할 수 있다.

가. 생물학적 유해요인의 분류

생물학적 유해요인은 크게 다음과 같이 분류할 수 있다.

- 미생물: 바이러스, 세균, 곰팡이, 원생생물 등
- 동물: 곤충, 설치류, 기생충 등
- 식물: 독성 식물, 알레르기 유발 식물

(1) 미생물

바이러스: 매우 작은 크기의 비세포성 감염원으로, 감염된 세포 내에서만 증식하며 감기, 독감, 에볼라, 코로나19 등 다양한 질병을 유발

세균: 단세포 생물로, 다양한 형태와 크기를 가지며, 식중독, 폐렴, 결핵 등 다양한 질병을 유발

곰팡이: 습하고 따뜻한 환경에서 잘 자라는 진핵생물로, 알레르기, 아토피, 호흡기 질환 등을 유발

- 원생생물: 단세포 진핵생물로, 말라리아, 아메바 등 다양한 질병을 유발

(2) 동물

곤충: 모기, 파리, 벼룩 등은 질병을 매개하며, 벌, 뱀 등은 직접적인 독침이나 독액으로 해를 입힐 수 있다.

설치류: 쥐, 쥐 등은 질병을 매개하고 건물을 파괴하며, 식량을 오염시킬 수 있다.

기생충: 숙주의 몸 안에서 살면서 영양분을 섭취하고 질병을 유발하는 생물로 회충, 촌충, 간흡충 등이 대표적인 예이다.

(3) 식물

독성 식물: 독성 물질을 함유하여 섭취 시 중독을 일으키는 식물로 독버섯, 투구꽃 등이 대표적인 예이다.

알레르기 유발 식물: 꽃가루, 옻나무 등은 알레르기 반응을 일으켜 호흡기 질환이나 피부 질환을 유발할 수 있다.

11.3.2 생물학적 유해요인 노출기준

생물학적 유해요인 노출기준은 근로자가 작업장에서 안전하게 일할 수 있도록 설정된 기준으로, 미생물, 바이러스, 곰팡이, 기생충 등 다양한 생물학적 요인에 대한 노출 한계를 규정한다. 이러한 기준은 건강 문제를 예방하고 작업장의 안전성을 보장하기 위해 마련되었다.

산업안전보건법 및 산업안전보건기준에 관한 규칙에 의해 생물학적 유해요인의 관리 및 노출기준이 규정되어 있다. 이를 통해 사업주는 생물학적 유해요인에 대한 평가와 적절한 관리 계획을 수립하고, 근로자 보호를 위한 조치를 취해야 한다.

노출기준은 다양한 생물학적 요인에 대해 정의되며, 각 요인의 특성에 따라 다르게 설정 된다 여기에는 일반 기준과 특정 기준이 포함된다.

가. 일반 기준

위생관리: 작업장 내 위생을 유지하고, 주기적인 소독 및 청소를 실시해야 한다.

개인 보호 장비(PPE): 근로자가 생물학적 유해요인에 노출되는 것을 최소화하기 위해 적절한 보호 장비를 제공해야 한다.

교육 및 훈련: 생물학적 유해요인에 대한 이해와 예방 조치를 위한 교육 및 훈련 을 제공해야 한다.

나. 특정 기준

미생물 농도: 공기 중 특정 미생물의 허용 농도를 설정하여, 초과 시 적절한 대응 조치를 취해야 한다.

바이러스 및 세균: 감염성 미생물의 경우, 노출 제한을 명확히 하고, 감염 관리 방안을 마련해야 한다.

감염 위험 평가: 특정 작업에서 감염 위험을 평가하고, 그에 따라 노출 제한을 설정해야 한다.

다음은 주요 생물학적 유해요인과 노출기준 예시이다.

(1) 세균

대장균(Escherichia coli): 최대 허용 농도 (cfu/m^3 또는 ml 기준)를 설정하여, 그 이상 노출될 경우 방지하기 위한 조치를 취해야 한다.

결핵균(Mycobacterium tuberculosis): 감염 예방을 위해 공기 중 허용 농도 및 환기 시스템을 강화한다.

(2) 바이러스

HIV: 혈액이나 체액에 노출되지 않도록 조치한다.

SARS-CoV-2(코로나바이러스): 접촉 및 비말 전파 방지를 위한 기준을 설정한다.

(3) 진균

아스페르길루스(Aspergillus): 작업 환경에서 진균 포자 농도를 관리하여, 최대 허용 농도를 초과하지 않도록 조치한다.

(4) 기생충

회충(Ascaris): 작업장 내 기생충 알의 노출 기준 설정 및 작업장 청결을 유지한다.

11.3.3 생물학적 유해요인 관리대책 수립

생물학적 유해요인 관리대책은 근로자를 생물학적 위험으로부터 보호하고 작업장의 안전 성을 유지하기 위한 포괄적인 방안을 포함한다. 이러한 관리대책은 법적 요구사항을 준수하 고 효과적인 예방 조치를 통해 생물학적 유해요인의 노출을 최소화하는 것을 목표로 한다.

가. 유해요인 식별 및 평가

유해요인 식별: 작업 환경에서 존재할 수 있는 모든 생물학적 유해요인 (세균, 바이러스, 진균, 기생충 등)을 식별한다.

위험 평가: 노출 가능성과 심각성을 평가하여 우선 순위를 결정한다.

나. 노출 경로 분석

직접 노출: 감염성 물질과의 직접 접촉

간접 노출: 오염된 표면, 공기 중 비말 등을 통한 노출

다. 관리 목표 설정

유해요인에 대한 최대 허용 농도 및 노출 수준을 설정하고, 이를 유지하기 위한 목표를 수립한다.

라. 관리 대책 개발

평가된 위험에 맞추어 적절한 관리 대책을 설계한다.

다음은 관리대책의 주요 구성 요소이다.

(1) 작업환경 관리

- 위생 관리: 작업장 청결 유지, 정기적인 소독 및 청소
- 작업 절차: 유해요인 노출을 최소화하는 작업 절차 수립
- 환기 시스템: 공기 중 유해요인의 농도를 낮추기 위해 적절한 환기 시스템 설치

(2) 개인 보호 장비 (PPE)

- 보호복: 감염성 물질과의 접촉을 차단하는 보호복 제공

- 장갑: 피부 접촉을 막기 위한 보호 장갑 착용
- 마스크 및 호흡 보호구: 공기 중 유해요인의 흡입을 방지하기 위한 마스크 착용
- 안경 및 얼굴 보호구: 비말로부터 눈과 얼굴 보호

(3) 교육 및 훈련
- 근로자 교육: 유해요인의 위험성과 예방 대책에 대한 교육
- 훈련 프로그램: PPE 사용법, 응급처치, 오염된 장비 처리 등의 훈련

(4) 건강 관리
- 정기 건강 검진: 노출 근로자의 건강 상태를 주기적으로 점검
- 예방 접종: 필요한 예방 접종 실시 (예: B형 간염, 인플루엔자 등)
- 건강 기록: 건강 검진 결과와 유해요인 노출 기록 보관

(5) 응급 대응
- 응급 계획: 유해요인 노출 시 즉각적인 대응 절차 마련
- 응급 처치 키트: 노출 사고 발생 시 사용할 수 있는 응급 처치 키트 구비
- 격리 및 소독: 오염된 장소의 즉각적인 격리와 소독

(6) 폐기물 관리
- 오염물 처리: 감염성 폐기물의 안전한 처리 절차 마련
- 폐기물 보관: 오염된 폐기물의 적절한 보관 방법 (예: 생물학적 위험 물질용 폐기 물 봉투)

Chapter 12 작업환경 관리

12.1 인체계측 및 체계제어

12.1.1 인체계측 및 응용원칙

인체계측은 인간의 신체 측정값을 연구하고 분석하는 것으로, 다양한 산업에서 중요한 역할을 한다. 이를 통해 인체의 구조적, 기능적 특성을 이해하고, 제품 설계 및 작업 환경 개선 등에 응용할 수 있다.

인체계측이란 인간 신체의 치수와 형태를 측정하고 분석하는 과정으로, 이는 개인의 키, 체중, 팔 길이, 다리 길이, 체형 등의 데이터를 포함한다. 계측을 통해 인체의 평균적인 크기와 형태를 이해하고, 이를 바탕으로 제품 설계, 공간 배치, 작업 환경을 최적화하는 데에 목적이 있다.

다음은 주요 측정값에 대한 내용이다.

신장: 전체 키

체중: 몸무게

팔 길이: 어깨부터 손목까지의 길이

다리 길이: 허리부터 발끝까지의 길이

체형: 신체의 전반적인 형태와 비율

인체계측에 있어 데이터 수집 및 분석은 다음의 원칙들을 준수해야 한다.

- 대표성: 인구의 다양한 연령, 성별, 체형을 포함하여 데이터를 수집
- 정확성: 표준화된 측정 방법과 도구 사용
- 정기적 업데이트: 최신 데이터를 반영하여 지속적으로 업데이트 나. 데이터 활용
- 다양성 고려: 제품이나 환경 설계 시 인구의 다양한 신체적 특성을 반영
- 안전성: 신체적 한계와 안전을 고려하여 설계 다. 사용자 중심 설계
- 편리성: 사용자의 편리성을 높이는 방향으로 설계
- 접근성: 모든 사용자가 쉽게 접근하고 사용할 수 있도록 설계

인체계측 데이터 유형에는 두 가지 유형이 있다. 신체가 정지된 상태에서의 측정값인 정적 데이터와 신체가 움직이는 상태에서의 측정값인 동적 데이터이다. 이 데이터를 구할 때 방식은 줄자 등을 이용하여 직접 측정하는 방식과 이미지나 스캔 데이터를 이용한 측정(간접 측정)이 있다.

12.1.2 신체반응의 측정

신체반응이란 사람의 신체에서 발생하는 다양한 생리적, 행동적 반응을 측정하여 분석하는 방법이다. 신체적 상태와 환경 변화에 따른 반응을 이해하고, 이를 통해 건강 관리, 인체 공학적 설계, 심리적 연구 등에 활용한다.

주요 신체반응 측정 지표에는 심박수, 혈압, 호흡률, 피부 전기 반응(GSR), 체온, 뇌파 (EEG), 근전도(EMG), 안구 운동, 체성 감각 반응, 자세 변화가 있다.

다음은 신체반응 측정 방법이다.

① 심전도(ECG)
  사용 기기: 심전도 장치, 웨어러블 심박수 모니터
  측정 방법: 심장 주위에 전극을 부착하여 심전기 신호를 기록

② 혈압계
  사용 기기: 수은혈압계, 전자 혈압계
  측정 방법: 팔 또는 손목에 커프를 감싸고 혈압을 측정

③ 호흡기 센서
  사용 기기: 호흡 벨트, 호흡 추적기
  측정 방법: 흉부나 복부에 벨트를 감아 호흡 변화를 기록

④ 피부 전기 반응 측정기
  사용 기기: GSR 측정기
  측정 방법: 손바닥 또는 손가락에 전극을 부착하여 피부 전도도 변화를 기록

⑤ 체온계
  사용 기기: 디지털 체온계, 적외선 체온계
  측정 방법: 구강, 귀, 이마 등에서 체온을 측정

⑥ 뇌파 측정기
  사용 기기: EEG 장치
  측정 방법: 두피에 전극을 부착하여 뇌파 신호를 기록

⑦ 근전도 측정기
  사용 기기: EMG 장치
  측정 방법: 근육 위에 전극을 부착하여 근육 활동을 기록

⑧ 안구 운동 추적 장치

사용 기기: 안구 운동 추적기, 고글형 추적기
측정 방법: 눈 주위에 장치를 설치하여 안구의 움직임을 기록

⑨ 체성 감각 측정기
사용 기기: 감각 신경 측정기
측정 방법: 신체 부위에 자극을 가하여 감각 신경 반응을 기록

⑩ 자세 측정기
사용 기기: 가속도계, 자이로스코프
측정 방법: 신체에 장착하여 자세와 움직임을 기록

12.1.3 표시장치 및 제어장치

표시장치는 산업 현장에서 정보를 시각적으로 표시하여 작업자에게 중요한 상태, 경고, 지침 등을 전달한다.

다음은 표시장치 주요 유형이다.

가. HMI(Human-Machine Interface) 디스플레이

- 작동 원리: 기계와 사용자 간의 인터페이스로, 장비 상태, 작업 흐름, 경고 등을 시각적으로 표시
- 특징: 터치스크린과 버튼을 포함하여 직관적인 제어와 피드백 제공

나. LED 경고등 및 표시등

- 작동 원리: 기계나 시스템의 상태 변화에 따라 LED 색상이 변하여 경고나 정보를 시각적으로 전달
- 특징: 고광도, 긴 수명, 즉각적인 시각적 경고 제공

다. 디지털 계기판

- 작동 원리: 기계의 작동 상태, 속도, 온도 등을 디지털로 표시
- 특징: 직관적인 데이터 읽기, 다양한 측정 값 실시간 표시

라. 대형 디스플레이 보드
- 작동 원리: 실시간으로 생산 상태, 안전 지침, 경고 등을 표시
- 특징: 공장 전체에 정보를 전달하기 위한 대형 디스플레이

마.음성 경고 시스템
- 작동 원리: 특정 조건이나 사고 발생 시 음성으로 경고 메시지를 전달
- 특징: 시각적인 정보와 함께 음성으로 주의를 환기시켜 안전 강화

다음은 제어장치 주요 유형이다.

가. 비상 정지 버튼(Emergency Stop Button)
- 작동 원리: 긴급 상황 시 버튼을 눌러 기계나 시스템을 즉시 정지
- 특징: 즉각적인 반응, 기계적 고장이 발생했을 때 위험을 최소화

나. 안전 인터록(Safety Interlock)
- 작동 원리: 보호 장치가 올바른 위치에 있을 때만 기계를 작동 가능하게 제어
- 특징: 기계 접근 제한, 보호 장치가 제자리에 있을 때만 작동 가능

다. 프로그램 로직 컨트롤러(PLC)
- 작동 원리: 프로그래밍 가능한 로직을 통해 기계의 자동화 제어
- 특징: 다양한 입력과 출력을 제어하여 복잡한 자동화 시스템 구현

라. 센서(Sensors)
- 작동 원리: 물리적 변화를 감지하여 제어 신호로 변환
- 종류: 온도 센서, 압력 센서, 광 센서 등
- 특징: 기계 상태 감지, 자동화 제어 시스템에 정보 제공

마. 리미트 스위치(Limit Switch)
- 작동 원리: 기계의 움직임을 제한하여 특정 위치에 도달하면 작동을 멈추거나 신호를 보냄
- 특징: 기계적 위치 제어, 과도한 동작 방지

바. 제어 패널 (Control Panel)

- 작동 원리: 다양한 제어 장치와 계기판이 결합된 시스템으로 기계나 프로세스를 조작
- 특징: 중앙 집중 제어, 다양한 기계 상태 모니터링

사. 자동화 제어 시스템 (Automation Control System)

- 작동 원리: 컴퓨터와 소프트웨어를 사용하여 생산 공정의 자동 제어
- 특징: 효율적인 생산 관리, 오류 감지 및 자동 수정

제어장치를 활용하여 안전성 강화, 효율성 향상, 오류 감소가 이루어질 수 있다.

12.1.4 통제표시비

통제표시비는 제어장치를 통해 가한 입력이 표시장치에 나타나는 출력과의 비율이다. 이는 사용자가 입력한 명령이 화면에 어떻게 반영되는지를 수치로 나타내며, 일반적으로 증폭 비율로 표시된다. 통제표시비는 시스템의 정확도와 사용자 경험을 결정하는 중요한 요소로, 산업 자동화, 기계 제어, 운전 등의 분야에서 필수적으로 고려된다. 높은 통제표시비는 작은 입력으로 큰 출력 변화를 가져와 정밀한 제어가 가능하며, 낮은 통제표시비는 큰 입력이 있어야 출력이 변하여 안정적인 제어가 가능하다.

다음은 통제표시비의 유형과 적용 사례이다.

가. 유형

(1) 정적 통제표시비(Static Control-Display Ratio)
- 특징: 통제표시비가 일정한 경우
- 예시: 마우스 움직임과 커서 이동, 조이스틱과 기계 팔의 움직임

(2) 동적 통제표시비(Dynamic Control-Display Ratio)
- 특징: 통제표시비가 변화하는 경우
- 예시: 차량 핸들의 회전각에 따른 실제 바퀴의 회전 각도, 비행기의 조종사와 제어면의 관계

나. 적용 사례

(1) 산업 자동화

- CNC 기계 제어: 마우스나 조이스틱의 작은 움직임이 기계의 정밀한 절단 동작으로 변환
- 로봇 팔 제어: 제어 장치의 작은 움직임이 로봇 팔의 정밀한 위치 제어로 이어짐

(2) 자동차

- 스티어링 휠: 핸들을 돌릴 때 바퀴의 회전 각도를 결정하는 통제표시비가 안정적인 운전을 도움.
- 페달과 속도: 가속 페달을 밟을 때 차량의 가속도 변화를 결정

(3) 항공기

- 조종간: 조종간의 움직임에 따라 비행기의 높이와 방향이 변함
- 스로틀 레버: 엔진의 출력을 제어하여 비행기의 속도를 조절

(4) 건설 기계

- 굴삭기: 조이스틱의 움직임이 굴삭기의 암과 버킷의 움직임으로 변환
- 크레인: 제어 레버의 이동이 크레인의 붐과 후크의 위치 제어로 이어짐

다. 다음은 통제표시비의 설계 원칙

(1) 일관성

- 일관된 비율: 입력에 따른 출력이 일정한 비율로 변해야 사용자가 쉽게 제어가능

예시: 컴퓨터 마우스의 이동이 커서의 이동과 일정하게 연관

(2) 정밀성과 안정성

- 정밀한 제어: 높은 통제표시비는 정밀한 작업에 적합, 작은 입력 변화가 큰 출력 변화를 초래
- 안정적인 제어: 낮은 통제표시비는 안정적인 제어에 적합, 큰 입력이 있어야 출력이 변함

(3) 사용자 중심 설계

- 피드백 제공: 출력의 변화가 입력의 변화에 대해 직관적이고 즉각적으로 피드백
- 피로 최소화: 장시간 사용 시 사용자의 피로를 줄이기 위해 적절한 통제표시비를 유지

(4) 상황 적응성

환경 고려: 작업 환경과 사용자의 특성을 고려하여 통제표시비를 조정

안전성: 위험한 작업 환경에서는 안정적인 통제표시비를 유지 마. 조절 가능성

사용자 맞춤화: 사용자가 필요에 따라 통제표시비를 조정할 수 있는 기능 제공

12.1.5 양립성

양립성은 산업안전 분야에서 작업 환경과 인간의 신체적, 인지적 특성이 조화를 이루어 안전하고 효율적인 작업을 가능하게 하는 중요한 개념이다. 양립성은 인체공학적 설계와 시스템 통합을 통해 구현되며, 다양한 산업 분야에서 안전사고 예방과 작업 효율성을 향상시키기 위해 적용된다.

다음은 양립성의 유형이다.

(1) 물리적 양립성 (Physical Compatibility)
정의: 인간의 신체적 능력과 작업 환경 또는 장비가 조화롭게 설계되어 있는지 여부.
예시: 기계 조작 레버의 크기와 위치가 작업자의 손에 잘 맞는지, 작업대의 높이가 적절한지.

(2) 인지적 양립성 (Cognitive Compatibility)
정의: 작업자가 시스템이나 장비의 정보를 이해하고 사용할 수 있는지 여부.
예시: 기계의 인터페이스가 직관적이고 이해하기 쉬운지, 경고 표시가 명확하고 이해하기 쉬운지.

(3) 작업 양립성 (Task Compatibility)
정의: 작업 절차와 도구가 작업자의 기술 수준과 경험에 맞게 설계되어 있는지 여부.
예시: 작업 순서가 논리적이고 직관적인지, 필요한 도구와 장비가 쉽게 접근 가능한지.

(4) 환경 양립성 (Environmental Compatibility)
정의: 작업 환경이 작업자의 건강과 안전을 지킬 수 있는지 여부.
예시: 조명, 온도, 소음 수준이 작업에 적합한지.

다음은 양립성의 적용 사례이다.

(1) 작업장 설계
- 기계 조작
  물리적 양립성: 조작 레버와 버튼의 크기, 위치가 작업자의 손 크기와 힘에 적합하게 설계.
  인지적 양립성: 조작 방법과 결과가 직관적이고 명확하게 표시되어야 함.
- 작업대
  물리적 양립성: 작업대 높이가 삭업자의 신체 치수에 맞게 조절 가능.
  환경 양립성: 작업대 주변의 조명이 충분하고, 소음이 최소화된 환경 제공.

(2) 차량 운전
- 운전석
  물리적 양립성: 운전석의 높이, 위치, 시트 조절 기능이 운전자의 신체 크기와 맞도록 설계.
  인지적 양립성: 계기판과 컨트롤의 배치가 이해하기 쉽고 조작하기 쉬워야 함.

- 안전장치

작업 양립성: 안전벨트, 에어백 등의 사용이 직관적이고 손쉽게 접근 가능해야 함.

환경 양립성: 차량 내의 온도 조절, 소음 수준이 운전에 적합한 환경 제공.

(3) 건설 현장

- 안전 장비

물리적 양립성: 헬멧, 안전벨트 등의 크기와 무게가 작업자의 신체와 조화를 이루어야 함.

작업 양립성: 안전 장비의 사용 방법이 직관적이고 쉽게 이해되어야 함.

- 작업 환경

환경 양립성: 작업 현장의 조명, 환기, 소음이 작업자의 안전과 건강을 유지하는 수준.

양립성을 높이기 위해서는 사용자 중심 설계, 인체공학적 고려, 직관적 인터페이스, 안전 및 접근성의 원칙이 필요하다.

12.1.6 수공구

수공구는 제작, 조립, 보수, 수리 등 다양한 작업 현장에서 사용되는 도구이다. 비교적 간 편하게 사용할 수 있다는 장점이 있지만, 부적절하게 사용하면 심각한 사고를 초래할 수 있으므로 안전하게 사용하는 것이 매우 중요하다.

수공구는 작업 목적, 사용 방법, 형태 등에 따라 다양하게 분류된다. 대표적인 수공구 종류는 다음과 같다.

- 절단공구: 쇠톱, 칼, 끌, 펀치 등
- 타격공구: 망치, 쇠망치, 곡괭이, 끌 등
- 조립공구: 드라이버, 렌치, 몽키렌치, 나사못, 핀 등
- 측정공구: 자, 눈금자, 각도계, 수평기, 미터 등
- 마찰공구: 연마종이, 숫돌, 파일, 샌드페이퍼 등
- 잡아당기는 공구: 펜치, 니퍼, 핀셋, 끌집게 등

수공구를 안전하게 사용하기 위해서는 다음과 같은 주의사항을 준수해야 한다.

- 적절한 수공구 선택: 작업 목적에 맞는 적절한 수공구를 선택해야 한다. 손에 맞지 않거나 손상된 수공구는 사용하지 않도록 한다.
- 안전한 작업 자세 유지: 작업 전에 안전 교육을 받고, 올바른 작업 자세를 유지해야 한다.
- 보호구 착용: 작업 내용에 따라 장갑, 마스크 등 보호구를 착용해야 한다.
- 집중력 유지: 주변 환경에 주의를 기울이고, 집중력을 유지하며 작업해야 한다.

- 정기적인 점검 및 관리: 수공구를 사용하기 전에 흠집, 손상, 부품 누락 등이 없는지 점검해야 한다. 사용 후에는 깨끗하게 청소하고, 윤활유를 발라 보관해야 한다.
- 허용되지 않은 용도로 사용하지 않기: 수공구는 설계된 용도 외로 사용하지 않도록 한다.

참고자료: 관련법규
-「산업안전보건법」 제39조의3
-「산업안전보건법 시행규칙」 제81조의5,제81조의6

12.2 신체활동의 생리학적 측정법

12.2.1 신체반응의 측정

가. 작업 종류에 따른 측정

작업의 종류에 따라 측정해야 할 신체 부위와 측정 방법이 달라지며 일반적으로 다음과 같은 작업 종류에 따른 측정이 이루어진다.

- 근골격계 작업: 관절 각도, 근육 활성도, 자세 등을 측정하여 근골격계 부담을 평가
- 정신 작업: 반응 시간, 정확도, 주의 집중력 등을 측정하여 정신적 부담을 평가.
- 물리적 부하 작업: 심박수, 혈압, 체온 등을 측정하여 심혈관계 부담을 평가.

나. 생리적 반응 측정

생리적 반응 측정은 작업 수행 중 나타나는 신체의 생리적인 변화를 측정하여 작업 부담을 평가하는 방법으로 대표적인 생리적 반응 측정 방법은 다음과 같습니다.

- 심전도(ECG): 심박수, 심박 변이도 등을 측정하여 심혈관계 부담을 평가
- 뇌파(EEG): 뇌 활동을 측정하여 정신적 부담을 평가
- 근전도(EMG): 근육의 활성도를 측정하여 근골격계 부담을 평가
- 피부전기저항(GSR): 스트레스, 불안 등 정서적 상태를 측정
- 호흡: 호흡률, 호흡 깊이 등을 측정하여 심리적 부담을 평가

다. 측정 목적

신체 반응 측정의 목적은 다음과 같다.

- 작업 부담 평가: 작업 수행 시 발생하는 신체적, 정신적 부담을 정량적으로 평가
- 작업 개선: 작업 부담이 높은 부분을 개선하여 작업 환경을 개선
- 건강 유지: 작업 관련 질병 예방 및 건강 증진에 기여
- 인체공학적 설계: 작업 도구, 장비, 작업 환경을 인체에 맞게 설계

라. 측정시 고려사항

- 측정 환경: 측정 환경은 측정 결과에 영향을 미치므로, 가능한 한 실제 작업 환경과 유사하게 조성
- 측정 기기: 측정 기기의 정확도와 신뢰성을 확보
- 측정 방법: 측정 방법은 측정 목적과 작업 특성에 맞게 선택
- 데이터 분석: 측정된 데이터를 분석하여 의미 있는 결과 도출

결론적으로, 신체 반응 측정은 작업 환경 개선과 근로자 건강 증진을 위한 중요한 도구이다.

12.2.2 신체역학

신체역학은 인체의 움직임과 힘에 대한 원리를 이해하고, 이를 바탕으로 안전하고 효율적인 작업 방법을 개발하는 것을 의미한다. 작업 현장에서 발생하는 다양한 사고 중 상당수가 부적절한 자세나 동작으로 인한 근육골격계 질환과 관련이 있다. 따라서 신체역학 원리를 이해하고 적용하는 것은 산업안전을 위해 매우 중요하다.

신체역학은 다음과 같은 주요 개념들을 다룬다.

- 근골격계: 뼈, 근육, 인대, 관절 등 인체의 움직임과 힘에 관련된 기관들을 총칭
- 인체역학적 부하: 작업 과정에서 근골격계에 가해지는 힘과 압력을 의미
- 허용 허리 부하: 근골격계가 안전하게 견딜 수 있는 최대 허용 허리 부하를 의미
- 작업 자세: 작업을 수행하는 동안 유지하는 인체의 자세를 의미
- 작업 동작: 작업을 수행하기 위해 필요한 인체의 움직임을 의미
- 작업 효율성: 작업을 안전하고 빠르게 완료하는 능력을 의미

산업 현장에서 근골격계 질환을 유발할 수 있는 신체역학적 위험 요소는 다음과 같다.

- 부적절한 작업 자세: 웅크린 자세, 앉아서 하는 작업, 머리를 위로 들어 올리는 자세 등은 근골격계에 과도한 부하를 줄 수 있다.
- 반복적인 동작: 같은 동작을 반복적으로 수행하는 작업은 특정 근육 그룹에 지속적인 부하를 줄 수 있다.
- 높은 힘: 무거운 물건을 들어 올리거나, 밀거나, 당기는 작업은 근골격계에 과도한 힘을 가할 수 있다.
- 진동: 전동 공구 사용, 기계 작동 등으로 인한 진동은 근골격계에 피로를 유발하고, 손상을 줄 수 있다.

산업 현장에서 신체역학적 위험을 관리하기 위한 방안은 다음과 같다.

- 작업 분석: 작업 과정을 분석하여 신체역학적 위험 요소를 파악한다.
- 작업 설계: 신체역학적 위험 요소를 최소화하도록 작업 방법, 작업 환경, 작업 장비 등을 설계한다.
- 작업 교육: 근로자에게 신체역학 원리, 안전한 작업 자세 및 동작, 근골격계 질환 예방 방법 등을 교육한다.
- 작업 관리: 근로자의 작업 자세 및 동작을 관찰하고, 피로 징후를 파악하여 적절한 휴식 시간을 제공한다.
- 보호구 착용: 작업 내용에 따라 허리띠, 무릎 보호대 등 근골격계를 보호하는 보 호구를 착용한다.
- 정기적인 건강검진: 근로자의 근골격계 건강 상태를 정기적으로 검진하여 조기 발 견 및 치료한다.

12.2.3 신체활동의 에너지 소비

가. 신체활동과 에너지 소비

신체활동의 에너지 소비는 근로자의 건강과 안전, 작업 효율성, 그리고 산업재해 예방에 중요한 영향을 미친다.

에너지 소비에 영향을 미치는 요소는 다음과 같다.

- 근무 강도: 작업 강도가 높을수록 더 많은 에너지를 소비한다.
- 작업 시간: 작업 시간이 길수록 더 많은 에너지를 소비한다.
- 작업 환경: 고온, 고습, 저온 등 불쾌한 작업 환경은 에너지 소비를 증가시킬 수 있다.
- 근로자의 개인적 특성: 나이, 성별, 체중, 체력 등 근로자의 개인적 특성에 따라 에너지 소비량이 달라질 수 있다.

신체 활동의 에너지 소비를 계산하는 방법은 다음과 같다.

- 메트(MET): 1분당 1 kg 체중당 1 kcal의 에너지를 소비하는 활동을 1 MET라고 정의 한다.
- 작업 강도: 작업 강도를 MET로 환산하여 에너지 소비량을 계산할 수 있다. 예를 들어, 가벼운 작업은 1.5-3 MET, 보통의 작업은 3.5-6 MET, 무거운 작업은 6 MET 이상으로 분류된다.
- 작업 시간: 작업 시간을 MET와 곱하여 에너지 소비량을 계산할 수 있다. 예를 들 어, 1시간 동안 4 MET 강도의 작업을 수행하면 240 kcal의 에너지를 소비하게 된다.

에너지 소비량 산출은 중요하다. 그 이유는 다음과 같다.

- 근로자의 건강 관리: 근로자의 에너지 소비량을 파악하여 과도한 근무를 방지하고, 충분한 휴식 시간을 제공함으로써 근로자의 건강을 보호할 수 있다.
- 작업 효율성 향상: 근로자의 에너지 소비량을 최적화하여 피로를 줄이고, 작업 효율성을 향상시킬 수 있다.
- 산업재해 예방: 근로자의 피로를 방지하고, 집중력을 유지함으로써 산업재해를 예방할 수 있다.

에너지 소비량을 줄이는 방법은 다음과 같다.

- 작업 강도 감소: 자동화, 기계화 등을 통해 작업강도를 줄일 수 있다.
- 작업 시간 단축: 작업 시간을 단축하고, 휴식 시간을 늘려 에너지 소비량을 줄일 수 있다.
- 작업 환경 개선: 작업 환경을 개선하여 불쾌 지수를 낮출 수 있다.
- 근력 및 심폐 기능 향상: 근력 및 심폐 기능을 향상시키는 운동을 통해 에너지 소비 효율성을 높일 수 있다.

나. 작업강도와 RMR값의 관계

작업강도란, 간단히 말해 어떤 작업을 수행할 때 소모되는 에너지의 양을 의미한다. 그리고 RMR(Relative Metabolic Rate)은 상대적인 에너지 대사율로, 생물체가 단위 시간당, 단위 체중당 사용하는 에너지의 양을 나타내는 지표다.

(1) 작업강도와 RMR의 관계:

작업강도가 높아질수록 RMR 값도 증가한다. 즉, 힘든 작업을 할수록 더 많은 에너지를 소모하게 되므로 RMR 값이 높아지는 것이다.

예시:

가벼운 작업: 책상에 앉아서 글을 쓰거나 컴퓨터 작업을 하는 등의 가벼운 작업은 RMR 값이 낮습니다.

중간 정도의 작업: 집안일, 가벼운 운동 등은 RMR 값을 중간 정도로 올립니다.

무거운 작업: 힘든 운동, 무거운 짐 나르기 등은 RMR 값을 크게 높입니다.

(2) RMR 값에 따른 작업강도 분류

일반적으로 RMR 값에 따라 작업 강도를 다음과 같이 분류한다.

경작업: RMR 0.1 ~ 1

중등도 작업: RMR 1 ~ 2

중작업: RMR 2 ~ 4

고강도 작업: RMR 4 ~ 7

매우 고강도 작업: RMR 7 이상

(3) RMR값의 측정

RMR = 작업대사량 /기초대사량 = (작업시 소비에너지 - 휴식시 소비에너지)/기초대사량

다. 휴식시간의 산정

작업강도에 따른 휴식 시간은 다음과 같이 산출한다.

R(휴식시간) = 60분*(E(Kcal/min) - 5)/(E- 휴식중 에너지 소비량(1.5 Kcal)): 남성

= 60분 *(E-3.5)/(E-1.5):여성

E: 작업시 에너지 소비량(Kcal/min)

12.2.4 동작의 속도와 정확성

동작의 속도와 정확성은 근로자의 생산성, 작업 효율성, 그리고 안전에 중요한 영향을 미친다. 동작의 속도와 정확성에 영향을 미치는 요소는 다음과 같다.

- 근로자의 개인적 특성: 나이, 성별, 경험, 체력, 훈련 수준 등 근로자의 개인적 특성에 따라

동작의 속도와 정확성이 달라질 수 있다.
- 작업 환경: 조명, 소음, 온도, 습도 등 작업 환경이 동작의 속도와 정확성에 영향을 미칠 수 있다.
- 작업 도구 및 장비: 작업 도구 및 장비의 디자인, 기능, 상태 등이 동작의 속도와 정확성에 영향을 미칠 수 있다.
- 작업 지침 및 교육: 명확하고 간결한 작업 지침 및 교육은 동작의 속도와 정확성을 향상시킬 수 있다.
- 근로자의 피로: 근로자의 피로는 동작의 속도와 정확성을 저하시킬 수 있다.

동작의 속도와 정확성을 측정하는 방법은 다음과 같다.
- 시간 측정: 작업 완료에 걸리는 시간을 측정하여 동작의 속도를 평가한다.
- 오류 측정: 작업 과정에서 발생하는 오류 수를 측정하여 동작의 정확성을 평가한다.
- 움직임 분석: 비디오 촬영 및 분석을 통해 근로자의 움직임 패턴을 분석하고, 개선점을 찾는다.
- 주관적인 평가: 감독자 또는 전문가가 근로자의 동작을 직접 관찰하고 평가한다.

동작의 속도와 정확성을 향상시키는 방법은 다음과 같다
- 작업 분석: 작업 과정을 분석하여 비효율적인 동작을 파악하고 개선한다.
- 작업 교육: 근로자에게 올바른 작업 방법, 안전한 작업 자세 및 동작, 작업 도구 및 장비 사용법 등을 교육한다.
- 훈련: 근로자의 동작의 속도와 정확성을 향상시키기 위한 훈련 프로그램을 운영한다.
- 작업 환경 개선: 조명, 소음, 온도, 습도 등 작업 환경을 개선하여 근로자의 집중력을 높인다.
- 작업 도구 및 장비 개선: 작업 도구 및 장비의 디자인, 기능, 상태를 개선하여 작업 효율성을 높인다.
- 근로자의 건강 관리: 근로자의 건강 상태를 정기적으로 검진하고, 근력 및 심폐 기능 향상을 위한 운동 프로그램을 제공한다.

동작의 속도와 정확성을 향상시킬 때는 근로자의 안전을 항상 최우선으로 고려해야 한다.

12.3 작업 공간 및 작업 자세

12.3.1 부품 배치의 원칙

부품배치의 원칙으로는 중요성의 원칙, 사용빈도의 원칙, 기능별 배치의 원칙, 사용 순서의 원칙이 있다.

(1) 중요성의 원칙

부품의 작동성능이 목표달성에 중요한 정도에 따라 우선순위를 결정하는 것이다.

(2) 사용빈도의 원칙

부품이 사용되는 빈도에 따른 우선순위를 결정 하는 것이다.

(3) 기능별 배치의 원칙

기능적으로 관련된 부품을 모아서 배치하는 것이다.

(4) 사용 순서의 원칙

사용 순서에 맞게 순차적으로 부품들을 배치하는 것이다.

12.3.2 활동 분석

활동분석이란 작업을 구성하는 요소들을 세분화하여 분석하는 방법이다. 즉, 작업을 수행하는 과정에서 어떤 사람이 어떤 역할을 하고, 어떤 장비를 사용하며, 어떤 환경에서 작업을 수행하는지를 체계적으로 파악하는 과정이다.

활동 분석을 통해 얻은 정보는 재해 발생 원인을 파악하고, 재해 예방 방안을 마련하는데 활용한다. 또한, 작업 효율성을 높이고, 작업자의 작업 만족도를 향상시키는 데에도 도움이 된다. 활동 분석 방법으로는 다음과 같은 것들이 있다.

(1) 작업 분석: 작업을 단계별로 분해하여 각 단계에서 수행되는 활동을 분석한다.

(2) 작업자 분석: 작업을 수행하는 작업자의 역할과 책임, 작업 경험, 교육 수준 등을 분석한다.

(3) 장비 분석: 작업에 사용되는 장비의 종류, 성능, 사용 방법 등을 분석한다.

(4) 환경 분석: 작업이 이루어지는 작업 환경의 물리적 요인(소음, 조명, 온도 등), 화학적 요인(유해 물질 등), 생물학적 요인(미생물 등) 등을 분석한다.

12.3.3 개별 작업 공간 설계 지침

가. 설계 지침

(1) 주된 시각적 임무
(2) 주 시각임무와 상호 교환되는 주 조정장치
(3) 조정 장치와 표시 장치 간의 관계
(4) 사용 순서에 따른 부품의 배치
(5) 자주 사용되는 부품을 편리한 위치에 배치
(6) 체계 내 또는 다른 체계와의 배치를 일관성 있게 배치
(7) 팔꿈치 높이에 따라 작업면의 높이를 결정
(8) 과업 수행에 따라 작업면의 높이를 결정
(9) 높이 조절이 가능한 의자를 제공
(10) 서 있는 작업자를 위해 바닥에 피로예방 매트를 사용
(11) 정상 작업영역 안에 공구 및 재료를 배치

나. 작업 공간

(1) 작업 공간 포락면 (Envelope): 한 장소에 앉아서 수행하는 작업 활동에서 사람이 작업하는 데 사용하는 공간으로 작업의 특성에 따라 포락면이 변경될 수 있다.
(2) 파악 한계 (Grasping Reach): 앉은 작업자가 특정한 수작업을 편히 수행할 수 있는 공간의 외각 한계이다.
(3) 특수 작업역: 특정 공간에서 작업하는 구역이다.

다. 수평작업대의 정상 작업영역과 최대 작업영역

- 정상 작업 영역: 위팔(상완)을 자연스럽게 수직으로 늘어뜨린 채, 아래팔(전완)만으로 편하게 뻗어 파악할 수 있는 구역(34-45 cm)이다.
- 최대 작업 영역: 아래팔(전완)과 위팔(상완)을 곧게 펴서 파악할 수 있는 구역(55-65 cm)이다.

라. 작업대 높이

- 최적 높이 설계 지침: 작업대의 높이는 상완을 자연스럽게 수직으로 늘어뜨리고 전완은 수평 또는 약간 아래로 편안하게 유지할 수 있는 수준이다.
- 착석식(의자식) 작업대 높이: 의자의 높이를 조절할 수 있도록 설계하는 것이 바람직하다. 섬세한 작업은 작업대를 약간 높게, 거친 작업은 작업대를 약간 낮게 설계한다.
- 입식 작업대 높이(팔꿈치 기준)

가. 정밀 작업: 팔꿈치 높이보다 5-10cm 높게 설계
나. 일반 작업: 팔꿈치 높이보다 5-10cm 낮게 설계
다. 힘든 작업: 팔꿈치 높이보다 10-20cm 낮게 설계

마. 의자 설계 원칙

- 등받이는 요추 전만자세를 유지하며, 추간판의 압력 및 등근육의 정적부하를 감소시킬 수 있도록 설계한다.
- 의자 좌판의 높이는 좌판 앞부분이 무릎 높이보다 높지 않게(치수는 5%tile 되는 사람까지 수용할 수 있도록) 설계한다.
- 의자 좌판의 깊이와 폭은 작업자의 등이 등받이에 닿을 수 있도록 설계하며 골반 너비보다 넓게 설계한다.
- 몸통의 안정은 체중이 골반뼈에 실려야 몸통 안정이 쉬워진다.
- 고정된 자세가 장시간 유지되지 않도록 설계한다.

12.4 작업측정

12.4.1 표준시간 및 연구

(1) 표준시간(ST) = 정미시간(NT) + 여유시간(AT)

- 정미시간(NT;Normal Time): 정상시간이라고도 하며, 매회 또는 일정한 주기로 발생하는 작업요소의 수행시간
- 여유시간(AT; Alowance Time): 작업자의 생리적 원인 내지 피로 등에 의한 작업지연이나 기계고장, 가공재료의 부족 등으로 작업을 중단할 경우, 이로 인한 소요시간을 정미시간에 더하는 형식으로 보상하는 시간 값

(2) 외경법: 정미시간에 대한 비율을 여유율로 사용한다.

- $\text{여유율}(A) = \frac{\text{여유시간총계}}{\text{정미시간 총계}} \times 100$
- 표준시간(ST)= 정미시간 X (1+여유율)

(3) 내경법: 근무시간에 대한 비율을 여유율로 사용한다.

- $\text{여유율}(A) = \frac{\text{여유시간}}{\text{실동시간}} \times 100 = \frac{\text{여유시간}}{\text{정미시간} + \text{여유시간}} \times 100$
- 표준시간(ST)=정미시간 X(1+ 여유율)

작업 연구는 업무 효율성을 향상시키고 낭비를 줄이기 위하여 시간과 모션 연구, 방법 연구, 작업 간소화를 활용하여 업무 방법을 분석하고 개선하는 체계적인 방법이다.

작업 연구의 이점은 다음과 같다.

* 업무 효율성 향상
* 낭비 및 지연 시간 감소
* 생산성 및 품질 향상
* 인체공학 개선 및 작업자 피로 감소
* 비용 절감

작업 연구의 유형에는 다음과 같은 것이 있다.

* 시간과 모션 연구: 작업자 움직임과 시간을 분석하여 비효율성 파악
* 방법 연구: 업무 방법 및 프로세스 개선
* 작업 간소화: 불필요한 단계 및 움직임 제거

12.4.2 work sampling의 원리 및 절차

워크 샘플링(Work Sampling)은 작업자나 설비의 순간적인 관측을 통해 표준 시간이나 가동률을 산출하는 기법으로 특정 시간 동안 작업 현장을 여러 번 관찰하여 작업자가 어떤 일을 하고 있는지 기록하고, 이를 통해 작업 시간, 가동률, 작업 효율 등을 분석하는 방법이다.

가. 워크 샘플링의 목적

- 작업 표준 시간 설정: 각 작업에 소요되는 시간을 정확하게 측정하여 표준 시간을 설정하고, 작업 계획 및 생산성 향상에 활용
- 가동률 측정: 설비나 작업자의 가동률을 측정하여 효율성을 분석하고, 불필요한 가동 정지를 줄여 생산성을 향상
- 작업 분석: 작업 내용, 순서, 시간 배분 등을 분석하여 불필요한 동작을 제거하고, 작업 효율을 높일 수 있는 개선점을 찾음
- 생산성 측정: 작업자의 생산성을 측정하여 성과를 평가하고, 인센티브 지급 기준을 마련
- 생산 시스템 분석: 생산 시스템의 병목 현상을 파악하고, 생산 계획을 개선하는 데 활용
- 작업 표준 설정: 작업 표준을 설정하고, 작업자 교육 및 훈련 자료로 활용

나. 워크 샘플링의 장점

- 비교적 간단하고 경제적인 방법으로 많은 정보를 얻을 수 있음
- 실제 작업 현장을 관찰하여 정확한 데이터를 얻을 수 있음
- 다양한 작업에 적용 가능
- 장기간에 걸쳐 작업 변화를 추적 가능

다. 워크 샘플링의 단점

- 관찰 시점에 따라 결과가 달라질 수 있음
- 관찰자의 주관적인 판단이 개입될 수 있음
- 단시간에 많은 양의 데이터를 얻기 어려움

라. 워크 샘플링의 활용 분야

- 제조업: 생산 공정 개선, 작업 표준 설정, 생산성 향상
- 서비스업: 고객 서비스 시간 측정, 업무 효율 분석
- 사무 자동화: 사무 업무 시간 측정, 업무 프로세스 개선

마. 워크 샘플링의 절차

1. 목표 정의: 작업 샘플링의 목적과 범위 결정
2. 관찰 대상 선정: 관찰할 작업자 또는 프로세스 선택
3. 관찰 카테고리 정의: 관찰할 활동 유형 식별
4. 관찰 간격 결정: 무작위 관찰 간격 설정
5. 관찰 수행: 무작위 시간 간격으로 관찰 수행
6. 데이터 분석: 관찰 결과 분석하여 활동 패턴 추정
7. 결론 및 권장 사항: 결과를 기반으로 결론 도출 및 개선 권장 사항 제시

12.4.3 표준자료

가. 표준자료법:

시간연구법 또는 PTS법 등 과거에 측정된 기록을 검토, 가공한 뒤 요소별 표준자료들을 다중회귀분석법을 이용하여 표준시간을 산출하는 방법으로 합성법(mtheic Method)이라고도 한다.

- 단점: 표준시간의 정도가 떨어지며, 계측을 하지 않기 때문에 작업개선의 기회나 의욕이 상실되고, 초기비용이 큰 단점과 함께 작업조건이 불안정하거나 표준화가 어려운 경우에는 표준자료 설정이 곤란하다.

나. PTS법(Predetermined Time Standards):

기정시간표준법이라고도, 하며, 기본동작 요소(Therblig)와 같은 요소동작이나 또는 운동에 대해 미리 정해 놓은 일정한 표준요소 시간 값을 나타낸 표를 적용하여 각 작업을 수행하는 데 소요되는 시간 값을 합성하여 산출하는 방법이다. 기본원리(PTS법의 가정)로써 언제, 어디서든 동작의 변동요인이 같으면 소요시간은 기준시간 값과 동일하다

(1) 장점

- 표준시간 설정과정에 있어서 현재 방법보다 합리적인 개선이 가능하다.
- 정확한 원가의 견적이 용이하다.
- 작업방법만 알고 있으면 그 작업을 행하기 전 표준시간을 예측할 수 있다.
- 라인밸런싱의 고도화가 가능하다.

(2) 단점

- 수작업에만 적용이 가능하다.
- 분석에 많은 시간이 소요된다.
- 도입초기에 전문가의 자문 또는 적용을 위한 교육 • 훈련비용이 크다.

- 여러 종류의 PTS기법 중 회사 실정에 맞는 기법 선정이 용이하지 않아 조율이 필요하다.

다. WF법(Work Factor System)

① 시간단위

Detailed WF(DWF): 1[WFU](Work Factor Unit) = 0.0001분(1/10,000분)

Ready WE(RWF): 1[RU](Ready WF Unit) = 0.001분(1/1,000분)

② 8가지 표준요소

- 동작-이동(T) • 쥐기(Gr) • 미리놓기(PP) • 내려놓기(Rl)
- 사용(U) • 분해(Dsy) • 해석(Mp) • 조립 (Asy)

라. MTM법(Method Time Measurement)

① 시간단위: 1TMU(Time Measurement Unit) = 0.00001시간 = 0.0006분 = 0.036초

② 기본동작

- 손을 뻗음(R) • 쥐기(G) • 크랭크(K) • 운반(M) • 위치(P) • 눈의 이동(ET)
- 회전(T) • 놓음(RL) • 눈의 초점 맞추기(EF) • 누름(AP) • 떼어놓음(D)

12.5 작업환경과 인간 공학

12.5.1 빛과 소음의 특성

가. 빛

(1) 반사율[%]

반사광의 에너지와 입사광의 에너지 비율이다.

$$반사율[\%] = \frac{광도[L]}{조도[C]} \times 100 = \frac{[cd/m^2] \times \pi}{[lux]} = \frac{광속발산도}{소요조명} \times 100$$

(2) 휘광

시야 내 어떤 광도로 인하여 불쾌감, 고통, 눈의 피로 또는 시력의 일시적인 감퇴를 초래하는 현상이다.

(가) 휘광의 발생원인

- 눈에 들어오는 광속이 너무 많을 때
- 광원을 너무 오래 바라볼 때
- 광원과 배경 사이의 휘도 대비가 클 때
- 순응이 잘 안될 때

(나) 광원으로부터의 휘광의 처리 방법

-광원의 휘도를 줄이고, 광원의 수를 늘린다.

-광원을 시선에서 멀리 위치시킨다.

-휘광원 주위를 밝게 하여 광도비를 줄인다.

-가리개, 갓 혹은 차양을 사용한다.

(다) 창문으로부터 직사휘광 처리방법

-창문을 높이 단다.

-창 위에 드리우개(Overhang)를 설치한다.

-차양 혹은 발(Blind)를 사용한다,

(라) 반사휘광의 처리방법

-일반 조명 수준을 늘린다.

-산란광, 간접광, 조절관 창문에 차양 등을 사용한다.

-반사광이 눈에 비치지 않게 광원을 위치시킨다.

-무광택 도료, 빛을 산란시키는 표면색을 한 사무용 기기 등을 사용한다.

(3) 조도: 어떤 물체나 대상면에 도달하는 빛의 양([Lux])

$$조도[lux] = \frac{광속[lumen]}{(거리[m])^2}$$

(4) 광속[lumen]: 광원에서 방출되는 빛의 총량

(5) 광도[cd]: 광원에서 어느 특정 방향으로 나오는 빛의 세기

(6) 휘도[nit]: 빛이 어떤 물체에서 반사되어 나오는 양

(7) 대비: 표적의 광속 발산도와 배경의 광속 발산도의 차이

(8) 대비 $= 100 \times \dfrac{L_b - L_t}{L_b}$ 여기서, L_b: 배경의 광속 발산도, L_t: 표적의 광속 발산도

(9) 광속 발산도[lm/m^2]: 단위면적당 표면에서 반사 또는 방출되는 빛의 양

(10) 소요조명

$$\text{소요조명} = \frac{\text{광속발산도}}{\text{반사율}} \times 100$$

(11) 작업별 조도 기준

-초정밀 작업: 750[lux]이상
-정밀 작업: 300[lux]이상
-보통 작업: 150[lux]이상
-그 밖의 작업: 75[lux]이상

(12) 조명의 적절성을 결정하는 요소

- 과업의 형태
- 작업시간
- 작업을 진행하는 속도 및 정확도
- 작업조건의 변동
- 작업에 내포된 위험 정도

(13) 인공 조명 설계시 고려사항

- 조도는 작업상 충분할 것
- 광색은 주광색에 가까울 것
- 유해가스를 발생하지 않을 것
- 폭발과 발화성이 없을 것
- 취급이 간단하고 경제적일 것

- 작업장의 경우 공간 전체에 빛이 고루 퍼지게 할 것(전반조명 방식)

나. 소음(Noise)

바람직하지 않은 소리를 의미하며 음성, 음악 등의 전달을 방해하거나 생활에 장애, 고통을 주거나 하는 소리를 말한다.

- 가청주파수: 20 ~ 20,000 [Hz]
- 대화주파수: 200 ~ 4,000 [Hz]
- 연속소음에 의한 초기 청력손실: 주파수 4,000 ~ 6,000 [Hz]에서 발생

(1) 소음의 영향

과도한 소음은 작업자의 안전과 건강에 해로울 수 있다. 부적절한 소음 노출은 다음과 같은 영향을 미칠 수 있다.

* 청력 손실
* 이명
* 집중력 저하
* 의사소통 어려움
* 스트레스 및 불안

(2) 소음 대책

- 소음원 통제
- 차폐장치 및 흡음재 사용
- 적절한 배치
- 소음의 격리
- 음향 처리제 사용

(3) 소음 기준

- 소음작업: 1일 8시간 작업을 기준으로 85[dB]이상의 소음이 발생하는 작업
- 강력한 소음 작업

90[dB]이상의 소음이 1일 8시간 이상 발생하는 작업
95[dB]이상의 소음이 1일 4시간 이상 발생하는 작업
100[dB]이상의 소음이 1일 2시간 이상 발생하는 작업
105[dB]이상의 소음이 1일 1시간 이상 발생하는 작업
110[dB]이상의 소음이 1일 30분 이상 발생하는 작업
115[dB]이상의 소음이 1일 15분 이상 발생하는 작업

- 충격 소음 작업

120[dB]을 초과하는 소음이 1일 1만 회 이상 발생하는 작업
130[dB]을 초과하는 소음이 1일 1천 회 이상 발생하는 작업
140[dB]을 초과하는 소음이 1일 1백 회 이상 발생하는 작업

12.5.3 진동과 가속도

진동은 물체의 반복적인 움직임이다. 진동은 다음과 같은 특성을 가진다.

* 진폭: 진동의 크기 또는 강도
* 주파수: 진동의 속도
* 지속 시간: 진동이 지속되는 시간

가속도는 물체의 속도 변화율이다. 진동과 마찬가지로 가속도에도 다음과 같은 특성이 있다.

* 크기: 가속도의 크기 또는 강도
* 방향: 가속도가 발생하는 방향
* 지속 시간: 가속도가 지속되는 시간

가. 진동과 가속도의 영향

과도한 진동과 가속도 노출은 작업자의 안전과 건강에 해로울 수 있다. 부적절한 노출은 다음과 같은 영향을 미칠 수 있다.

* 근골격계 장애 (예: 손목 터널 증후군, 백내장)
* 신경 손상
* 시력 문제
* 멀미
* 균형 상실

나. 진동 및 가속도 관리

안전 관리 시스템에서는 진동과 가속도를 적절히 관리하여 작업자의 안전과 건강을 보호하는 것이 중요하다. 이러한 관리에는 다음이 포함된다.

* 진동 및 가속도 발생원 식별 및 평가
* 진동 및 가속도 제어 조치 구현(예: 진동 흡수 장치, 작업 재설계)
* 개인 보호 장비 (PPE) 제공(예: 진동 장갑, 안전 안경)
* 근로자 교육 및 훈련
* 정기적 모니터링 및 평가

12.5.4 실효온도와 oxpord지수

실효 온도는 온도, 습도, 기류 등의 조건에 따라 인간의 감각을 통해 느껴지는 온도로 상대습도 100[%]일 때의 건구 온도에서 느끼는 것과 동일한 온도감이다.

가. 옥스퍼드 지수

$W_D = 0.85W(\text{습구온도}) + 0.15D(\text{건구온도})$

나. 습구흑구온도지수

(1) 옥내 또는 옥외(태양광선이 내리쬐지 않는 장소)

$WBGT = 0.7 \times \text{자연습구온도}(NWB) + 0.3 \times \text{흑구온도}(GT)$

(2) 옥외(태양광선이 내리쬐는 장소)

$WBGT = 0.7 \times \text{자연습구온도}(NWB) = 0.2 \times \text{흑구온도}(GT) + 0.1 \times \text{건구온도}(DT)$

다. 불쾌지수

(1) $\text{불쾌지수} = \text{섭씨}(\text{건구온도} + \text{습구온도}) \times 0.72 + 40.6[℃]$

(2) $\text{불쾌지수} = \text{화씨}(\text{건구온도} + \text{습구온도}) \times 0.4 + 15[°F]$

불쾌지수가 80이상일 때는 모든 사람이 불쾌감을 가지기 시작하고, 75의 경우에는 절반 정도가 불쾌감을 가지며 70-75에서는 불쾌감을 느끼기 시작한다. 70이하에서는 모두가 쾌적하다.

12.5.5 이상환경(고온, 한랭, 기압, 고도 등) 및 노출에 따른 사고와 부상

(1) 고열

* 사고 및 부상: 열사병, 열탈진, 열경련, 화상
* 예방 조치: 적절한 수분 유지, 통풍 및 공기 순환, 적절한 복장, 휴식 시간, 교육 및 훈련

(2) 한랭

* 사고 및 부상: 동상, 저체온증, 사지 절단
* 예방 조치: 적절한 복장, 보온 장비, 휴식소 및 휴식 시간, 교육 및 훈련

(3) 기압
* 사고 및 부상: 감압병, 기압외상
* 예방 조치: 적절한 훈련 및 교육, 압력 챔버 사용, 의료 검진

(4) 고도
* 사고 및 부상: 고산병, 저산소증
* 예방 조치: 점진적 상승, 적절한 수분 유지, 휴식 시간, 교육 및 훈련

(5) 다른 이상 환경 및 노출
* 방사선: 피부암, 백내장, 암
* 화학 물질: 중독, 피부 자극, 호흡기 문제
* 소음: 청력 손실, 귀울림, 집중력 저하
* 진동: 근골격계 장애, 신경 손상
* 생물학적 위험: 감염, 알레르기 반응

12.5.6 사무/VDT 작업 설계 및 관리

사무/VDT 작업 설계 및 관리에는 작업자의 안전과 건강을 보호하는 것이 포함된다. 다음 사항을 고려한다.

(1) 작업 설계
* 작업대와 의자: 적절한 높이, 조절 가능성, 지지력 제공
* 컴퓨터 모니터: 눈높이에 위치, 눈부심 및 반사 최소화
* 키보드와 마우스: 인체공학적 설계로 손목과 손의 부담 최소화
* 작업 공간: 충분한 공간, 잡동사니 제거

(2) 작업 관리
* 자세 교대: 자주 자세를 바꾸고 움직이는 것을 장려
* 휴식 시간: 눈 피로와 근육 긴장 방지 위한 정기적 휴식 시간
* 교육 및 훈련: 작업자에게 인체공학적 원칙과 안전한 작업 관행 교육
* 정기적 평가: 작업 영역과 작업 관행의 정기적 평가 및 조정

(3) VDT 작업의 특정 위험
* 근골격계 장애: 손목 터널 증후군, 컴퓨터 비전 증후군, 근육 긴장

* 눈 피로: 건조한 눈, 안구 통증, 시력 문제
* 정신 건강 문제: 스트레스, 불안, 우울증

사무/VDT 작업자의 안전과 건강을 보호하기 위해 다음과 같은 조치를 취하는 것이 중요하다.

* 위험 식별 및 평가
* 인체공학적 작업 설계 구현
* 작업 관리 관행 개선
* 교육 및 훈련 제공
* 정기적 모니터링 및 평가

참고자료:

o 관련규격 및 자료

- ISO 45001:2018 - 직업 건강 및 안전 관리 시스템 요구 사항
- ANSI/ASSE Z490.1-2016 - 안전 및 건강 관리 프로그램 표준
- OSHA 안전 데이터 시트(SDS) 데이터베이스

o 관련법규 · 규칙 · 고시 등

-「산업안전보건기준에 관한 규칙」 제 512조
-「산업안전보건기준에 관한 규칙」 제 8조 조도기준

12.6 중량물 취급 작업

12.6.1 중량물 취급 방법

가) 중량물 운반 시 준수사항

숙련된 경험자를 작업 지휘자로 선정하여 운반방법, 운반 단계 등을 협의 결정하여야 한다.

공동으로 중량물을 운반할 때에는 근로자의 체력, 신장 등을 고려하여 현저한 차이가 있는 작업자를 제외하고 작업 지휘자의 지시에 따라 통일된 행동을 하여야 한다.

무게 중심이 높은 화물은 인력으로 운반하여서는 아니 된다.

나) 중량물 취급 작업의 작업계획의 작성

가. 추락위험을 예방할 수 있는 안전대책
나. 낙하위험을 예방할 수 있는 안전대책
다. 전도위험을 예방할 수 있는 안전대책
라. 협착위험을 예방할 수 있는 안전대책
마. 붕괴위험을 예방할 수 있는 안전대책

다) 요통 발생의 원인

- 잘못된 작업 방법 및 자세
- 작업습관과 개인적인 생활태도
- 근로자의 육체적 조건
- 물리적 환경 요인(작업빈도, 물체의 무게 및 크기 등)
- 요통 및 기타 장애(자동차 사고, 넘어짐 등)의 경력

라) 요통 예방을 위한 안전작업수칙

- 중량물을 취급할 때는 허리의 힘 보다는 팔, 다리, 복부의 근력을 이용하도록 한다.
- 중량물을 들어올릴 때는 물체를 최대한 몸 가까이에서 잡고 들어올리도록 한다.
- 중량물 취급 시 허리는 곧게 펴고 가급적 구부리거나 비틀지 않고 작업한다.

12.6.2 NIOSH Lifting Equation

NIOSH Lifting Equation은 미국 산업안전보건연구원(National Institute for Occupational Safety and Health)에서 개발한 공식으로, 물건을 들 때 발생할 수 있는 근골격계 질환을 예방하기 위해 작업자에게 허용되는 최대 무게를 계산하는 방법이다. 즉, 특정 작업 환경에서 건강한 작업자가 허리에 무리를 주지 않고 안전하게 들 수 있는 최대 무게를 예측하는 도구이다.

가. NIOSH Lifting Equation의 필요성

- 근골격계 질환 예방: 물건을 자주 들거나 무거운 물건을 드는 작업은 허리, 어깨, 팔 등에 부담을 주어 근골격계 질환을 유발할 수 있다. NIOSH Lifting Equation은 이러한 질환을 예방하기 위해 작업 환경을 개선하고, 작업자의 부담을 줄이는 데 도움을 준다.
- 작업 효율성 증가: 작업자의 건강이 보장되면 작업 효율성이 높아지고, 생산성이 향상된다.
- 산업재해 예방: 부적절한 자세로 무거운 물건을 들 때 발생할 수 있는 근육 손상, 디스크, 협착증 등의 산업재해를 예방한다.

나. NIOSH Lifting Equation의 구성 요소

NIOSH Lifting Equation은 다음과 같은 요소들을 고려하여 권장 무게 한계(RWL)를 계산한다.

- 무게 (L): 들어 올리는 물체의 무게
- 수평 거리 (H): 발에서 물체까지의 수평 거리
- 수직 거리 (V): 바닥에서 손까지의 수직 거리
- 비대칭 각도 (A): 몸통이 비틀어지는 각도
- 수직 이동 거리 (D): 물체를 들어 올리는 높이
- 들기 빈도 (F): 1분 동안 들어 올리는 횟수
- 커플링: 물체와 손 사이의 연결 상태

다. NIOSH Lifting Equation의 활용

NIOSH Lifting Equation은 다음과 같은 목적으로 활용된다.

- 작업 분석: 작업 환경을 분석하여 위험 요소를 파악하고 개선
- 작업 설계: 작업자의 부담을 줄일 수 있도록 작업 설계를 개선
- 물류 시스템 설계: 물류 시스템을 설계할 때, 작업자의 안전을 고려한 최적의 시스템을 구축
- 안전 교육: 근로자에게 안전한 작업 방법을 교육하고, 근골격계 질환 예방에 대한 인식 향상

라. NIOSH Lifting Equation의 한계

NIOSH Lifting Equation은 모든 작업 환경에 적용될 수 있는 보편적인 공식은 아니다. 개별적인 작업 환경과 작업자의 특성에 따라 추가적인 고려 사항이 필요할 수 있다. 또한, 정적인 자세에서의 물건 들기를 기준으로 개발되었기 때문에 동적인 작업이나 복잡한 작업에는 적용하기 어려울 수 있다.

결론적으로, NIOSH Lifting Equation은 근골격계 질환 예방을 위한 중요한 도구지만 이 공식만으로 모든 문제를 해결할 수 있는 것은 아니며, 작업 환경의 특성과 작업자의 건강 상태를 종합적으로 고려하여 안전한 작업 환경을 구축해야 한다.

마. 세부사항

(1) NIOSH 들기 작업 지침 적용기준

- 보통 속도로 반드시 두 손으로 들어 올리는 작업이어야 한다.
- 물체의 폭이 75cm 이하로 두 손을 적당히 벌리고 작업할 수 있어야 한다.
- 물체를 들어 올리는데 자연스러워야한다.
- 신발이 미끄럽지 않아야 하며, 손으로 잡을 때 불편함이 없어야 한다.
- 작업장의 온도가 적절해야 한다.

(2) NIOSH 들기 작업 지침의 감시기준

- 남자의 99%, 여자의 75%가 작업 가능하다.
- 작업강도, 즉 에너지 소비량이 3.5kcal/min이다.
- 5번 요추와 1번 천추에 미치는 압력이 3400N의 부하이다.

(3) NIOSH 들기 작업 지침의 최대 허용기준

- MPL을 초과하는 작업은 근육, 골격 장해가 발생한다.
- MPL에 해당하는 작업에서 디스크에 L5/S1 디스크에 640 ㎏정도의 압력이 초과되어 대부분의 근로자에게 장해가 나타난다.
- L5/S1 디스크에서 추간판 탈출증이 주로 발생한다.
- MPL에 해당하는 작업이 요구하는 에너지 대사량은 5 kcal/min를 초과한다.
- 남성 근로자의 25% 미만과 여성 근로자의 1%의 미만에서만 MPL수준의 작업수행이 가능하다.
- MPL을 초과하는 경우 공학적 방법을 적용하여 중량물 취급작업을 다시 설계해야 한다.

(4) 권장무게한계(RWL: Recommended Weight Limit)

권장 무게 한계란 허리에 무리를 주지않고 요통의 위험 없이 들 수 있는 무게의 한계를 말한다.

ITEM	
LC	최적의 환경에서 들기작업할 때의 최대 허용 무게 23 ㎏
HM	수평계수
VM	수직 계수
DM	거리 계수
AM	비대칭 계수
FM	빈도 계수
CM	커플링 계수

(5) 들기 지수, 중량물 취급지수(LI: Lifting Index)

LI는 실제 작업물의 무게와 RWL의 비이며, 특정 작업에서의 육체적 스트레스의 상대적인 양을 나타낸다.

LI = 실제 작업 무게(L) / 권장무게한계(RWL)

[인간공학 추가요점정리]

1. 기계 체계의 형태

- 수동: 사람의 근력과 지능을 이용하여 작업을 수행하는 방식이다.
- 기계화: 기계를 이용하여 작업의 일부를 대체하거나 보조하는 방식이다.
- 자동화: 기계가 사람의 개입 없이 스스로 작업을 수행하는 방식이다.

기계 체계의 형태는 사람의 노동력 의존도에 따라 수동, 기계화, 자동화로 나눌 수 있으며, 수동은 사람이 직접 작업을 수행하고, 기계화는 기계가 일부 작업을 보조하며, 자동화는 기계가 스스로 작업을 수행하는 방식이다.

2. 심리적 분류(Swain)의 인적 오류

Swain의 심리적 분류에 따르면 인적 오류는 다음과 같이 분류될 수 있다.

- 생략 에러: 해야 할 일을 하지 않는 경우
- 실행 에러: 잘못된 행동을 하는 경우
- 과잉 행동 에러: 불필요한 행동을 하는 경우
- 순서 에러: 작업 순서를 잘못하는 경우
- 시간 에러: 작업 시간을 맞추지 못하는 경우

3. 실수 원인의 수준적 분류

실수가 발생하는 원인은 다음과 같은 수준에서 분석될 수 있다.

- 1차 실수: 개인의 실수로 인해 발생하는 경우
- 2차 실수: 작업 환경이나 조건 등 외부적인 요인으로 인해 발생하는 경우
- 커맨드 실수: 필요한 도구나 정보가 부족하여 발생하는 경우

4. 인간이 과오를 범하기 쉬운 작업

- 공동 작업: 여러 사람이 함께 작업할 때 의사소통 오류나 역할 분담 문제로 인해 실수가 발생하기 쉽다.
- 속도와 정확성을 요하는 작업: 빠르게 작업해야 하는 상황에서 정확성을 유지하기 어려워 실수할 가능성이 높다.
- 변별을 요하는 작업: 유사한 작업이나 물건을 구별해야 하는 경우 실수하기 쉽다.
- 부적절한 입력 특성을 갖는 경우: 입력 장치가 불편하거나 정보가 불명확할 경우 실수할 가능성이 높다.

5. 인간-기계 시스템 설계 3단계

- 작업설계: 시스템 내에서 수행되어야 할 작업을 분석하고 설계하는 단계이다.
- 직무분석: 작업을 수행하는 사람에게 요구되는 능력과 자질을 분석하는 단계이다.
- 기능할당: 작업을 사람과 기계에게 각각 어떻게 분담할지를 결정하는 단계이다.
- 인간성능-요건명세: 작업을 수행하기 위해 필요한 인간의 능력과 시스템의 요구사항을 명확히 하는 단계이다.

인간-기계 시스템 설계는 작업설계, 직무분석, 기능할당, 인간성능-요건명세의 4단계를 거쳐 진행된다. 이를 통해 작업 효율성을 높이고, 안전한 시스템을 구축할 수 있다.

6. 의식수준의 종류

- 경험연수: 특정 작업이나 분야에 대한 경험의 길이를 의미한다.
- 지식수준: 작업 수행에 필요한 지식의 양과 질을 의미한다.
- 기술수준: 작업을 수행하는 데 필요한 기술 숙련도를 의미한다.

의식 수준은 경험연수, 지식수준, 기술수준으로 나눌 수 있으며, 이는 작업 수행 능력에 직접적인 영향을 미친다.

7. 부품 배치의 원칙

작업 효율성을 높이기 위해 부품을 배치할 때 다음과 같은 원칙을 고려해야 한다.

- 중요성의 원칙: 자주 사용하거나 중요한 부품을 손이 닿기 쉬운 곳에 배치한다.
- 사용 빈도의 원칙: 자주 사용하는 부품을 가까운 곳에 배치한다.
- 기능별 배치의 원칙: 기능이 유사한 부품끼리 모아서 배치한다.
- 사용 순서의 원칙: 작업 순서에 따라 부품을 배치한다.

8. 부호의 3가지 유형

- 임의적 부호: 특정 의미를 갖도록 임의로 정해진 부호이다. (예: 교통 신호등)
- 묘사적 부호: 대상의 특징을 직접적으로 나타내는 부호이다. (예: 그림, 사진)
- 추상적 부호: 구체적인 대상을 나타내기보다는 개념이나 아이디어를 표현하는 부호이다. (예: 수학 기호)

부호는 임의적, 묘사적, 추상적의 세 가지 유형으로 나눌 수 있으며, 각 유형은 정보 전달 방식에 따라 다른 특징을 가지고 있다.

9. 청각 vs 시각

- 청각: 소리를 통해 정보를 얻고 인지하는 감각이다.
- 시각: 빛을 통해 정보를 얻고 인지하는 감각이다.

청각은 소리를 통해, 시각은 빛을 통해 정보를 인지하는 감각으로, 인간은 이 두 가지 감각을 통해 주변 환경을 인식하고 소통한다.

10. 통제표시비 설계 5요소

- 계기의 크기: 계기판의 크기는 정보 인지에 영향을 미친다.
- 공차: 계기판 눈금 간의 간격을 의미하며, 정확한 판독을 위해 적절한 공차가 필요하다.
- 목측거리: 계기판까지의 거리를 의미하며, 작업자의 시각적 피로를 줄이기 위해 적절한 거리를 유지해야 한다.
- 조작시간: 계기를 조작하는 데 걸리는 시간으로, 작업 효율성에 영향을 미친다.
- 방향성: 계기판의 배치 방향은 작업자의 움직임과 일관성을 유지해야 한다.

통제표시비 설계 시 계기의 크기, 공차, 목측거리, 조작시간, 방향성 등 5가지 요소를 고려하여 작업자의 편의성과 작업 효율성을 높일 수 있다.

11. 작업 강도의 구분

작업 강도는 작업 시 소모되는 에너지량을 기준으로 구분한다.

- 경작업: 앉아서 하는 사무 작업 등 비교적 적은 에너지를 소모하는 작업: 0~2 RMR
- 중(中)작업: 가벼운 운반 작업 등 중간 정도의 에너지를 소모하는 작업: 2~4 RMR
- 중(重)작업: 무거운 물건을 들거나 운반하는 등 많은 에너지를 소모하는 작업: 4~7 RMR
- 초중작업: 극한적인 작업 환경에서 이루어지는 매우 고강도의 작업: 7 RMR

12. CTDs(Cumulative Trauma Disorders, 누적 외상 질환)

CTDs는 반복적인 동작이나 부적절한 자세로 인해 발생하는 근골격계 질환이다. 다음과 같은 요인들이 CTDs 발생에 영향을 미친다.

- 부적절한 자세: 장시간 같은 자세를 유지하거나 불편한 자세로 작업하는 경우
- 무리한 힘: 과도한 힘을 사용하여 작업하는 경우
- 반복 작업: 동일한 동작을 반복적으로 수행하는 경우
- 비휴식: 충분한 휴식 없이 장시간 작업하는 경우
- 낮은 온도: 낮은 온도에서 작업하는 경우 근육과 관절이 경직되어 CTDs 발생 위험이 높아진다.

13. 산소 빚

격렬한 운동이나 작업 후에는 젖산이 축적되어 근육통을 유발한다. 이러한 젖산을 제거하기 위해서는 추가적인 산소가 필요하며, 이를 산소 빚이라고 한다.

14. 디스플레이 기본 요인

디스플레이는 정보를 시각적으로 전달하는 중요한 매체이다. 효과적인 정보 전달을 위해서는 다음과 같은 요인들을 고려해야 한다.

- 확인: 사용자가 필요한 정보를 쉽고 빠르게 확인할 수 있도록 정보를 배치하고 표현해야 한다.
- 그룹 편성: 유사한 정보를 묶어서 관련성을 명확히 하고, 시각적인 혼란을 줄여야 한다.
- 관련성: 정보 간의 연관성을 명확하게 하여 사용자가 정보를 쉽게 이해하고 기억할 수 있도록 해야 한다.
- 가시성: 정보가 명확하고 쉽게 눈에 띄도록 글자 크기, 색상, 대비 등을 조절해야 한다.

15. 음량 수준

음량 수준은 작업 환경의 소음 정도를 나타내는 지표이다. 다음과 같은 단위를 사용하여 음량 수준을 측정한다.

- phon: 주관적인 소리의 크기를 나타내는 단위로, 1000 Hz의 기준음과 같은 크기로 들리는 다른 주파수의 음의 크기를 Phon이라고 함(예: 음압수준이 70 dB인 경우, 1000 Hz에서 순음의 phon 치는 70 phon이 됨).
- 인식 소음 수준: 특정 소리에 대한 인지도를 나타내는 수준으로, 배경 소음과의 관계를 고려하여 측정한다.
- 소네(sone): 사람이 느끼는 소리의 크기를 나타내는 단위로 주관적인 소리의 크기를 숫자로 표현한 것이다.
- 데시벨(dB): 소리의 세기를 나타내는 단위로, 물리적인 측정값임.

16. 인간에 대한 모니터링

인간의 상태를 지속적으로 관찰하여 작업 효율성을 높이고 안전사고를 예방하기 위한 다양한 모니터링 방법이 있다.

- 셀프 모니터링: 작업자가 스스로 자신의 상태를 점검하고 문제가 발생했을 때 자발적으로 조치를 취하는 것을 의미한다. 예를 들어, 피로를 느낄 때 휴식을 취하거나, 불편한 자세를 교정하는 등의 행동이 해당된다.
- 생리학적 모니터링: 심박수, 뇌파, 근전도 등 생체 신호를 측정하여 작업자의 스트레스, 피로도, 집중도 등을 객관적으로 평가하는 방법이다.
- 비주얼 모니터링: 카메라 등을 이용하여 작업자의 동작, 자세, 표정 등을 관찰하여 작업 상태를 평가하는 방법이다.
- 반응에 대한 모니터링: 작업자의 반응 시간, 정확도 등을 측정하여 작업 능력을 평가하는 방법이다.
- 환경의 모니터링: 작업 환경의 온도, 습도, 소음 등을 측정하여 작업 환경이 작업자에게 미

치는 영향을 평가하는 방법이다.

17. 열교환에 영향을 주는 요소

열교환은 인체와 주변 환경 간의 열에너지 이동을 의미한다. 다음과 같은 요소들이 열교환에 영향을 미친다.

- 기온: 주변 온도가 높을수록 땀을 통해 열을 방출하고, 낮을수록 열을 잃게 된다.
- 습도: 습도가 높을수록 땀이 잘 증발되지 않아 체온 조절이 어려워진다.
- 복사온도: 주변 물체의 온도가 인체에 열을 전달하거나 흡수하는 현상을 의미한다.
- 공기의 대류: 공기의 흐름이 열을 이동시켜 체감 온도에 영향을 미친다.

18. 빛의 반사율

빛의 반사율은 표면에서 반사되는 빛의 양을 나타내는 지표이다. 작업 환경에서 빛의 반사율은 눈의 피로도와 작업 효율성에 영향을 미친다.

- 순서: 천장에서 바닥으로 갈수록 반사율이 낮아지는 것이 일반적이다.
- 천장과 바닥의 반사비율: 빛의 균형을 위해 천장의 반사율이 바닥의 반사율보다 최소 3배 이상 높아야 한다.

19. 법적 조도 기준

법적 조도 기준은 작업 환경의 밝기를 규정하는 기준이다. 작업의 종류에 따라 적절한 조도를 유지해야 한다.

- 초정밀 작업: 750 lux 이상
- 정밀 작업: 300 lux 이상
- 보통 작업: 150 lux 이상
- 그 외 작업: 75 lux 이상

20. 물건이 보일 조건

물체를 정확하게 인지하기 위해서는 다음과 같은 요소가 필요하다.

- 색채: 물체의 색깔은 배경과의 대비를 통해 시각적인 인식을 높여준다.
- 대비: 물체와 배경의 밝기 차이가 클수록 물체를 더욱 명확하게 인지할 수 있다.
- 시각: 눈의 상태와 시력이 정상적이어야 한다.
- 참고: 위 내용은 일반적인 인간공학 지식을 바탕으로 작성되었으며, 실제 적용 시에는 각 상황에 맞는 추가적인 고려가 필요하다.

21. 골격 체계의 구성 요소

인체의 골격 체계는 크게 세 가지 요소로 구성된다.

- 근육: 신체의 움직임을 생성하고 유지하는 기관이다.
- 신경: 뇌에서부터 근육까지 신호를 전달하여 운동을 조절하는 기관이다.
- 관절: 뼈와 뼈 사이를 연결하여 움직임을 가능하게 하는 부분이다.

22. 시스템 안전의 우선도

시스템 안전을 확보하기 위해서는 다음과 같은 우선순위를 고려해야 한다.

- 위험 상태 최소화: 위험 발생 가능성을 최대한 낮추는 것이 가장 중요하다.
- 안전 장치 채택: 비상 상황 발생 시 위험을 줄일 수 있는 안전 장치를 설치한다.
- 경보 장치 채택: 위험 상황 발생 시 신속하게 알릴 수 있는 경보 장치를 설치한다.
- 특수 수단 개발 및 표준화: 특정 위험에 대응하기 위한 특수한 수단을 개발하고 표준화하여 일관성을 유지한다.

23. 시스템 안전 분석 기법

시스템 안전을 분석하기 위해 다양한 기법이 사용된다.

- PHA(Preliminary Hazard Analysis): 시스템 개발 초기 단계에서 수행되는 정성적인 위험 분석 기법이다.
- FTA(Fault Tree Analysis): 시스템 고장의 원인을 논리적으로 분석하는 연역적인 기법이다.
- FHA(Failure Mode and Effects Analysis): 시스템 구성 요소의 고장 모드와 그 결과를 분석하는 정성적인 기법이다.
- FMEA(Failure Modes and Effects Analysis): FHA를 확장하여 고장 발생 가능성과 심각도를 정량적으로 평가하는 기법이다.
- DT & ETA(Decision Tree & Event Tree Analysis): 의사 결정 과정과 사건 발생 과정을 나무 구조로 표현하여 분석하는 기법이다.
- THERP(Technique for Human Error Rate Prediction): 인적 오류 발생 확률을 예측하는 기법이다.
- MORT(Management Oversight and Risk Tree): 조직 관리 시스템의 결함으로 인한 사고 원인을 분석하는 기법이다.
- FMECA(Failure Mode, Effects and Criticality Analysis): FMEA를 확장하여 고장의 심각도를 추가적으로 고려하는 기법이다.

24. 동작 경제 3원칙

동작 경제는 작업 효율성을 높이기 위한 원칙으로, 다음과 같은 세 가지 원칙이 있다.

- 동작 능력 활용의 원칙: 양손을 동시에 사용하여 작업 효율을 높인다.
- 작업량 절약의 원칙: 불필요한 동작을 줄이고, 작업 거리를 최소화한다.
- 동작 개선의 원칙: 작업 환경을 개선하여 작업자의 피로를 줄이고 작업 효율을 높인다.

25. FTA 재해 사례 연구 순서

FTA를 이용하여 재해 사례를 분석하는 순서는 다음과 같다.

- TOP 사상 선정: 분석하고자 하는 최종적인 사고를 정의한다.
- 사상의 재해 원인 규명: TOP 사상을 발생시킨 하위 사상들을 파악한다.
- FT 도 작성: 파악된 사상들을 논리적으로 연결하여 Fault Tree를 작성한다.
- 개선 계획 작성: 분석 결과를 바탕으로 개선 계획을 수립한다.

26. Safety Assessment 점검

시스템 안전 평가는 다음과 같은 절차를 통해 수행된다.

- 관계 자료 정비 검토: 관련 자료를 수집하고 검토한다.
- 정성적 평가: 위험 요소를 식별하고 심각도를 평가한다.
- 정량적 평가: 위험 발생 가능성과 그 결과를 수치적으로 평가한다.
- 안전 대책 수립: 평가 결과를 바탕으로 안전 대책을 수립한다.
- 재해 정보에 의한 평가: 과거 재해 사례를 분석하여 시스템의 안전성을 평가한다.
- FTA에 의한 재평가: FTA를 이용하여 시스템의 안전성을 재평가한다.

27. 위험 관리 4단계

위험 관리 과정은 다음과 같은 4단계로 구성된다.

- 파악: 위험 요소를 식별하고 목록화한다.
- 분석: 각 위험 요소의 발생 가능성과 심각도를 평가한다.
- 평가: 위험 요소의 우선순위를 결정한다.
- 처리: 위험을 줄이기 위한 대책을 수립하고 실행한다.

28. FMEA 고장 발생 확률

FMEA에서는 고장 발생 확률을 다음과 같이 분류한다.

- 실제 손실($\beta=1$): 고장이 발생하면 반드시 손실이 발생하는 경우
- 예상되는 손실($0.1 \leq \beta < 1$): 고장이 발생할 가능성이 있지만 손실이 발생하지 않을 수도 있는 경우
- 가능한 손실($0 < \beta \leq 0.1$): 고장 발생 가능성이 낮지만 손실이 발생할 수 있는 경우
- 영향 없음($\beta=0$): 고장이 발생해도 시스템에 영향을 미치지 않는 경우

29. 제조물 책임

제조물 책임은 제조물의 결함으로 인해 발생한 손해에 대한 제조업체의 책임을 의미한다.

- 설계 결함: 제품 설계 자체에 문제가 있는 경우
- 제조 결함: 제조 과정에서 발생한 결함으로 인한 경우
- 경고 결함: 위험에 대한 충분한 경고가 없었던 경우

30. 정밀 진단 기술

고장 원인을 정확하게 분석하기 위해 다음과 같은 정밀 진단 기술이 사용된다.

- 파단면 해석: 파손된 부품의 파단면을 분석하여 고장 원인을 규명한다.
- 강제 열화 테스트: 제품을 인위적으로 열화시켜 고장 모드를 확인한다.
- 파괴 테스트: 제품이 파괴될 때까지 하중을 가하여 파괴 강도를 측정한다.

31. 록 시스템의 종류

록 시스템은 안전을 확보하기 위해 사용되는 잠금 시스템이다.

- 인트라록: 작업자가 스스로 안전을 확보하기 위해 사용하는 잠금 장치
- 트랜스록: 인트라록과 인터록 사이의 중간적인 잠금 장치
- 인터록: 기계와 기계 사이, 또는 기계와 작업자 사이의 안전을 확보하기 위한 잠금 장치

32. 효율화 대상 4M

생산 시스템의 효율화를 위해 고려해야 할 요소는 다음과 같다.

- Machine(기계): 생산 설비
- Material(재료): 원자재
- Man(인력): 작업자
- Method(방법): 작업 방법

33. 인간 오류의 배후 요인 4M

인간 오류 발생에 영향을 미치는 요인은 다음과 같다.

Man(인간): 작업자의 숙련도, 건강 상태 등

Machine(기계): 장비의 복잡성, 사용 편의성 등

Media(매체): 작업 환경, 정보 전달 방식 등

Management(관리): 작업 관리 시스템, 안전 교육 등

34. 의자 설계 원칙

의자는 작업자의 피로를 줄이고 작업 효율을 높이기 위해 다음과 같은 설계 원칙을 고려해야 한다.

- 체중 분포: 좌골 결절에 체중이 집중되도록 설계한다.
- 의자 좌판의 높이: 작업에 적합한 높이로 조절할 수 있어야 한다.
- 의자 좌판의 깊이와 폭: 허벅지와 엉덩이를 편안하게 지지할 수 있는 깊이와 폭을 유지해야 한다.
- 몸통의 안정: 등받이가 몸통을 안정적으로 지지하여 피로를 줄여준다.

35. 수평 작업대

수평 작업대의 높이는 작업 종류에 따라 다르게 설정해야 한다.

- 정상 작업역: 34~45 cm (일반적인 작업)
- 최대 작업역: 55~65 cm (무거운 물건을 들어 올리는 작업 등)
- 팔꿈치 높이:
  - 경작업: 팔꿈치보다 0~10 cm 낮게
  - 중작업: 15~20 cm 낮게
  - 정밀 작업: 0~10 cm 높게

36. 목시각

- 수평 작업 조건: 시야가 수평 방향으로 좌우 15도, 아래쪽으로는 15도 정도 확보되어야 작업 효율이 높다.
- 수직 작업 조건: 시야가 수직 방향으로 0도에서 30도 아래까지 확보되어야 작업 시 불편함이 적다.

37. 온도 변화

기온이 갑자기 낮아지면 피부를 통해 열이 빠져나가려고 하므로 피부 경유 혈액량이 감소하고, 체온 유지를 위해 중심부 순환량이 증가한다. 이 과정에서 직장 온도는 약간 올라갈 수 있다.

38. 소음

- 방음 보호구: 소음으로부터 귀를 보호하기 위한 수동적인 방법이다.
- 소음 수준: 같은 소음 수준의 기계가 두 대 있을 경우, 전체 소음은 약 3 dB 증가한다.
- 마스킹 현상: 두 가지 소리가 동시에 들릴 때, 더 큰 소리가 작은 소리를 가리는 현상이다. 일반적으로 두 소리의 차이가 10 dB 이상일 때 발생하며, 90 dB의 소음에 8시간 노출될 경우 건강에 유해할 수 있다.

39. 동시력

- 정상인의 시야: 일반적으로 정상인은 200도 정도의 시야를 가지고 있다.
- 색채 식별 시야: 색깔을 정확하게 구분할 수 있는 시야는 70도 정도이다.

40. 유해 위험 방지 계획서 제출 대상(기계, 설비)

- 용해로, 화학설비, 건조설비, 가스집합용접장치: 고온, 유해 물질 등의 위험성이 높아 유해 위험 방지 계획서를 제출해야 한다.
- 허가 대상, 관리 대상 유해 물질 및 분진 작업 관련 설비: 유해 물질을 취급하는 설비는 안전 관리를 위해 계획서 제출이 의무화되어 있다.

41. 유해 위험 방지 계획서 제출 대상(건설, 공사)

- 지상 높이 31 m 이상 건축물: 높은 곳에서 작업할 경우 추락 등의 위험이 높아 계획서 제출이 필요하다.
- 연면적 5천 제곱미터 이상의 집회시설: 많은 사람이 이용하는 시설의 경우 화재 등의 위험에 대비해야 한다.
- 최대 지간 길이 50 m 이상인 교량: 붕괴 위험이 높아 안전 관리가 중요하다.
- 저수 용량 2천만 톤 이상 용수 전용 댐: 댐 붕괴 시 대규모 피해가 발생할 수 있어 안전 관리가 필수적이다.
- 깊이 10 m 이상 굴착 공사: 붕괴나 매몰 등의 위험이 있어 안전 관리가 필요하다.

[인간공학 수식정리]

1. 인간과오율$(HEP) = \dfrac{\text{실제과오의수}(n\text{회})}{\text{과오발생기회수}}$

2. 통제표시비의 계산

$$\text{C/R 비} = \frac{\text{통제기기의 변위량}(X)}{\text{표시계기 지침의 변위량}(Y)}$$

$$\text{C/R 비} = \frac{\text{조종장치의 움직인 각도}(a)/360 \times 2\pi L}{\text{표시계기지침의 변위량}(Y)}$$

L : 조종장치의 반경

3. 웨버(Weber)의 법칙

$Weber = \dfrac{\text{변화감지역}(\Delta I)}{\text{표준자극}(I)}$, 웨버비가 작을수록 분변력이 좋음.

4. 설비의 신뢰도

1) 직렬 연결

신뢰도 $R = R_1 \times R_2 \times R_3 \times ....R_n$, $R_i =$ 각 요소의 신뢰도

2) 병렬 연결

신뢰도 $R = 1-(1-R_1)\times(1-R_2)\times(1-R_3)\times.....(1-R_n)$

5. 반사율: 반사광의 에너지와 입사광의 에너지 비율

1) 반사율(%) = $\dfrac{\text{광속발산도}(fL)}{\text{조명}(fc)} \times 100$

2) 조명(fc) = $\dfrac{\text{광속발산도}(fL)}{\text{반사율}(\%)} \times 100$

3) 대비(%) = $\dfrac{\text{배경반사율}(Lb) - \text{표적물체반사율}(Lt)}{\text{배경반사율}(\%)} \times 100$

* 옥내 최적 반사율 비율은 천장(3) : 바닥(1) 이상 유지해야 함.

6. 조도와 광도

1) 조도(Lux) = $\dfrac{광도}{(거리)^2}$

2) 법적 조도 기준 :

초정밀 작업: 750 Lux 이상 정밀작업: 300 Lux 이상

보통 작업: 150 Lux 이상 기타작업: 75 Lux 이상

7. 소음 계산

$$dB_2 = dB_1 - 20 \times \log\left(\frac{d_2}{d_1}\right)$$

dB_1: 소음 기계로부터 d_1 떨어진 곳의 소음

dB_2: 소음 기계로부터 d_2 떨어진 곳의 소음

8. Oxford Index: 인체의 열적 쾌적함을 평가하는 지수

습건지수(WD: 옥스퍼드지수) = 0.85*습구온도(W)(℃) + 0.15*건구온도(d) (℃)

9. 열평형 방정식(인체의 열교환 과정)

열축적(S) = 대사열(M) − 증발(E) ± 복사(R) ± 대류(C) − 한일(W)

여기서 열축적(S)는 열이득 및 열손실량으로 열평형 상태에서는 0임.

10. 시각의 계산

시각(분) = $\dfrac{57.3 \times 60 \times L}{물체와 눈 사이 거리(D)}$,

L : 시선과 직각으로 측정한 물체의 크기

11. 고장나지 않을 확률의 신뢰도

$$R_t = e^{-t/t_0} = e^{-\lambda \times t}$$

t_0 : 평균 고장시간 또는 평균 수명
t : 앞으로 고장 없이 사용할 시간
λ : 고장율

불신뢰도 : 1 − 신뢰도

12. FAFR(Fatal Accident Frequency Rate): 1억 시간당 사망자 수를 나타내는 단위

$$FAFR = \frac{\text{사망자수}}{\text{총작업시간수}} \times 10^8$$

13. 확률 사상의 계산

1) 논리곱의 확률(독립사상): $A(B \cdot C \cdot D) = AB \cdot AC \cdot AD$
2) 논리합의 확률(독립사상): $A(B + C + D) = 1 - (1 - AB)(1 - AC)(1 - AD)$

14. 고장율과 신뢰도관련 수식

1) 고장율
고장율(λ) = 고장건수/총가동시간(건/시간)

2) MTBF(Mean Time Between Failure: 평균 고장간격)
$MTBF$(평균 고장시간) = 1/고장율(λ)(시간)

3) 신뢰도(고장나지 않을 확률)

$$R_t = e^{-t/t_0} = e^{-\lambda \times t}$$

t_0 : 평균 고장시간 또는 평균 수명
t : 앞으로 고장 없이 사용할 시간
λ : 고장율

불신뢰도 : 1 − 신뢰도

4) MTTF(Mean Time To Failure): 수리가 불가능한 시스템이나 장비가 고장날 때까지의 평균 시간, 시스템 또는 제품의 수명을 나타내는 지표

① 직렬계 MTTF 계산식:

- MTTF_series = 1 / (1/MTTF_1 + 1/MTTF_2 + ... + 1/MTTF_n)

  MTTF_series: 직렬계의 평균 고장 시간

  MTTF_1, MTTF_2, ..., MTTF_n: 각 부품의 평균 고장 시간

② 병렬계 수명:

- MTTF_parallel = MTTF * (1 + 1/2 + 1/3 + ... + 1/n)

  MTTF_parallel: 병렬계의 평균 고장 시간

  MTTF: 각 부품의 평균 고장 시간

  n: 부품의 개수

5) MTTR(Mean Time To Repair): 평균 수리에 소요되는 시간)

① MTTR = $\dfrac{\text{수리시간합계}(t)}{\text{수리 횟수}(n)}(\text{시간})$

② 설비 가동율 = (실제가동시간 / 총가동가능시간) * 100

$$= \frac{MTBF}{MTBF+MTTR}\times 100 = \frac{1/\lambda}{(1/\lambda)+(1/\mu)}\times 100$$

λ : 고장율, μ : 수리율

[체크문제]

1. 8시간 근무를 기준으로 남성작업자 A의 대사량을 측정한 결과, 산소소비량이 1.5 L/min으로 측정되었다. Murrell 방법으로 계산 시, 8시간의 총 근로시간에 포함되어야 할 휴식시간은?

2. A작업의 평균에너지소비량이 다음과 같을 때, 60분간의 총 작업시간 내에 포함되어야 하는 휴식시간(분)은? - 휴식중 에너지 소비량: 1.5 kcal/min - A작업시 평균 에너지 소비량: 6.5 kcal/min -기초대사를 포함한 작업에 대한 평균 에너지 소비량 상한: 5 kcal/min

3. FTA(Fault Tree Analysis)에서 사용되는 사상 기호에 대해서 설명하시오.

4. FTA에서 사용하는 수정게이트에 있어서 우선적AND게이트와 조합 AND 게이트에 대해서 설명하시오.

5. FT도에 사용하는 기호에 대해 설명하시오.

6. FT도에서 최소컷셋(Minimal cut set)에 대해 설명하시오.

7. HAZOP 기법에서 사용하는 가이드워드에 대해서 설명하시오.

8. n개의 요소를 가진 시스템에 있어 요소의 수명(MTTF)이 지수 분포를 따를 경우 직렬로 연결된 시스템과 병렬로 연결된 시스템의 수명을 계산하는 식을 제시하시오.

9. 결함수분석(FTA)에 대해 설명하시오.

10. 경계 및 경보신호의 설계지침에 대해서 설명하시오.

11. 고장형태와 영향분석(FMEA)에서 평가요소에 대해 설명하시오.

12. 공정안전관리(process safety management: PSM)의 적용대상 사업장에 대해 설명하시오.

13. 국소진동에 지속적으로 노출된 근로자에게 발생할 수 있으며, 말초혈관 장해로 손가락이 창백해지고 동통을 느끼는 질환의 명칭은?

14. 다음 근골격계질환 작업분석 및 평가 방법에 대해서 설명하시오.
    - OWAS(Ovako Working Posture Analysis System)

- RULA(Rapid Upper Limb Assessment)
- REBA(Rapid Entire Body Assesment)

15. 다음 설비보전방식에 대해 설명하시오.
    ① 개량보전 ② 보전예방 ③ 사후보전 ④ 일상보전

16. 다음 온열조건에 대해 설명하시오.
    ① Oxford 지수 ② 발한율 ③ 실효온도 ④ 열압박지수

17. 다음 위험분석 기법에 대해 시스템 수명주기와 연관지어 설명하시오.
    ① PHA ② FHA ③ OHA ④ SHA

18. 다음과 같은 양립성에 대해서 설명하시오.
    ① 공간적 양립성 ② 운동양립성 ③ 개념적양립성 ④ 양식양립성

19. 다음의 안전을 도모하기 위한 분석기법들에 대해 설명하시오.
    ① DT ② FTA ③ THERP ④ MORT

20. 불(Bool) 대수의 기본적인 정리에 대해서 설명하시오.

21. 빨강, 노랑, 파랑의 3가지 색으로 구성된 교통 신호등이 1시간 동안 파란등 총 30분, 빨간등과 노란등은 각각 총 15분 동안 켜질 때 신호등의 총 정보량은 몇 bit 인가?

22. 산업안전보건법령상 유해·위험방지계획서의 제출 시 첨부하는 서류에 포함되는 사항에 대해 설명하시오.

23. 산업안전보건법령에 따라 유해위험방지 계획서의 제출대상 사업은 해당 사업으로서 전기계약용량이 얼마 이상이 사업인가?

24. 소음방지 대책에 대해 설명하시오.

25. 시각 표시장치와 청각 표시장치의 차이점에 대해 설명하시오.

26. 시스템의 수명곡선(욕조곡선)에 대해서 설명하시오.

27. 실내 표면에서 바닥, 천정, 가수, 벽의 반사율의 크기를 비교하시오.

28. 암조응과 명조응에 소요되는 시간은?

29. 암호체계의 사용상의 일반적인 지침에 대해 설명하시오.

30. 외전, 내전 등 신체 부위의 운동에 대해 설명하시오.

31. 위험성 결정과 위험성 평가에 대해서 설명하시오.

32. 음량수준을 평가하는 다음 척도들에 대해 설명하시오.
    - phon　　- dB　　- sone

33. 인간 전달 함수(Human Transfer Function)의 장점과 결점에 대해 설명하시오.

34. 인간-기계 시스템의 특징에 대해서 설명하시오.

35. 인간의 다음과 같은 오류모형에 대해 설명하시오.
    ① 실수(Slip)　② 착오(Mistake)　③ 건망증(Lapse)　④ 위반(Violation)

36. 인간의 신뢰도가 0.6, 기계의 신뢰도가 0.9이다. 인간과 기계가 직렬체제로 작업할 때와 병렬로 작업할 때의 신뢰도를 구하시오.

37. 인간의 실수 중 다음 오류들에 대해 설명하시오.
    ① omission error　② commission error　③ sequence error　④ timing error

38. 인간의 정보처리 과정 3단계에 대해 설명하시오.

39. 작업개선을 위하여 도입되는 원리인 ECRS에 대해 설명하시오.

40. 작업의 강도는 에너지대사율(RMR)에 따라 분류된다. 분류 기준 4가지의 에너지 대사율에 대해 기술하시오.

41. 정성적 표시장치에 대해 설명하시오

42. 조종-반응비(Control-Response Ratio, C/R비)에 대해 설명하시오.

43. 착석식 작업대의 높이 설계를 할 경우 고려해야 할 사항에 대해 설명하시오.

[체크문제]

44. 초기고장과 마모고장 각각의 고장형태와 그 예방대책에 대해 설명하시오.

45. 태양광선이 내리쬐는 옥외장소의 자연습구온도 22℃, 흑구온도 17℃, 건구온도 31℃ 일 때 습구흑구온도지수(WBGT)는?

46. 화학설비에 대한 안정성 평가(safety assessment)에 대해 설명하시오.

47. 화학설비의 안전성 평가 5단계에 대해 설명하시오.

48. 작업장의 설비 3대에서 각각 80 dB, 86 dB, 78 dB의 소음이 발생되고 있을 때 작업장의 음압 수준을 계산하시오?

49. 일반적으로 작업환경이나 도구를 설계할 때 적용하는 인체 측정 자료의 응용원칙에 대해 설명하시오?

50. 위험분석기법 중 고장이 시스템의 손실과 인명의 사상에 연결되는 높은 위험도를 가진 요소나 고장의 형태에 따른 분석법은 무엇인가?

51. 일반적인 화학설비에 대한 안전성 평가(safety assessment) 절차에 있어 안전대책 단계을 설명하시오?

52. 음량수준을 평가하는 척도들의 정의와 관계에 대해 설명하시오

53. 실효 온도(effective temperature)에 영향을 주는 요인들에 대해서 설명하시오.

54. 다음 FT도에서 시스템의 신뢰도는 얼마인가? (단, 모든 부품의 발생확률은 0.1 이다.)

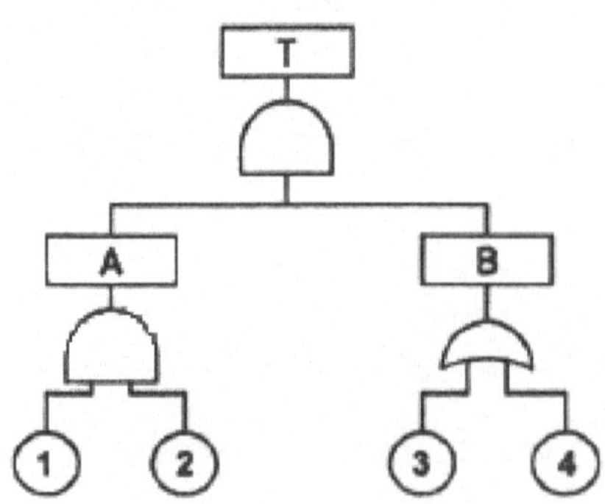

55. 어떤 설비의 시간당 고장률이 일정하다고 할 때 이 설비의 고장간격을 규정할 수 있는 확률분포에 대해 설명하시오.

56. 시스템 수명주기에 있어서 예비위험분석(PHA)이 이루어지는 단계에 대해서 설명하시오.

57. 정보를 전송하기 위해 청각적 표시장치보다 시각적 표시장치를 사용하는 것이 더 효과적인 경우에 대해서 설명하시오.

58. 중량물 들기 작업 시 5분간의 산소소비량을 측정한 결과 90 ℓ의 배기량 중에 산소가 16%, 이산화탄소가 4%로 분석되었다. 해당 작업에 대한 산소소비량(ℓ/min)은 약 얼마인가? (단, 공기 중 질소는 79 vol%, 산소는 21 vol%이다.)

59. 의도는 올바른 것이었지만, 행동이 의도한 것과는 다르게 나타나는 오류에 대해 설명하시오.

60. 다음과 같은 각 단계별 설비보전 방법들에 대해 설명하시오.
    ① 사후 보전 ② 개량 보전 ③ 일상 보전 ④ 보전 예방

3

기계기구 및 설비 안전관리

Chapter 13 기계공정의 안전

13.1 기계공정의 특수성 분석

13.1.1 설계도 검토 및 종류

가. 기계공정의 특수성

기계공정은 원료를 원하는 형태로 가공하거나 제품으로 만들어 내는 과정을 의미한다. 기계공정은 다양한 종류의 기계와 장비가 사용되며, 작업자의 안전을 위협할 수 있는 다양한 위험 요소가 존재한다.

나. 설계도

기계공정 설계도를 검토하여 사용되는 기계 및 장비의 종류, 기능, 배치 등을 파악한다. 설계도에 명시된 안전 요소(예: 안전 장치, 보호 격리)를 확인하고, 부족한 부분이 있는지 분석한다.

13.1.2 파레토도, 특성요인도, 클로즈 분석, 관리도

가. 파레토도: 사고 유형, 기인물 등 데이터를 분류하여 그 항목값이 큰 순서대로 정리하여 막대그래프로 나타낸다.

나. 특성요인도: 재해와 그 요인의 관계를 어골상으로 세분화하여 나타낸다.

- 특성요인도의 작성방법

▪ 특성의 결정은 무엇에 대한 특성 요인도를 작성할것인가를 결정하고 기입한다.

- 등뼈는 원칙적으로 좌측에서 우측으로 향하여 가는 화살표를 기입한다
- 큰 뼈는 특성이 일어나는 요인이라고 생각되는 것을 크게 분류하여 기입한다.
- 중 뼈는 특성이 일어나는 큰 뼈의 요인마다 다시 미세하게 원인을 결정하여 기입한다
- 작은 뼈는 개선책을 기입한다
- 원인을 확인한다
- 이력사항을 기입한다

다. 클로즈 분석: 2가지 또는 2개 항목 이상의 요인이 상호관계를 유지할 때 문제를 분석하는데 사용된다.

라. 관리도: 시간 경과에 따른 재해 발생 건수 등 대략적인 추이 파악에 사용된다

13.1.3 표준안전작업절차서

가. 안전작업절차서

작업활동이 재해 위험성을 줄이는 방법으로 수행되도록 위험요인, 위험성 및 관련 통제조치를 제시하는 작업 절차서를 말한다. 안전작업 절차는 표준화된 안전작업 수행방법을 위험성 평가에 기반하여 기술한 절차서이다.

작업 수행시 발생하는 재해 위험성의 감소를 보장하기 위하여 위험요인, 위험성 평가, 위험관리 방법을 기술한다. 안전작업 절차는 특히 작업을 수행하는 인원을 안전하게 하는데 목적이 있다. 표준 운전절차서와 같은 기타 공통문서는 장비손상을 방지하기 위하여 장비를 올바르게 사용하게 하는 것과 관련이 있으나, 반드시 근로자의 안전과 관련이 있는 것은 아니다. 신규 근로자들을 안전하게 작업 활동을 수행하게 할 수 있도록 도울 뿐만 아니라 신규 근로자들이 교육 및 오리엔테이션을 통해 수행할 작업의 위험성을 파악하는데 도움을 준다.

나. 안전작업절차가 제공하는 정보

- 작업 수행방법
- 안전, 환경에 대한 위험성에 대한 기술
- 안전, 환경에 대한 위험성이 있다고 평가되는 작업의 확인
- 적용되어야하는 관리조치에 대한 기술

- 안전, 환경적으로 보장된 작업을 수행하기 위해 필요한 조치에 대한 기술
- 준수하여야 할 법령, 기준, 지침 등을 기술
- 장비, 장비 운용자의 자격

13.1.4 공정도를 활용한 공정 분석 기술

가. 공정관리의 정의

공정관리란 "공장에 있어서 원재료로부터 최종 제품에 이르기까지의 자재, 부품의 조립 및 종합 조립의 흐름을 순서 정연하게 능률적인 방법으로 계획하고, 공정을 결정하고, 일정을 세워, 작업을 할당하고 신속하게 처리하는 절차"이다.

나. 공정관리의 목표

(1) 대내적인 목표

작업자의 대기나 설비 유휴에 의한 손실시간을 감소시켜서 가동률을 향상 시키고 자재의 투입에서부터 제품이 출하되기까지의 시간을 단축함으로써 재공품의 감소와 생산속도의 향상을 목적으로 하는 것

(2) 대외적인 목표

납기 또는 일정기간 중에 필요로 하는 생산량의 요구조건을 준수하기 위해 생산과정을 합리화하는 것

다. 공정관리의 기능

- 계획기능: 작업 순서와 방법을 결정하고 작업의 착수 시기와 완성 일자를 결정하며 납기를 유지하게 한다.
- 통제기능: 실제 과정의 지도, 조정 및 결과와 계획을 비교하고 측정, 통제하는 것을 뜻한다.
- 감사기능: 계획과 실행의 결과를 비교 검토하여 차이를 찾아내고 그 원인을 추적하여 적절한 조치를 취하며, 개선해 나감으로써 생산성을 향상시키는 기능이다.

라. 공정 계획

절차 계획	작업의 순서, 표준 시간, 각 작업이 행해질 장소를 결정하고 할당하는 것
공수 계획	1) 부하계획: 최대작업량과 평균작업량의 비율인 부하율을 최적으로 유지할 수 있는 작업량의 할당 계획이다 2) 능력계획: 기준조업도와 실제조업도와의 비율을 최적으로 유지하기 위해서 현유능력을 계획하는 것이다. 3) 일정계획: 모든 작업을 구체적으로 할당하고 각 작업이 수행되어야 할 시기를 결정하는 것을 말한다.
일정 계획	1) 대 일정계획: 종합적인 장기계획 2) 중 일정계획: 공정별 또는 부품별 일정계획이다 3) 소 일정계획: 작업자에게 할당될 작업을 결정한다

마. 공정 분석

- 가공공정: 제조의 목적을 직접적으로 달성하는 공정으로 대상물을 목적에 접근시키는 유일한 상태이다.
- 운반공정: 제품이나 부품이 하나의 작업 장소에서 타 작업장소로 이동하기 위해 발생하는 작업으로 이동, 하역을 하고 있는 상태이다.
- 검사공정: 양의 검사는 수량, 중량의 측정 등이다.
- 정체 공정: 다음의 가공, 조립을 하기 위해 일시 기다리는 상태이다.

바. 공정분석 기호

1) 길브레스 기호(Therbligs)

길브레스 기호는 프랭크 길브레스와 그의 아내 리일 길브레스 부부가 개발한 동작 연구의 기본 단위로 작업을 구성하는 가장 작은 요소들을 18가지로 분류하여 기호로 표현한 것이다. 작업 분석 및 개선에 활용되며 길브레스는 벽돌 쌓는 작업을 관찰하며, 불필요한 동작을 제거하고 효율적인 동작을 찾아내는 과정에서 이러한 기호를 개발했다.

- 길브레스 기호의 목적
  - 작업 분석: 복잡한 작업을 세분화하여 분석하여 비효율적인 동작을 찾아냄
  - 표준화: 작업 표준을 설정하고, 작업자 간의 동작 차이를 줄여 효율성을 높임.
  - 교육: 작업자에게 올바른 동작 방법을 교육하고 숙달시킬 수 있음
- 주요 길브레스 기호 예시
  - Search (찾기): 필요한 물건을 찾는 동작
  - Select (선택): 여러 개 중에서 필요한 물건을 선택하는 동작

2) ASMEA 기호

ASMEA 기호는 미국표준협회(American Society of Mechanical Engineers)에서 제정한 공정 분석 기호로 길브레스 기호가 동작 단위에 초점을 맞춘 반면, ASMEA 기호는 공정 전체의 흐름을 시각적으로 표현하는 데 중점을 두고 있다.

3) 기본 공정 분석기호

구분	번호	요소 공정	기호의 명칭	기호	뜻	비고
기본 도시 기호	1	가공	가 공	○	원료, 재료, 부품 또는 제품의모양, 성질에 변화를 주는 과정을 나타낸다.	
	2	운반	운 반	○ / ⇨	원료, 재료, 제품의 위치에 병화를 주는 과정을 나타낸다.	운반기호의 지름은 가공기호의 지름의 1/2 ~1/3 로 한다.
	3	검사	수량검사	□	원료, 재료, 부품 또는 제품의 양 또는 개수를 계량하여 그 결과를 기준과 비교하여 차이를 아는 과정을 나타낸다.	
	4		품질검사	◇	원료, 재료, 부품 또는 제품의 품질 특성을 시험하고, 그 결과를 기준과 비교하여 로트의 합격, 불합격 도는 개개제품의 양호, 불량을 판정하는 과정을 나타낸다.	
	5	정체	저 장	▽	원료, 재료, 부품 또는 제품의 계획에 따라 저장하고 있는 과정을 나타낸다.	
	6		지 체	D	원료, 재료, 부품, 또는 제품이 계획에 반하여 지체되고 있는 상태를 나타낸다.	
보조 도시 기호	1		흐름선	|	요소 공정의 순서관계를 나타낸다.	순서관계가 어려울때는 흐름선에 화살표를 그어서 방향을 명벽히 나타낸다.
	2		구 분	~~~	공정계열에서 관리상의 구분을 나타낸다.	
	3		생 략	=	공정계열의 일부분 생략을 나타낸다.	
복합 기호				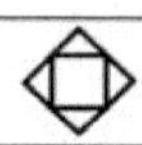	품질검사를 주로 하면서 수량검사도 한다.	
				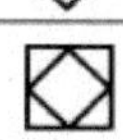	수량검사를 주로 하면서 품질검사도 한다.	
				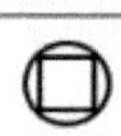	가공을 주로 하면서 수량검사도 한다.	
					가공을 주로 하면서 운반도 한다.	
					작업중의 정체	
					공정간에서 정체	
				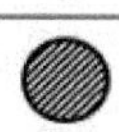	정보기록	
					기록완선	

출처: 네이버 블로그-PANCPACE(https://blog.naver.com/easternsun/110189645811)

13.2 기계의 위험 안전조건 분석

13.2.1 기계의 위험 요인

(1) 협착점: 왕복운동 부분과 고정 부분과 사이에서 형성되는 위험점

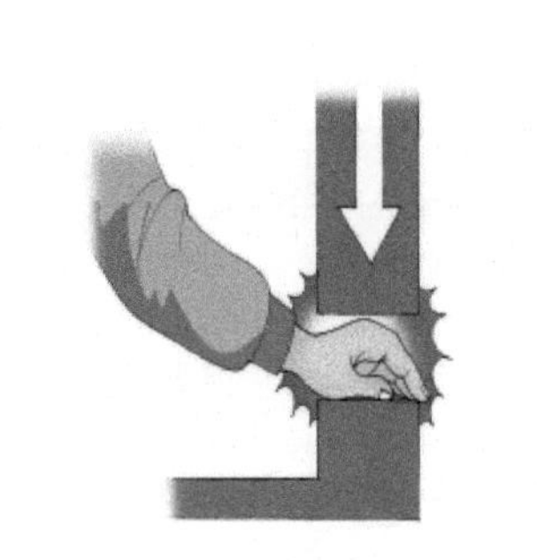	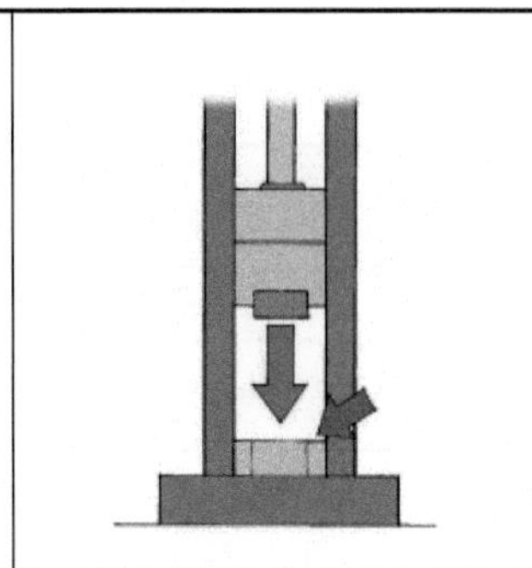	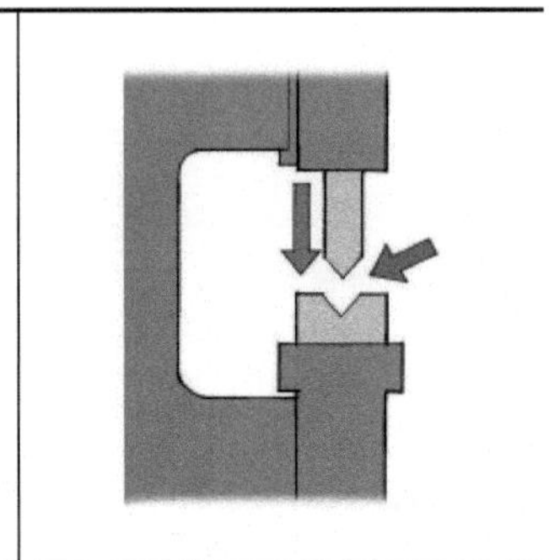
협착위치	프레스 금형 조립부위	프레스 브레이크 금형조립 부위

(2) 끼임점: 고정부분과 회전하는 동작 부분 사이에서 형성되는 위험점

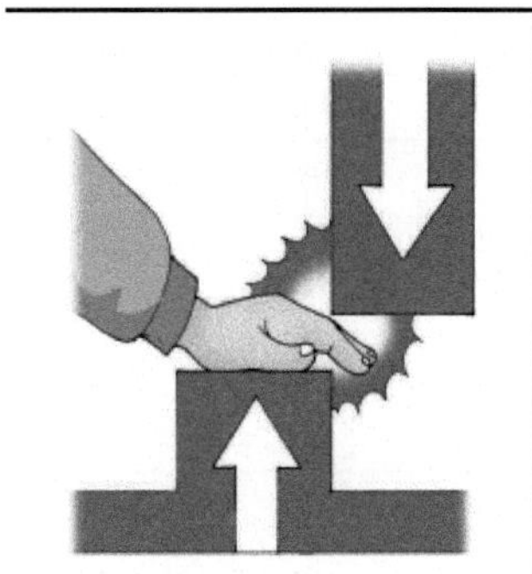	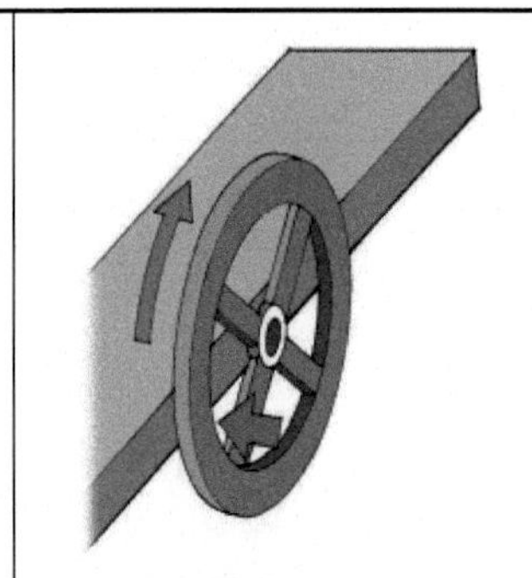	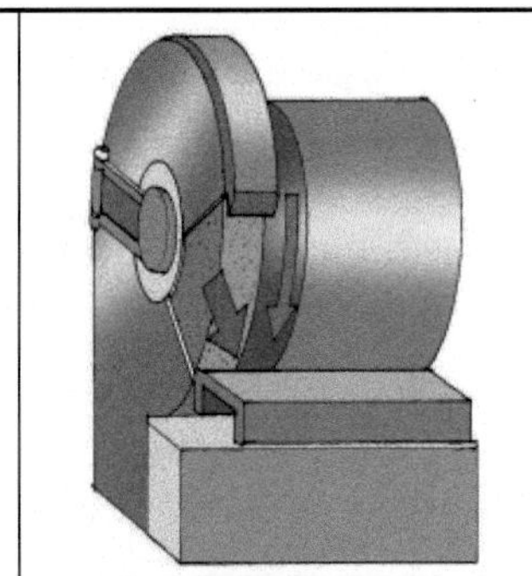
끼임 위치	회전 풀리와 베드 사이	연삭숫돌과 작업대 사이

(3) 절단점: 회전하는 운동부 자체, 운동하는 기계 부분 자체의 위험점

	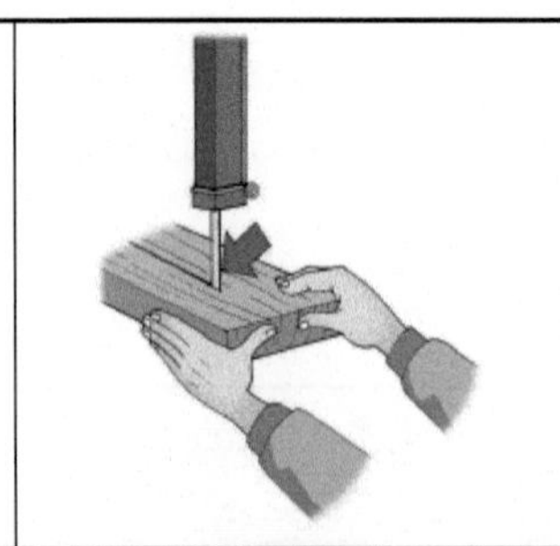	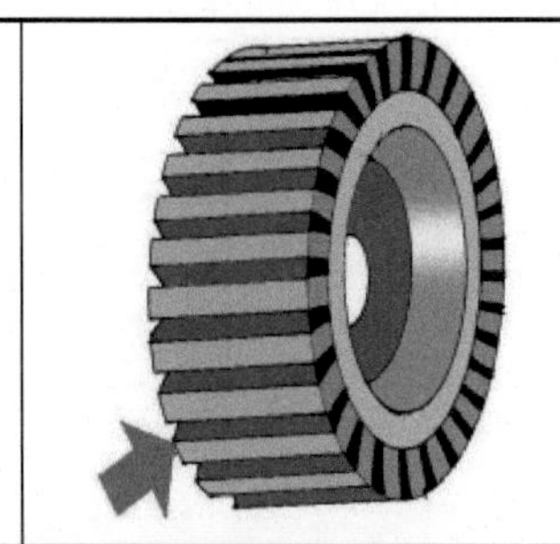
절단위치	목공용 띠톱부분	밀링 커터부분

(4) 물림점: 회전하는 두 개의 회전체에 물려 들어가는 위험점

		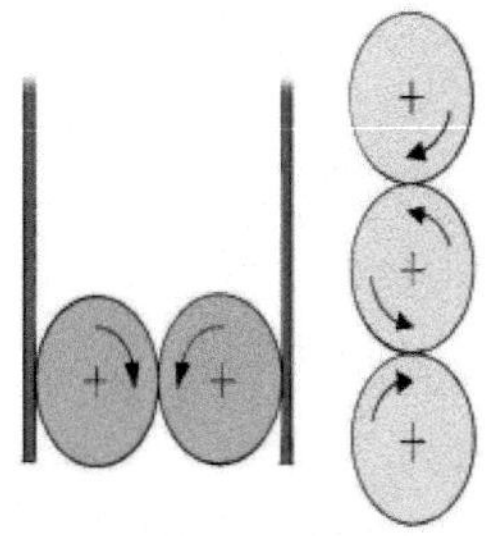
물림위치	기어 물림점	롤러 회전에 의한 물림점

(5) 접선 물림점: 회전하는 부분의 접선 방향으로 물려 들어가는 위험점

		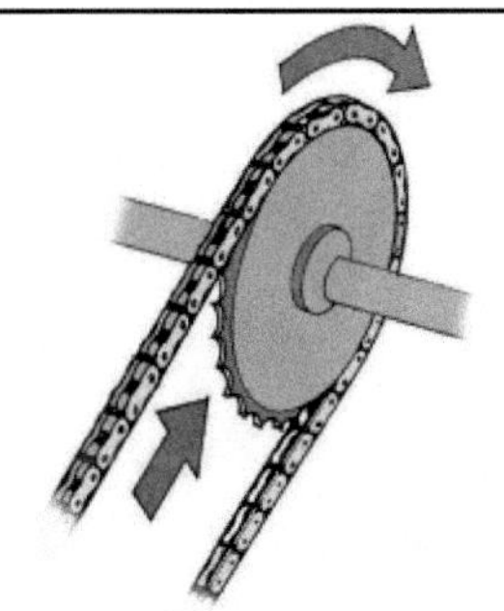
접선 물림위치	벨트와 풀리	체인과 체인기어

(6) 회전 물림점: 회전하는 물체에 작업복, 머리카락 등이 말려 들어가는 위험점

	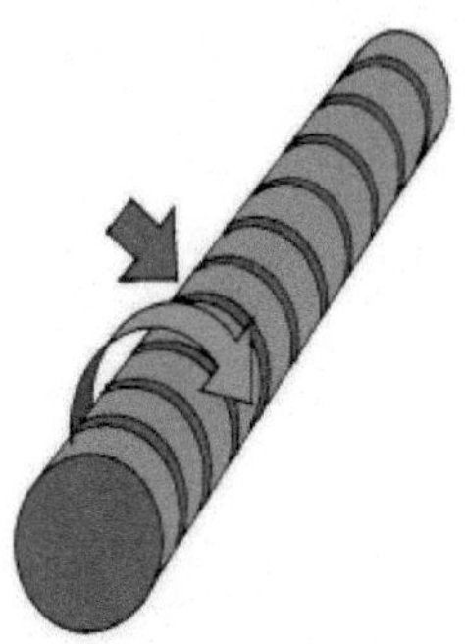	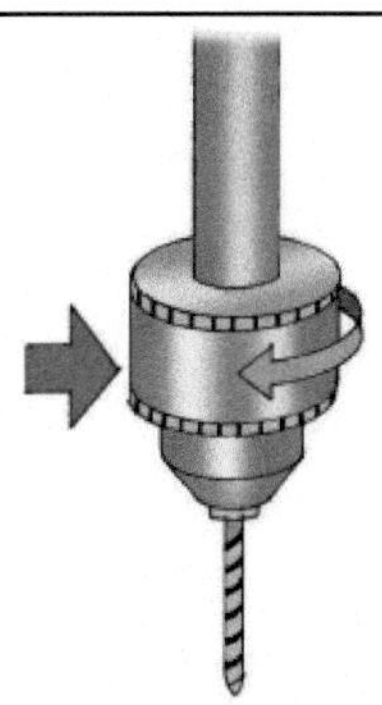
회전 말림 위치	나사 회전부	드릴

※ 출처: (주)한국안전관리기술원 - 협착재해 예방

13.2.2 기계설비의 본질안전 조건

가. 기본적 안전

- 안전기능을 기계설비 내에 내장할 것: 설계 단계에서 안전을 반영한다
- 풀프루프 기능을 가질 것: 작업자의 실수가 있더라도 사고로 연결되지 않도록 2중, 3중 통제를 한다.
- 페일세이프 기능을 가질 것: 기계, 설비가 고장 나더라도 사고로 연결되지 않도록 2중,3중 통제를 한다.

나. 기계설비의 근원적 안전조건

(1) 외관상 안전화

① 회전부에 덮개 설치

② 안전색채 사용

예) 기계의 시동 버튼: 녹색, 정지 버튼: 적색

(2) 기능적 안전화

① 전압 강화에 따른 오동작 방지

② 경진 및 단락에 따른 오동작 방지

③ 사용 압력 변동 시 등의 오동작 방지

(3) 구조 부분 안전화(구조 부분 강도적 안전화)

① 설계상의 결함 방지

사용·도중 재료의 강도가 열화될 것을 감안하여 설계하여야 한다.

② 재료의 결함 방지

재료 자체의 균열, 부식, 강도 저하 등 결함에 대하여 적절한 재료로 대체하여야 한다.

③ 기응 결함 방지

재료의 가공 도중에 발생되는 결함을 열처리 등을 통하여 사전에 예방하여야 한다.

(4) 작업의 안전화

작업환경, 작업 방법을 검토하고 작업위험분석을 실시하여 작업을 표준화한다.

예: 조작장치는 조작이 쉽게 설계

· 적당한 수공구의 사용

· 불필요한 동작을 배제하고 작업의 표준화

· 급정지장치 등을 설치할 것

(5) 보수유지의 안전화(보전성 향상 위한 고려 사항)

예: 보전용 통로와 작업장 확보

· 기계는 분해하기 쉽게

· 부품 교환이 용이한 구조

· 보수, 점검이 용이하도록

· 주의 방법 쉽게 개선

(6) 표준화

13.2.3 기계의 일반적인 안전사항과 안전조건

가. 원동기·회전축 등의 위험방지 장치

① 기계의 원동기, 회전축, 기어, 풀리, 플라이휠* 벨트 및 체인 등 근로자에게 위험을 미칠 우려가 있는 부위에는 덮개, 울, 슬리브 및 건널 다리 등을 설치하여야 한다.

② 회전축, 기어, 풀리 및 플라이휠 등에 부속하는 키, 핀, 등의 기계요소는 묻힘형으로 하거나 해당 부위에 덮개를 설치하여야 한다.

③ 벨트의 이음 부분에는 돌출된 고정구를 사용하여서는 아니 된다.

④ 건널 다리에는 안전난간 및 미끄러지지 아니하는 구조의 발판을 설치하여야 한다.

나. 리밋 스위치 -기계가 한계를 벗어나 과도하게 작동하는 것을 제한하는 장치

- 과부 하방 장치
- 권과 방지 장치
- 과전류 차단 장치
- 입력 제한 장치

다. 기계의 점검 사항

- 정지 상태에서 점검해야 할 사항
  - 주유 상태
  - 개폐기의 이상 유무
  - 방호장치의 이상 유무
  - 동력 전달장치의 이상 유무
  - 볼트, 암나사의 풀림 유무
  - 스위치 상태의 이상 유무
- 운전 상태에서 점검해야 할 사항
  - 클러치
  - 기어의 맞물림 상태
  - 베어링의 온도 상승 유무

- 이상 음 및 진동 상태
- 슬라이드 면의 온도 상승 여부

라. 기계설비의 Layout 시 유의사항

- 작업 흐름에 따라 배치한다.
- 통로를 확보한다.
- 장래의 확장을 고려하여 설계, 배치한다.
- 기계설비의 간격을 유지한다.
- 유해, 위험공정으로부터 작업자를 격리한다.
- 운반작업을 기계 작업화한다.
- 원재료, 제품저장소 등의 공간을 확보한다.

마. 통로

① 사업주는 작업장으로 통하는 장소 또는 작업장 내에는 근로자가 사용하기 위한 안전한 통로를 설치하고 항상 사용 가능한 상태로 유지하여야 한다.

② 통로의 주요한 부분에는 통로표시를 하고, 근로자가 안전하게 통행할 수 있도록 하여야 한다.

③ 사업주는 근로자가 안전하게 통행할 수 있도록 통로의 75% 이상의 폭을 확보하는 조치를 하여야 한다. 다만, 경도 또는 상시출입을 하지 아니하는 지하실 등을 통행하는 때에는 그러하지 아니하다. 조립기구를 사용하도록 할 때는 그러하지 아니하다.

④ 사업주는 옥내에 통로를 설치하는 때에는 걸려 넘어지거나 미끄러지는 등의 위험이 없도록 하여야 한다. 이때 통로 면으로부터 높이 2m 이내에는 장애물이 없도록 하여야 한다.

13.2.4 유해위험 기계 기구 종류, 기능과 작동원리

산업안전보건법상 유해위험 기계 기구의 종류는 다음과 같다.

(1) 프레스

기능: 금속 판재나 다른 소재를 압력을 가해 펀칭, 절단, 접합, 변형시키는 기계이다.

작동 원리: 유압 또는 공압 시스템을 이용하여 펀치 또는 다이에 힘을 가해 소재를 가공한다.

(2) 전단기
기능: 금속 판재나 다른 소재를 직선 또는 특정한 형상으로 절단하는 기계이다.
작동 원리: 날카로운 칼날을 이용하여 소재를 절단한다.

(3) 크레인(정격하중 2톤 이상)
기능: 무거운 물건을 들어올리고 옮기는 기계이다.
작동 원리: 전동기 또는 내연기관으로 구동되는 호이스트 시스템을 이용하여 물건을 들어올리고 붐을 회전시켜 옮깁니다.

(4) 리프트
기능: 사람이나 물건을 수직 방향으로 운송하는 기계이다.
작동 원리: 전동기 또는 유압 시스템을 이용하여 플랫폼을 상하로 이동시킵니다.

(5) 압력용기
기능: 압력을 가해 액체 또는 기체를 저장하는 용기이다.
작동 원리: 압력을 견딜 수 있는 두꺼운 벽으로 만들어져 있으며, 안전밸브와 같은 장치가 압력 과다를 방지한다.

(6) 곤돌라
기능: 건물 외부 작업을 위해 사람과 물건을 운송하는 기계이다.
작동 원리: 와이어 로프 시스템을 이용하여 곤돌라를 상하로 이동시킵니다.

(7) 국소배기장치(이동식 제외)
기능: 작업 현장에서 발생하는 유해물질이나 먼지를 흡입하여 작업자를 보호하는 장치이다.
작동 원리: 팬을 이용하여 오염된 공기를 흡입하고, 필터를 통해 유해물질을 제거한 후 깨끗한 공기를 배출한다.

(8) 원심기(산업용)
기능: 액체 또는 기체를 고속 회전시켜 분리하거나 압축하는 기계이다.
작동 원리: 임펠러, 회전 날개를 이용하여 원심력을 발생시켜 분리 또는 압축 작업을 수행한다.

(9) 롤러기(밀폐형 구조 제외)
기능: 무거운 물건을 운송하거나 위치시키는 데 사용되는 기계이다.
작동 원리: 회전하는 롤러 위에 물건을 올려 밀거나 당겨 이동시킵니다.

(10) 사출성형기(형 체결력 294킬로뉴턴(KN) 이상)

기능: 플라스틱 펠릿을 용융하여 금형에 주입하여 원하는 형태의 제품을 만드는 기계이다.

작동 원리:

사출 단계: 플라스틱 펠릿을 가열하여 용융시킨 후, 램 또는 스크류를 이용하여 금형에 고압으로 주입한다.

보냉 단계: 금형을 냉각시켜 플라스틱 제품을 굳힙니다.

제품 추출 단계: 금형을 열고 완성된 제품을 추출한다.

(11) 고소작업대(자동차 탑재형)

기능: 고소 작업을 수행하기 위해 작업자를 위로 올리는 기계이다.

작동 원리:

붐: 사다리 또는 관절형 붐을 이용하여 작업자를 원하는 높이까지 올립니다.

플랫폼: 작업자가 작업을 수행할 수 있는 공간을 제공한다.

(12) 컨베이어

기능: 제품이나 물건을 지속적으로 한 곳에서 다른 곳으로 운송하는 기계이다.

작동 원리:

벨트 컨베이어: 고무나 플라스틱 벨트를 이용하여 제품이나 물건을 운송한다.

롤러 컨베이어: 회전하는 롤러 위에 제품이나 물건을 올려 운송한다.

체인 컨베이어: 체인과 롤러를 조합하여 제품이나 물건을 운송한다.

(13) 산업용 로봇

기능: 반복적이고 위험한 작업을 자동으로 수행하도록 프로그램 가능한 기계이다.

13.2.5 기계 위험성

가. 기계의 위험성

기계에 의한 재해를 작업자와 기계 설비의 작업점과의 상호접촉에 이루어질 때 기계가 가지고 있는 과실 유발적 특성과 인간이 가지고 있는 부주의 특성이 서로 만나 재해가 발생한다. 따라서 재해예방은 재해의 요인을 사전에 제거해야 가능하다.

나. 기계의 특성 - 과실 유발적 특성

기계의 돌출부, 예리한 부분, 모서리, 그리고 회전부 등으로 작업자에게 실수를 유발하게 되고 재해로 이어진다.

다. 인간의 특성 - 부주의 특성

여러 가지 신체적, 정신적인 이유로 인하여 의식적이건 무의식적이건 간에 실수나 오조작을 하게 된다

라. 재해요인으로 본 기계·설비

- 미국의 하인리히의 도미노이론에 의하면 모든 재해는 사고의 결과이고 사고를 불안전한 행동과 불안전한 상태로 구분되는 직접 원인에 기인한다.

(1) 직접 원인

- 그 전 단계로 2차 원인과 기초 원인으로 구분되는 간접 원인에 기인한다. 이들 모두가 연쇄적으로 발생할 때 재해가 일어난다. 이 중에서 기계 · 설비에 관한 원인은 규명하는 것은 직접 원인 중의 불안전한 상태를 말한다.

① 미국안전협회의 통제로 18% - 불안전한 상태
② 사람으로 인한 원인 사고, 즉 불안전한 행동인 경우 19%
③ 복합적으로 연계되어 재해요인으로 나타나는 경우 63%

(2) 물적 원인 - 불안전한 상태

① 대상 물체가 갖고 있는 자체 결함
② 이를 보완하기 위한 방호장치의 결함
③ 대상 물체의 배치
④ 작업환경
⑤ 작업방법
⑥ 작업공정이 갖고 있는 문제점

(3) 인적 원인 - 불안전한 행동

① 교육훈련의 부족
② 작업자의 능력이 부족한 경우
③ 주의력의 결여에서 비롯되는 실수
④ 정신적, 육체적 피로 등에서 오는 심리적인 불안전한 상태

13.2.6 기계 방호장치

<table>
<tr><td rowspan="9">방호장치 분류</td><td rowspan="7">위험장소</td><td rowspan="3">격리형 방호장치</td><td>완전차단형 방호장치</td></tr>
<tr><td>덮개형 방호장</td></tr>
<tr><td>안전방책</td></tr>
<tr><td colspan="2">위치제한형 방호장치</td></tr>
<tr><td colspan="2">접근거부형 방호장치</td></tr>
<tr><td rowspan="2">접근반응형 방호장치</td><td>접촉반응형 방호장</td></tr>
<tr><td>비접촉형 방호장치</td></tr>
<tr><td rowspan="2">위험원</td><td colspan="2">포집형 방호장치</td></tr>
<tr><td colspan="2">감지형 방호장치</td></tr>
</table>

<table>
<tr><th>연번</th><th colspan="2">위험기계기구명</th><th>방호장치 종류</th></tr>
<tr><td>1</td><td colspan="2">프레스 및 전단기</td><td>방호장치(광전자식, 양수조작식, 가드식, 손 쳐내기식, 수인식), 안전블록, 페달의 U 자형 덮개, 자동 송급장치, 금형의 안전울</td></tr>
<tr><td>2</td><td colspan="2">로울러기</td><td>급정지장치(손 조작식, 복부 조작식, 무릎 조작식),
울(가드), 안내 롤러</td></tr>
<tr><td>3</td><td colspan="2">연삭기</td><td>덮개, 칩 비산방지장치(Shield)</td></tr>
<tr><td rowspan="4">4</td><td rowspan="4">양중기</td><td>크레인</td><td>과부하방지장치, 권과방지장치, 비상정지장치</td></tr>
<tr><td>곤돌라</td><td>과부하방지장치, 권과방지장치, 제동장치</td></tr>
<tr><td>리프트</td><td>과부하방지장치, 권과방지장치</td></tr>
<tr><td>승강기</td><td>과부하방지장치, 조속기, 리미트 스위치, 완충기,
비상정지장치, 출입문 인터록 장치</td></tr>
<tr><td>5</td><td colspan="2">목재가공용 둥근톱</td><td>반발 예방장치, 날 접촉 예방장치</td></tr>
<tr><td>6</td><td colspan="2">동력식 수동대패기</td><td>날 접촉 예방장치</td></tr>
<tr><td>7</td><td colspan="2">아세틸렌용접장치
가스집합용접장치</td><td>안전기(수봉식, 건식)</td></tr>
<tr><td>8</td><td colspan="2">방폭용 전기기계기구</td><td>방폭구조 전기기계기구(내압, 압력, 유입 등)</td></tr>
<tr><td>9</td><td colspan="2">교류아크용접기</td><td>자동전격방지기</td></tr>
<tr><td>10</td><td colspan="2">압력용기
(공기압축기 포함)</td><td>압력방출장치, 언로드 밸브</td></tr>
<tr><td>11</td><td colspan="2">보일러</td><td>압력방출장치, 압력제한스위치(온도제한스위치),
고저수위 조절장치</td></tr>
<tr><td>12</td><td colspan="2">산업용 로봇</td><td>안전매트, 방호울</td></tr>
<tr><td>13</td><td colspan="2">정전 및 활선작업에 필요한 절연용 기구</td><td>절연용 방호구, 활선작업용 기구</td></tr>
<tr><td>14</td><td colspan="2">추락, 붕괴 등 위험방호가 필요한 가설기자재</td><td>비계, 파이프 서포터 등 노동부 장관이 정하는 가설기자재</td></tr>
</table>

13.2.7 설비 보존의 개념

설비고장 원인과 대책으로 넓은 의미에서는 전 생산시스템 혹은 어떤 특정설비를 가동 가능한 상태로 유지해 놓은 것을 말한다.

가. 설비고장의 유형

(1) 초기고장-감소고장률(DFR: Decreasing Failure Rate)

- 설계, 제작, 수리 착오
- 사용방법 미숙
- debugging, burn - in test
- 보전예방(MP)
- maker의 품질보증에 의존

(2) 우발고장-상수고장률(CFR: Constant Failure Rate)

- 설계한계 초과
- 진동 및 충격
- 설비한계의 변경
- 정상운전 실시
- 사후보전(BM)실시
- 개량보전(CM)실시

(3) 마모고장-증가고장률(IFR: Increasing Failure Rate)

- 마모, 피로열화, 절연열화 등의 특성열화 - 예방보전(PM)실시

나. 설비보전의 분류

(1) 계획보전

운전부문의 자주보전활동과 전문 보전부문의 보전활동을 두 개의 축으로 하여 생산시스템의 신뢰도를 유지, 개선하기 위하여 보전활동을 계획적으로 실시하는 보전체제

(2) 예방보전(PM)

예정된 시기에 점검 및 시험, 급유 조정 및 분해정비, 계획적 수리 및 부분품 갱신 등을 하여 설비성능의 저하와 고장 및 사고를 방지함으로써 설비의 성능을 표준이상으로 유지하는 보전활동

(3) 사후보전(BM)

기계설비의 고장이나 결함이 발생한 후에 이를 수리 또는 보수하여 회복시키는 보전활동

(4) 개량보전(CM)

설비가 고장난 후에 설계변경, 부품의 개선 등으로 수명을 연장하거나 보전이 용이하도록 설비자체의 체질개선을 꾀하는 보전방식

(5) 보전예방(MP)

설비계획 및 설치시부터 고장이 없는 설비, 초기수리 보전 가능한 설비를 선택하는 보전방식

* TPM(Total Productive Maintenance)

TPM이란 전원참가의 생산보전활동으로 생산시스템의 종합적 효율화 추구를 하는 기업체질 구축을 목표로 한다. 생산시스템의 전 생애를 대상으로 재해 zero, 불량 zero, 고장 zero 등 모든 loss를 미연에 방지하는 체제를 현장, 현물에 구축하고 생산부문을 비롯하여 개발, 영업, 관리 등 사내 전부분에 걸쳐서 최고경영자로부터 제일선 작업원에 이르기까지전원이 참가하여 loss zero를 달성하려는 종합적 보전활동

13.2.8 기계 작동원리 분석 기술

기계 작동원리 분석 기술은 기계의 구조와 작동 메커니즘을 이해하는 능력이다. 산업 현장에는 다양한 종류의 기계들이 사용되고 있으며, 이들 기계는 작업자에게 심각한 위험을 초래할 수 있다. 기계 작동원리 분석 기술을 통해 기계의 위험 요인을 정확하게 파악하고, 이를 제거 또는 감소시키는 안전 대책을 수립할 수 있다.

가. 기계 위험 요인 분석:

기계의 구조, 작동 방식, 사용 방법 등을 분석하여 잠재적인 위험 요인을 파악한다. 예를 들어, 움직이는 부품, 날카로운 모서리, 열, 소음, 전기 등이 위험 요인으로 분류될 수 있다.

나. 안전 장치 설치 및 관리:

파악된 위험 요소에 따라 적절한 안전 장치를 설치하고 관리한다. 예를 들어 안전 스위치, 경고 표지, 인터로킹 장치 등이 안전 장치에 해당된다.

다. 안전 교육 및 훈련:

작업자에게 기계의 위험 요소와 안전한 작업 방법에 대한 교육과 훈련을 실시한다. 이를 통해 작업자들의 안전 의식을 함양하고, 사고 예방에 기여할 수 있다.

라. 사고 조사 및 분석:

발생한 사고의 원인을 분석하고 재발 방지를 위한 조치를 마련한다. 사고 분석 과정에서 기계 작동원리에 대한 이해는 필수적이다.

바. 법규 준수:

관련 법규 및 규정을 준수하기 위해 기계의 작동 원리를 이해해야 한다. 예를 들어, 산업안전보건법, 기계안전보건법, 전기사업법 등이 관련 법규에 해당된다.

Chapter 14 기계분야 산업 재해조사 및 관리

14.1 재해조사

14.1.1 재해조사의 목적

산업재해에 대한 원인을 분명하게 함으로써 가장 적절한 예방 대책을 찾아내어 동종 재해 또는 유사 재해를 미연에 방지하기 위한 목적이다.

- 재해 발생 원인 및 결함 규명
- 재해예방 자료 수집
- 동종 재해 및 유사 재해 재발 방지

14.1.2 재해조사 시 유의사항

- 사실을 수집한다
- 목격자 등이 증언하는 사실 이외의 추측의 말은 참고로만 한다.
- 조사는 신속하게 행하고 긴급조치를 하여 2차 재해의 방지를 도모한다.
- 사람, 기계설비, 환경의 측면에서 재해요인을 모두 도출한다
- 객관적인 입장에서 공정하게 조사하며, 조사는 2인 이상이 한다.
- 책임추궁보다 재발 방지를 우선하는 기본 태도를 갖는다.

14.1.3 재해 발생 시 조치사항

(1) 산업재해 발생 은폐 금지 및 보고

- 사업주는 산업재해가 발생하였을 때에는 그 발생 사실을 은폐해서는 아니 된다.
- 사업주는 고용노동부령으로 정하는 산업재해에 대해서는 그 발생 개요, 원인 및 보고 시기, 재발방지 계획 등을 고용노동부령으로 정하는 산업재해조사표에 기록하여 고용노동부장관에게 제출해야 한다.
- 사망자나 3일 이상의 휴업이 필요한 부상을 입은 경우에 산업재해가 발생한 날로부터 1개월 이내에 산업재해조사자료를 작성, 관할 지방고용노동관서장에게 제출하여야 한다.
- 산업재해조사표에 근로자대표의 확인을 받아야 하며, 그 기재 내용에 대하여 근로자대표의 이견이 있는 경우에는 그 내용을 첨부하여야 한다. 단, 근로자대표가 없는 경우에는 재해자 본인의 확인을 받아 제출할 수 있다.
- 사업주는 산업재해가 발생한 때에는 다음 각 호의 사항을 기록·보존 하여야 한다.
  - 사업장의 개요 및 근로자의 인적사항
  - 재해 발생의 일시 및 장소
  - 재해 발생의 원인 및 과정
  - 재해 재발방지 계획

(2) 중대재해 발생시 사업주의 조치

사업주는 중대재해가 발생하였을 때에는 즉시 해당 작업을 중지시키고 근로자를 작업소에서 대피시키는 등 안전 및 보건에 관하여 필요한 조치를 하여야 한다. 사업주는 중대재해가 발생한 사실을 알게 된 경우에는 고용노동부령으로 정하는 바에 따라 지체 없이 고용노동부장관에게 보고하여야 한다. 단, 천재지변 등 부득이한 사유가 발생한 경우에는 그 사유가 소멸되면 지체 없이 보고하여야 한다.

(3) 사업주는 "중대재해"가 발생한 때는 지체 없이 다음 각 호의 사항을 관할 지방고용 노동관서의 장에게 전화·팩스, 또는 그 밖에 적절한 방법으로 보고하여야 한다.

- 중대재해 발생시 보고사항
  - 발생 개요 및 피해 상황
  - 조치 및 전망
  - 그 밖의 중요한 사항

조치 순서-

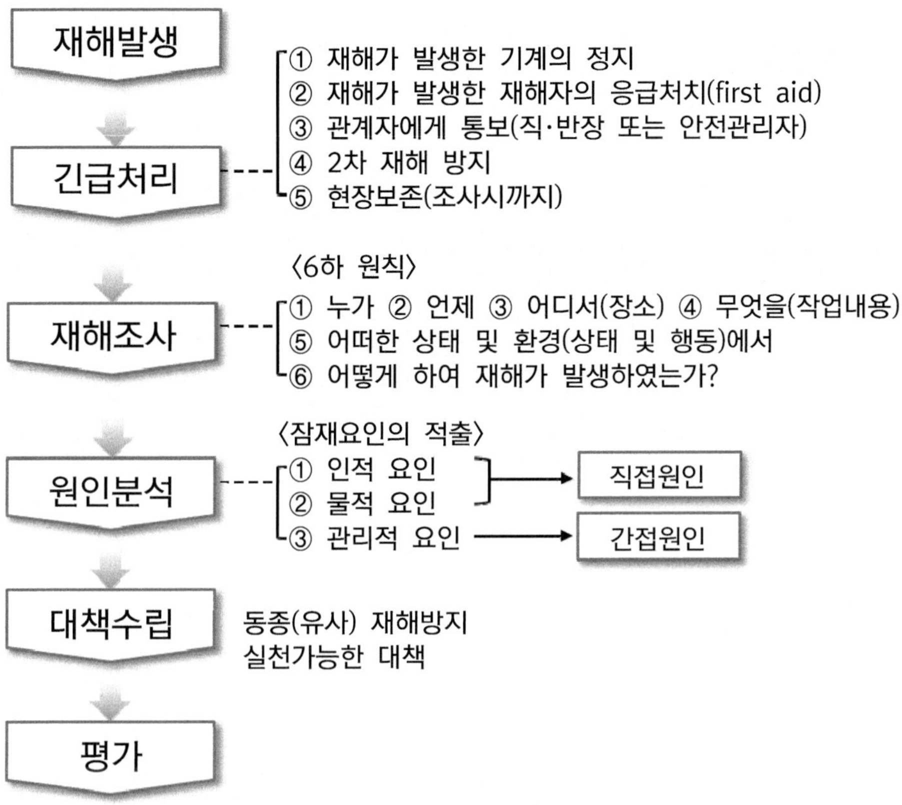

14.1.4 재해의 원인 분석 및 조사기법

가. 재해조사의 목적

재해 원인과 결함규명 → 예방자료 수집 → 동종재해 및 유사재해 재발방지

나. 조사방법 및 유의사항

대부분의 사업장에서 사용하는 양식은 4M(Man, Machine, Media, Management)의 원칙에 근거

조기착수 (현장보존) → 사실수집 (현장상황 작성기록 피해자, 목격자 진술) → 정확성의 확보 (주관적 판단 배제)

다. 재해조사의 순서

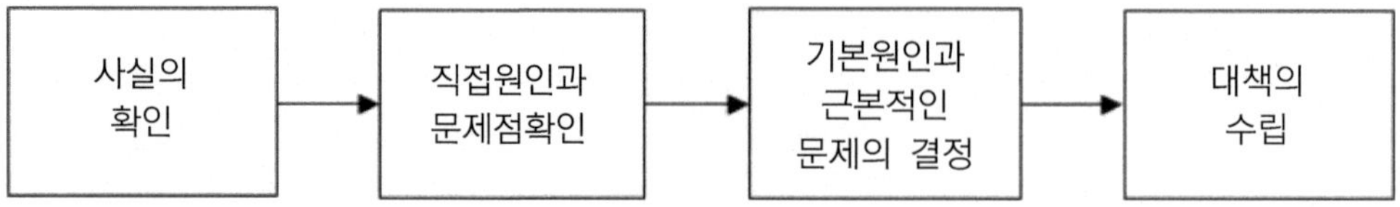

라. 재해의 원인 분석 및 조사기법

- 재해원인 분석
  (1) 개별적 원인분석
  (2) 통계적 원인분석
  (3) 문답 방식에 의한 재해원인 분석
  (4) 사고의 본질적 특성

마. 재해의 직, 간접 원인

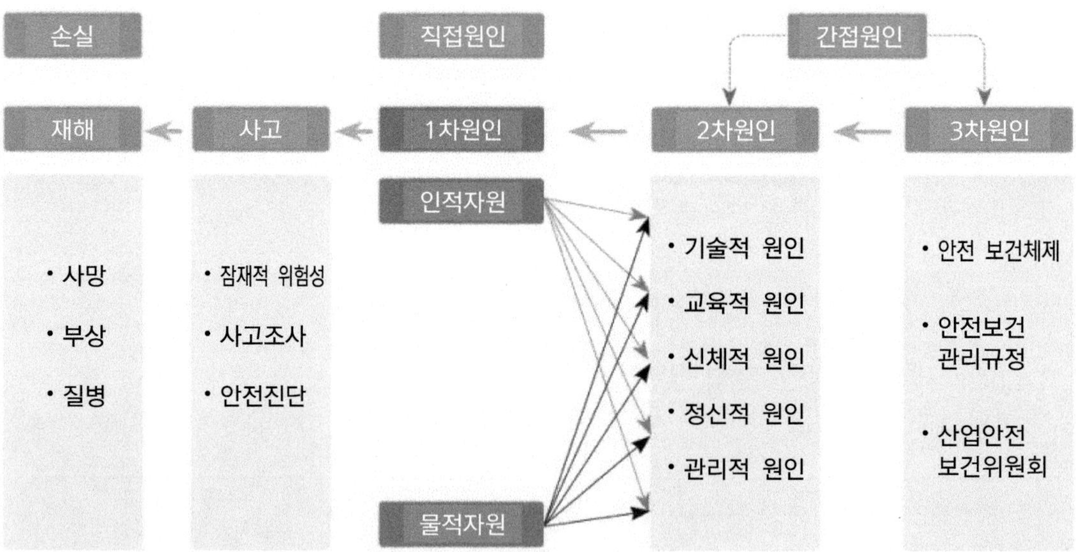

바. 산업재해 발생 형태

(1) 단순 자극형

상호 자극에 의하여 순간적으로 재해가 발생하는 유형으로 재해가 일어난 장소와 그 시기에 일시적으로 요인이 집중(집중형이라고도 함)

(2) 연쇄형

하나의 사고 요인이 또 다른 사고 요인을 일으키면서 재해를 발생시키는 유형(단순 연쇄형과 복합 연쇄형)

(3) 복합형

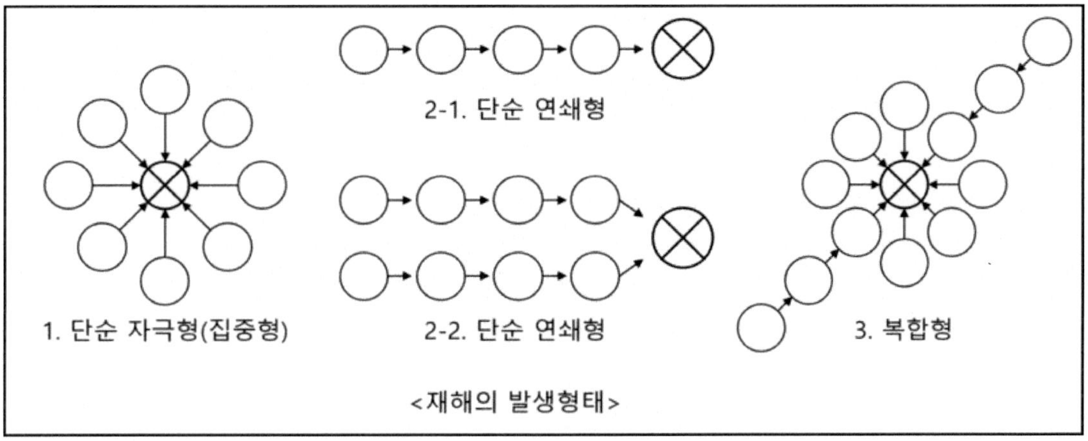

단순 자극형과 연쇄형의 복합적인 발생유형

14.2 산재분류 및 통계 분석

14.2.1 산재분류의 이해

산업재해는 근로자가 업무와 관련하여 발생한 부상, 질병 또는 사망을 의미한다. 산업안전보건법에 따라 산업재해는 체계적으로 분류되어 있으며, 이는 재해의 예방과 관리를 위한 기초 자료로 활용된다. 산업재해는 크게 재해형태와 재해원인으로 분류할 수 있다.

가. 상해종류별 분류

- 골절: 뼈가 부러진 상해를 의미한다.
- 동상: 저온물 접촉으로 생긴 동상을 말한다.
- 부종: 국부의 혈액순환의 이상으로 몸이 부어오르는 상해를 의미한다.
- 찔림(자상): 칼날 등 날카로운 물건에 찔린 상해를 말한다.
- 타박상(삠): 타박, 충돌, 추락 등으로 피부표면보다는 피하조직 또는 근육부를 타박한 상해를 의미한다.
- 절단(절상): 신체 부위가 절단된 상해를 말한다.
- 중독/질식: 유해 가스, 화학물질, 산소 결핍 등에 의한 중독이나 질식된 상해를 의미한다.
- 찰과상: 스치거나 문질러서 피부가 벗겨진 상해를 말한다.
- 베임(창상): 칼 등의 날카로운 도구에 의해 피부가 베인 상해를 의미한다.
- 화상: 화재나 고온물질에 의해 발생한 상해를 말한다.
- 뇌진탕: 머리를 세게 맞아 뇌진탕이 발생한 상해를 의미한다.
- 익사: 외부 충격이나 기타 원인으로 의식을 잃은 상해를 말한다.
- 피부병: 화학적 연쇄반응에 의해 발생한 피부질환을 의미한다.
- 청력장애: 소음에 의해 청력이 감소된 상해를 말한다.
- 시력장애: 시력이 감퇴된 상해를 의미한다.

나. 재해 발생형태

- 떨어짐: 높은 곳에서 사람이 떨어지는 경우를 의미한다.
- 넘어짐: 발을 헛디디거나 미끄러져 넘어지는 경우를 말한다.
- 깔림/뒤집힘: 무거운 물체에 깔리거나 차량 등이 뒤집히는 경우를 의미한다.
- 부딪힘/접촉: 재해자가 물체에 부딪히거나 접촉하는 경우를 말한다.
- 맞음: 날아오거나 떨어진 물체에 맞는 경우를 의미한다.
- 끼임: 기계 설비의 움직이는 부품 사이에 신체가 끼이는 경우를 말한다.
- 무너짐: 건축물이나 쌓여진 물체가 무너지는 경우를 의미한다.
- 감전: 전기 작업 중 전기에 의해 감전되는 경우를 말한다.
- 이상온도 노출/접촉: 고온 또는 저온의 환경에 노출되거나 접촉하는 경우를 의미한다.

- 유해/위험물질 노출/접촉: 유해 화학물질 또는 생물학적 위험 물질에 노출되는 경우를 말한다.
- 화재: 화재가 발생하여 불에 타는 경우를 의미한다.
- 부자연스러운 자세: 작업 중 부자연스러운 자세로 인해 발생하는 재해를 의미한다.
- 과도한 힘/동작: 과도한 힘을 사용하거나 반복적인 동작으로 인해 발생하는 재해를 의미한다.
- 신체반작용: 작업 중 신체 반작용으로 발생하는 재해를 말한다.
- 압박/진동: 기계 설비의 압력이나 진동으로 인해 발생하는 재해를 의미한다.
- 폭력행위: 폭력에 의해 발생하는 재해를 말한다.

다. 재해 발생형태의 분류기준

(1) 두 가지 이상의 발생형태가 연쇄적으로 발생된 재해

- 재해자가 넘어짐으로 인하여 기계의 동력전달부위 등에 끼이는 사고가 발생하여 신체가 절단된 경우: 끼임, 떨어짐
- 재해자가 구조물 상부에서 넘어짐으로 인하여 사람이 떨어져서 부딪히거나 깔리게 되어 발생한 경우: 떨어짐, 유해·위험물질 노출·접촉
- 재해자가 넘어짐 또는 떨어짐으로 물체에 맞게 된 경우: 맞음, 떨어짐
- 재해자가 전주에서 작업 중 감전사고가 발생한 경우: 전류접촉(감전)
- 기계의 구동 중 회전체 등 주요 부위의 파단, 파열 등으로 발생한 경우 상해를 입힌 문제에 따라 맞음, 재해로 분류한다.

(2) 떨어짐과 넘어짐의 분류

- 바닥면과 신체가 떨어진 상태로 더 낮은 위치로 떨어진 경우: 떨어짐
- 바닥면과 신체가 접해있으나 상태에서 더 낮은 위치로 떨어진 경우: 넘어짐

(3) 맞음, 이상온도 노출·접촉, 유해·위험물질 노출·접촉의 분류

- 물체 또는 물질이 떨어지거나 날아와 타박상 등의 상해를 입었을 경우: 맞음
- 고·저온 물체 또는 물질이 떨어지거나 날아와 화상을 입었을 경우: 이상온도 노출·접촉
- 떨어지거나 날아온 물체 또는 물질의 특성에 의하여 상해를 입은 경우: 유해·위험물질 노출·접촉

라. 기인물 및 가해물

- 기인물: 직접적으로 재해를 유발하거나 영향을 끼친 에너지원(운동, 위치, 열, 전기 등)을 지닌 기계, 장치, 구조물, 물체, 사람 또는 환경요인을 말한다.
- 2차 기인물: 복합적 요인으로 발생된 재해에 있어서 기인물을 유발한 원천적 에너지원(기계,

물체, 사람, 에너지, 환경요인)을 말한다.
- 가해물: 근로자(사람)에게 직접적인 상해를 입힌 기계, 장치, 구조물, 물체, 사람 또는 환경요인을 말한다.

마. 기인물 및 가해물의 분류기준

- 재해발생 주요 요인이 사람이며 그 사람을 기인물로 한다.
  예: 운전 중 한손을 핸들에서 놓쳤을 경우 -> 기인물: 차량
- 재해발생 주요 요인이 사람이 아닌 기인물이 존재하지 않고 가해물이 있는 경우는 그 가해물을 기인물로 분류한다.
  예: 손에 들고 있던 운반물을 놓쳤을 경우 -> 기인물: 운반물
- 재해발생 주요 요인이 사람이고 기인물, 가해물이 되는 사람이 없으면 사람으로 분류한다. 예: 외부요인이 없는 상태에서 사람이 걷다가 발목을 접질림 -> 기인물: 사람
- 재해발생 주요 요인이 사람이 아니고 불안전한 상태도 없으나 기인물이 있는 경우는 그 기인물로 분류한다.
  예: 자연재해, 천재지변

이와 같이 산업재해는 다양한 분류 기준에 따라 체계적으로 분류된다. 이를 통해 재해의 원인과 형태를 명확히 파악하고, 예방 조치를 효과적으로 마련할 수 있다.

14.2.2 재해관련 통계의 정의

재해관련 통계는 작업장에서 발생하는 재해를 체계적으로 관리하고 분석하기 위한 중요한 도구이다. 이를 통해 산업재해의 발생 빈도와 유형을 파악하고, 예방 대책을 마련할 수 있다. 다음은 재해관련 통계의 주요 지표와 그 정의이다.

가. ILO의 근로불능 상태의 구분(상해정도별 분류)

- 사망: 근로자가 사망한 경우
- 영구 전 노동불능: 신체 전체의 노동 기능이 완전히 상실된 경우
- 영구 일부 노동불능: 신체 일부의 노동 기능이 상실된 경우
- 일시 전 노동불능: 일정 기간 동안 노동 능력을 잃은 경우
- 일시 일부 노동불능: 일정 시간 동안 부분적인 노동 능력을 상실한 경우
- 구조적상해: 특정 신체 부위의 구조적 손상을 입은 경우

나. 재해통계방법

재해통계는 다양한 방법으로 분류되며, 이를 통해 재해 발생 원인과 경향을 분석할 수 있다.

(1) 파레토도

정의: 사고 유형, 기인물 등을 데이터로 분류하여 그 항목을 큰 손실대로 정리하여 막대그래프로 나타내는 방법이다. 이는 주요 원인 항목을 파악하는 데 유용하다.

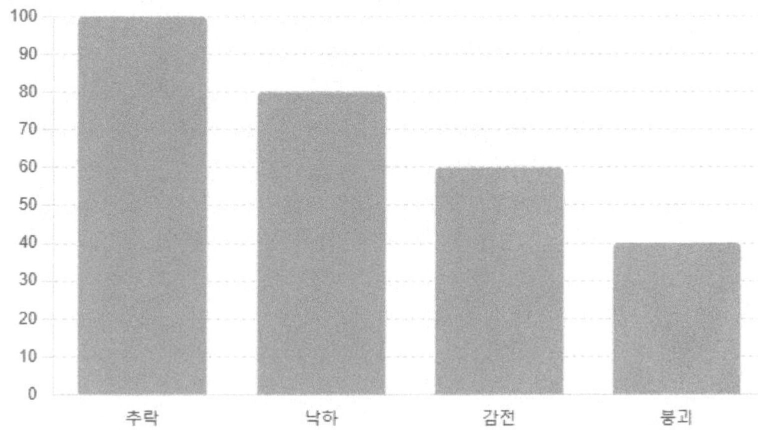

(2) 특성요인도

정의: 재해 발생 원인을 사람, 물건, 관리 등의 관점에서 분석하고, 이를 통해 재해 발생의 주요 요인을 시각적으로 나타내는 방법이다.

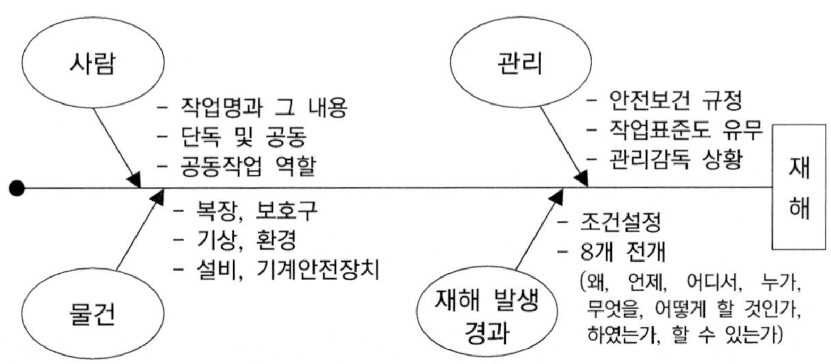

특성요인도의 작성방법
① 특성의 결정은 무엇에 대한 특성요인도를 작성할 것인가를 결정하고 기입한다. ② 등뼈는 원칙적으로 좌측에서 우측으로 향하여 가는 화살표를 기입힌다. ③ 큰 뼈는 특성이 일어나는 요인이라고 생각되는 것을 크게 분류하려 기입한다. ④ 중 뼈는 특성이 일어나는 큰 뼈의 요인마다 다시 미세하게 원인을 결정하여 기입한다. ⑤ 작은 뼈는 개선책을 기입한다. ⑥ 원인을 확인한다. ⑦ 이력사항을 기입한다.(작성일, 작성자, 검토자, 대상제품, 작성목적 등)

(3) 크로스(Cross) 분석

정의: 2가지 또는 2개 항목 이상의 요인의 상호관계를 유지할 때 문제를 분석하는 데 사용된다. 이는 교차분석을 통해 복합적인 원인을 파악하는 데 유용하다.

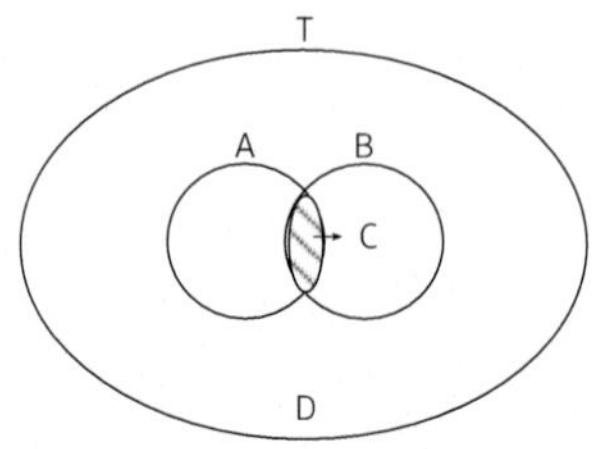

T: 전체 재해
A: 인적 원인으로 인한 재해
B: 물적 원인으로 인한 재해
C: 인적, 물적 원인이 함께 발생한 재해
D: 인적 물적 원인 외의 원인으로 인한 재해

(4) 관리도

정의: 시간경과에 따른 재해발생 건수 등 대략적인 추이를 파악하여 관리하는 방법이다.

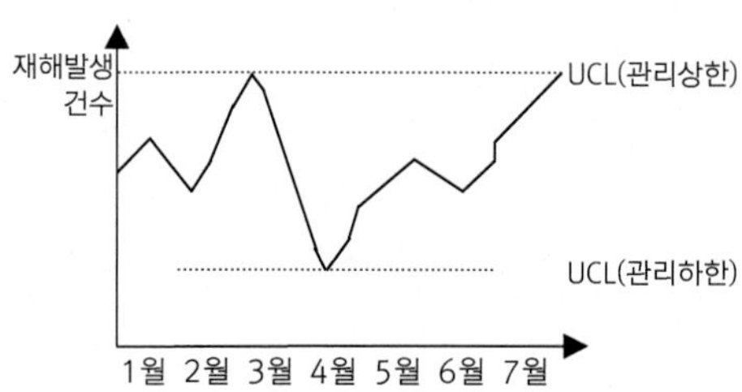

다. 재해사례연구 진행 단계

1단계: 사실의 확인 - 재해 상황의 파악
2단계: 문제점 발견 - 원인 분석
3단계: 근본 문제점 결정(재해원인 결정)
4단계: 대책 수립 - 예방 대책 마련

14.2.3 재해 관련 통계의 종류 및 계산

산업재해와 관련된 통계는 작업장에서 발생하는 재해를 체계적으로 관리하고 분석하기 위한 중요한 도구이다. 이를 통해 산업재해의 발생 빈도와 유형을 파악하고, 예방 대책을 마련할 수 있다. 재해관련 통계의 주요 지표는 다음과 같다

(1) 연천인율

정의: 연천인율은 근로자 1,000명 중 재해를 당한 근로자의 비율을 나타낸다. 이는 재해의 빈도를 쉽게 파악할 수 있는 지표이다.

계산식: 연천인율 = (연간 재해자 수 / 연평균 근로자 수) × 1,000

(2) 도수율

정의: 도수율은 연 근로시간 1,000,000시간당 발생한 재해 건수를 나타낸다. 이는 작업시간 대비 재해의 발생 빈도를 보여주는 지표이다.

계산식: 도수율 = (재해 건수 / 연 근로시간 수) × 1,000,000

(3) 강도율

정의: 강도율은 재해로 인해 발생한 총 근로손실일수의 비율을 나타낸다. 이는 재해의 심각도를 평가할 수 있는 지표이다.

계산식: 강도율 = (총 근로손실일수 / 연 근로시간 수) × 1,000

(4) 종합재해지수

정의: 종합재해지수는 재해의 빈도와 심각도를 종합적으로 평가하는 지표이다. 이는 여러 지표를 결합하여 재해의 전반적인 영향을 평가하는 데 사용된다.

계산식: FSI = √(도수율 × 강도율)

(5) 환산 강도율

정의: 환산 강도율은 일정 생애 근로시간 동안의 근로손실일수를 평가하는 지표이다.

계산식: 환산 강도율 = (총 요양 근로손실일수 / 연 근로시간 수) × 100,000

(6) 환산 도수율

정의: 환산 도수율은 일정 생애 근로시간 동안의 재해 건수를 평가하는 지표이다.

계산식: 환산 도수율 = (재해 건수 / 연 근로시간 수) × 평생 근로시간(100,000시간)

(7) 평균 강도율

정의: 평균 강도율은 재해 1건당 평균 강도를 평가하는 지표이다.

계산식: 평균 강도율 = 강도율 × 1,000

(8) 안전활동률

정의: 안전활동률은 100만 시간당 안전 활동을 수행한 건수를 나타낸다. 이는 안전활동의 빈도를 평가하는 데 사용된다.

계산식: 안전활동률 = (안전 활동 건수 / 총 근로시간 수) × 1,000,000

(9) Safe-T-Score(세이프 티 스코어)

정의: Safe-T-Score는 과거와 현재의 안전을 일정 내어 비교, 평가하는 지표이다. 이는 현재의 안전 수준을 파악하고 개선할 점을 찾는 데 사용된다.

계산식: Safe-T-Score = (현재 빈도율 - 과거 빈도율) / 과거 빈도율 × √(현재 근로시간 수 / 1,000,000)

(10) 사망 만인율

정의: 사망 만인율은 근로자 수 10,000명당 발생하는 사망자 수의 비율을 나타낸다. 이는 작업장의 치명적인 사고 빈도를 평가하는 지표이다.

계산식: 사망 만인율 = (사망자 수 / 근로자 수) × 10,000

(11) 재해율

정의: 재해율은 산재보험적용 근로자 수 100명당 발생하는 재해자 수의 비율을 나타낸다. 이는 전반적인 재해 발생 빈도를 평가하는 데 사용된다.

계산식: 재해율 = (재해자 수 / 산재보험적용 근로자 수) × 100

(12) 휴업 재해율

정의: 휴업 재해율은 임금 근로자 수 100명당 발생하는 휴업 재해자 수의 비율을 나타낸다. 이는 휴업을 초래한 재해의 빈도를 평가하는 지표이다.

계산식: 휴업 재해율 = (휴업 재해자 수 / 임금 근로자 수) × 100

(13) 건설업체의 산업재해 발생률

정의: 건설업체의 산업재해 발생률은 건설업체에서 발생한 산업재해의 빈도를 평가하는 지표이다. 이는 건설 현장에서의 안전 수준을 평가하고 개선할 수 있도록 돕는다.

계산식: 사고사망 만인율 = (사고사망자수 / 상시 근로자 수) × 10,000

이와 같은 재해관련 통계 지표를 통해 산업재해의 발생 상황을 체계적으로 분석하고, 효과적인 예방 대책을 수립할 수 있다. 이러한 통계는 산업 안전을 강화하고, 근로자들의 건강과 안전을 보호하는 데 중요한 역할을 한다.

14.2.4 재해손실비의 종류 및 계산

재해손실비는 작업장에서 발생하는 재해로 인해 발생하는 다양한 비용을 체계적으로 분류하고 계산하는 방법을 의미한다. 이를 통해 산업재해의 발생 빈도와 유형을 파악하고, 예방 대책을 마련할 수 있다. 재해손실비는 크게 직접비와 간접비로 나눌 수 있다.

(1) 직접비

직접비는 재해 발생 직후 즉각적으로 발생하는 비용을 말한다. 주로 치료와 관련된 비용이 포함된다.

- 치료비
- 요양급여
- 장해급여
- 간병급여
- 직업재활급여
- 장의비 등

(2) 간접비

간접비는 재해로 인해 간접적으로 발생하는 비용을 말하며, 생산 손실비와 관련된 비용이 포함된다.

- 인적 손실비
- 생산 손실비
- 물적 손실비
- 기계, 기구 손실비 등

(3) 총 재해비용

총 재해비용은 직접비와 간접비를 합한 비용을 말한다. 이를 통해 전체적인 재해 비용을 파악할 수 있다.

(4) 재해손실비의 계산 방법

① 콤패스 방식
총 재해비용 = 공동비용 + 개별비용공동비용(불변비용): 보험료, 안전보건팀 유지비 등
개별비용(가변비용): 작업중단 손실비, 사고조사비, 수리비용 등
② 버드 방식: 보험 비용, 비보험 비용, 비보험 기타 비용으로 나누어 계산하는 방식
③ 기타방식
- 하인리히의 법칙: 1:4의 비율로 직접 비용과 간접 비용의 관계를 설명하는 방식
- 시몬즈 방식: 보험 비용과 비보험 비용으로 나누어 계산하는 방식

14.3 안전점검, 검사·인증 및 진단

14.3.1 안전점검의 정의 및 목적

안전점검은 사고 발생을 예방하기 위해 작업장의 안전 상태를 확인하는 활동이다.
구체적으로는 다음과 같은 활동들을 포함한다.

- 위험 요소 파악: 작업 환경, 작업 방법, 기계·설비 등을 분석하여 잠재적인 위험 요소를 파악한다. 예를 들어, 미끄러운 바닥, 노출된 전선, 결함 있는 기계 등이 위험 요소가 될 수 있다.
- 위험 평가: 파악된 위험 요소에 대한 위험성을 평가하고, 우선순위를 정한다. 위험성 평가는 사고 발생 가능성과 심각도를 고려하여 수행된다. 높은 위험성을 가진 위험 요소는 우선적으로 개선해야 한다.
- 개선 조치: 위험성이 높은 위험 요소에 대해 개선 조치를 마련하고 시행한다. 개선 조치는 위험 요소를 제거하거나, 노출을 줄이거나, 보호 장치를 설치하는 등 다양한 방법이 있다.
- 점검 및 관리: 개선 조치가 제대로 시행되었는지, 안전 상태가 유지되는지 지속적으로 점검하고 관리한다. 정기적인 점검을 통해 안전 상태를 지속적으로 개선하고 유지해야 한다.

안전점검의 주요 목적은 다음과 같다.

- 사고 예방: 사고 발생 가능성을 최소화하고 근로자의 안전을 보호한다. 안전점검을 통해 위험 요소를 사전에 파악하고 개선함으로써 사고를 예방할 수 있다.
- 안전 환경 조성: 안전한 작업 환경을 조성하고 근로자들의 안전 의식을 개선한다. 안전점검을 통해 안전에 대한 관심을 높이고, 안전 문화를 조성할 수 있다.
- 생산성 향상: 사고로 인한 생산 중단을 줄이고 생산성을 향상시킨다. 안전한 작업 환경은 생산성 향상에도 기여한다.
- 법적 준수: 산업안전보건 관련 법규를 준수하고 법적 책임을 방지한다. 안전점검을 통해 법적 의무를 이행하고, 법적 분쟁을 예방할 수 있다.

14.3.2 안전점검의 종류

안전점검은 작업장이나 시설에서의 안전을 확보하기 위해 정기적으로 시행되는 중요한 절차이다. 다음은 안전점검의 주요 종류와 그 정의이다.

가. 정기점검(계획점검)

정의: 일정 기간마다 정기적으로 실시하는 점검으로, 주기적으로 발생할 수 있는 위험 요소를 사전에 파악하고 제거하기 위한 점검이다.
시행 주기: 회사의 안전규정이나 법률에 따라 배정 책임자가 실시한다.

나. 수시점검(준비점검)

정의: 작업 전 또는 수시로 실시하는 점검으로, 작업의 안전을 보장하기 위한 즉각적인 점검이다.
주체: 작업자 스스로 또는 상급자가 실시하며, 안전수칙을 준수하고 있는지 확인한다.

다. 특별점검

정의: 새로운 설비 설치, 변경 또는 고장 수리 등 특정 상황에 대해 실시하는 점검이다. 이는 비정기적으로 필요한 경우에 수행된다.
목적: 새로운 위험 요소를 사전에 파악하고 대처하기 위해 실시한다.
임시점검
정의: 기계, 기구 또는 설비에 이상 발생 시 임시로 점검하는 절차이다.
특징: 긴급히 필요한 경우, 정기점검 사이에 실시한다.

14.3.3 안전점검표의 작성

가. 안전점검표(안전점검 체크리스트) 작성 시 유의사항

- 사업장에 적합한 내용이며 독자적일 것
- 내용은 구체적이며, 재해예방에 실효가 있을 것
- 중요도가 높은 순으로 작성할 것
- 일정양식 및 점검대상을 정하여 작성할 것
- 가급적 쉬운 표현으로 작성할 것

14.3.4 안전검사 및 안전인증

가. 안전검사

안전검사는 유해하거나 위험한 기계·기구·설비로서 대통령령으로 정하는 것에 대해 안전검사기관이 정기적으로 수행하는 검사이다. 이는 사고 예방을 위해 중요하며, 안전검사는 다음과 같은 절차와 조건에 따라 수행된다.

(1) 안전검사 대상

유해하거나 위험한 기계·기구·설비로서 대통령령으로 정하는 것은 '안전검사대상 기계 등'으로, 고용노동부장관이 고시하는 바에 따라 정기적으로 안전검사를 받아야 한다. 이는 사업자가 소유하거나 사용하는 경우에 해당하며, 검사 기계를 소유한 사업자도 안전검사를 받아야 한다.

(2) 검사 제외 조건

안전검사대상 기계 등이 다른 법령에 따라 안전성에 관한 검사 등을 받은 경우, 고용노동부장관이 인정하는 경우에는 안전검사를 면제받을 수 있다.

(3) 안전검사대상 기계 등의 사용 금지

사업주는 안전검사대상 기계 등을 다음 조건에 해당하는 경우 사용해서는 안된다

- 안전검사를 받지 않은 안전검사대상 기계 등
- 안전검사를 불합격한 안전검사대상 기계 등

(4) 안전검사의 신청

안전검사를 받아야 하는 자는 안전검사 신청서를 검사 주기 만료일 30일 전에 안전검사기관에 제출해야 한다. 안전검사 신청을 받은 안전검사기관은 이를 검사 주기 및 법령별로 안전검사를 수행해야 한다. 안전검사기관은 검사 결과를 사업주에게 통보하며, 합격한 경우에는 '안전검사 합격표시'를 부착한다. 불합격한 경우에는 '안전검사 불합격통지서'를 발급한다.

(5) 자율검사프로그램에 따른 안전검사

안전검사를 받아야 하는 사업주가 근로자대표와 협의하여 검사기준, 검사 주기 등을 충족하는 자율검사프로그램을 정하고, 이를 고용노동부장관에 제출하여 인정받은 경우, 자율검사프로그램에 따라 안전검사를 받을 수 있다.

(6) 자율검사프로그램 실시에 필요한 자격을 갖춘 사람

-고용노동부장관이 정하는 안전에 관한 성능검사와 관련된 자격 조건을 갖춘 사람
-고용노동부장관이 정하는 바에 따라 관련 성능검사 교육을 이수하고 해당 분야의 실무 경험이 있는 사람
-자율검사프로그램 유효기간: 2년

(7) 자율검사프로그램 인정 절차

- 검사원을 고용하고 있을 것
- 검사할 수 있는 장비를 갖추고 이를 유지·관리할 수 있을 것
- 안전검사 주기의 2분의 1에 해당하는 주기(건설현장의 경우 6개월)마다 검사를 할 것
- 자율검사프로그램의 검사기준을 충족할 것

(8) 자율검사프로그램 인정서류

- 안전검사대상 기계 등의 보유 현황

- 검사원 보유 현황과 검사할 수 있는 장비 및 관리방안
- 안전검사대상 기계 등의 검사 주기 및 검사기준
- 과거 2년간 자율검사프로그램 실시 결과 및 계획

(9) 자율검사프로그램 인정 취소 조건
- 거짓이나 그 밖의 부정한 방법으로 자율검사프로그램을 인정받은 경우
- 자율검사프로그램을 인정받은 내용과 달리 시행한 경우
- 인정받은 자율검사프로그램 내용을 충족하지 못한 경우
- 자율검사 자격을 갖추지 못한 자가 검사를 한 경우
- 안전검사결과의 보존

사업주는 안전검사 결과를 3년간 보존해야 하며, 이를 안전점검 기록과 함께 유지해야 한다.

나. 안전인증

(1) 안전인증의 정의
- 유해·위험기계 등 근로자의 안전 및 보건을 위해 대통령령으로 정하는 기계·기구 및 설비는 안전인증을 받아야 한다.
- 안전인증은 근로자의 안전을 확보하기 위해 국가가 지정한 기관이 제품의 안전성을 확인하여 부여하는 인증이다.

(2) 안전인증의 면제
- 고용노동부장관은 다음 각 호의 어느 하나에 해당하는 경우에는 고용노동부령이 정하는 바에 따라 안전인증의 전부 또는 일부를 면제할 수 있다.
- 수출을 목적으로 하는 경우.
- 연구·개발을 목적으로 하는 경우.
- 다른 법령에 의해 안전성 검사를 받은 경우.

(3) 안전인증의 확인
- 고용노동부장관은 안전인증을 받은 자가 안전인증기준을 지키고 있는지 여부를 정기적으로 확인해야 한다.
- 안전인증 확인은 최소 3년에 1회 이상 실시해야 한다.
- 안전인증을 받은 제품이 안전기준에 부합하지 않으면 안전인증을 취소할 수 있다.

(4) 안전인증의 표시
- 안전인증을 받은 자는 해당 기계·기구·설비에 안전인증표시를 해야 한다.
- 안전인증표시는 쉽게 확인할 수 있는 위치에 부착해야 한다.

(5) 안전인증의 취소
- 고용노동부장관은 안전인증을 받은 자가 다음 각 호의 어느 하나에 해당하는 경우 안전인증을 취소할 수 있다.
- 안전인증 기준을 위반한 경우.
- 안전인증과 관련된 거짓 또는 부정한 방법으로 인증을 받은 경우.
- 안전인증 제품이 안전기준에 부합하지 않는 경우.
- 안전인증 대상 기계·기구 등의 사용 금지
- 안전인증을 받지 아니한 기계·기구 등을 사용하는 것은 금지된다.
- 안전인증을 받지 아니한 기계·기구 등을 사용하다 적발되면 사용을 즉시 중지하고 안전인증을 받아야 한다.

(6) 안전인증 심사의 종류 및 방법
- 예비심사: 예비심사는 신청된 제품의 문서 및 서류를 검토하는 과정이다.
- 서면심사: 제품의 서류와 설계도를 검토하여 안전기준 충족 여부를 판단한다.
- 기능 및 성능심사: 실제 제품의 기능과 성능을 테스트하여 안전성을 확인한다.
- 제품심사: 최종 제품을 검사하여 안전기준을 충족하는지 확인한다.

(7) 심사종류별 심사기간
- 예비심사: 7일.
- 서면심사: 15일(국외에서 제조한 경우 30일).
- 기능 및 성능심사: 30일(국외에서 제조한 경우 45일).
- 제품심사: 제품 설계서, 시험성적서, 표준규격 등 60일.

(8) 자율안전확인
- 안전인증대상 기계 등이 아닌 유해·위험기계 등으로서 대통령령으로 정하는 기계 등에 대해 자율안전확인을 받아야 한다.
- 자율안전확인은 관련 서류를 첨부하여 고용노동부장관에게 신고해야 한다.

(9) 자율안전확인의 표시
- 자율안전확인 대상 기계·기구 등에는 자율안전확인 표시를 해야 한다.
- 자율안전확인 표시를 받은 자는 제품에 쉽게 확인할 수 있는 위치에 표시해야 한다.

(10) 안전인증 및 자율안전확인 대상 기계, 기구 등

기계기구 • 설비

안전인증	자율안전확인
손 다치는 기계: 프레스, 전단기 및 절곡기, 사출성형기, 롤러기 양중기: 크레인, 리프트, 곤돌라 폭발: 압력용기 추락: 고소작업대	연삭기/연마기, 산업용 로봇, 혼합기, 파쇄기/분쇄기, 식품가공용 기계, 컨베이어, 자동차 정비용 리프트, 공작기계, 고정형 목재 가공용 기계, 인쇄기

14.3.5 안전진단

가. 안전보건진단 정의

- 고용노동부장관은 추락, 붕괴, 화재, 폭발, 유해하거나 위험한 물질의 누출 등 사업재해 발생의 위험이 현저한 사업장 또는 사업주에게 안전보건진단을 실시한다.
- 안전보건진단을 받은 사업주는 안전보건진단의 결과에 따라 필요한 조치를 취해야 한다.

나. 안전보건진단의 종류 및 내용

(1) 종합진단

- 사업 전체의 사업장 내외부 환경을 종합적으로 평가
- 안전보건관리체제와 활동 평가
- 작업공정과 설비 등의 잠재 위험요소를 파악
- 안전보건교육 및 훈련의 실시 여부를 평가
- 개선사항에 대한 계획 수립 및 실행

(2) 안전진단

- 사업장 내의 특정 공정이나 설비의 안전성을 평가
- 기계, 기구, 설비, 건축물 등의 구조적 안정성을 점검
- 작업환경 측정 및 개선 계획 수립
- 사고 예방을 위한 시스템 개선

(3) 보건진단

- 사업장 내의 작업환경을 평가
- 유해인자 노출 평가 및 관리 방안 수립

- 근로자 건강 진단 및 관리
- 보건교육 및 훈련 실시

다. 안전보건진단 대상 사업장의 종류

- 중대재해 발생 사업장
- 산업재해율이 높은 사업장
- 유해 위험 작업이 많은 사업장
- 기타 고용노동부장관이 필요하다고 인정하는 사업장

라. 안전보건진단의 절차

- 진단 신청: 안전보건진단을 필요로 하는 사업장은 고용노동부에 신청해야 한다.
- 진단 실시: 고용노동부는 전문기관을 통해 안전보건진단을 실시한다.
- 진단 결과 보고: 진단 결과는 사업주에게 통보되며, 사업주는 이에 따른 개선 조치를 취해야 한다.
- 재진단: 필요시 재진단을 실시하여 개선 사항의 이행 여부를 확인한다.

마. 안전보건진단의 보고 및 개선

- 안전보건진단 결과 보고: 진단을 실시한 전문기관은 진단 결과를 사업주와 고용노동부에 보고한다.
- 개선 조치: 사업주는 진단 결과에 따라 필요한 개선 조치를 취해야 한다.
- 개선 결과 보고: 개선 조치 완료 후 그 결과를 고용노동부에 보고한다.

바. 안전보건진단의 중요성

- 사업장 내의 안전보건 수준을 체계적으로 평가하고 개선함으로써 산업재해를 예방
- 근로자의 안전과 건강을 보호
- 법적 요구사항 준수 및 안전보건 관리체계의 신뢰성 확보

Chapter 15 기계설비 위험요인 분석

15.1 공작기계의 안전

15.1.1 절삭가공기계의 종류 및 방호장치

▶ 공작기계 작업의 안전

- 움직이는 기계 위에 공구, 재료를 올려놓지 않는다.
- 기계 이송을 건 채 기계를 정지시키지 않는다.
- 기계 회전 중 손이나 공구를 멈추지 않는다.
- 절삭유의 장치를 정화한다.
- 절삭공구를 확실히 장착하고, 설치장이 다듬어져야 한다.
- 보안경을 착용하고, 작업복을 착용한다.
- 절삭칩 제거는 기계를 정지하고 브러시나 봉을 사용한다 (손 사용 금지).
- 회전이나 절삭 중에는 공작물 측정, 점검, 주유 등의 작업을 금지한다 (운전 중 정지하고 실시한다).
- 장갑은 절대 착용 금지한다.

1) 선반

(1) 선반의 안전

▪ 선반의 특징

- 주축에 일감을 고정하고 회전시키며 일감을 절삭하는 공작 기계로 가장 많이 사용되는 공작기계이다.

▪ 선반의 구성

- 주축대: 주축과 주축 속도 변환장치들이 내장되어 있으며, 공작물을 회전시키는 것이 목적이다.
- 심압대: 일감을 주축과 심압대 사이에 고정할 때 이용된다.

- 왕복대: 베드 위에서 바이트에 가로 이송 및 세로 이송을 주는 장치이다.
- 베드: 심압대, 왕복대, 주축대를 올려놓을 수 있는 선반의 몸체를 말한다.

(2) 선반의 방호장치
- 실드(Shield): 칩 및 절삭유의 비산을 방지하기 위해 설치하는 플라스틱 덮개.
- 칩 브레이크: 칩을 짧게 절단하는 장치.
- 칩 커버: 기어 등 노출된 회전체를 덮어주는 장치.
- 브레이크: 선반의 일시 정지 장치.
- 칩 비산방지장치: 칩의 비산을 방지하기 위한 장치.

(3) 선반의 안전 작업방법
- 베드에는 공구를 올려놓지 말 것.
- 칩 제거는 운전 정지 후 브러시를 이용할 것.
- 선반 작업 시에는 심압대에 윤활유를 자주 주입할 것.
- 공작물의 길이가 일정 길이 이상일 때는 방진구 사용하여 축을 고정할 것.
- 바이트를 끝을 짧게 할 것.
- 시동 전에 핸들을 떼낼 것.
- 반드시 보안경을 착용할 것.

2) 밀링(Milling)

(1) 밀링작업의 안전
- 커터가 날카롭고 예리해서 칩이 가장 가늘고 예리하다.
- 반드시 보호 안경 착용. 장갑은 절대 착용을 금지한다.
- 칩 제거는 운전 정지 후 브러시를 이용한다.
- 경력 확실히 일감을 바이스에 고정할 것.
- 바이트, 드릴, 밀링커터는 항상 절삭이 가능하다.

3) 플레이너(Planer: 평삭기) 작업의 안전
- 플레이너 운동 범위에 방책을 설치한다.
- 프레임 내 피드에 펜스를 설치한다.
- 베드 위에 물건 등을 두지 않는다.
- 바이트는 되도록 짧게 나오도록 설치한다.

4) 세이퍼(Shaper: 형삭기) 작업의 안전

- 램은 가급적 행정을 짧게한다.
- 바이트를 짧게 물린다.
- 재질에 따라 절삭속도를 결정한다.
- 운전자는 바이트의 운동 방향(정면)에 서지 말고 측면에서 작업한다.
- 세이퍼 운동 범위에 방책을 설치한다.

5) 드릴(Drill) 작업의 안전

(1) 일감 고정 방법

- 일감을 작을 때: 바이스로 고정.
- 일감이 크고 복잡할 때: 볼트와 고정구.
- 대량 생산과 정밀도를 요할 때: 전용의 지그 사용.

(2) 드릴 안전 대책

드릴 작업 시에는 장갑 착용 금지.

- 칩 제거 시에는 운전 정지 후 솔로서 제거.
- 큰 구멍을 뚫을 때에는 작은 구멍을 먼저 뚫은 후에 뚫을 것.
- 작업 시에는 보안경 착용.
- 자동 이송 작업 중에는 기계를 멈추지 말 것.

6) 연삭기 작업의 안전

(1) 용어 정의

연삭기(grinding machine) 또는 연마기란 동력에 의해 회전하는 연삭숫돌 등을 연삭·연마공구로 사용하여 금속이나 그 밖의 가공물의 표면을 깎아내거나 절단 또는 광택을 내기 위해 사용되는 기계이다.

주로 사용되는 주요 구성 부분

- 테이블
- 베드
- 공작물 고정장치
- 연삭숫돌 덮개

(2) 연삭기에 의한 재해의 유형

- 연삭 숫돌에 신체의 접촉
- 손톱 파괴에 의한 파편 비산

- 연삭반이 튀어 눈에 들어가는 사고
- 재료의 붕괴

(3) 안전대책
- 숫돌의 충격을 가하지 말 것
- 작업 시작 전에 숫돌의 상태를 최소 3분 이상 시운전할 것
- 연삭 숫돌의 최고속도를 초과하여 사용 금지
- 숫돌을 사용하는 것을 목적으로 제작된 연삭기 이외에는 숫돌 사용 금지
- 작업 시에는 숫돌의 원주면을 이용하고, 작업자는 숫돌의 측면에서 작업할 것

(4) 연삭기의 방호장치
• 덮개
  - 산업안전보건법에는 숫돌 직경이 5 cm 이상인 것부터 반드시 설치하도록 되어 있다.
  - 외경이 125 mm 이상인 연삭기 또는 연마기: 숫돌의 절단면과 가드 사이의 거리가 5 mm 이내로, 숫돌의 측면과 간격이 10 mm 이내가 되도록 조정할 것.
• 가공물 받침대(워크레스트) 및 유도·고정장치
  - 연삭기 또는 연마기에는 가공물이 움직이지 않도록 고정 장치를 설치해야 한다.
  - 연삭기에서 사용되는 가공물 받침대의 거리는 2 mm를 초과하지 않도록 해야 한다.
  - 동력작동식 고정장치가 부착된 연삭기 또는 연마기는 고정용 동력 이 차단되는 경우 가공물의 튀김 및 전진작동이 되지 않도록 연동되어야 한다.
• 투명 비산방지판(안전 실드, 방호 스크린)
- 연삭본의 비산을 방지하기 위해 투명한 비산방지판을 설치한다.

(5) 덮개 노출각도
• 탁상용
  - 상부를 사용하는 경우: 60도 이내
  - 수평면 이하에서 연삭: 125도 이내
  - 최대 원주 속도가 초당 50 m 이하인 경우: 90도 이내(주축면 위로 50도)
  - 절단기, 평면형 연삭기: 150도 이내
  - 휴대용, 원통형, 센터리스 연삭기: 180도 이내

(6) 연삭기 숫돌 파괴 원인
- 숫돌의 회전속도가 너무 빠를 때
- 숫돌의 균열이 있을 때
- 숫돌과 바깥쪽 커버 사이의 간격이 맞지 않을 때
- 숫돌의 마모 정도가 심할 때

- 연삭반에 무리한 힘을 가할 때
- 잘못된 조립으로 숫돌이 적절히 장착되지 않았을 때
- 숫돌을 사용하는 작업에서 안전규정을 준수하지 않았을 때

(7) 연삭기의 회전속도(원주속도) 계산

• 회전속도(V) = (π × D × N) / 1000

- D: 연삭숫돌의 직경(mm)
- N: 회전속도(rpm)

7) 비파괴검사의 실시

사업주는 고속회전체(회전체의 중량이 1톤을 초과하고 원주속도가 매초 120미터 이상인 것에 한한다)의 회전시험을 하는 때에는 미리 관계 공사기관의 재질 및 정성 등에 상응하는 종류의 비파괴검사를 실시하여 결함 유무를 확인하여야 한다.

8) 공작기계 안전조치

(1) 행정 및 곡의 덮개

연삭기 또는 평삭기의 테이블, 형삭기램 등의 행정 끝이 근로자에게 위험을 미칠 우려가 있는 때에는 해당 부위에 덮개 또는 울 등을 설치하여야 한다.

(2) 돌출 가공물의 덮개

선반, 보링기 등에서 돌출하여 회전하고 있는 가공물이 근로자에게 위험을 미칠 우려가 있는 때에는 덮개 또는 울 등을 설치하여야 한다.

(3) 띠톱 기계의 덮개

띠톱 기계(목재 가공용 띠톱 기계를 제외한다)의 절단에 필요한 띠톱날 부위의 위험한 부분에는 덮개 또는 울 등을 설치하여야 한다.

(4) 원형 톱기계의 톱날접촉 예방장치

원형 톱기계(목재 가공용 등등 톱기계를 제외한다)에는 톱날접촉 예방장치를 설치하여야 한다.

(5) 탑승의 금지

사업주는 운전 중인 평삭기(주제기)의 테이블 또는 수치 선반 등의 테이블에 근로자를 탑승시켜서는 안 된다(다만, 테이블에 탑승한 근로자 또는 배치된 근로자가 즉시 기계를 정지할 수 있도록 하는 등 근로자에게 미칠 위험을 방지하기 위하여 필요한 조치를 한 때에는 그러하지 아니하다).

9) 목재가공용 둥근톱 작업의 안전

(1) 용어의 정의

- 가동 칼날덮개: 가공재 송급 시 두께에 따라 덮개 또는 보호덮개가 상승하는 형식을 말한다.
- 고정 칼날덮개: 가공재 송급 시 두께에 따라 덮개가 움직이지 않는 형식을 말한다.
- 분할방지장치: 둥근톱 작업 시 가공재의 반발을 방지하기 위해 설치하는 분할칼을 말한다.
- 반발방지장치: 목재가공용 둥근톱 작업 중 가공재의 반발로 인체의 접촉을 방지하기 위한 장치를 말한다.

(2) 목재 가공용 둥근톱 기계에 의한 재해 위험성

- 톱날과 신체의 접촉에 의한 사고
- 목재의 반발에 의한 사고
- 비산에 의한 눈의 상해

(3) 목재 가공용 둥근톱 기계의 방호장치★★

- 반발 방지장치(덮개)
- 분할칼: 둥근톱과 가공재 사이의 분할 역할을 하여 반발을 방지.
- 반발 방지 기구(finger)
- 반발 방지 롤러

10) 동력식 수동대패 작업의 안전

(1) 용어 정의

- 동력식 수동대패란 가공할 판재를 손의 힘으로 송급하여 표면을 미끈하게 하는 동력 기계를 말한다.
- 칼날 접촉 방지장치란 인체가 대패 날에 접촉하지 않도록 덮어 주는 것을 말한다.

(2) 방호장치

- 칼날 접촉 방지장치(덮개)

11) 목재 가공용 기계의 방호장치

(1) 둥근톱 기계의 반발 예방장치

목재가공용 둥근톱 기계에는 분할날 등 반발 예방장치를 설치하여야 한다.

(2) 둥근톱 기계의 돌날 접촉 예방장치
목재가공용 둥근톱 기계(휴대용 둥근톱을 포함하여, 원목제재용 둥근톱 기계 및 자동이송장치를 부착한 둥근톱 기계를 제외)는 돌날 접촉 예방장치를 설치하여야 한다.

(3) 띠톱기계의 덮개
목재가공용 떨림기계의 절단에 필요한 덮개 부위 외의 위험한 부위에 덮개 또는 울 등을 설치하여야 한다.

(4) 띠톱 기계의 날접촉 예방장치 등
목재가공용 띠톱 기계에 있어서 스파이크가 부착되어 있는 이송 롤러기 또는 스파이크가 부착되지 아니한 이송 롤러기 및 이송대차가 있는 경우에는 날접촉 예방장치 또는 날접촉 방지기를 설치하여야 한다. 단, 스파이크가 부착되어 있는 이송롤러기가 요청되어 기계에 급정지장치가 설치되어 있는 때에는 그러하지 아니하다.

(5) 대패 기계의 날접촉 예방장치
작업 대상물이 수동으로 공급되는 동력식 수동 대패 기계에는 날접촉 예방장치를 하여야 한다.

(6) 모떼기 기계의 날접촉 예방장치
모떼기 기계(자동이송장치를 부착한 것을 제외)에는 날접촉 예방장치를 설치하여야 한다. 다만, 작업의 성질상 날접촉 예방장치를 설치하는 것이 곤란하여 근로자에게 직접 공구 등을 사용하도록 할 때에는 그러하지 아니하다.

12) 예초기

(1) 방호장치: 날접촉 예방장치
- 두께 2밀리미터 이상
- 절단 날의 회전변위율 100분의 25(90°) 이상 방호할 수 있고, 절단 날의 끝단까지 거리가 3밀리미터 이하일 것
- 사용자 등 작업자의 접근을 제한하고, 직경 6밀리미터 이상의 볼트를 2개 이상 사용하여 사포르 튜브에 고정하여 부착하여야 한다.

13) 금속절단기

동력으로 작동되는 톱날을 이용하여 냉간 금속을 절단하는 기계에 대하여 적용한다.

(1) 방호장치: 날접촉 예방장치

- 금속절단기의 톱날 부위에는 고정식, 조절식 또는 연동식 날접촉 예방장치를 설치하여야 한다.
- 조절식 날접촉 예방장치는 가공재의 크기에 따라 절단 날의 노출정도를 조절할 수 있는 구조이어야 한다.
- 연동식 날접촉 예방장치는 개방 시 기계의 작동이 정지되는 구조여야 한다.

(2) 설치방법
- 작업부문을 제외한 톱날 전체를 덮을 수 있을 것.
- 가드와 함께 움직이며 가공물을 절단하는 톱날에는 조정식 가이드를 설치할 것.
- 톱날, 가공물 등의 비산을 방지할 수 있는 충분한 강도를 가진 것.
- 둥근 톱날의 경우 회전 날의 뒤, 옆, 밑 등을 통한 신체 일부의 접근을 차단할 수 있을 것.

14) 포장기계 (진공포장기, 랩핑기)

(1) 방호장치: 구동부 방호 연동장치

진공포장기 및 랩핑기의 다음 각 호의 부위에는 개방 시 기계의 작동이 정지되는 구조의 구동부 방호 연동장치를 설치하여야 한다. 다만, 연동회로의 구성이 곤란한 부위에는 고정식 방호가드를 설치하여야 한다.
- 릴 풀림 장치 등 구동부
- 열 봉합 장치 등 고열 발생 부위
- 포장 릴(릴 풀림장치 포함) 주변
- 자동 스플라이싱 장치 주변
- 포장재 절단용 칼날 주변

(2) 설치방법
- 정해진 위치에 견고하게 고정할 것
- 공구를 사용하여 해체할 수 있을 것
- 연동장치는 방호판 등을 단순 분리 후 자동으로 재가동되지 아니하고 별도의 조작에 의해서만 가동될 것
- 구동부와 방호판 등의 연동장치가 상호 간섭되지 않도록 충분한 안전거리를 확보할 것

15.1.2 소성가공 및 방호장치

가. 소성가공기계 (Plastic Working Machines)

(1) 소성가공

고체 재료에 힘을 가해 소성변형을 일으켜 갖가지 모양을 만드는 가공법.

(2) 소성가공의 종류

- 단조가공(Forging): 재료를 노안에 넣어 가공할 부분을 일정하게 가열시킨 다음 망치 여러 가지 모양을 만드는 가공법.
- 압연가공(Rolling): 재료를 회전하는 롤러 사이를 통과시켜 판재 및 형재를 만드는 가공법.
- 인발가공(Drawing): 재료를 잡아당겨 재료의 단면적을 축소시키는 가공법.
- 전조가공(Thread Rolling): 재료를 강하게 누르면서 굴려 재료의 표면을 변형시키는 가공법.
- 프레스가공(Pressing): 판재에 행하는 가공법으로 절단, 압축, 굽힘을 행하여 연고가 하는 제품의 형상으로 만드는 가공법.
- 제관가공(Canning): 이음매 없는 파이프를 가공하는 방법.
- 압출가공(Extrusion): 금속재료를 구멍으로부터 밀어내어 긴 봉이나 관을 제조하는 금속 가공법.

나. 금속재료의 성질

(1) 탄성: 외력을 제거하면 원래의 상태로 돌아오는 성질을 말한다.

(2) 소성: 외력을 제거해도 변형이 남아있는 성질을 말한다.

(3) 연성: 금속재료를 선으로 뽑을 때 길이 방향으로 잘 늘어나는 성질을 말한다.

(4) 전성(가단성): 금속재료를 해머로 타격하여 단련할 때 변형되는 성질을 말한다.

(5) 가소성: 연성과 전성을 모두 내포하고 있는 의미이다. 고체 상태의 재료에 외력을 가했을 때 유동되는 성질을 말한다.

다. 금속의 소성 온도에 따른 분류

(1) 열간가공: 금속을 재결정온도 이상에서 가공하는 것을 말한다.

(2) 냉간가공: 금속을 재결정온도 이하(상온)에서 가공하는 것을 말한다.

(3) 온간가공: 열간가공과 냉간가공 사이의 온도에서 가공하는 것을 말한다.

라. 수공구

(1) 수공구 작업 시 일반 안전 수칙

- 목적에 맞는 최소한의 무게를 가진 공구를 선택한다.
- 수공구를 사용하기 전에 기름 등 이물질을 제거하고 반드시 이상 유무를 확인한 후 사용한다.
- 수공구는 통풍이 잘되는 보관 장소에 수공구 별로 보관한다.
- 수공구를 가지고 사다리 등 높은 곳을 오를 때는 호주머니에 넣지 말고 반드시 수공구 주머니에 공구를 넣어 몸에 장착하여 운반한다.
- 보안경 등 작업에 알맞은 보호구를 착용하고 작업한다.
- 수공구는 처음 끝에 과대한 힘을 주지 말고 서서히 힘을 준다.
- 작업물을 철저히 고정시킨 후 작업한다.
- 안전한 자세를 확보한 후 작업한다.
- 저 소음, 저 진동등의 공구를 사용한다.
- 정기적으로 보수 유지하도록 한다.

(2) 정 작업시 안전 수칙

- 작업을 할 때는 반드시 보안경을 착용할 것.
- 정으로 담금질 된 재료를 가공하지 말 것.
- 자르기 시작할 때와 끝날 부위에는 세게 치지 말 것.
- 철강재를 장도리 등으로 절단할 때에는 절편의 날아 튐에 주의할 것.

(3) 해머 작업 시 안전 수칙

- 작업 시 장갑을 끼지 말 것.
- 작업 중 해머 상태를 확인할 것.
- 해머에 힘을 주어 치지 말 것.
- 공동 작업 시는 호흡을 맞출 것.

15.2 프레스 및 전단기의 안전

프레스 및 전단기는 제조업에서 널리 사용되는 기계이지만, 동시에 작업자에게 심각한 재해 위험을 초래할 수 있다.

15.2.1 프레스 재해 방지의 근본적인 대책

프레스 재해를 근본적으로 방지하기 위해서 다음과 같은 3가지 핵심 전략이 존재한다.

가. 기술적 안전 방지

(1) 방호장치 설치:작업자를 위험 요소로부터 보호하는 장치이다.

- 가드식: 작업 공간을 물리적으로 차단하여 손이 들어가는 것을 방지한다.
- 수인식: 손이 위험공간내에 있는동안에 작동을 중지한다.
- 손쳐내기식: 손을 위험공간에서 밀어내는 장치이다.
- 광전자식: 광선을 이용하여 위험공간내의 손을 감지하는 장치이다.

(2) 안전 장치 설치:프레스의 안전을 위해 설치하는 장치이다.

- 과부하 방지 장치: 프레스의 과도한 부하를 방지한다.
- 급정지 장치: 위험 상황 발생 시 즉시 기계 작동을 정지시키는 장치이다.
- 2중 작동 장치: 작업자가 두 가지 조작을 동시에 하지 못하도록 한다.

나. 안전 설계

프레스 설계 단계부터 안전을 고려하는 방법이다. 날카로운 모서리나 돌출부를 없애고, 작동 버튼 과 제어 장치를 인체공학적으로 설계하는 등이 포함된다.

다. 행정적 안전 방지

- 교육 및 훈련: 작업자에게 지속적으로 기계의 위험성과 작동방식에 대해 교육한다.
- 점검 및 관리: 프레스를 정기적으로 점검,관리하여 보전한다.
- 작업 관리: 작업시 안전하게 작업하고 최상의 작업환경을 유지한다.

라. 인적 안전 방지

- 보건관리: 작업자의 건강 상태를 관리하고 보호구를 점검한다.
- 안전 의식 함양: 프레스 작업 안전의식을 고취시키고 지속한다.

15.2.2 금형의 안전화

프레스 재해 중 상당수가 금형 불량으로 일어나기에 금형안전은 프레스 안전과 직결된다.

가. 금형 설계 및 제작 단계의 안전

- 안전 설계: 금형 설계 단계에서 안전성을 고려한다.
- 강도 및 내구성 확보: 프레스의 압력과 충격에 버틸 수 있어야 한다.
- 안전 검사: 제작 완료 후에도 지속적인 안전검사를 통해 문제발생을 예방한다.

나. 금형 사용 및 관리 단계의 안전

- 정기 점검 및 관리: 금형을 정기적으로 점검하여 보전한다.
- 안전 작업 방법 준수: 적절한 보조장치사용과 작업자 교대를 통해 문제 발생을 예방하고 사용시 주변 환경을 최상의 상태로 유지한다.
- 보관 및 운반 관리: 금형을 주의하여 보관하고 운반시 충격에의한 변형을 방지한다.

15.3 기타 산업용 기계 기구

15.3.1 롤러기

- 롤러기 가드 설치시 개구부 간격

  Y(개구부 간격(mm)) = 6 + 0.15X(개구부에서 위험점까지의 최단거리(mm))

  단, X >= 160 mm 일 경우 Y=30 mm이다.

- 롤러기 급정지 장치의 성능

앞면 롤러의 포면속도[M/min]	급정지거리
30미만	앞면 롤러 원주의 $\frac{1}{3}$ 이내
30이상	앞면 롤러 원주의 $\frac{1}{2.5}$ 이내

- 앞면 롤러의 표면 속도

앞면 롤러의 표면 속도 V는 롤러의 지름와 분당회전수 N으로 계산할 수 있다.

$$V=\frac{\pi DN}{1000}\ \text{M/min}$$

- 롤러기의 작업 안전 수칙

롤러기의 주위 바닥은 평탄하고 장애물과 바닥의 기름은 제거한다.

롤러기 청소시에는 정지시키고 난 후 작업한다.

15.3.2 원심기

가. 원심기의 사용법

원심기는 원심력을 이용하여 물질을 분리하거나 추출하는 기기를 말한다.

나. 원심기의 안전관리

- 원심기는 안전을 위하여 덮개를 설치해야한다.
- 원심기는 최고사용회전수를 초과하여 사용하여서는 안된다.

다. 안전 요건

산업안전보건법 시행령 제74조 제5호:원심기는 다음 각 호의 안전 요건을 충족하여야 한다.

- 원심기의 회전 부품은 격리되거나 방호되어야 한다.
- 원심기는 진동 및 소음을 최소화하도록 설치 및 관리하여야 한다.

15.3.3 아세틸렌 용접장치

가. 아세틸렌 용접장치의 종류

- 투입식: 대량의 물에 카바이드를 소량씩 투입해 많은 양의 아세틸렌가스가 발생한다.
- 주수식: 발생기 안의 카바이드에 물을 주수하여 가스를 소량의 가스가 발생한다.
- 침지식: 둘의 절충형으로 카바이드를 물에 침식시켜 가스를 발생시킨다.
  이동식 발생기로 널리 사용되는 방식이다.

나. 가스등의 용기 안전

다음은 아세틸렌 발생기의 설치 불가 조건이다.

- 통풍 및 환기가 되지 않는 장소 및 부근
- 화기를 사용하는 장소 및 부근
- 위험물 또는 인화성 액체를 취급하는 장소 및 부근
- 용기의 온도는 40도 이하로 유지할 것
- 전기의 위험이 없도록 할 것
- 아세틸렌 용기는 세워 둘 것

15.3.4 보일러 압력용기

가. 보일러의 구조와 종류

보일러는 일반적으로 연료를 연소시켜 물을 가열함으로써 온수나 증기를 사용함.

- 원통 보일러: 노통과 연관이 함께 설치되어 구조가 간단하나 파열시 피해 큼
- 수관보일러: 전열면이 다수의 수관으로 되어 시동시간이 짧고 과열의 위험성이 적다.
- 특수보일러: 열원 연료 유체의 종류가 보통 보일러와 다른 것으로 폐열 ,전기 등이있다.

나. 보일러의 사고형태

보일러는 내부 수위가 이상할 때 사고가 일어나기 쉽다.

- 프라이밍: 과부화된 보일러가 극심하게 끓는 보일러수로 인해 수위 불안정
- 포밍: 불순물이 포함된 보일러수에 의해 거품층을 형성하여 수위 불안정
- 캐리오버: 보일러 증기관에 대량의 물방울이 유입되어 발생함.

보일러 압력용기는 제조, 설치, 사용, 보관 등의 단계마다 안전 요건을 충족하여야 한다. 압력용기는 정기적으로 검사 및 점검을 받아야 한다.

15.3.5 산업용 로봇

가. 산업용 로봇의 종류

- 매니퓰레이터형: 인간의 손과 유사한 기능을 가져 공간적 이동을 수행함
- 플레이백형: 사람이 작업의 순서 위치등을 기억시켜 읽어낸 정보로 수행함
- 수치제어로봇: 로봇을 움직이지 않고 순서,조건등의 정보를 교시하여 작업하는 로봇
- 지능로봇:감상 및 인식기능을 통해 행동을 결정할 수 있는 로봇

나. 동작형태에 따른 분류

- 직각좌표 로봇
- 원통좌표 로봇
- 극좌표 로봇
- 관절 로봇

다. 로봇의 방호장치

- 동력차단장치
- 비상정기기능
- 안전방호 울타리(1.8m)
- 안전매트

라. 안전요건: 산업안전보건법 시행령 제76조, 산업안전보건법 제4조 제1항 제7호

산업용 로봇은 다음 각 호의 안전 요건을 충족하여야 한다.

- 산업용 로봇은 작업자의 안전을 위협하지 않는 구조로 설계 및 제작하여야 한다.
- 산업용 로봇은 안전 장치를 설치하여야 한다.
- 산업용 로봇은 정기적으로 점검 및 관리를 받아야 한다.

15.3.6 목재 가공용 기계

가. 위험 요소

- 절단 및 찌르기
- 발사
- 소음 및 진동
- 먼지

나. 안전 방지

- 방호 펜스 설치
- 안전 장치 설치(날카로운 부품 가이드, 비상 정지 장치 등)
- 작업자 교육 및 훈련
- 소음 및 진동 방지 장치 설치
- 먼지 제거 장치 설치
- 정기적인 점검 및 관리

다. 주요 규정

- 산업안전보건법 제4조 제1항 제7호: 사업주는 기계·기구의 안전을 확보하기 위한 필요한 조치를 취하여야 한다.
- 산업안전보건법 시행령 제77조: 목재 가공용 기계는 다음 각 호의 안전 요건을 충족하여야 한다.
  - 목재 가공용 기계는 작업자의 안전을 위협하지 않는 구조로 설계 및 제작하여야 한다.
  - 목재 가공용 기계는 안전 장치를 설치하여야 한다.
  - 목재 가공용 기계는 정기적으로 점검 및 관리를 받아야 한다.

15.3.7 고속 회전체

가. 위험 요소

- 회전중 물체가 날아 갈 수 있음
- 소음 및 진동
- 절단 및 얽힘사고

나. 안전 방지

- 보호 장구 설치
- 차단 장치 설치
- 정기적인 점검 및 관리
- 작업자 교육
- 개인 보호 장비 착용

15.3.8 사출성형기

가. 위험 요소

- 고온 및 고압
- 금형이 튀어나올때의 위험
- 전기 위험
- 소음 및 진동
- 유해 물질 노출

나. 안전 방지

- 보호 장구 설치
- 차단 장치 설치
- 정기적인 점검 및 관리

15.4 기계 및 양중기

15.4.1 지게차

가. 위험 요소

- 전복: 무거운 하중 운반, 불안정한 운행, 과속, 경사면 주행
- 충돌: 주변 사람, 건물, 기계와의 충돌
- 낙하: 하역 작업 시 화물 낙하, 지게차에서 추락
- 소음 및 진동: 장시간 노출 시 청력 손실, 근골격계 질환 등의 위험 증가

나. 안전 작업 방법

- 적합한 교육 및 훈련: 운전자 자격증 취득 및 안전 교육 의무 이수
- 점검 및 관리: 운행 전 점검(브레이크, 타이어, 조향장치 등), 정기적 점검 및 관리
- 안전 운행: 과속 금지, 안전 거리 유지, 주변 상황 확인, 안전벨트 착용
- 하물 적재 및 운반: 적정 하중 준수,안전한 적재 방법 사용,낙하 방지조치
- 작업 환경 개선: 소음 및 진동 차단, 작업 공간 확보

다. 관련 법령

- 산업안전보건법: 제31조(기계의 안전조치), 제33조(기계의 안전 사용), 제34조(기계의 안전 점검 및 정비)
- 산업안전보건법 시행령: 제20조(기계의 안전구조 및 설비), 제21조(기계의 방호장치), 제22조(기계의 안전 표시)
- 산업안전보건법 시행규칙: 제59조(기계의 안전 점검 및 정비 기준)

15.4.2 컨베이어

가. 위험 요소

- 충돌: 컨베이어 벨트 또는 운반되는 물건과의 충돌
- 낙하: 컨베이어 벨트에서 물건 낙하
- 소음 및 진동: 장시간 노출 시 청력 손실, 근골격계 질환 등의 위험 증가
- 화재: 컨베이어 벨트 마찰, 전기 시스템 문제 등으로 인한 화재 발생

나. 안전 작업 방법

- 적합한 교육 및 훈련: 작업자에 대한 안전 교육 및 훈련 실시
- 점검 및 관리: 컨베이어 정기적 점검 및 관리(벨트, 구동 장치, 방호장치)
- 안전 운행: 과부하 금지, 비상 정지 장치 확인, 주변 상황 확인
- 작업 환경 개선: 소음 및 진동 차단, 작업 공간 확보
- 화재 예방: 정기적인 청소, 전기 시스템 점검, 소화 장비 비치

다. 관련 법령

- 산업안전보건법: 제31조(기계의 안전조치), 제33조(기계의 안전 사용), 제34조(기계의 안전 점검 및 정비)
- 산업안전보건법 시행령: 제20조(기계의 안전구조 및 설비), 제21조(기계의 방호장치), 제22조(기계의 안전 표시)
- 산업안전보건법 시행규칙: 제60조(운반기계의 안전 점검 및 정비 기준)

15.4.3 양중기(건설용 제외)

가. 위험 요소

- 전복: 과부하,지지대 불안정,부적절한 운행 등으로 인해 발생
- 낙하: 화물 낙하,작업자 추락 등으로 발생
- 충돌: 주변 인,건물,기계와의 충돌로 인해 발생
- 끼임: 화물 적재 및 운반 과정에서 손,발 끼임 등으로 발생
- 전기 위험: 전기 시스템 문제로 인한 감전 위험

나. 안전 작업 방법

- 적합한 교육 및 훈련: 운전자 자격증 취득 및 안전 교육 의무 이수
- 점검 및 관리: 양중기 정기적 점검 및 관리(구조,와이어 로프,제어 장치 등)
- 안전 운행: 과부하 금지,안전 거리 유지,주변 상황 확인,안전벨트 착용
- 화물 적재 및 운반: 적정 하중 준수,안전한 적재 방법 사용,낙하 방지 조치
- 전기 안전: 전기 절연 확인,접지,작업자 교육

다. 관련 법령

- 산업안전보건법: 제31조(기계의 안전조치),제33조(기계의 안전 사용),제34조(기계의 안전점검 및 정비)
- 산업안전보건법 시행령: 제20조(기계의 안전구조 및 설비),제21조(기계의 방호장치),제22조(기계의 안전 표시)
- 산업안전보건법 시행규칙: 제61조(양중기의 안전 점검 및 정비 기준)

15.4.4 운반기계

가. 위험 요소

- 충돌: 주변 인,건물,기계와의 충돌로 인해 발생
- 낙하: 화물 낙하,작업자 추락 등으로 발생
- 끼임: 화물 적재 및 운반 과정에서 손,발 끼임 등으로 발생
- 소음 및 진동: 장시간 노출 시 청력 손실,근골격계 질환 등의 위험 증가
- 화재: 엔진 문제,전기 시스템 문제 등으로 인한 화재 발생

나. 안전 작업 방법

- 적합한 교육 및 훈련: 운전자 교육 및 안전 교육 실시
- 점검 및 관리: 운반기계 정기적 점검 및 관리(브레이크,타이어,조향장치 등)
- 안전 운행: 과속 금지,안전 거리 유지,주변 상황 확인,안전벨트 착용
- 화물 적재 및 운반: 적정 하중 준수,안전한 적재 방법 사용,낙하 방지 조치
- 작업 환경 개선: 소음 및 진동 차단,작업 공간 확보
- 화재 예방: 정기적인 점검,소화 장비 비치

다. 관련 법령

- 산업안전보건법: 제31조(기계의 안전조치),제33조(기계의 안전 사용),제34조(기계의 안전점검 및 정비)
- 산업안전보건법 시행령: 제20조(기계의 안전구조 및 설비),제21조(기계의 방호장치),제22조(기계의 안전 표시)
- 산업안전보건법 시행규칙: 제60조(운반기계의 안전 점검 및

Chapter 16 기계안전시설 관리

16.1 안전시설 관리 계획하기

16.1.1 기계 방호장치

방호장치란 위험기계의 위험장소 또는 부위에 근로자가 통상적인 작업행위로서 접근하지 못하도록 막는 제한설비로서 방호장치를 설치하는 것은 방호조치의 방법 중 하나이다.

가. 방호의 원리

(1) 위험제거 - 위험원을 제거하여 위험요인을 원칙적으로 없앤다.
(2) 차단 - 위험성은 존재하나 기계와 사람이 격리되어 있어 재해 발생이 불가능하도록 한다.
(3) 덮어씌움 - 사람과 기계가 격리될 수 없어 공유하는 영역이 있는 경우 한쪽을 덮어씌운다. (ex.방호덮개, 보호구)
(4) 위험에 적응 - 사람이 위험에 적응하도록 위험에 대한 정보를 제공하거나, 안전행동 동기부여, 안전교육훈련 등이 여기에 해당한다.

나. 방호장치의 종류

(1) 격리형(Guards) - 위험점에 작업자가 접근하여 일어날 수 있는 재해를 방지하기 위해 차단벽이나 망을 설치함
(2) 위치제한형 - 위험점에 접근하지 못하도록 안전거리를 확보하여 작업자를 보호(양수조작식)
(3) 접근 거부형(Pull back (out) device) -위험점에 접근하면 위험부위로부터 강제로 밀어냄(손쳐내기식)
(4) 접근 반응형(PSD) - 위험점에 접근했을 때 센서가 작동하여 기계를 정지시킴(광전자식)
(5) 포집형 - 위험장소의 방호가 아니라 위험원에 대한 방호(연삭숫돌의 포집장치)
(6) 감지형 - 이상온도, 이상압력, 과부하 등 기계설비의 부하가 한계치를 초과하는 경우 이를 감지하여 설비작동을 중지시킴

다. 예초기(날접촉 예방장치)

- 두께 2밀리미터 이상일 것
- 절단날의 회전범위를 100분의 25(90°) 이상 방호할 수 있고, 절단날의 밑면에서 날접촉 예방장치의 끝단까지의 거리가 3밀리미터 이상인 구조로서 조작자 쪽에 설치할 것
- 충격에도 쉽게 파손되지 않는 재질일 것

예초기 날접촉 예방장치는 사용 중 탈락 또는 이완되지 않도록 지름 6밀리미터 이상의 볼트를 2개 이상 사용하여 샤프트 튜브에 견고하게 부착하여야 한다.

라. 원심기(회전체 접촉 예방장치)

- 회전통에 설치되는 덮개는 내부 물질이 비산되어 충격이 가해지더라도 변형 또는 파손되지 않을 정도의 충분한 강도일 것
- 개방 시 회전운동이 정지되며, 덮개를 닫은 후 자동으로 작동되지 않고 별도의 조작에 의하여 회전통이 작동되도록 회로를 구성할 것 (안전인터록 스위치)
- 회전체 접촉 예방장치가 작동 중 열리지 않도록 잠금장치를 설치할 것
- 작동 중 기계의 진동에 의한 이탈, 이완의 위험이 없도록 체결볼트에는 와셔 등을 이용하여 풀림방지조치를 할 것
- 급정지로 인하여 기계에 파손위험이 있는 경우에는 순차정지회로를 구성하는 등의 조치를 할 것

마. 공기압축기(압력방출장치)

- 공기 토출구의 차단밸브를 닫아도 용기의 압력이 설정압력 이하에서 작동하는 구조의 언로드밸브
- 내후성이 좋고 장기간 정지하여도 밸브시트에 접착되지 않을 것
- 언로드밸브는 작동상태를 확인하기 쉽고 응축수 등에 의한 부식의 위험이 없는 위치에 설치하여야 한다.
- 안전밸브는 다음 각 호의 요건에 적합해야 한다.
  ① 안전밸브의 조정너트는 임의로 조정할 수 없도록 봉인되어 있을 것
  ② 설정압력은 설계압력을 초과하지 아니하고, 작동압력은 설정압력치의 ±5%이내 일 것
  ③ 설정압력 등이 포함된 표지를 식별이 쉬운 곳에 견고하게 부착할 것

바. 금속절단기(날접촉 예방장치)

① 금속절단기의 톱날부위에는 고정식, 조절식 또는 연동식 날접촉 예방장치를 설치하여야 한다.
② 제1항의 조절식 날접촉 예방장치는 가공재의 크기에 따라 절단날의 노출정도를 조절할 수 있는 구조이어야 한다.

③ 제1항의 연동식 날접촉 예방장치는 개방시 기계의 작동이 정지되는 구조이어야 한다.

* 방호장치
  - 작업부분을 제외한 톱날 전체를 덮을 수 있을 것
  - 가드와 함께 움직이며 가공물을 절단하는 톱날에는 조정식 가이드를 설치할 것
  - 톱날, 가공물 등의 비산을 방지할 수 있는 충분한 강도를 가질 것
  - 둥근 톱날의 경우 회전날의 뒤, 옆, 밑 등을 통한 신체 일부의 접근을 차단할 수 있을 것

사. 지게차(헤드 가드, 백레스트(backrest), 전조등, 후미등, 안전벨트)

(1) 지게차에는 최대하중의 2배(4톤을 넘는 값에 대해서는 4톤으로 한다)에 해당하는 등분포정하중에 견딜 수 있는 강도의 헤드가드를 설치하여야 한다.

(2) 지게차에는 포크에 적재된 화물이 마스트의 뒤쪽으로 떨어지는 것을 방지하기 위한 백레스트(backrest)를 설치하여야 한다.

(3) 지게차에는 7천5백칸델라 이상의 광도를 가지는 전조등, 2칸델라 이상의 광도를 가지는 후미등을 설치하여야 한다.

(4) 다음 각 호의 요건에 적합한 안전벨트를 설치하여야 한다.
  - 「산업표준화법」 제15조에 따라 인증을 받은 제품, 국제적으로 인정되는 규격에 따른 제품 또는 국토교통부 장관이 이와 동등하거나 그 이상이라고 인정하는 제품일 것
  - 사용자가 쉽게 잠그고 풀 수 있는 구조일 것

▪ 안전장치

① 헤드가드는 다음 각 호의 요건에 적합하게 설치하여야 한다.
  - 상부틀의 각 개구의 폭 또는 길이는 16센티미터 미만일 것
  - 운전자가 앉아서 조작하거나 서서 조작하는 지게차는「산업표준화법」 제12조에 따른 한국산업표준에서 정하는 높이 기준 이상일 것

② 백레스트는 다음 각 호의 요건에 적합하게 설치하여야 한다.
  - 외부충격이나 진동 등에 의해 탈락 또는 파손되지 않도록 견고하게 부착할 것
  - 최대하중을 적재한 상태에서 마스트가 뒤쪽으로 경사지더라도 변형 또는 파손이 없을 것

③ 전조등은 다음 각 호에 기준에 적합하게 설치하여야 한다.
  - 좌우에 1개씩 설치할 것
  - 등광색은 백색으로 할 것
  - 점등 시 차체의 다른 부분에 의하여 가려지지 아니할 것

④ 후미등은 다음 각 호의 기준에 적합하게 설치하여야 한다.
  - 지게차 뒷면 양쪽에 설치할 것
  - 등광색은 적색으로 할 것
  - 지게차 중심선에 대하여 좌우대칭이 되게 설치할 것
  - 등화의 중심점을 기준으로 외측의 수평각 45도에서 볼 때에 투영면적이 12.5제곱센티미터 이상일 것

아. 포장기계(진공포장기, 랩핑기로 한정](구동부 방호 연동장치)

진공포장기 및 랩핑기의 다음 각 호의 부위에는 개방 시 기계의 작동이 정지되는 구조의 구동부 방호 연동장치를 설치하여야 한다. 다만, 연동회로의 구성이 곤란한 부위에는 고정식 방호가드를 설치하여야 한다.

(1) 릴 풀림장치 등 구동부

(2) 열 봉합장치 등 고열발생 부위

(3) 포장 릴(릴 풀림장치 포함) 주변

(4) 자동 스플라이싱 장치 주변

(5) 포장재 절단용 칼날 주변

- 안전장치
  - 정해진 위치에 견고하게 고정될 것
  - 공구를 사용하여야 해체할 수 있을 것
  - 연동장치는 방호덮개 등을 닫은 후 자동으로 재기동되지 아니하고 별도의 조작에 의해서만 기동될 것
  - 구동부와 방호덮개 등의 연동장치가 상호 간섭되지 않도록 충분한 안전거리를 확보할 것

16.1.2 안전작업절차

가, 안전작업절차

작업/활동이 재해 위험성을 줄이는 방법으로 수행되도는 것을 안전작업절차라고 한다. 이는 위험요인, 위험성 및 관련 통제조치를 제시하는 안전작업절차서를 작성하는 방법 등이 있다.

안전작업절차는 위험성평가, 표준운전절차, 안전운전절차가 아닌 다른 종류임을 인지할 필요가 있다. 작업안전분석(JSA), 작업위험분석(JHA), 안전작업방법 기술서(SWMS)와 같은 안전작업절차는 표준화된 안전작업 수행 방법을 위험성평가에 기반하여 기술한 절차서이다. 안전작업절차서는 작업 수행시 발생하는 재해 위험성의 감소를 보장하기 위하여 위험요인, 위험성평가, 위험관리 방법을 기술한다.

안전작업절차는 근로자가 안전하게 작업할 수 있도록 다음과 같은 정보를 제공한다.

▶ 작업 수행 방법에 대한 설명

▶ 안전·환경에 위험성이 있다고 평가되는 작업의 확인

▶ 안전·환경 위험성에 대한 기술

▶ 작업 시에 적용되어야 하는 관리조치에 대한 기술

▶ 안전·환경적으로 보장된 작업을 수행하기 위해 필요한 조치에 대한 기술

▶ 준수하여야 할 법령, 기준, 지침 등을 기술

▶ 작업에 사용되는 장비, 장비 운용자의 자격, 안전 작업방법에 대한 교육 등에 대하여 기술

안전작업절차는 특히 작업을 수행하는 인원을 안전하게 하는데 목적이 있다. 표준 운전절차서와 같은 기타 공통 문서는 장비 손상을 방지하기 위하여 장비를 올바르게 사용하게 하는 것과 관련이 있으나, 반드시 근로자의 안전과 관련이 있는 것은 아니다.

안전작업절차의 실행은 명시된 요구사항에 따라 작업을 수행하는 근로자 각각에 달려있다. 안전작업절차는 관리적인 대책으로 먼저 다른 유형의 근본적인 대책(예: 제거, 대체, 격리, 기술적 대책)이 먼저 고려되어야 한다.

방호장치는 사업주의 예방책이지만. 안전작업절차는 근로자의 예방책이다.

나. 안전작업허가

사업장내에서 이루어지는 작업 중 특별하게 중대재해나 중대산업사고가 발생할 수 있는 유해위험작업에 대해서 안전보건을 확보하기위하여 체계화된 절차를 수립하여 시행하는 제도이다. 아래의 작업이 작업 허가 대상이다.

(1) 화기작업허가: 위험지역으로 구분되는 장소에서 화기작업을 수행할 경우

(2) 일반위험작업허가: 화기작업 이외의 모든 위험한 작업을 수행할 경우

(3) 보충적인 작업허가

- 밀폐공간 출입 작업허가: 질식 및 가연성가스 체류 위험이 있는 장소 출입
- 정전작업허가: 전원 차단이 수반되는 점검 및 보수 작업
- 굴착작업허가: 지하배관이 있는 경우의 굴착작업 (30CM이상)
- 방사선사용 작업허가: 비파괴검사작업, 방사선사용설비의 정비보수 작업
- 고소작업허가: 추락이나 높은 곳에서의 중량물 낙하등의 위험이 있는경우
- 중장비사용 작업허가: 중장비를 사용할 경우

다. 안전작업허가 절차

(1) 발급

안전작업허가서 신청자는 허가서 양식을 사용하거나 전자문서 등으로 작업대상 지역의 운전부서 담당자가 현장확인을 통하여 발급한다. 보충작업허가 대상작업이 병행될 경우 확인자의 사전확인여부를 검토한 후 허가서를 발급한다.

(2) 확인 · 점검

부충작업을 병행하여 수행하는 경우에는 각 보충작업별 전문 지식을 갖춘자가 보충작업허가의 내용을 사전에 확인, 점검 후 허가서에 서명한다. 다만, 발급자가 해당 작업에 대한 전문지식을 갖춘경우에는 본인이 확인, 점검업무를 수행하고 서명은 생략할 수 있다.

(3) 승인(허가)

허가서의 승인은 작업허고자 하는 공정지역의 운전부서 책임자 또는 다른 상위 조직에서 발급된 허가서의 서면확인을 통하여 승인한다. 다만, 조직 등 인력이 적은 소규모 사업장, 위험도가 낮은 일반위험작업 허가 및 정상근무시간 이외에 수행되어 책임자의 승인을 얻기가 어려운 경우 등 사업장 내부 규정에 따라 승인 권한을 발급자에게 위임할 수 있다.

(4) 현장게시

허가된 작업허가서는 사본이나 인쇄본 1부를 해당 작업현장에 게시하여 모든 직원들이 작업내용을 파악할 수 있도록 해야한다.

(5) 입회

작업장의 위험정도, 규모의 복잡성에 따라 작업 중에 현장에서 안전감독이 필요할 경우 운전부서에서 입회하여 제반 안전요구사항에 대한 조치를 확인한다.

허가서는 1년동안 보관하여야 한다.

16.1.3 공정도를 활용한 공정분석

공정도는 산출물이 어떤 환경 하에서 어떤 경로를 통해 만들어지며 문제가 어디에서 발생할 수 있을 것인가를 보여주는 자료로 업무나 작업 시스템의 분석, 검토에 있어서 공정분석을 실시하는 경우 작업 도표(작업공정도), 조립도표(조립공정도), 유입 유출표(흐름 공정도), 공정분석표(흐름 선도), 경로도 등을 활용한다.

가. 작업 도표(작업 공정도)

- 공정에 원자재가 투입되어 일련의 작업이 가해지는 모든 내용을 나타낸 것
- 특징: 부품이나 자재가 제조공정에 투입되는 지점을 비롯하여 이들의 작업 및 검사의 순서를 나타낸 표
- 용도: 단위 작업 내지 작업공정 간의 관계를 분석하는데 사용하며 설비 배치를 행하는 경우 기본 정보를 제공함.

나. 유입 유출표(흐름 공정도)

두 부서의 공정 또는 기계의 물자 흐름의 척도를 나타냄.

- 작업순서에 따라 운반량, 운반 거리를 이동 거리표에 나타내어 공정 간의 배열을 분석
- 물류 형태를 파악하고 운반 방법, 레이아웃 변경 시 사용

다. 공정 분석표(흐름선도)

- 작업, 운반, 검사, 정체, 저장 등을 부호로 도시화
- 공정분석표를 기호로 대상물이 공장 내를 흐르고 있는 경로를 축적된 공장 배치도 또는 기계 배치도로 작성하고 선에 의해 표시함으로써 건물 배치나 설비 배치를 분석하는 방법으로 선의 길이를 측정함으로써 운반 거리를 계산함.
- 부분품의 조립시간 분석 등과 같이 측정 공정의 분석에 효과적임.
- 정체시간, 저장비용, 운반비 등과 같은 Hidden Cost 및 간접비 분석 시 사용

라. 공정도를 활용하는 이유

(1) 공정개선의 목적

① COST 절감 (자재비, 공수, 기타 제조경비 절감)
② 4M의 최적화
③ 생산성 향상 (BOTTLE NECK 해소, 가동률 향상, 최적 LINE 구축)
④ 재료 손실 감소 (운반/보관 과정의 품질유지, 포장방법/용기의 개선, 검사공정 개선)
⑤ 재공품 감소
⑥ 공간의 효율적 활용
⑦ 안전 및 환경조건의 향상 〈해당 요소의 집중〉

16.1.4 Fool Proof

Fool(어리석은 사람) Proof(~로 부터의 보호)는 현장에 익숙하지 않은 사람부터 교육받지 못한 사람까지 모든 사람으로부터의 돌발행동으로 인한 안전사고 보호를 의미한다. 작업자는 언제라도 실수할 수 있는 사람임을 가정하고 작업자의 실수가 원천적으로 차단되거나(p. 안전모 인식, 자동정지시스템. 인터락) 실수의 즉각적인 피드백으로(p. 오류 발생시 사이렌 작동) 사고의 발생원인을 제거하거나. 발생하더라도 그 재해정도가 경미하도록 하는 설계 시스템이다.

16.1.5 Fail Safe

페일세이프는 시스템이나 기계에 문제가 발생했을 때, 더 큰 사고로 이어지지 않도록 안전한 상태로 전환되는 것을 의미한다. 즉, 시스템 고장 시에도 안전을 확보하기 위한 설계 철학이라고 할 수 있다.

1) 페일세이프의 중요성

- 안전 확보: 인명 피해, 재산 손실 등을 예방한다.
- 시스템 신뢰도 향상: 시스템의 안정성을 높여 사용자의 신뢰를 얻을 수 있다.
- 유지보수 비용 절감: 고장 발생 시 피해를 최소화하여 유지보수 비용을 절감할 수 있다.

2) 페일세이프의 종류

페일세이프는 크게 구조적, 회로적, 기능적 세 가지 종류로 나눌 수 있다.

▶ 구조적 페일세이프

- 다경로 하중구조: 여러 개의 경로를 통해 하중을 분산시켜, 하나의 경로가 손상되어도 다른 경로를 통해 안전을 유지하는 구조
- 분할구조: 부재를 여러 조각으로 나누어 파괴가 발생하더라도 전체 구조물의 안전을 확보하는 구조
- 교대구조: 하나의 부재가 고장 나면 다른 부재가 자동으로 작동하여 시스템을 유지하는 구조
- 하중경감구조: 특정 부재를 의도적으로 약하게 만들어 파괴가 발생하더라도 다른 부분으로 하중이 분산되도록 하는 구조

▶ 회로적 페일세이프

- 철도 신호: 신호기가 고장 나면 항상 적색 신호를 나타내어 안전을 확보
- 개폐기의 용장회로: 병렬 회로와 직렬 회로를 사용하여 고장 시 안전한 상태로 전환

▶ 기능적 페일세이프

- Fail-Passive: 부품 고장 시 시스템이 자동으로 정지하는 방식
- Fail active: 시스템에 문제가 발생하면 경보를 발생시키고, 제한된 기능으로 작동을 유지하는 방식
- Fail operational: 시스템에 문제가 발생해도 일정 기간 동안은 안전하게 작동이 가능한 방식

3) 페일세이프 설계 시 고려 사항

- 위험 분석: 시스템의 모든 가능한 고장 모드를 분석하고, 각각의 고장이 발생했을 때 어떤 결과를 초래할 수 있는지 평가
- 안전 요소 설계: 고장 발생 시 안전을 확보할 수 있는 다양한 안전 요소를 설계
- 테스트 및 검증: 설계된 안전 시스템이 제대로 작동하는지 정기적으로 테스트하고 검증

4) 페일세이프의 활용 분야

- 자동차: 브레이크 시스템, 에어백, 엔진 제어 시스템 등
- 항공: 비행 제어 시스템, 엔진 시스템 등

- 원자력 발전: 안전 시스템, 냉각 시스템 등
- 산업 자동화: 기계, 로봇 등
- 의료 기기: 인공호흡기, 수술 로봇 등

결론적으로, 페일세이프는 시스템의 안전성을 확보하고, 예기치 못한 상황에 대비하기 위한 필수적인 설계 철학이다. 다양한 산업 분야에서 페일세이프를 적용하여 시스템의 안전성을 높이고 있다.

5) 페일세이프와 풀프루프의 차이점

▶ 풀프루프(Fool-proof)

사람의 실수나 오작동에도 불구하고 시스템이 안전하게 작동하도록 설계하는 것을 의미하며 인간의 실수를 방지하기 위한 설계 철학이다.

- 특징:
  - 사람의 실수를 가정
  - 실수를 방지하기 위한 물리적, 논리적 제약을 설정
- 예시: 약병 뚜껑에 아이가 열 수 없는 안전 잠금 장치, 복잡한 조작 절차를 요구하는 시스템 등

두 가지의 차이점 요약

구분	페일세이프 (Fail-safe)	풀프루프 (Fool-proof)
대상	시스템의 물리적 고장	사람의 실수
목표	시스템 고장 시 안전 확보	인간 오류 방지
방법	시스템 자동 정지, 안전 기능 작동	물리적 제약, 복잡한 절차 등

▶ 결론

페일세이프: 시스템의 고장을 가정하고, 고장 발생 시 안전을 확보하는 데 중점

풀프루프: 사람의 실수를 가정하고, 실수를 방지하기 위한 조치

둘 다 시스템의 안전을 확보하기 위한 중요한 설계 철학이지만, 대상과 목표가 다르므로 상황에 맞게 적절한 방법을 선택해야 한다. 예를 들어, 원자력 발전소는 시스템 고장이 발생했을 때 심각한 결과를 초래할 수 있으므로 페일세이프를 중점적으로 적용해야 한다. 반면, 가전제품은 사용자의 실수로 인한 오작동을 방지하기 위해 풀프루프 설계를 적용하는 것이 좋다.

16.2 안전시설물 설치기준

16.2.1 안전시설물 설치기준

가. 작업발판

(1) 설치위치: 높이가 2 m 이상 추락위험이 있는 곳

(2) 설치기준

① 재료: 작업하중을 견딜수 있는 구조

② 크기: 폭 40 cm이상, 발판재료사이 틈 3 cm 이하

③ 추락위험이 있는 곳은 안전난간대 설치

④ 발판 낙하위험방지를 위한 2곳 이상 고

(3) 작업발판의 종류

① 달비계용 발판: 천정도배용 우마, 폭 40 cm, 틈X

② 말비계형 발판: 우마 (H:2 m이하, 3점이상 고정, 2 m 초과시 발판폭 40 cm이상)

나. 안전난간대

(1) 설치위치

① 작업발판, 통로의 단부 등 추락위험이 있는 장소

② 계단 - 4단 이상 계단의 측면

③ 높이 2 m 이상 발판 끝, 개구부

(2) 설치기준

① 난간대 구성: 상부,중간난간대, 발끝막이판, 난간기둥, 토보드 폭목

② 난간대 높이 90 cm 이상(120 cm이상시 중간난간대 2단설치. 각 난간대는 60 cm 이내)

③ 중간난간대는 상부난간대 높이의 중간

④ 발끝막이판 높이: 10 cm이상

⑤ 난간기둥: 2 m 이, 수평력 100 kg 지지

⑥ 난간대 지름: 2.7 cm 이상 파이프

⑦ 수평난간대를 와이어로프로 대체시 9 mm 이상

다. 개구부 덮개

(1) 설치위치: 추락위험이 있는 구간 (대형개구부: 안전난간대 설치)

(2) 설치기준

① 재료의 손상, 변형이 없을것

② 크기는 개구부폭 + 10 cm

③ "추락주의", "개구부 주의" 눈에띄는 안전표식

라. 안전방망(구 낙하물 방지망)

(1) 설치위치:

(2) 설치기준

① 높이 10 cm 이내마다, 첫단은 1층 작업에 지장이 없는 가장 낮은곳

② 설치각도: 수평, 내민길이 3 m 이상(당초:20~30도, 2 m 이상)

③ 그물코 간격: 2 cm(최하단 망은 3 mm 이내망 추가설치)

④ 겹침폭: 30 cm

⑤ 망의 처짐량: 짧은거리의 12% 이상

마. 추락방지망

(1) 설치위치: 작업점하부 3~4 m 높이 10 m 이내마다 Span단위 분리

(2) 설치기준

① 망의형태: 그물코 10 cm 이내, 한면크기 30 cm이상, 10 m 이내

② 구성: 방망, 테두리망, 재봉사, 지지로프

③ 인장강도: 10 m높이에서 80 kg 중량물 낙하

④ 테두리, 달기로프 인장강도: 1500 kg이상

16.2.2 안전보건표지 설치기준

가. 산업안전보건법 제37조(안전보건표지의 설치 · 부착)

① 사업주는 유해하거나 위험한 장소 · 시설 · 물질에 대한 경고, 비상시에 대처하기 위한 지시 · 안내 또는 그 밖에 근로자의 안전 및 보건 의식을 고취하기 위한 사항 등을 그림, 기호 및 글자 등으로 나타낸 표지를 근로자가 쉽게 알아볼 수 있도록 설치하거나 붙여야 한다.

이 경우 외국인근로자를 사용하는 사업주는 안전보건표지를 해당 외국인근로자의 모국어로 작성하여야 한다.

나. 제39조(안전보건표지의 설치 등)

① 사업주는 전보건표지를 설치하거나 부착할 때에는 근로자가 쉽게 알아볼 수 있는 장소 · 시설 또는 물체에 설치하거나 부착해야 한다.

② 사업주는 안전보건표지를 설치하거나 부착할 때에는 흔들리거나 쉽게 파손되지 않도록

견고하게 설치하거나 부착해야 한다.

③ 안전보건표지의 성질상 설치하거나 부착하는 것이 곤란한 경우에는 해당 물체에 직접 도색할 수 있다.

다. 제40조(안전보건표지의 제작)

① 안전보건표지는 그 종류별로 기본모형에 의하여 구분에 따라 제작해야 한다.

② 안전보건표지는 그 표시내용을 근로자가 빠르고 쉽게 알아볼 수 있는 크기로 제작해야 한다.

③ 안전보건표지 속의 그림 또는 부호의 크기는 안전보건표지의 크기와 비례해야 하며, 안전보건표지 전체 규격의 30퍼센트 이상이 되어야 한다.

④ 안전보건표지는 쉽게 파손되거나 변형되지 않는 재료로 제작해야 한다.

⑤ 야간에 필요한 안전보건표지는 야광물질을 사용하는 등 쉽게 알아볼 수 있도록 제작해야 한다.

16.2.3 기계종류별 안전장치 설치기준

가. 지게차

(1) 전조등 및 후미등

한 등당 1만5천 칸델라 이상 11만2천5백 칸델라 이하의 광도를 가지는 전조등, 2칸델라 이상 25칸델라 이하의 광도를 가지는 후미등을 설치하여야 한다. 전조등은 좌우에 1개씩 설치하며, 등광색은 백색으로 하고 점등 시 차체의 다른 부분에 의해 가려지지 아니하여야 한다. 후미등은 지게차 뒷면 양쪽에 설치하고 등광색은 적색으로 하며 지게차 중심선에 대하여 좌우대칭이 되게 설치하여야 한다.

(2) 헤드가드(Head guard)

다음 각호에 적합한 헤드가드를 갖추어야 한다. 다만, 화물의 낙하에 의하여 지게차의 운전자에게 위험을 미칠 우려가 없는 때에는 그러하지 아니하다.

(가) 강도는 지게차의 최대하중의 2 배의 값(그 값이 4 톤을 넘는 것에 대하여서는 4톤으로 한다)의 등분포 정하중에 견딜 수 있을 것

(나) 상부틀의 각 개구의 폭 또는 길이가 16 cm(건설기계 안전기준에 관한 규칙: 15 cm) 미만일 것

(다) 운전자가 앉아서 조작하는 방식의 지게차에 있어서는 운전자의 좌석 윗면에서 헤드가드의 상부틀 아랫면까지의 높이가 1 m 이상일 것

(라) 운전자가 서서 조작하는 방식의 지게차에 있어서는 운전석의 바닥면에서 헤드가드의 상부틀의 하면까지의 높이가 2 m이상일 것

(3) 백레스트(Backrest)

다음 각호에 적합한 백레스트가 부착된 지게차를 사용하여야 한다. 다만, 마스트의 후방에서 화물이 낙하함으로써 근로자에게 위험을 미칠 우려가 없는 때에는 그러하지 아니하다.

(가) 외부충격이나 진동 등에 의해 탈락 또는 파손되지 않도록 견고하게 부착할 것

(나) 최대하중을 적재한 상태에서 마스트가 뒤쪽으로 경사지더라도 변형 또는 파손이 없을 것

(4) 후사경

(가) 좌우 및 후방의 교통상황 또는 작업상황을 확인할 수 있도록 다음 각 호의 기준에 적합한 후사경을 2개 이상 설치하여야 한다.

① 각도를 쉽게 조정할 수 있는 구조일 것

② 쉽게 탈착이 가능할 것

③ 쉽게 손상되지 아니하는 구조 및 위치일 것

(나) 기존의 소형 백미러(165 W × 255 L: 평면)의 사각 지역을 감소하기 위하여 지게차 내부 또는 외부에 대형 백미러로 교체 설치할 수 있다.(예시: 자동차용 대형 백미러, 235 W × 320 L [mm])

(5) 룸미러 대형 백미러를 부착하여도 지게차 뒷면에 사각지역이 발생되므로 이를 해소하기 위하여 룸미러를 추가 설치한다.

(6) 형광테이프 부착

조명이 어두운 작업장에서 약한 불빛에도 지게차의 위치와 움직임 등의 식별이 가능하도록 형광테이프를 지게차의 테두리(지게차의 좌우 및 후면)에 부착한다.

(7) 경광등 설치

조명이 불량한 작업장소에서 지게차의 운행상태를 알릴 수 있도록 경광등을 후면에 설치한다.

(8) 안전문 설치

지게차 전복 시 운전자가 밖으로 튀어 나가는 것을 방지하고 소음, 기상의 악조건 등 작업환경의 변화에도 작업이 가능하도록 안전문을 설치한다.

(9) 경음기 및 방향지시기

지게차 주행방향의 변경 또는 지게차의 작업상황 등을 근로자가 인지할 수 있도록 경음기 및 방향지시기를 설치한다

나. 컨베이어

(1) 보도 폭은 60 ㎝ 이상으로 하고 추락의 위험이 있을 때에는 안전난간(상부난간대는 바닥면 등으로부터 90 ㎝ 이상 120 ㎝ 이하에 설치하고, 중간난간대는 상부난간대와 바닥면 등의 중간에 설치하는 등)을 설치한다. 다만, 보도에 인접한 건설물의 기둥에 접하는 부분에 대하여는 그 폭을 40 ㎝ 이상으로 할 수 있다.

(2) 근로자가 작업 중 접촉할 우려가 있는 구조물 및 컨베이어의 날카로운 모서리·돌기물 등은 제거하거나 방호하는 등의 위험방지조치를 강구하여야 한다.

(3) 통로에는 통로가 있는 것을 명시하고 위험한 곳을 방호하는 등의 안전조치를 하도록 하여야 한다.

(4) 컨베이어에는 운전이 정지되는 등 이상이 발생된 경우, 다른 컨베이어로의 화물공급을 정지시키는 연동 회로를 설치하여야 한다.

(5) 폭발의 위험이 있는 가연성 분진 등을 운반하는 컨베이어 또는 폭발의 위험이 있는 장소에 사용되는 컨베이어의 전기기계·기구는 방폭구조이어야 한다

(6) 컨베이어에는 연속한 비상정지스위치를 설치하거나 적절한 장소에 비상정지스위치를 설치하여야 한다.

(7) 컨베이어에는 기동을 예고하는 경보장치를 설치하여야 한다.

(8) 운반정지, 불규칙한 화물의 적재 등에 의해 화물이 낙하하거나 흘러내릴 우려가 있는 벨트 컨베이어(화물이 점착성이 있는 경우는 경사 컨베이어에 한한다)에는 화물이 낙하하거나 흘러내림에 의한 위험을 방지하기 위한 장치를 설치하여야 한다.

(9) 주행속도가 매초당 0.1 m를 초과하는 셔틀 컨베이어 등에는 주행시작을 예고하기 위한 장치를 설치한다.

다. 양중기

양중기라 함은 작업장에서 화물 또는 사람을 올리고 내리는데 사용하는 기계로서 크레인, 이동식크레인, 리프트, 호이스트, 곤돌라 및 승강기를 포함하여 말한다.

(1) 양중기는 인양목적으로 사용하는데 충분한 용량을 갖고 있으며 안정적이고 적절하여야 한다.

(2) 화물 취급 시 화물의 추락이나 근로자와의 충돌 등 양중기에 의한 재해를 방지할 수 있도록 양중기에는 방호장치가 설치되어야 한다.

(3) 양중기에는 정격하중 등 안전사용에 대한 정보가 작업자가 잘 볼 수 있는 곳에 표시되어야 하고, 부속장치인 슬링 및 클램프(Clamp)에도 최대 허용하중 등 안전정보가 표시되어야 한다.

(4) 양중기는 최초 사용 시 안전인증제품을 사용하여야 하며 사용하기 전 또는 최초 사용 시 법적 안전검사를 받아야 한다.

양중기에는 아래와 같은 방호장치를 갖추어야 한다.

(1) 과부하 방지장치
(2) 권과 방지장치
(3) 비상정지장치 및 제동장치
(4) 유압을 동력으로 사용하는 양중기는 압력 방출장치
(5) 훅걸이 사용 시 훅해지 장치

작업자의 안전을 확보하기 위하여 구동부에 접촉하지 못하도록 아래의 조치를 하여야 한다.

(1) 위험한 구동부는 완전히 덮도록 고정식 덮개(볼트, 너트로 고정)를 설치하여야 한다. 필요한 경우 플라스틱 또는 적절한 구멍 크기의 철망 사용이 가능하다.

(2) 구동부에 고정식 덮개를 사용할 수 없을 경우 다음의 조치를 취하여야 한다.

(가) 안전덮개와 인터록(Interlock) 기능을 설치하여 안전덮개가 닫히기 전에는 설비가 작동되지 않는 구조

(나) 양중작업 중에는 안전덮개를 열수 없는 구조

(다) 운전 중 덮개가 열릴 경우 양중기의 작동이 중지되는 트립(Trip) 시스템

(3) 작업자에 대한 교육훈련, 제조자의 안전지침 정보 제공 및 개인보호구 지급 등의 조치를 하여야 한다.

양중기의 제어반은 안전기능을 향상할 수 있도록 아래의 조치를 취하도록 한다.

(1) 제어스위치(Control switch)는 그 기능을 분명히 스위치에 표시하고 색깔로 구분

(2) 비상정지 제어장치는 푸쉬버튼(Push button)식으로 하고 운전석에서 손 닿는 범위 내에 설치

라. 운반기계

(1) 하중이 한쪽으로 치우치지 않도록 적재할 것

(2) 구내운반차 또는 화물자동차의 경우 화물의 붕괴 또는 낙하에 의한 위험을 방지하기 위하여 화물에 로프를 거는 등 필요한 조치를 할 것

(3) 운전자의 시야를 가리지 않도록 화물을 적재할 것

(4)최대적재량을 초과해서는 아니 된다.

* 작업시 주의사항

(1) 싣거나 내리는 작업은 평탄하고 견고한 장소에서 할 것

(2) 발판을 사용하는 경우에는 충분한 길이 · 폭 및 강도를 가진 것을 사용하고 적당한 경(3) 가설대 등을 사용하는 경우에는 충분한 폭 및 강도와 적당한 경사를 확보할 것

16.2.4 기계의 위험점 분석

(1) 협착점(Squeeze-Point) = 왕복운동 + 고정부
왕복운동을 하는 동작부분과 움직임이 없는 고정부분 사이에서 형성되는 위험점
(2) 끼임점(Shear-Point) = 회전 또는 직선운동 + 고정부
고정부분과 회전하는 동작 부분 사이에 형성되는 위험점
(3) 절단점(Cutting-Point) = 회전운동 자체
회전하는 운동 부분 자체의 위험이나 운동하는 기계 부분 자체의 위험에서 초래되는 위험점
(4) 물림점(Nip-Point) = 회전운동 + 회전운동
서로 반대 방향으로 맞물려 회전하는 두 개의 회전체에 물려 들어가는 위험점
(5) 접선물림점(Tangential Nip-Point) = 회전운동 + 접선부
회전하는 부분의 접선방향으로 물려 들어가는 위험점
(6) 회전말림점(Trapping-Point) = 돌기회전부
회전하는 물체에 실험복 등이 말려 들어가는 위험점

16.3 안전시설 유지-관리하기

16.3.1 KS B 규격과 ISO 규격 통칙에 대한 지식

가. 표준규격의 필요성

용도가 같은 제품은 그 크기, 모양, 품질 등을 일정한 규격으로 표준화하면 제품 상호간 호환성이 있어서 사용하기 편리할 뿐만 아니라, 제품을 능률적으로 생산할 수 있고 품질을 향상시킬 수 있다. 따라서 대부분의 국가에서는 국가 표준규격(standards)을 제정하고 품질 개선, 생산성 향상 및 소비자 보호 등에 힘쓰고 있다. 또 국가와 국가 사이의 호환성을 유지하기 위하여 국제표준화기구(ISO, international organization for standardization)에서는 국제 표준규격을 제정하고 있으며, 국가간 기술 교류가 활발해지면서 세계의 여러 국가들은 자기 나라의 국가 표준규격이 국제 표준규격에 부합되도록 노력하고 있다.

가. KS(한국산업표준)

한국산업표준은 우리나라 산업체에서 생산하는 제품의 품질을 보증하고, 소비자를 보호하기 위해 국가기술표준원에서 제정한 표준이다.

(1) 특징:

- 국내 중심: 한국 시장에 특화된 표준으로, 국내 법규, 문화, 산업 환경을 반영한다.
- 다양한 분야: 제품의 품질뿐만 아니라 서비스, 환경, 안전 등 다양한 분야를 포괄한다.
- 의무적 표시: 일부 제품의 경우 KS 마크 표시가 의무화되어 있다.

(2) 목적:

- 제품의 품질 향상
- 소비자 보호
- 산업 경쟁력 강화
- 국제 표준과의 호환성 증진

나. ISO(국제표준화기구)

국제표준화기구(International Organization for Standardization)에서 제정한 국제 표준이다.

(1) 특징:

- 국제적 규모: 전 세계적으로 통용되는 표준으로, 다양한 국가의 산업 환경을 반영한다.
- 품질경영 시스템 중심: 주로 기업의 품질경영 시스템에 대한 요구 사항을 규정한다.
- 자발적 도입: 기업이 자발적으로 도입하여 운영하는 것이 일반적입니다.

(2) 목적:

국제 무역의 원활화

품질 경영 시스템의 표준화
세계적인 품질 수준 향상

KS와 ISO의 비교

비교 항목	KS (한국산업표준)	ISO (국제표준화기구)
성격	국가 표준	국제 표준
범위	제품, 서비스, 환경 등 다양한 분야	주로 품질경영 시스템
특징	국내 환경에 맞춤	국제적인 통용성
도입 방식	의무적(일부 제품)	자발적
목적	국내 시장 중심, 소비자 보호	국제 무역 원활화, 품질 경영 시스템 표준화

16.3.2 유해위험기계기구 종류 및 특성

가. 유해·위험 기계 기구

작업 도중 유해 또는 위험한 상황이 발생할 우려가 있거나 동력에 의하여 작동하는 기계 기구로 안전검사를 정기적으로 받아야 하는 위험 기구이다. 최초 설치 후 3년 이내. 이후 2년마다 검사를 받아야 한다.

대상:

- 프레스: 동력으로 구동하는것으로서 3톤 이상의 능력을 지님.
- 전단기: 동력으로 구동하는것으로서 3톤 이상의 능력을 지님.
- 크레인: 동력으로 구동되는것으로서 정격 하중이 2톤 이상.
- 리프트: 적재하중이 0.5톤 이상인 리프트. (이삿짐 운반등은 0.1톤 이상)
- 압력용기: 화학공정 유체취급용기 또는 그 밖의 공정에 사용하는 용기(공기 또는 질소취급용기)로써 설계압력이 게이지 압력으로 0.2메가파스칼(2 kgf/㎠)을 초과한 경우
- 곤돌라: 동력으로 구동되는 경우
- 국소배기장치: 49종의 유해물질을 배출하기위해 설치된 배기장치에 한해 적용
- 원심기: 액체·고체 사이에서의 분리 또는 이 물질들 중 최소 2개를 분리하기 위한 목적으로 쓰이는 동력에 의해 작동되는 산업용 원심기,
- 건조설비 및 그 부속설비: 건조설비는 건조기본체, 가열장치, 환기장치 등을 포함하여 열원기준으로 연료의 최대사용량이 매시간당 50킬로그램 이상 또는 전열의 경우 정격소비전력이 50킬로와트 이상
- 롤러기: 롤러의 압력에 의하여 고무, 고무화합물 또는 합성수지를 소성변형 시키거나 연화시키는 롤러기로서 동력에 의하여 구동되는 롤러기

- 사출성형기: 플라스틱 또는 고무 등을 성형하는 사출성형기로서 동력에 의하여 구동되는 사출성형기
- 고소작업대: 동력에 의해 사람이 탑승한 작업대를 작업 위치로 이동시키는 것으로서 차량탑재형 고소작업대에 한정하여 적용
- 컨베이어: 재료 · 반제품 · 화물 등을 동력에 의하여 단속 또는 연속 운반하는 벨트·체인·롤러·트롤리·버킷·나사 컨베이어가 포함된 컨베이어 시스템
- 산업용 로봇: 3개 이상의 회전관절을 가지는 다관절 로봇이 포함된 산업용 로봇 셀에 적용

Chapter 17 설비진단 및 검사

17.1 비파괴검사의 종류 및 특징

17.1.1 육안검사

- 원리: 인간의 육안을 이용하여 대상의 표면 결함을 발견하는 방법이다. 이상 유무 판단의 가장 기본적인 검사이다.
- 검출대상: 모든 시험 대상 체의 이상 유무를 식별할 수 있다.
- 특징:
  - 미세한 결함을 검출하는 경우는 보조기구를 사용한다.
  - 육안검사로 검출 및 평가할 수 있는 결함은 제한적이다.

17.1.2 누설검사

- 원리: 암모니아, 할로겐, 헬륨 등의 기체 또는 물을 이용하여 누설을 확인하는 대상의 기밀성을 평가하는 검사이다.
- 검출대상: 압력용기, 저장 탱크, 파이프라인 등의 누설탐지이다.
- 특징:
  - 관통된 불연속만 탐지할 수 있다.
  - 최종 건전성시험으로 주로 사용한다.

17.1.3 침투검사

- 원리:
  - 침투작용 (모세관 지각 현상)을 이용한 방법이다.
  - 시험체 표면에 개구해 있는 결함에 침투한 침투액을 흡출시켜 결함 지시모양을 식별한다.

- 검출대상: 용접부, 단조품 등의 비기공성 재료에 대한 표면개구결함 검출에 이용한다.
- 특징:
  - 금속. 비금속 등 거의 모든 재료에 적용할 수 있다.
  - 현장 적용에 용이하다.
  - 제품이 크기 형상 등에 크게 제한받지 않는다.

17.1.4 초음파검사

- 원리:
  펄스반사법을 이용한 방법이다.
  시험체 내부에 초음파 펄스를 입사시켰을 때 결함에 의한 초음파 반사 신호의 해독을 이용한다.
- 검출대상: 용접부, 주조품, 압연품, 단조품 등의 내부 결함 검출, 두께 측정에 사용된다.
- 특징:
  - 균열에 높은 감도 및 높은 투과력을 가진다.
  - 표면 및 내부 결함 검출이 가능하다.

17.1.5 자기탐상검사

자기탐상검사는 강자성체 재료의 표면 및 표면 바로 아래에 있는 결함을 검출하는 비파괴 검사 방법으로 자기장을 이용하여 결함을 찾아내는 방식이다.

1) 자기탐상 검사의 원리
   - 자화: 검사 대상인 강자성체 재료에 자기장을 가하면 재료가 자화됨.
   - 누설 자속: 재료에 결함(균열, 기공 등)이 있으면 자기장의 흐름이 방해받아 결함 부위에 누설 자속이 발생.
   - 자분 적용: 검사 대상 표면에 자분(강자성체 미세 입자)을 뿌리면 누설 자속에 의해 자분이 결함 부위에 모여 결함 모양을 나타냄.
   - 결함 확인: 자분이 모여 형성된 모양을 통해 결함의 위치, 크기, 형태 등을 파악.
2) 검출 대상 특징
   - 강자성체 재료: 철, 니켈, 코발트 등 강자성체 재료에만 적용 가능
   - 표면 및 표면 근처 결함: 주로 표면 및 표면 바로 아래에 있는 균열, 기공, 개재물, 용접 불량, 피로 균열 등을 검출
   - 결함 방향: 자기장 방향과 수직인 방향의 결함 검출에 가장 효과적
   - 결함 크기: 미세한 표면 결함도 검출할 수 있지만, 결함 크기가 작을수록 검출이 어려울 수 있음.

- 결함 깊이: 표면 바로 아래에 있는 결함은 검출가능하지만, 깊숙한 내부 결함은 검출이 어려움.

3) 자기탐상 검사의 종류
   - 건식법: 건조된 자분을 사용하여 검사하는 방법
   - 습식법: 자분을 액체에 분산시켜 사용하여 검사하는 방법
   - 형광 자분 탐상 검사: 형광 물질이 입혀진 자분을 사용하여 자외선 아래에서 결함을 더욱 선명하게 검출하는 방법

17.1.6 음향검사

- 원리: 자기흡인 작용을 이용한 방법이다. 철강 재료와 같은 강자성체를 자화시키면 결함 누설 자장이 형성되며, 이 부위에 자분을 도포하면 자분이 흡착되는 원리를 이용한다.
- 검출대상: 강자성체 재료 용접부, 주강품, 단강품의 표면 및 표면 직하 결함 검출에 이용된다.
- 특징:
  - 강자성체에만 적용된다.
  - 장치 및 방법이 단순하다.
  - 결함의 육안식별이 가능하다.
  - 비자성체에는 적용이 불가하다.
  - 신속하고 저렴하다.

17.1.7 방사선투과검사

- 원리: 투과성을 이용한 방법이다. 방사선을 시험체에 조사하였을 때 투과한 사선강도의 변화 즉, 건전부와 결함부의 투과선량의 차에 의한 필름상의 농도의 차이로 결함을 검출한다.
- 검출대상: 용접부, 주조품 등의 내외부 결함 검출에 이용한다.
- 특징:
  - 반영구적인 기록이 가능하다.
  - 거의 모든 재료에 적용할 수 있다.
  - 표면 및 내부 결함 검출이 가능하다.
  - 방사선 안전 관리가 요구된다.

17.2 소음, 진동 방지 기술

17.2.1 소음방지 대책

- 발생원 대책(가장 적극적인 대책): 음원 제거, 소음원의 강제적 저감 등
- 소음장치 대책: 밀폐 조치, 흡음 장치 사용, 음향처리재 사용 등
- 거리 대책: 발생원과의 거리를 멀게 할 것
- 지향성 대책: 발생원의 방향 변경
- 보호구 착용(가장 소극적 대책): 귀마개, 귀덮개 사용

17.2.2 진동방지 대책

- 적절한 공구를 선택(방진 공구)
- 적절한 흡진 물질 사용
- 공구나 공정의 안전한 작동이 유지되는 범위 내에서 할 수 있는 한에서 최소한의 손잡기로 공구를 잡고 유지한다.
- 따뜻하게 유지 할 수 있도록 장갑을 포함 알맞은 의복을 착용한다.
- 연속적인 진동에 의한 노출을 피하기 위한 휴식 시간을 가진다.
- 잘못된 공구의 사용을 금한다.
- 절단용 공구의 경우 적절한 날카로움을 유지한다.

[기계위험 추가요점정리]

1. 리밋 스위치와 과부하 방지 장치

- 리밋 스위치: 기계가 설정된 한계 위치에 도달하면 전원을 차단하거나 경보를 발생시켜 사고를 예방하는 장치이다.
- 과부하 방지 장치: 기계에 과도한 부하가 걸릴 경우, 동력을 차단하여 기계 손상이나 사고를 방지하는 장치이다.
- 권과 방지 장치: 케이블이나 벨트 등이 과도하게 감기는 것을 방지하여 기계 손상을 예방하는 장치이다.
- 과전류 차단 장치: 전류가 과도하게 흐를 경우, 회로를 차단하여 화재 등의 위험을 방지하는 장치이다.
- 압력 제한 장치: 시스템 내 압력이 설정된 값을 초과할 경우, 안전을 위해 압력을 낮추거나 시스템을 정지시키는 장치이다.

2. 위험 요소 5가지 체크 사항

기계 작업 시 발생할 수 있는 위험 요소는 크게 다섯 가지로 분류할 수 있다.

- 함정: 움직이는 부분에 신체가 끼이는 위험
- 충격: 빠르게 움직이는 부분에 부딪히는 위험
- 접촉: 고온의 표면이나 날카로운 부분에 접촉하는 위험
- 말림: 옷이나 머리카락 등이 기계에 말리는 위험
- 튀어나옴: 작업 중에 물체가 튀어나와 부상을 입힐 수 있는 위험

3. 기계 설비 외관상 안전화

기계 설비의 외관을 안전하게 만들기 위한 조치이다.

- 덮개 설치: 기계의 움직이는 부분이나 위험한 부분을 덮개로 가려 접촉을 방지한다.
- 격리: 위험한 부분을 별도의 공간에 격리하여 접근을 차단한다.

4. 기계의 안전 조건

기계를 안전하게 사용하기 위한 다양한 조건이다.

- 외형의 안전화: 위험 부분을 덮거나 격리하여 안전하게 만듭니다.
- 기능의 안전화: 안전 장치를 설치하여 비상 상황 발생 시 위험을 최소화한다.
- 구조의 안전화: 기계의 구조가 안정적이고 견고하게 설계되어야 한다.

- 작업점의 안전화: 작업자가 작업을 수행하는 부분이 안전하게 설계되어야 한다.
- 작업의 안전화: 작업 절차와 방법이 안전하게 수립되어야 한다.
- 작업 보전의 안전화: 기계를 정기적으로 점검하고 유지보수하여 안전 상태를 유지해야 한다.

5. 기계 설비의 본질 안전

기계 설비 자체가 안전하게 설계되어 사고 발생 가능성을 최소화하는 것을 의미한다.

- 조작상 위험이 없도록 설계: 간단하고 직관적인 조작 방식으로 설계되어 오조작 가능성을 줄이다.
- 안전 기능 내장: 안전 장치가 기계에 내장되어 있어 별도의 조작 없이 안전이 확보된다.
- 페일 세이프: 고장이 발생하더라도 위험한 상태로 남아있지 않고 안전한 상태로 전환되는 기능이다.
- 풀 프루프: 잘못된 조작을 방지하기 위한 안전 장치가 설치된 상태를 의미한다.

6. 기계 고장률의 기본 모형

- 초기 고장 (DFR): 제품 초기 단계에서 발생하는 고장으로, 설계 결함이나 제조 불량이 원인이다.
- 우발 고장 (CFR): 제품 수명 주기 동안 일정한 비율로 발생하는 고장으로, 외부 환경이나 사용자의 오류 등이 원인이다.
- 마모 고장 (IFR): 제품의 노후화에 따라 발생하는 고장으로, 마모나 부식 등이 원인이다.

7. 풀 프루프 기구의 종류

- 가드: 위험 부분을 덮어 보호하는 장치
- 조작 기구: 안전한 조작을 위한 장치 (예: 비상 정지 버튼)
- 록 기구: 작업 중에 기계가 우연히 작동하는 것을 방지하는 장치
- 트립 기구: 위험 상황 발생 시 자동으로 기계를 정지시키는 장치
- 오버런 기구: 과도한 움직임을 방지하는 장치
- 푸시 & 풀 기구: 두 개의 조작 버튼을 동시에 눌러야만 작동하는 장치
- 기동 방지 기구: 무단으로 기계를 가동하는 것을 방지하는 장치

8. 기계의 위험성 원인

- 운동하는 작업점: 움직이는 부분에 신체가 끼일 위험이 있다.
- 작업점이 큰 힘을 가짐: 작업물에 강한 힘이 가해져 부상을 입힐 수 있다.
- 동력 전달 부분: 회전하는 부분이나 고온의 부분에 접촉하여 화상이나 절단 등의 위험이 있다.
- 부품의 고장: 부품 고장으로 인해 예기치 못한 사고가 발생할 수 있다.

9. 위험점의 분류

- 협착점: 두 개의 부품 사이에 신체가 끼일 수 있는 부분
- 끼임점: 움직이는 부분과 고정된 부분 사이에 신체가 끼일 수 있는 부분
- 절단점: 날카로운 부분에 신체가 베일 수 있는 부분
- 물림점: 회전하는 부분에 옷이나 머리카락이 말릴 수 있는 부분
- 접선 물림점: 벨트, 체인 등이 회전하는 부분에 신체가 접촉할 수 있는 부분
- 회전 말림점: 축이나 커플링 등에 신체가 말릴 수 있는 부분

10. 안전 난간의 설치 요건

- 높이: 상부 난간대는 바닥면으로부터 120 ㎝ 이하, 발끝 막이판은 바닥면으로부터 10 ㎝ 이상 설치해야 한다.
- 재질: 난간대는 지름 2.7 ㎝ 이상의 금속 파이프를 사용해야 한다.
- 강도: 100 ㎏ 이상의 하중을 견딜 수 있는 구조여야 한다.

11. 비상구 설치 기준

- 수평 거리: 작업장 어느 곳에서든 비상구까지 50 m 이내로 이동할 수 있어야 한다.
- 크기: 비상구의 너비는 0.75 m 이상, 높이는 1.5 m 이상이어야 한다.

12. 경보용 설비 설치 기준

- 대상: 연면적 400 ㎡ 이상 또는 상시 근로자 50명 이상인 옥내 작업장
- 목적: 화재, 긴급 상황 발생 시 신속하게 알리기 위함

13. 가설 통로 구조

- 경사도: 30도 이하로 설치하고, 15도를 초과하는 경우 미끄럼 방지 조치를 해야 한다.
- 계단참: 15 m마다 계단참을 설치하여 휴식 공간을 제공해야 한다.
- 건설 현장: 높이 8 m 이상의 비계 다리에는 7 m마다 계단참을 설치해야 한다.

14. 사다리식 통로 구조

- 간격: 발판과 벽 사이의 간격은 15 ㎝ 이상 유지해야 한다.
- 폭: 30 ㎝ 이상의 폭을 확보해야 한다.
- 상단 높이: 사다리 상단은 걸쳐 놓은 지점으로부터 60 ㎝ 이상 올라가도록 설치해야 한다.
- 기울기: 사다리의 기울기는 75도 이하로 유지해야 한다.
- 등받이 울: 높이 2.5 m 이상 되는 지점부터 등받이 울을 설치해야 한다.

15. 계단의 강도

- 하중: 계단은 제곱미터당 500 ㎏ 이상의 하중을 견딜 수 있어야 한다.
- 안전율: 안전율은 4 이상이어야 한다.

16. 계단참의 높이

- 높이: 높이가 3 m를 초과하는 계단에는 3 m마다 너비 1.2 m 이상의 계단참을 설치해야 한다.

17. 고정형 가드 구비 조건

- 강도: 충분한 강도를 가지고 있어야 한다.
- 구조: 단순하고 조정이 용이해야 한다.
- 작업 방해: 작업에 방해가 되지 않는 구조여야 한다.
- 안전: 신체의 일부가 들어가지 않도록 제작되어야 한다.

18. 방호 장치의 종류

1) 위험 장소

- 격리형: 위험한 장소를 완전히 격리하는 방식

- 위치 제한형: 위험한 영역에 접근을 제한하는 방식
- 접근 거부형: 위험한 영역에 접근하는 것을 물리적으로 차단하는 방식
- 접근 반응형: 위험에 접근하려고 할 때 경보를 울리거나 안전 장치가 작동하는 방식

2) 위험원

- 포집형: 위험한 물질이나 에너지를 포집하여 안전하게 처리하는 방식 (예: 국소 배기 장치)

19. 셰이퍼 작업 안전 대책

- 램: 작업 범위를 최소화하여 위험을 줄이다.
- 바이트: 절삭 공구를 짧게 사용하여 위험을 줄이다.
- 작업자 위치: 바이트의 운동 방향 측면에서 작업하여 위험을 줄이다.
- 방책: 비산물이나 절삭편으로부터 작업자를 보호하기 위해 방책을 설치한다.

20. 플레이너, 셰이퍼, 슬로터의 방호 장치

- 칩 받이: 절삭된 칩을 안전하게 수거하는 장치
- 방책, 방호 울: 작업자를 위험한 부분으로부터 보호하는 울타리
- 칸막이: 작업 공간을 분리하여 안전을 확보하는 장치
- 가드: 위험 부분을 덮어 보호하는 장치

21. 드릴 작업 시 안전 대책

- 작은 물건 고정: 작은 물건을 가공할 때는 반드시 바이스 등을 이용하여 고정하고, 손으로 직접 지지하지 않아야 한다.
- 드릴 깊이: 드릴이 너무 깊이 들어갈 경우, 드릴이 부러지거나 작업물이 밀려나가는 사고가 발생할 수 있으므로 주의해야 한다. 드릴이 깊이 들어가면 기계를 멈추고 손으로 드릴을 빼내야 한다.

22. 연삭 숫돌의 3요소

- 연삭 숫돌은 입자, 결합제, 가공의 세 가지 요소로 구성된다.
- 입자: 연삭 작업을 수행하는 날카로운 입자이다. 입자의 크기와 경도에 따라 연삭 효율이 달라진다.

- 결합제: 입자를 서로 결합시켜 숫돌의 형태를 유지하는 물질이다.
- 가공: 숫돌의 표면 처리 방식으로, 연삭 효율과 수명에 영향을 미친다.

23. 숫돌의 파괴 원인

- 플랜지 문제: 플랜지가 너무 작거나 불량하면 숫돌이 균형을 잃고 파괴될 수 있다.
- 측면 사용: 숫돌의 측면을 사용하면 숫돌에 과도한 부하가 걸려 파괴될 수 있다.
- 온도 변화: 숫돌에 과도한 열이 가해지면 균열이 발생하여 파괴될 수 있다.

24. 숫돌 고정 방법

- 플랜지: 숫돌을 안전하게 고정하기 위해 양쪽에 플랜지를 사용한다.
- 플랜지 지름: 플랜지의 지름은 숫돌 지름의 1/3 이상이어야 한다.
- 좌우 대칭: 플랜지는 좌우 대칭으로 설치해야 한다.

25. 유압 장치

- 온도 관리: 유압유의 온도는 65℃ 이하로 유지하는 것이 좋다. 고온에서는 유압유의 성능이 저하되고, 장비 수명이 단축될 수 있다.
- 덮개 설치: 유압 장치의 온도가 65℃를 초과하는 경우, 덮개를 설치하여 열을 차단해야 한다.

26. 연삭기 작업 시 유의 사항

- 시운전: 숫돌을 교체하거나 작업을 시작하기 전에 반드시 시운전을 실시하여 이상 유무를 확인해야 한다.
- 최고 회전 속도 준수: 숫돌의 최고 회전 속도를 초과하여 사용하지 않아야 한다.
- 덮개 설치: 숫돌을 덮개로 완전히 덮어 비산되는 파편으로부터 작업자를 보호해야 한다.
- 탁상형 연삭기: 덮개의 노출 각도는 90도를 넘지 않도록 해야 한다.

27. 선반의 안전 장치

- 실드: 회전하는 공구나 가공물로부터 작업자를 보호하는 덮개
- 칩 브레이커: 절삭된 칩을 작게 부수어 비산을 방지하는 장치
- 척 커버: 척을 보호하고 작업자의 손이 척에 끼이는 것을 방지하는 장치

- 브레이크: 비상 시 급정지를 위한 장치
- 방진구: 절삭유 등이 튀는 것을 방지하는 장치

28. 안전 장치의 선택 기준

- 1행정 1정지: 작업자가 조작 버튼을 누르고 있는 동안에만 기계가 작동하는 안전 장치 (게이트 가드식, 양수 조작식)
- 행정 길이 40 mm 이상: 작업자가 손을 쉽게 뺄 수 있도록 충분한 거리를 확보해야 한다. (손 쳐내기식, 수인식)
- 슬라이드 작동 중 정지 가능: 작업 중에 위험이 감지되면 즉시 기계가 정지해야 한다. (광전자식, 안전 블록)

29. 숫돌 노출 각도 기준

- 탁상형 연삭기: 숫돌의 노출 각도는 일반적으로 90도를 넘지 않도록 한다. 단, 작업 조건에 따라 일부 조정될 수 있다.
- 수직 휴대용 연삭기 또는 직각 머리 연삭기: 180도까지 노출이 허용된다.

30. 급정지 기구에 따른 방호 장치

급정지 기구는 위험 상황 발생 시 기계를 즉시 정지시켜 사고를 예방하는 데 사용된다. 급정지 기구의 종류에 따라 다음과 같은 방호 장치가 사용된다.

1) 급정지 기구 부착 시

- 양수 조작식: 버튼을 계속 누르고 있어야 기계가 작동하며, 버튼에서 손을 떼면 자동으로 정지하는 방식이다. 작업자가 의도적으로 버튼을 누르고 있어야만 기계가 작동하므로 안전성이 높지만, 작업자의 피로도가 증가할 수 있다.
- 감응식: 작업자가 위험 지역에 접근하거나 안전 울타리가 열리면 자동으로 기계가 정지하는 방식이다. 센서를 이용하여 작업자의 움직임을 감지하고 빠르게 반응하기 때문에 안전성이 매우 높다.

2) 급정지 기구 미부착 시

- 양수 기동식 방호 장치: 양수 조작식과 유사하지만, 버튼을 누르면 기계가 작동하고 버튼에서 손을 떼면 정지하는 방식이다.
- 게이트 가드 방호 장치: 안전 울타리가 닫혀있을 때만 기계가 작동하도록 설계된 방식이다. 울타리가 열리면 기계가 자동으로 정지된다.

- 수인식: 작업자가 레버를 계속 누르고 있어야 기계가 작동하는 방식이다. 레버에서 손을 떼면 기계가 정지한다.
- 손 쳐내기식: 작업자가 위험 지역에 손을 넣으려 하면 기계가 자동으로 정지하는 방식이다.

31. 게이트 가드식 방호 장치

게이트 가드는 안전 울타리의 일종으로, 작업자가 위험 지역에 접근하는 것을 방지하기 위해 사용된다.

- 하강식: 안전 울타리가 위에서 아래로 내려오는 방식으로, 작업자가 안전 울타리를 열려고 하면 기계가 자동으로 정지된다.
- 도립식: 안전 울타리가 아래에서 위로 올라오는 방식으로, 하강식과 반대되는 방식이다.
- 횡 슬라이드식: 안전 울타리가 옆으로 미끄러져 열리고 닫히는 방식으로, 공간 활용도가 높다.

32. 금형 안에 손이 들어가지 않는 구조

금형 프레스 기계에서 손이 금형 안에 들어가 발생할 수 있는 안전 사고를 예방하기 위한 다양한 방법들이 있다.

- 안전 울 설치: 금형 주변에 안전 울을 설치하여 작업자가 금형 내부에 접근하는 것을 차단한다.
- 안전 금형: 금형 자체를 안전하게 설계하여 손이 들어갈 공간을 최소화한다. 예를 들어, 금형의 개폐 시 손이 끼일 수 있는 공간을 없애거나, 안전 센서를 부착하여 손이 감지되면 기계가 자동으로 정지하도록 설계할 수 있다.
- 자동화 또는 전용 프레스: 작업자의 개입을 최소화하고 자동화 시스템을 도입하여 안전 사고 발생 가능성을 줄이다.

33. 금형 안에 손이 들어가는 구조와 대응하는 방호 장치

위에서 설명한 다양한 방호 장치를 금형 안에 손이 들어가는 구조에 따라 적용할 수 있다. 각 방호 장치의 특징과 적용되는 상황은 다음과 같다.

- 가드식(C): 게이트 가드 방호 장치와 유사하게, 안전 울타리를 설치하여 금형에 접근하는 것을 차단한다.
- 수인식(E): 작업자가 레버를 계속 누르고 있어야 기계가 작동하는 방식으로, 손을 떼면 자동으로 정지한다.
- 손 쳐내기식(D): 작업자가 손을 쳐내면 기계가 정지하는 방식이다.

- 양수 조작식(B): 버튼을 계속 누르고 있어야 기계가 작동하는 방식이다.
- 광전자식(A): 빛을 이용하여 작업자의 접근을 감지하고 기계를 정지시키는 방식이다.

34. 롤러기 방호 조치

롤러 기계는 회전하는 부분에 손이나 옷이 끼일 위험이 높으므로, 다음과 같은 안전조치가 필요하다.

- 급정지 장치 설치: 작업자가 위험 상황을 감지했을 때 즉시 기계를 정지시킬 수 있도록 급정지 장치를 설치해야 한다.
- 조작 위치: 급정지 버튼은 작업자의 손이 쉽게 닿을 수 있는 위치에 설치해야 한다.
- 안전 울타리: 롤러 부분을 안전 울타리로 둘러싸서 작업자의 접근을 차단해야 한다.

35. 압연기의 마찰각과 접촉각

- 마찰각(β): 압연재와 롤 사이의 마찰각으로, 재료가 롤에 의해 끌려가는 힘을 결정한다.
- 접촉각(α): 압연재와 롤이 접촉하는 각도로, 압연력에 영향을 미친다.
- α 〈 β: 재료가 롤에 의해 자연스럽게 끌려 들어가 압연이 가능한다.
- α 〈 2β: 압연이 불가능한 조건이다.

36. 발생기실의 설치 장소

아세틸렌 가스 등 인화성 가스를 사용하는 설비는 반드시 안전을 위해 별도의 발생기실을 설치해야 한다.

- 전용 발생기실: 아세틸렌 용접 장치와 같은 가스 발생 장치는 반드시 전용의 발생기실에 설치해야 한다. 이는 화재나 폭발의 위험을 줄이고 다른 작업에 영향을 미치는 것을 방지하기 위함이다.
- 위치:
- 건물 내 설치 시: 건물의 최상층에 위치시켜야 하며, 화기를 사용하는 다른 설비와 3 m 이상 떨어진 곳에 설치해야 한다.
- 옥외 설치 시: 다른 건축물과 1.5 m 이상 떨어진 곳에 설치해야 한다.

37. 가연성 가스

가연성 가스는 산소와 결합하여 쉽게 연소하고 폭발할 수 있는 가스를 의미한다.

▶ 특징
- 산소와 결합하여 빛과 열을 발생시킨다.
- 공기 중에서 연소하며, 폭발 한계가 낮은 가스일수록 폭발 위험이 높다.
- 폭발 한계의 상하한의 차가 클수록 폭발 범위가 넓어 위험성이 높다.

38. 안전기의 설치

안전기는 가스의 역화(불꽃이 역류하는 현상) 및 역류(가스가 반대 방향으로 흐르는 현상)를 방지하여 폭발을 예방하는 장치이다.

▶ 설치 위치:
- 각 취관마다 설치하여야 한다.
- 발생기와 가스 용기 사이에 설치하여야 한다.
- 건물의 최상층, 화기 사용 설비로부터 3 m 이상 떨어진 곳, 옥외 설치 시 다른 건축물과 1.5 m 이상 떨어진 곳에 설치된 발생기실에 설치한다.

39. 발생기실의 구조

발생기실은 다음과 같은 구조를 갖추어야 안전한다.
- 벽: 불에 잘 타지 않는 불연성 재료로 만들어져야 한다.
- 지붕과 천장: 얇은 철판이나 불연성 재료로 만들어져야 한다.
- 배기통: 바닥 면적의 1/16 이상의 단면적을 가진 배기통을 설치하여 발생기실 내부의 유해 가스를 외부로 배출해야 한다. 배기통은 옥상으로 돌출되어야 한다.
- 출입구: 두께 1.5 mm 이상의 불연성 재료로 만들어진 문을 설치해야 한다.

40. 충전 가스 용기의 도색

가스 종류에 따라 용기 색상을 다르게 하여 쉽게 구분하고 안전 관리를 용이하게 한다.
- 산소: 녹색
- 염소: 갈색
- 암모니아: 백색
- 아세틸렌: 황색

41. 가스 용기 취급 시 주의사항

- 설치 장소: 통풍이 잘 되고 화기가 없는 안전한 장소에 설치해야 한다.
- 온도 관리: 가스 용기의 온도는 40℃ 이하로 유지해야 한다. 고온에서는 용기 내 압력이 상승하여 폭발 위험이 있다.
- 안정성: 용기가 넘어지거나 충격을 받지 않도록 안전하게 고정해야 한다.
- 운반 시 주의: 운반 시에는 반드시 캡을 씌우고 안전하게 고정하여 이동해야 한다.
- 밸브 조작: 밸브를 열거나 닫을 때는 천천히 조작해야 한다.
- 용해 아세틸렌: 용해 아세틸렌 용기는 세워서 보관해야 한다.

42. 가스 장치실 구조

가스 장치실은 가스 누출이나 폭발 등의 위험을 방지하기 위해 특별한 구조를 갖춰야 한다.

- 벽, 지붕, 천장: 불연성 재료로 만들어져 화재에 강해야 한다.
- 환기: 가스가 정체되지 않도록 충분한 환기 시설을 갖춰야 한다.
- 배관: 가스 배관은 누수 여부를 주기적으로 점검하고, 누수 발생 시 신속하게 차단할 수 있는 시스템을 갖춰야 한다.

43. 보일러 이상 현상

보일러 운전 중 발생할 수 있는 이상 현상은 다음과 같다.

- 프라이밍: 보일러 수위가 불안정해져 물이 증기와 함께 배관으로 넘어가는 현상이다. 보일러 과부하, 수질 불량 등이 원인이 될 수 있다.
- 포밍: 보일러 수에 불순물이 많이 포함되어 있어 수면에 거품이 많이 생기는 현상이다. 열전달 효율이 저하되고, 수위 조절이 어려워진다.
- 캐리오버: 증기와 함께 많은 양의 물방울이 배관으로 넘어가는 현상이다. 터빈 블레이드 부식, 배관 마모 등의 문제를 일으킬 수 있다.
- 워터 해머: 보일러 내부의 물이 급격히 이동하면서 발생하는 충격음으로, 배관 손상을 유발할 수 있다.

44. 보일러 방호 장치

보일러의 안전을 확보하기 위해 다음과 같은 방호 장치를 설치한다.

- 압력 방출 장치: 보일러 내 압력이 설정된 값을 초과하면 자동으로 열려 압력을 해소하는 장치이다.

- 설치 개수: 1개 또는 2개 이상 설치하며, 2개 이상 설치 시 각각 다른 압력에서 작동하도록 설정한다.
- 압력 설정: 첫 번째 장치는 최고 압력 이하, 두 번째 장치는 최고 사용 압력의 1.05배 이하에서 작동하도록 설정한다.
- 봉인: 납으로 봉인하여 임의로 조작하는 것을 방지한다.
- 압력 제한 스위치: 설정된 압력을 초과하면 경보를 발하거나 보일러를 정지시키는 장치이다.
- 고저 수위 조절 장치: 보일러 수위를 일정하게 유지하여 프라이밍이나 저수위를 방지한다.
- 화염 검출기: 화염이 소실되었을 때 연료 공급을 자동으로 차단하여 위험을 방지한다.

45. 로봇 작업 시작 전 점검 사항

로봇 작업을 시작하기 전에 다음 사항을 반드시 점검해야 한다.

- 외부 전선: 피복 손상이나 단선 여부를 확인한다.
- 매니퓰레이터: 모든 관절이 정상적으로 작동하는지 확인한다.
- 제동 장치 및 비상 정지 장치: 정상적으로 작동하는지 확인한다.

46. 지게차 운전 시 주의사항

- 적재 중량 및 높이: 지게차의 허용 하중 및 높이를 초과하여 적재하지 않아야 한다.
- 탑승: 운전자 외에는 지게차에 탑승할 수 없다.
- 비탈길 주행: 비탈길을 내려갈 때에는 후진으로 내려가야 한다.

47. 컨베이어 방호 장치

컨베이어는 물건을 운반하는 설비로, 안전 사고를 예방하기 위해 다양한 방호장치가 필요하다.

▶ 이탈 등의 방지 장치:

- 정전이나 전압 강하 시: 전원 공급이 중단되거나 전압이 불안정할 때 화물이나 운반구가 이탈하거나 역주행하는 것을 방지한다.
- 목적: 작업자의 안전을 보호하고, 시설물의 손상을 방지한다.

▶ 비상정지 장치:

- 접선 물림점: 컨베이어 벨트와 풀리 등이 맞닿는 부분에서 작업자가 손이나 옷이 끼일 위험이 있으므로, 비상정지 장치를 설치하여 위험 상황 발생 시 즉시 기계를 정지시켜야 한다.
- 목적: 작업자의 신체가 기계에 끼이는 사고를 방지한다.

▶ 덮개, 울 설치:

- 화물 낙하 방지: 컨베이어 위에서 운반되는 화물이 떨어져 작업자에게 피해를 입히는 것을 방지한다.
- 목적: 작업환경을 안전하게 유지한다.

48. 양중기의 종류

양중기는 무거운 물체를 들어 올리거나 이동시키는 데 사용되는 기계이다. 다음과 같은 종류가 있다.

- 크레인 (호이스트 포함): 가장 일반적인 양중기로, 다양한 형태와 크기로 제작된다.
- 이동식 크레인: 이동이 가능한 크레인으로, 건설 현장에서 많이 사용된다.
- 리프트: 주로 건물 내부에서 물건을 위아래로 이동시키는 데 사용된다. 이삿짐 리프트의 경우, 적재 하중이 0.1톤 이상인 경우 양중기로 분류된다.
- 곤돌라: 사람이나 물건을 높은 곳으로 이동시키는 데 사용되는 바구니 형태의 장비이다.
- 승강기: 사람이나 화물을 수직으로 이동시키는 장치로, 최대 하중이 0.25톤 이상인 경우 양중기로 분류된다.

49. 곤돌라 방호 장치

곤돌라는 높은 곳에서 작업을 수행하는 장비이므로, 다음과 같은 안전 장치가 필수적이다.

- 과부하 방지 장치: 곤돌라의 최대 적재량을 초과하여 사용하는 것을 방지한다.
- 권과 방지 장치: 와이어 로프가 과도하게 감기는 것을 방지한다.
- 비상 정지 장치: 위험 상황 발생 시 즉시 곤돌라를 정지시키는 장치이다.
- 제동 장치: 곤돌라의 속도를 조절하고 안전하게 정지시키는 장치이다.

50. 승강기 안전 장치

승강기는 많은 사람들이 이용하는 시설이므로 안전이 매우 중요하다. 다음과 같은 안전 장치를 통해 승객의 안전을 확보한다.

- 과부하 방지 장치: 승강기의 최대 적재량을 초과하여 사용될 경우, 자동으로 정지하도록 하는 장치이다.
- 권과 방지 장치: 승강로의 로프가 과도하게 감기거나 풀리는 것을 방지하여 추락 사고를 예방한다.
- 비상 정지 장치: 비상 상황 발생 시 승강기를 즉시 정지시키는 장치이다.
- 파이널 리미트 스위치: 승강기가 최상층 또는 최하층에 도달했을 때 추가적인 이동을 방지

하는 장치이다.

- 출입문 인터록: 승강기 문이 완전히 닫히기 전에는 운행이 시작되지 않도록 하는 장치이다.
- 속도 조절기: 승강기의 속도를 일정하게 유지하고, 과속을 방지하는 장치이다.

51. 인력 운반

인력 운반 시에는 작업자의 안전을 위해 다음과 같은 기준을 준수해야 한다.

- 자기 체중의 40%: 일반적으로 인력 운반 시 들어올릴 수 있는 무게는 자기 체중의 40% 이내로 제한한다.
- 남자 25 ㎏, 여자 15 ㎏: 남성은 25 ㎏, 여성은 15 ㎏까지 운반할 수 있도록 규정되어 있는 경우가 있다.
- 20 ㎏ 또는 25 ㎏: 위 두 가지 기준이 모두 제시되어 있는 경우에는 더 낮은 값인 20 ㎏을 기준으로 한다.

52. 비파괴 검사의 종류

비파괴 검사는 제품이나 구조물에 손상을 가하지 않고 내부 결함이나 균열 등을 검사하는 방법이다.

1) 표면 결함 검출:

- 외관 검사: 육안으로 직접 표면의 결함을 관찰하는 가장 기본적인 방법이다.
- 침투 탐상 시험: 액체 침투제를 이용하여 표면의 미세한 균열이나 기공을 검출하는 방법이다.
- 자분 탐상 시험: 자성체의 표면에 자분을 뿌려 자기력선의 누출을 통해 표면 결함을 검출하는 방법이다.
- 와전류 탐상법: 전자유도 현상을 이용하여 도체 표면 근처의 결함을 검출하는 방법이다.

2) 내부 결함 검출:

- 초음파 탐상법: 초음파를 이용하여 재료 내부의 결함을 검출하는 방법이다.
- 방사선 투과법: X선이나 감마선을 이용하여 재료 내부의 결함을 검출하는 방법이다.

3) 그 외 비파괴 시험:

- 스트레인 측정: 재료에 가해지는 변형량을 측정하여 내부 응력을 평가하는 방법이다.
- 적외선 검사: 적외선을 이용하여 온도 분포를 측정하고, 이를 통해 결함이나 이상을 탐지하는 방법이다.
- AET (Acoustic Emission Testing): 재료 내부의 균열 성장 등으로 인해 발생하는 음향 신

호를 측정하여 결함을 검출하는 방법이다.

- 내압 시험: 압력을 가하여 용기나 배관의 누설 여부를 검사하는 방법이다.
- 누설 시험: 기체나 액체의 누출을 감지하여 결함을 찾는 방법이다.

[기계위험 수식정리]

1. 가드: 기계의 운동부분(위험점)에 신체가 접촉되는 것을 방지해 작업자 보호를 목적으로 설치하는 것

   $X < 160mm \equiv > \quad Y = 6 + 0.15X$

   $X \geq 160mm \equiv > \quad Y = 30mm$

   X : 개구부와 위험점 간의 거리

   Y : 개구부 간격

2. 일방 평행 보호망, 위험점이 전동체인 경우 최대 개구 간격

   $Y = 6 + 0.1 \times$ 개구부와 위험점 간의 거리(X)

3. 응력, 강도의 계산

   응력(강도) $= P_t/A =$ 하중/단면적$(kgf/mm^2, kgf/cm^2)$

   (지름 d가 주어질 경우의 단면적 $A = \pi \times d^2/4$)

4. 안전율의 계산

   $$\text{안전율} = \frac{\text{극한강도}}{\text{허용능력(or최대설계능력or사용능력)}} = \frac{\text{파괴하중}}{\text{최대사용하중}} = \frac{\text{파단하중}}{\text{안전하중}} = \frac{\text{극한하중}}{\text{정격하중}}$$

5. 연삭기 회전속도(원주속도) 계산

   $$\text{회전속도 } V(m/\text{min}) = \frac{\pi \times D(mm) \times N}{1000}(m/\text{min})$$

   D : 롤러의 직경(mm)
   N : 회전수(rpm)

6. 목재 가공용 둥근 톱 기계의 분할날

- 톱의 후면날 가까이에 설치되어 쐐기작용을 하여 가공재 톱 자체를 조이지 않게 하는 방호장치
- 설치기준

1) 톱니와 간격 12 mm이내
2) 톱의 뒷날의 2/3 이상을 덮는 구조
3) 분할 날 두께는 톱 두께의 1.1배 이상 치진폭보다 작을 것

$1.1t_1 \le t_2 < b$

t_1 : 톱두께, t_2 : 분할날두께, b : 치진폭

4) 분할날 최소길이 $L(mm) = \pi \times D(\text{톱날직경}(mm))/6$

7. 프레스 양수조작식 방호장치 안전거리

(위험점과 안전장치(버튼)간의 설치거리)

1) 완전 회전식 클러치 기구가 있는 프레스

$D(mm) \ge 1.6 \times Tm(\text{프레스의 슬라이드가 하사점에 도달하는 시간})$

$$Tm(ms) = \left(\frac{1}{\text{클러치 개소수}} + \frac{1}{2}\right) \times \left(\frac{60,000}{rpm}\right)$$

2) 급정지 기구가 있는 안전1행정 프레스 및 광전자식

$D(mm) \ge 1.6 \times (Tl(ms) + Ts(ms))$

Tl: 누름버튼에서 손을 떼는 순간부터 급정지기구가 작동을 개시하기까지의 시간 또는, 손이 광선을 차단한 순간부터 급정지 기구가 작동 개시하기까지의 시간(ms)

Ts: 급정지 기구가 작동을 개시할 때부터 슬라이드가 정지할 때까지의 시간

Tl + Ts는 최대정지시간

8. 앞면 롤러의 표면속도에 따른 급정지 거리

1) 표면속도(X)가 30(m/min) 미만

: 앞면 롤러의 원주의 1/3 이내 $(= \pi \times D \times \frac{1}{3})$

2) 표면속도(X)가 30(m/min) 이상

: 앞면 롤러의 원주의 1/2.5 이내$(= \pi \times D \times \frac{1}{2.5})$

여기서,

$\text{표면속도}(V)(m/\min) = \pi \times \text{롤러원통직경}(Dmm) \times \text{롤러기회전수}(rpm)/1,000$

9. 운반기계 및 양중기 와이어 로프와 관련된 계산식

1) 와이어 로프의 안전율 계산

$$안전율(S) = \frac{로프가닥수(N) \times 로프의 파단강도(P)(kg/mm^2)}{허용응력(Q)(kg/mm^2)}$$

2) 와이어 로프에 걸리는 하중 계산

$$총하중(w)(kgf) = 정하중(w_1)(kgf) + 동하중(w_2)(kgf)$$
$$= w_1 + (\frac{w_1}{중력가속도(9.8m/s^2)} \times 가속도(m/s^2))$$

3) 와이어 로프 한 가닥에 걸리는 하중 계산

$$한가닥에 걸리는 하중(kgf) = \frac{매단물체의 무게(w)(kgf)/2}{\cos(매단각도(\theta)/2)}$$

[체크문제]

1. 가스 용접에 이용되는 아세틸렌가스 용기의 색상에 대해 설명하시오.

2. 공기압축기의 방호장치에 대해 설명하시오.

3. 구내운반차의 제동장치 준수사항에 대해 설명하시오.

4. 금형의 설치, 해체, 운반 시 안전사항들에 대해 설명하시오.

5. 기계설비 구조의 안전화 중 가공결함 방지를 위해 고려할 사항에 대해 설명하시오.

6. 기계설비의 정비 · 청소 · 급유 · 검사 · 수리 등의 작업 시 근로자가 위험해질 우려가 있는 경우 필요한 조치에 대해 설명하시오.

7. 기계요소가 발생시키는 위험점의 종류에 대해서 설명하시오.

8. 기계의 조작에 있어 방호장치의 종류에 대해서 설명하시오.

9. 다음 시험들에 대해 설명하시오.
   ①와류탐상시험　②침투탐상시험　③음향탐상시험　④방사선투과시험

10. 다음 중 산업안전보건법령상 안전인증대상 방호장치에는 어떠한 것들이 있는가?.

11. 다음 중 선반 작업 시 지켜야 할 안전수칙에 대해 설명하시오.

12. 다음 프레스기의 방호장치에 대해 설명하시오.
    ① 수인식 방호장치　② 광전자식 방호장치
    ③ 손쳐내기식 방호장치　④ 양수조작식 방호장치

13. 둥근톱 기계의 방호장치에서 분할날과 톱날 원주면과의 거리는 몇 mm 이내로 조정, 유지할 수 있어야 하는가?

14. 드릴 작업의 안전수칙에 대해 설명하시오.

15. 로울러가 맞물림점의 전방에 개구부의 간격을 25MM로 하여 가드를 설치하고자 한다. 가드의 설치 위치는 맞물림점에서 적어도 얼마의 간격을 유지하여야 하는가?

[체크문제]

16. 롤러의 급정지 거리에 대해서 설명하시오.

17. 밀링 작업 시 안전수칙에 대해서 설명하시오.

18. 방호장치 안전인증 고시에 따라 프레스 및 전단기에 사용되는 광전자식 방호장치의 일반구조에 대해서 설명하시오.

19. 비파괴시험의 종류에 대해 설명하시오.

20. 산업안전보건법령상 강렬한 소음작업에서 데시벨에 따른 노출시간에 대해서 설명하시오.

21. 산업안전보건법령상 보일러의 안전한 가동을 위하여 보일러 규격에 맞는 압력방출장치가 2개 이상 설치된 경우에 최고사용압력 이하에서 1개가 작동되고, 다른 압력방출장치는 최고사용압력의 몇 배 이하에서 작동되도록 부착하여야 하는가?

22. 산업안전보건법령상 산업용 로봇에 의한 작업 시 안전조치 사항에 대해서 설명하시오.

23. 산업안전보건법령상 아세틸렌 용접장치의 아세틸렌 발생기실을 설치하는 경우 준수하여야 하는 사항에 대해서 설명하시오.

24. 산업안전보건법령상 연삭기 작업 시 작업자가 안심하고 작업을 할 수 있는 상태에 대해서 설명하시오.

25. 산업안전보건법령상 프레스기를 사용하여 작업을 할 때 작업시작 전 점검사항에 대해서 설명하시오.

26. 산업안전보건법령에 따라 레버풀러(lever puller) 또는 체인블록(chain block)을 사용하는 경우 사업주가 주의해야 할 사항들에 대해 설명하시오.

27. 산업안전보건법령에 따라 사다리식 통로를 설치하는 경우 준수해야 할 기준에 대해 설명하시오.

28. 산업안전보건법령에 따라 사업주가 보일러의 폭발 사고를 예방하기 위하여 유지·관리 하여야 할 안전장치에 대해 설명하시오.

29. 산업안전보건법령에 따라 산업용 로봇의 작동범위에서 교시 등의 작업을 하는 경우에 로봇에 의한 위험을 방지하기 위한 조치사항에 대해 설명하시오.

30. 산업안전보건법령에 따라 아세틸렌 용접장치의 아세틸렌 발생기를 설치하는 경우, 발생기실의 설치장소에 대해 설명하시오.

31. 산업안전보건법령에 따라 원동기 · 회전축 등의 위험 방지에 대해 설명하시오.

32. 산업안전보건법령에 따른 승강기의 종류에 대해 설명하시오.

33. 산업용 로봇에 사용되는 안전 매트의 종류 및 일반구조에 대해 설명하시오.

34. 선반에서 절삭 가공 시 발생하는 칩을 짧게 끊어지도록 공구에 설치되어 있는 방호장치의 일종인 칩 제거 기구를 무엇이라 하는가?

35. 설비보전에 있어 예방보전과 사후보전에 대해서 설명하시오.

36. 소음의 특성에 대해 설명하시오.

37. 아세틸렌 용접 시 역류를 방지하기 위하여 설치하여야 하는 것은?

38. 연삭기에서 숫돌의 바깥지름이 180 mm일 경우 숫돌 고정용 평형플랜지의 지름을 구하시오.

39. 와이어 로프의 구성요소에 대해서 설명하시오.

40. 와이어 로프의 꼬임에 대해 설명하시오.

41. 용접의 방식과 불꽃 온도의 특성에 대해 설명하시오.

42. 인장강도가 250 N/mm2인 강판에서 안전율이 4라면 이 강판의 허용응력(N/mm^2)은 얼마인가?

43. 일반적으로 장갑을 착용해야 하는 작업에 대해 설명하시오.

44. 지게차의 방호장치인 헤드가드에 대해 설명하시오.

45. 지게차의 작업 상태별 안정도에 관해서 설명하시오.

46. 지게차의 하역 및 주행 시 안정도에 관해 설명하시오.

47. 진동에 의한 1차 설비진단법 중 정상, 비정상, 악화의 정도를 판단하기 위한 방법들에 대해 설명하시오.

48. 질량이 100 kg인 물체를 길이가 같은 2개의 와이어로프로(내각은 120도)에 매달아 옮기고자 할 때 와이어로프 Ta에 걸리는 장력은 약 몇 N인가?

49. 천장크레인에 중량 3 kN의 화물을 2줄로 매달았을 때 매달기용 와이어(sling wire)에 걸리는 장력은 약 몇 kN 인가?(단, 매달기용 와이어(sling wire) 2줄 사이의 각도는 60° 이다.)

50. 컨베이어 방호장치에 대해 설명하시오.

51. 크레인의 방호장치에 대해서 설명하시오.

52. 프레스 금형부착, 수리 작업 등의 경우 슬라이드의 낙하를 방지하기 위하여 설치하는 것은?

53. 프레스기에 설치하는 방호장치에 대해 설명하시오.

54. 회전 중인 연삭숫돌이 근로자에게 위험을 미칠 우려가 있을 시 덮개를 설치하여야 할 연삭숫돌의 최소 지름은?

55. 회전수가 200 rpm, 연삭숫돌의 지름이 150 mm일 때 숫돌의 원주 속도는 약 몇 m/min인가?

56. 보일러의 안전장치에 대해서 설명하시오.

57. 용접부 결함의 종류에 대해서 설명하시오.

58. 비파괴 시험의 종류에 대해서 설명하시오.

59. Fail Safe를 기능적으로 분류해서 설명하시오

60. 프레스의 SMP(Storke per minute)는 200이고, 클러치의 맞물리개소 수가 6인 경우 양수기동식 방호장치의 안전거리를 구하시오.

- 참고문헌 -

[단행본]

1. 공정안전보고서 PSM, 강양현, 차유미, 홍은주, 노병우, 지우북스, 2023
2. 기업의 안전보건경영시스템, 황정웅, 성안당, 2021
3. NCS 기반 산업안전관리(eBook), 방기준, 동화기술교역, 2022
4. 산업안전관리, 김민환, 지우북스, 2018
5. 산업안전관리공학론(개정판), 이진식, 형설출판사, 2004
6. 산업안전관리론, 이준원, 조규선, 문명국, 성안당, 2024
7. 산업안전관리론, 정진우, 중앙경제, 2020
8. 산업안전공학(eBook), 임준식, 최태준, 일진사, 2024
9. 산업보건관리자(eBook), 씨익북스 편집부, 씨익북스, 2024
10. 안전보건관리, 노순규, 갑진출판사, 2009
11. 안전학개론, 장성록, 위국환, 이종빈, GS인터비전, 2021
12. 전부개정 산업안전보건법 업무 편람(2020)(eBook), 조영수, 메이킹북스, 2020

[법령] 국가법령정보센터(https://www.law.go.kr)

1. 산업안전보건법.
2. 중대재해 처벌 등에 관한 법률.
3. 산업안전보건법 시행령.
4. 산업안전보건법 시행규칙.
5. 산업안전보건기준에 관한 규칙.
6. 유해위험작업의 취업제한에 관한 규칙.
7. 산업재해보상보험법.
8. 화학물질관리법.
9. 위험물안전관리법.

[관련 사이트]

1. 큐넷 - 한국산업인력공단이 운영하는 국가 자격증·시험정보 포털(https://q-net.or.kr)
2. 산업안전보건공단 - 고용노동부산하 위탁집행형 준정부기관(https://www.kosha.or.kr)
3. 고용노동부(https://moel.go.kr)
4. 국가법령정보센터 - 법제처에서 제공하는 대한민국의 법령 검색시스템(https://law.go.kr)
5. 산업안전기술원(https://www.istdg.co.kr)

-찾아보기-

(2)
2요인 이론 60

(3)
3E 6

(5)
5단계 교수법 121

(A)
AB형 44
AE형 44
AND 게이트 179
ASMEA 기호 283
ATT 120

(D)
Delphi Method 184

(E)
ERG 59

(F)
FMEA 182
FTA(Fault Tree Analysis) 174

(H)
HAZOP 178
HEP(Human Error Probability) 174
HMI(Human-Machine Interface) 227
HRA(Human Reliability Analysis) 174

(I)
ILO 32
ILO의 근로불능 상태의 구분 304
ISO(국제표준화기구) 353

(K)
KOSHA GUIDE 28
KS(한국산업표준) 353

(L)
Layout의 원칙 162
Lippit & White 102

(M)
Markov 모델 기반 188
MTM법 245

(N)
NIOSH 200
NIOSH Lifting Equation 254

(O)
OJT 120
OR 179
OWAS 200

(P)
PTS법 244

(Q)
QEC 200

(R)
REBA 200
RMR 값에 따른 작업강도 분류 237
RMR값의 측정 237
RULA 200

(S)
S-R 이론 61
Safe-T-Score 9
STOP 불안전행위 관찰 7

(T)
TBM(Tool Box Meeting) 19
THERP 183
TWI 119

(U)
U자 걸이 47

(W)
WBGT 213
Weibull 분포 187
WF법 245
work sampling 243

(X)
X이론 59

(Y)
Y.G 성격검사 92
Y이론 59

(ㄱ)
가이드 워드 181
가청주파수 248
가현운동 79
간접비 309
갈등 61
감각온도 107
감성 주기 108
감정 88
강도율 9
강박적 인격 82
강의법 118
강화 이론 60
개구부 덮개 346
개량보전(CM) 294
개별화의 원리 115
개성적 결함 요소 71
개인적 결함 5
건설업 상시근로자수 9
검사기기에 의한 검사 28
검사방법 28
결함 발견 11
결함사상 178
결함수 분석(FTA) 178
경고표지 52
경제적 안전도 15
계획보전 293
고소작업대 290
고장 모드 영향 분석 182
고장률 187
곤돌라 289
공기압축기 338
공작기계 안전조치 321
공정 분석표 343
공정 안전 분석 16
공정관리 281
공정분석 기호 282
공정성 이론 60
공정위험분석(PHA) 178, 182
공학적 대책(Engineering Controls) 174
과학적 관리법(Taylorism) 81
과학적 방법 99
과학적 선발과 교육 99
관료제 이론 81
관리감독자 33
관리적 대책(Administrative Controls) 174
관찰법 117
교육 및 훈련 프로그램 개발 165
교육적 요인 97
구급조치 32
구조적 페일세이프 344
국소배기장치(이동식 제외) 289
권장무게한계(RWL) 256

극한 온도 213
근골격계 부담작업 198
근로자위원 35
근전도 측정기 226
금속절단기 323, 338
금속흄 45
금지표지 52
기계 및 도구 설계 161
기계 위험 요인 분석 294
기계설비의 Layout 288
기계의 위험성 290
기능 교육 135
기능검사 28
기능적 페일세이프 344
기명 90
기본사상 178
기인물 및 가해물 303
기인물 및 가해물의 분류기준 304
기질 88
길브레스 기호(Therbligs) 282

(ㄴ)
낙하/감전 44
낙하/추락 44
낙하방지용 A형 44
난연성 48
내경법 242
노동 손실일수 32
노출 기준 217
노출 평가 218
논리적 사고 208

(ㄷ)
다목적용 ABE형 44
단계별 진행 208
단시간 노출기준 212
대책 결정 11
대책 수립 17
대책 실시 11
데이비스 동기부여 이론 62
도구 및 장비 설계 165
도수율 8
독성 216
독재형 리더십 102
동기 58, 87
동기요인 60, 62
동기적 요인 57
동력식 수동대패 322
동작의 속도와 정확성 237
동적 통제표시비 229
동조행동 87

(ㄹ)
레윈의 장 이론 86
로봇의 방호장치 331
롤러기 급정지 329
롤러기(밀폐형 구조 제외) 289
롤러기의 작업 안전 수칙 329
리더십 101
리더십 유형 100
리더십의 권한 102
리미트 스위치 228
리밋 스위치 287
리스크 테이킹 87
리프트 289

(ㅁ)
마모고장 293
망상형 인격 82
매슬로우 59
맥그리거 59
메이요 81
메트(MET) 236
면접법 117
명예산업안전감독관 34
모방 83
목재가공용 둥근톱 322
목표 설정 이론 60
무(無)의 원칙 18
무재해 17

무재해운동 17, 18
문제 해결 전략 208
물리적 위험 요소(Physical Hazards) 176
물리적 착시 76
미니멀 컷셋 179
미니멀 패스셋 179
미생물 220
민주형 리더십 102

(ㅂ)
반사율 246
반자동 시스템 168
방독마스크 45
방법연구 206
방진마스크 45
방진마스크 선정 기준 47
방호장치의 종류 337
배치 69
배타적OR게이트 179
백레스트 349
버드의 도미노 이론 7
베릴륨 45
벨트식 46
보건관리자 33
보안경 45
보일러 331
보전예방(MP) 294
보호구 착용 16
보호복 46
보호장갑 45
본질 추구 17
부적응 행동 82
부정게이트 179
분리식 45
분열형 인격 82
불안 63
불안전 행동 97
불안전한 상태 97
불안전한 행동 71, 96
불안전한 행동과 상태 5
불쾌지수 250
브레인스토밍(Brainstorming) 20
비상 정지 버튼 228
비자외선 213
비파괴검사 321

(ㅅ)
사건수 분석 178
사건수 분석(ETA) 178
사고 3
사고 및 과오 빈도 166
사고발생 5단계 5
사고방지 5
사고의 시간성 3
사고의 재현 불가능성 4
사기 103
사례 연구법 118
사례연구법 117
사실의 발견 5
사용자 위원 35
사출성형기 290
사회비교이론 84
사회적 요인 57
사회측정법 85
사회행동 82
사회화의 원리 116
사후관리 18
사후보전(BM) 293
산업안전보건기준에 관한 규칙 149
산업안전보건법 30, 147
산업안전보건법 시행규칙 148
산업안전보건법 시행령 148
산업안전보건위원회 34
산업용 로봇 290, 331
산업재해 발생 형태 300
산업재해 보고 23
산화성 216
상대 위험순위 결정(DMI) 178, 182
상호작용성 169
생략사상 178

생리적 반응 측정 234
생리적 요인 97
생리적 지표 측정 106
생리적 착시 76
생리학적 지표 166
생물학적 위험 요소(Biological Hazards) 176
생산성 향상 14, 160
생체리듬 108
선반 317
선발 69
선취(先取)의 원칙 18
설비보전 293
성격 검사 55
센서 228
소시오메트리 85
소음(Noise) 248
수동 시스템 168
수시점검 12
수정기호 178
수평작업대 240
순환형 인격 82
슈퍼(Donald E. Super) 64
스트레스 63
스트레스 검사 56
습관 88
습구흑구온도지수 250
습성 88
승화 83
시간 연구 207
시간가중평균 노출기준 212
시간연구법 244
시몬즈 방식 22
시뮬레이션 118
시행착오설(Thorndike) 61
시험에 의한 검사 28
신규 채용 시 안전보건 교육 142
신체 장애 등급 32
신체역학적 위험 요소 235
신체적 특성 173
실태 파악 11
실험법 117
심리검사 55
심리적 요인 97, 165
심리적인 행동 특성 87
심사종류별 심사기간 314
심전도(ECG) 226

(ㅇ)
안내표지 53
안면부 여과식 45
안전 4
안전 인터록 228
안전 장치 설치 및 관리 294
안전관리사이클 11
안전관리자 33, 36
안전그네식 46
안전난간대 346
안전대 46
안전모 44
안전모 시험 성능 기준 48
안전방망 347
안전보건경영시스템 29
안전보건관리 10
안전보건관리 시스템(KOSHA-MS) 16
안전보건관리 조직 33
안전보건관리책임자 33
안전보건규정 35
안전보건진단 315
안전블록 47
안전성 향상 159
안전인증 313
안전인증 심사의 종류 및 방법 314
안전인증 제품 표시 51
안전인증의 취소 314
안전인증의 표시 314
안전작업절차서 280
안전작업허가 341
안전점검 12
안전점검기준표 12
안전조직 구성 5

안전화 45
안전확인 5지 18
안전활동률 9
암시 83
압력용기 289
앞면 롤러의 표면 속도 329
앨더퍼 59
양중기 350
억제게이트 179
역할극 118
연천인율 8
영구일부노동불능 32
영구전노동불능 32
예방보전(PM) 293
예비위험분석 178
예비위험분석(PHA) 178
예초기 323, 338
예측 시간 연구 207
예측기법(Predictive Techniques) 174
오류율 166
옥스퍼드 지수 250
외경법 242
외적(환경적)요인(4M) 72
요양 18
요통 발생 253
욕구 단계 이론 59
우발고장 293
우선적AND게이트 179
우연성 중의 법칙성 3
운반기계 351
원동기·회전축 등의 위험방지 장치 287
원심기 338
원심기(산업용) 289
원인결과분석(CCA) 178, 182
위생요인 60, 62
위험 4
위험 요소(Hazard) 175
위험(Risk) 175
위험성 평가 16, 36
위험예지훈련 17
위험지속시간AND게이트 179
유도운동 79
유입 유출표 342
유전적, 사회적 결함 5
유지기 65
유해성 분류 216
육안검사 28
육체 주기 108
의사소통 체계 개선 165
의자 설계 원칙 241
이온화 방사선 211, 213
인간관계 관리방식 81
인간관계 메커니즘 83
인간관계훈련(JRT) 120
인간의 동작 특성 87
인간의 성능 척도 166
인간적 요인(Human Factors) 176
인본주의 이론(Maslow) 86
인지 공학적 설계 164
인지 기능 테스트 106
인지 실수 173
인지과정 착오 75
인지적 요인 56
인지적 인간공학 160
인지적 착시 76
인지적 특성 173
인지주의 이론 86
인체 공학적 설계 164
인화성 216
일시 일부노동 불능 32
일시 전노동 불능 32
일시적인 장애 32
임시점검 12

(ㅈ)
자극반응시간 80
자동 시스템 168
자동운동 79
자동차 디자인 161
자발성의 원리 116

자유방임형 리더십 102
자율 시스템 168
자율안전확인 314
작업 개선 4단계 209
작업 도표 342
작업 방법 및 절차 설계 165
작업 환경 개선 165
작업 효율성 증대 160
작업강도 107
작업강도와 RMR값 236
작업개선안 208
작업관리 164
작업대 높이 240
작업발판 346
작업방법훈련(JMT) 120
작업별 조도 기준 247
작업안전훈련(JST) 120
작업의 균등 분배 99
작업자 실수 분석(HEA) 178, 182
작업자의 건강 관리 165
작업장 설계 161, 165
작업지도훈련(JIT) 120
재개시 18
재생 90
재설정 18
재인 90
재해 4
재해 발생 보고 22
재해 발생형태 302
재해 발생형태의 분류기준 303
재해 분류방법 24
재해법칙 21
재해사고의 분류 25
재해사례연구 25
재해손실비의 계산 방법 309
재해요인으로 본 기계·설비 291
재해율 8
재해코스트 22
적성 검사 56
적응성 169
전단기 289
전면형 45
전이기호 178
점검 방법 13
점검 부분 13
점검 항목 13
정기점검 12
정상 작업영역 240
정서 58
정서적 요인 57
정성적 위험 분석 177
정신분석학적 이론(Freud) 86
정적 통제표시비 229
정화통 49
제어 패널 229
조건반사설(Pavlov) 61
조도 246
조작 실수 173
조작적 조건화설(Skinner) 61
조직적 인간공학 161
조치과정 착오 76
조합AND게이트 179
존 듀이(John Dewey)의 5단계 사고과정 119
종합재해지수(FSI) 9
좌절 60
주관적 반응 166
중대산업재해 23, 31
중대재해 발생시 사업주의 조치 298
중대재해처벌법 31
지각 57
지게차 348
지게차(헤드 가드, 백레스트(backrest)) 339
지성 주기 108
지시표지 53
지식 교육 135
직관의 원리 116
직업성 질병 31
직업적성 검사 66
직접 원인 7
직접비 309

진동 212
질문지법 117
집단 규범 84
집단 행동 85
집단역 103

(ㅊ)
참여의 원칙 18
창의적 사고 208
청력보호구 47
체계적인 작성 208
체성 감각 측정기 227
체크리스트 14
체크리스트 분석 178
체험 학습 119
초기고장 293
총 재해비용 309
최대 작업영역 240
추락방지대 47
추락방지망 347

(ㅋ)
카운슬링 117
커뮤니케이션 83
컨베이어 290, 350
컴퓨터 작업 환경 설계 161
컷셋(Cut set) 179
크레인(정격하중 2톤 이상) 289

(ㅌ)
탐색기 64
태도 검사 56
태도 교육 135
터치앤콜(Touch & Call) 21
토론법 118
통상사상 178
통제의 부족 7
통제표시비의 설계 원칙 230
통합의 원리 115
투사(책임전가) 83
투사법 117
특급 방진 마스크 49
특별점검 12
특성요인도 279

(ㅍ)
파과 곡선 45
파과 시간 45
파지 90
판단 실수 173
판단과정 착오 76
판정 기준 13
패스셋(Path Set) 179
페일세이프 286
편안함 증진 160
평균강도율 9
포장기계 340
폭발성 216
폭발형 인격 82
표준 시간 연구 207
표준자료법 244
풀프루프 286
프레스 288
프로그램 로직 컨트롤러 228
프로젝트 검사 56
프로젝트 학습 119
피로의 대책 105
피로의 증상 105
피로의 측정법 106
피크 노출기준 212
필연성 중의 우연성 3

(ㅎ)
하버드 학파 121
하베이의 3E 6
하인리히 방식 22
하인리히의 도미노 이론 5
한국산업안전보건공단 39
합리화 83
행동적 대책(Behavioral Controls) 174

-찾아보기-

행동적 지표 측정 106
행동주의 이론(Skinner) 86
허츠버그 60, 62
헤드가드 348
헤드십 101
현상 파악 17
협동심 고취 99
홀랜드 66
홀랜드의 직업성격 이론 66
화학적 위험 요소(Chemical Hazards) 176
화학적 유해요인 관리 방법 215
확립기 64
환경적 요인 97
환산 재해자수 9
환산도수율 9
환산재해율 9
회로적 페일세이프 344
후사경 349
휘광 246
휴식시간의 산정 237

『이 저서는 2023-2024년도 창원대학교 자율연구과제 연구비 지원으로 수행된 연구결과임』

산업안전공학

발 행 일 2025년 2월 28일 발행
저 자 김지관
발 행 인 송기수
발 행 처 도서출판 GS인터비전
편 집 인 송진우
편 집 처 도서출판 GS인터비전
표지디자인 도서출판 GS인터비전
인 쇄 처 트윈벨미디어
등록번호 제 25100-2016-000050 호
전 화 02-976-7898
팩 스 02-6468-7898
이 메 일 gsinter7@gmail.com
홈페이지 gsintervision.kr
주 소 서울 은평구 증산로 15길 69, 2층
I S B N 979-11-5576-506-7(93500)

정가 38,000원

도서출판 GS인터비전